高等学校计算机应用规划教材

Access 数据库应用基础教程

(第五版)

芦扬　编著

清华大学出版社

北　京

内容简介

本书由浅入深、循序渐进地讲述了 Microsoft Access 2013 数据库管理系统的详细内容。全书共分为13章，内容包括数据库系统理论，Access 2013 基础，数据库的创建与使用，表的创建与使用以及表中记录的操作，常用查询的创建与使用，窗体的创建与使用，报表的创建与使用，宏的创建与使用，模块和VBA 编程以及数据库的管理与安全等内容；最后一章综合运用全书所学内容，创建了一个网上商城订单管理系统，巩固并实践了全书内容。

本教程内容丰富、结构合理、思路清晰、语言简练、图文并茂，所选实例具有很强的实用性和可操作性，可作为高等院校及相关各类社会培训机构进行 Access 学习的教程，也是广大初、中级电脑学习者的自学参考书。

本书的电子教案、习题答案和实例源文件可以到 http://www.tupwk.com.cn 网站下载。

本书封面贴有清华大学出版社防伪标签，无标签者不得销售。
版权所有，侵权必究。举报：010-62782989，beiqinquan@tup.tsinghua.edu.cn

图书在版编目(CIP)数据

Access 数据库应用基础教程 / 芦扬 编著. —5 版. 北京：清华大学出版社，2016（2022. 8 重印）
(高等学校计算机应用规划教材)
ISBN 978-7-302-43958-5

Ⅰ. ①A… Ⅱ. ①芦… Ⅲ. ①关系数据库系统—高等学校—教材 Ⅳ. ①TP311.138

中国版本图书馆 CIP 数据核字(2016)第 113481 号

责任编辑：胡辰浩　袁建华
装帧设计：孔祥峰
责任校对：成凤进
责任印制：宋　林

出版发行：清华大学出版社
网　　址：http://www.tup.com.cn，http://www.wqbook.com
地　　址：北京清华大学学研大厦 A 座　　　邮　　编：100084
社 总 机：010-83470000　　　邮　　购：010-62786544
投稿与读者服务：010-62776969, c-service@tup.tsinghua.edu.cn
质　量　反　馈：010-62772015, zhiliang@tup.tsinghua.edu.cn
课　件　下　载：http://www.tup.com.cn，010-62794504

印 装 者：三河市龙大印装有限公司
经　　销：全国新华书店
开　　本：185mm×260mm　　**印　　张**：20.5　　**字　　数**：512 千字
版　　次：2005 年 11 月第 1 版　2016 年 6 月第 5 版　**印　　次**：2022 年 8 月第 3 次印刷
定　　价：68.00 元

产品编号：056635-02

前　　言

信息技术的飞速发展大大推动了社会的进步，已经逐渐改变了人类的生活、工作、学习等。数据库技术和网络技术是信息技术中最重要的两大支柱。自20世纪70年代以来，数据库技术的发展使得信息技术的应用从传统的计算方式转变到了现代化的数据管理方式。在当前热门的信息系统开发领域，如管理信息系统(Management Information System，简称 MIS)、企业资源计划(Enterprise Resource Planning，简称 ERP)、供应链管理系统(Supply Chain Management System，简称 SCMS)、客户关系管理系统(Customer Relationship Management System，简称 CRMS)等，都可以看到数据库技术应用的影子。

Access 是 Microsoft 公司的 Office 办公自动化软件的一个重要组成部分。作为一个小型的关系型数据库管理系统，它可以有效地组织、管理和共享数据库的信息。因为具有界面友好、易学易用、开发简单、接口灵活等优点深受广大用户的青睐。为了使广大数据库初学者能够快速掌握这款优秀的数据库管理系统，我们选择其最新版本 Access 2013，精心策划并编写了本书。

本书从教学实际需求出发，合理安排知识结构，从零开始、由浅入深、系统而全面地介绍了 Access 2013 关系型数据库的各项功能、各种数据库对象的创建以及数据库安全管理的相关知识，本书共分为13章，主要内容如下。

第1章是数据库系统概述，从零开始介绍数据库的基本概念、数据库系统结构、关系数据库理论的相关知识，以及创建数据库应用系统的基本步骤。

第2章介绍 Access 2013 的工作环境，包括各功能区的布局与作用，各种数据库对象的基本概念等，本章是后面章节的基础，学好本章将为后面的学习打下良好的基础。

第3章介绍数据库的创建和使用，包括创建数据库的方法、Access 2013 数据库文件结构及其与早期版本的区别、操作数据库对象等内容。

第4章介绍数据表的创建与使用，包括使用向导、使用设计视图、使用模板等多种创建数据表的方法，Access 的数据类型，创建查阅字段，以及表间关系的建立等。

第5章继续介绍表的相关知识，主要包括表中数据记录的增删改查等操作、数据的排序与筛选、数据导出以及行汇总统计等内容。

第6章介绍查询对象的创建与使用，包括查询的类型、SQL 语言的基本语法、使用向导创建查询和使用设计视图创建查询等内容。

第7章继续介绍查询相关的内容，主要包括操作查询和 SQL 查询的创建与使用。

第8章介绍窗体的创建与设计，包括窗体的功能与分类、窗体的各种创建方法、控件的使用，主/子窗体以及窗体中数据的筛选与排序等内容。

第9章介绍报表的创建与打印，包括报表的分类、报表的创建和编辑、报表的打印、主/子报表的创建以及报表中数据的分组与汇总等内容。

第 10 章介绍宏的用法，包括宏的类型、宏的创建方法以及调试和运行宏等内容。

第 11 章介绍模块与 VBA 编程相关的知识，包括 VBA 编程环境、面向对象编程的基本概念、VBA 的基本语法和流程控制语句、过程与函数等内容。

第 12 章介绍数据库的安全与管理，包括数据库的压缩与备份、数据库的加密与解密、数据库的打包与签署等内容。

第 13 章通过创建一个完整的数据库应用系统，综合应用全书所学知识点，使用 Access 2013 开发一个网上商城订单管理系统。

本书图文并茂，条理清晰，通俗易懂，内容丰富，每一章的引言概述了本章的内容和学习目的，在讲解每个知识点时都配有相应的实例，方便读者上机实践。同时在难于理解和掌握的部分内容上给出相关提示，让读者能够快速地提高操作技能。此外，每一章末尾都安排了有针对性的思考和练习，思考题有助于读者巩固所学的基本概念，练习题让读者在不断的实际操作中更加牢固地掌握书中讲解的内容。

除封面署名的作者外，参加本书编写的人员还有耿晓龙、张长岭、王光伟、林桂妃、赵俊雪、薛琛、陈长利、江麦华、吴琰、王田田、王然、张立辉、张莉霞、孙琳、齐国举、张海艳、左明鑫、周玉利、王玥等人。由于作者水平有限，本书难免有不足之处，欢迎广大读者批评指正。我们的信箱是 huchenhao@263.net，电话是 010-62796045。

本书的电子教案、习题答案和实例源文件可以到 http://www.tupwk.com.cn 网站下载。

作　者

2016 年 4 月

目 录

第1章　数据库系统概论

数据库作为数据管理技术，是计算机科学的重要分支。在当今信息社会中，信息已经成为各行各业的重要财富和资源，数据库应用无处不在。因此，掌握数据库的基本知识及使用方法不仅是计算机科学与技术专业、信息管理专业学生的基本技能，也是非计算机专业学生应该具备的技能。本章主要介绍数据库系统的基本概念、数据库系统的体系结构、数据模型、关系数据库、关系代数、规范化理论、数据库语言、数据库设计的方法与步骤等。

本章的学习目标：

- 掌握与数据库相关的基本概念
- 理解数据库系统的体系结构
- 掌握常见的数据模型
- 理解关系数据库的基本理论
- 了解关系代数的基本运算
- 掌握关系数据库的规范化理论
- 了解数据库语言
- 掌握数据库设计的方法与步骤

1.1　数据库相关的概念

数据库是信息系统的核心与基础，它提供了最基本、最准确、最全面的信息资源，对这些资源的管理和应用，已经成为人们科学决策的依据。数据库应用已遍及人们生活中的各个角落，如铁路及航空公司的售票系统、图书馆的图书借阅系统、学校的教学管理系统、超市售货系统和银行的业务系统等。数据库与人们的生活密不可分，几乎每个人的生活都离不开数据库。对于一个国家来说，数据库的建设规模、数据库信息量的大小和使用频度已成为衡量这个国家信息化发达程度的重要标志之一，而信息化对于加快国家产业结构调整、促进经济增长和提高人们生活质量具有明显的倍增效应和带动作用。

1.1.1　数据与数据处理

人们在现实中进行的各种活动，都会产生相应的信息，例如，生产服装的工厂，其用于生产的原材料的名称、库存量、单价、产地；生产出来的产品的名称、数量、单价；该工厂中职工的职称、编号、薪水、奖金等，所有这些都是信息，这些信息代表了所属实体的特定属性或状态，当把这些信息以文字记录下来便是数据，因此可以说，数据就是信息的载体。本节主要介绍信息、数据和数据处理的概念。

1. 信息与数据

信息与数据是两个密切相关的概念。信息是各种数据所包含的意义，数据则是负载信息的物理符号。例如，某个人的身高，某个学生的考试成绩，某年度的国民收入等，这些都是信息。如果将这些信息用文字或其他符号记录下来，则这些文字或符号就是数据。

同一数据在不同的场合具有完全不同的意义，例如，31 这个数，既可以表示一个人的年龄，也可以表示长度，或者表示某个学生某科目的考试成绩等。在许多场合下，对信息和数据的概念并不做严格的区分，可互换使用，例如，通常所说的“信息处理”和“数据处理”，这两个概念的意义是相同的。

信息是对现实世界事物存在方式或运动状态的反映。它已成为人类社会活动的一种重要资源，与能源、物质并称为人类社会活动的三大要素。一般来说，它具有如下特征。

- 信息可以被感知，不同的信息源有不同的感知方式。
- 信息的获取和传递不仅需要有载体，而且还消耗能量。
- 信息可以通过载体进行存储、压缩、加工、传递、共享、扩散、再生和增值等。

在计算机内部，所有的数据均采用 0 和 1 进行编码。在数据库技术中，数据的含义很广泛，除了数字之外，文字、图形、图像、声音、视频等也视为数据，它们分别表示不同类型的信息。另外，同一种信息可以用多种不同的数据形式进行表达，而信息的意义不随数据表现形式的改变而改变。例如，要表示一个工厂一个年度内每个季度的生产总值，可以通过绘制曲线图表示，也可以通过绘制柱状图表示，还可以通过表格数据进行表示。无论使用何种方式来表示，均不会改变信息的含义。

另外，同一种信息可以用多种不同的数据形式进行表达，而信息的意义不随数据的表现形式的改变而改变。例如，要表示某只股票每天的收盘价格，既可以通过绘制曲线图表示，也可以通过绘制柱状图表示，还可以通过表格数据进行表示，而无论使用何种方式来表示，丝毫不会改变信息的含义。

例如，对数据可以做如此定义，描述事物的符号记录称为数据。在学校的学生档案中，可以记录学生的姓名、性别、出生日期、所在系、电话号码和入学时间等。按这个次序排列组合成如下所示的一条记录：

(赵智暄，女，1986-01-10，心理系，13831706516，2013)

这条记录中的信息就是数据。当然数据可能会因为记录介质被破坏而丢失，如记录在纸上的数据，可能因为纸介质丢失、火灾而造成数据丢失；记录在计算机磁盘上的数据，可能因为病毒、误操作、火灾等造成数据丢失。

2. 数据与信息的关系

数据与信息有着不可分割的联系。信息是被加工处理过的数据，数据和信息的关系是一种原料和成品之间的关系，如图 1-1 所示。

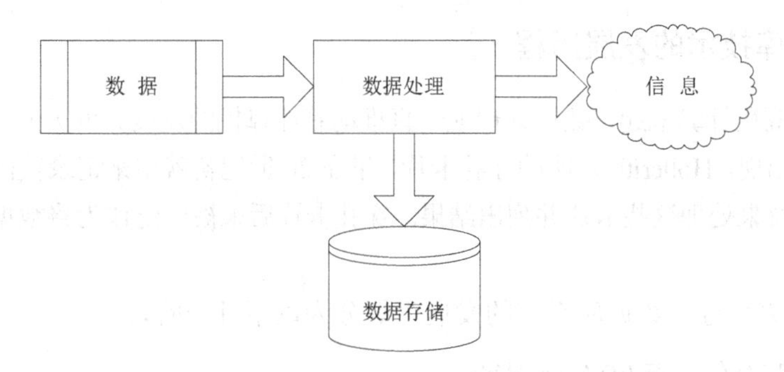

图 1-1　数据与信息的关系

数据和信息的关系主要表现在以下 4 个方面。

(1) 数据是信息的符号表示，或称载体。

(2) 信息是数据的内涵，是数据的语义解释。

(3) 数据是符号化的信息。

(4) 信息是语义化的数据。

3. 数据处理

数据处理是指对各种形式的数据进行收集、存储、加工和传播的一系列活动的总和。

进行数据处理的目的有两个：一是从大量的、原始的数据中抽取、推导出对人们有价值的信息，以作为行动和决策的依据；二是为了借助计算机科学地保存和管理复杂的、大量的数据，以便人们能够方便而充分地利用这些宝贵的资源。

1.1.2　数据库

数据库(Database，简称 DB)就是数据的集合，例如，日常生活中，我们用笔记本记录亲朋好友的联系方式，将他们的姓名、地址、电话等信息都记录下来。这个“通讯录”就是一个最简单的“数据库”，每个人的姓名、地址、电话等信息就是这个数据库中的“数据”。我们可以在这个“数据库”中添加新朋友的个人信息，由于某个朋友的电话变动也可以修改他的电话号码这个“数据”。使用笔记本这个“数据库”可以方便地查到某位亲朋好友的地址、邮编或电话号码这些“数据”。

显然，数据库就是存放数据的仓库。它是为了实现一定的目的按某种规则组织起来的“数据”的“集合”。在信息社会中，数据库的应用非常广泛，如银行业用数据库存储客户的信息、账户、贷款以及银行的交易记录；学校里用数据库存储学生的个人信息、选课信息、课程成绩等。

在计算机领域，数据库是指长期存储在计算机内的、有组织的、可共享的、统一管理的相关数据的集合。

数据库中的数据不仅需要合理地存放，还要便于查找；数据库不仅可以供创建者本人使用，还可以供多个用户从不同的角度共享，即多个不同的用户可以根据不同的需求，使用不同的语言，同时存取数据库，甚至同时读取同一数据。

1.1.3　数据库技术的发展历程

从最早的商用计算机起，数据处理就一直推动着计算机的发展。事实上，数据处理自动化早于计算机出现。Hollerith 发明的穿孔卡片，早在 20 世纪初就用来记录美国的人口普查数据，用机械系统来处理这些卡片并列出结果。穿孔卡片后来被广泛作为将数据输入计算机的一种手段。

按照年代来划分，数据库系统的发展可划分为以下几个阶段。

1. 20 世纪 50 年代至 60 年代早期

20 世纪 50 年代至 60 年代早期，磁带被用于数据存储。诸如工资单这样的数据处理已经自动化了，并且把数据存储在磁带上。数据处理包括从一个或多个磁盘上读取数据，并将数据写回到新的磁带上。数据也可以由一叠穿孔卡片输入，而输出到打印机上。

磁带(和卡片)只能顺序读取，并且数据可以比内存大得多，因此，数据处理程序被迫用一种特定的顺序对来自磁带和卡片的数据进行读取和处理。

2. 20 世纪 60 年代末至 20 世纪 70 年代

20 世纪 60 年代末，硬盘的广泛使用极大地改变了数据处理的情况，因为硬盘可以直接对数据进行访问。磁盘上数据的位置是无意义的，因为磁盘上的任何位置都可在几十毫秒内访问到，数据由此摆脱了顺序的限制。有了磁盘，就可以创建网状数据库和层次数据库，它们可以具有保存在磁盘上的如表和树等数据结构。程序员也可以创建和操作这些数据结构。

由 Codd 写的一篇具有里程碑意义的论文，定义了关系模型和在关系模型中用非过程化的方法来查询数据，关系数据库由此诞生。关系模型的简单性和能够对程序员隐藏所有细节的能力具有真正的诱惑力。

3. 20 世纪 80 年代

尽管关系模型在学术上很受重视，但是最初并没有实际的应用，因为它在性能上的不足，关系型数据库在性能上还不能和当时已有的网状和层次数据库相提并论。这种情况直到 System R 的出现才得以改变，IBM 研究院的一个突破性项目开发了一种能够构造高效的关系型数据库系统的技术。Astrahan 和 Chamberlin 等人提供了关于 System R 的很好的综述。完全功能的 System R 原型诞生了 IBM 的第一个关系数据库产品 SQL/DS。最初的商用关系数据库系统，如 IBM 的 DB2、Oracle、Ingres 和 DEC 的 Rdb，在推动有效的处理陈述式查询技术上起到了主要作用。到了 20 世纪 80 年代早期，关系数据库已经可以在性能上和网状、层次数据库进行竞争了。关系数据库是如此简单易用，以至于最后它完全取代了网状和层次数据库。因为程序员在使用后者时，必须处理许多底层的实现问题，并且不得不将要做的查询任务编码成过程化的形式。更重要的是，在设计应用程序时还要时刻考虑效率问题，而这需要付出很大的努力。相反，在关系数据库中，几乎所有的底层工作都由数据库自动来完成，使得程序员可以只考虑逻辑层的工作。因为关系模型在 20 世纪 80 年代已经取得了优势，所以它在数据模型中具有最高的统治地位。

另外，在 20 世纪 80 年代人们还对并行和分布式数据库进行了很多研究，同样在面向对象数据库方面也有初步的工作。

4. 20 世纪 90 年代初

SQL 语言主要是为了决策支持应用设计的，重在查询；而 20 世纪 80 年代主要的数据库是处理事务的应用，重在更新。决策支持和查询再度成为数据库的一个主要应用领域。分析大量数据的工具有了很大的发展。

在这个时期许多数据库厂商推出了并行数据库产品。数据库厂商还开始在其数据库中加入对象-关系的支持。

5. 20 世纪 90 年代末至今

随着互联网的兴起和发展，数据库比以前有了更加广泛的应用。现在数据库系统必须支持很高的事务处理速度，而且还要有很高的可靠性和 24×7 的可用性(一天 24 小时，一周 7 天都可用，也就是没有进行维护的停机时间)。数据库系统还必须支持网络接口。

1.1.4　数据库系统

数据库系统是计算机化的记录保持系统，它的目的是存储和产生所需要的有用信息。

1. 数据库系统的组成

通常，一个数据库系统要包括以下 4 个主要部分：数据、用户、硬件和软件。

(1) 数据

数据是数据库系统的工作对象。为了区别输入、输出或中间数据，常把数据库数据称为存储数据、工作数据或操作数据。它们是某特定应用环境中进行管理和决策所必需的信息。特定的应用环境，可以指一个公司、一个银行、一所医院和一个学校等。在这些应用环境中，各种不同的应用可通过访问其数据库获得必要的信息，以辅助进行决策，决策完成后，再将决策结果存储在数据库中。

数据库中的存储数据是“集成的”和“共享的”。“集成”是指把某特定应用环境中的各种应用关联的数据及其数据间的联系全部集中地按照一定的结构形式进行存储，也就是把数据库看成若干个性质不同的数据文件的联合和统一的数据整体，并且在文件之间局部或全部消除了冗余，这使得数据库系统具有整体数据结构化和数据冗余小的特点；“共享”是指数据库中的一块块数据可为多个不同的用户所共享，即多个不同的用户，使用多种不同的语言，为了不同的应用目的，而同时存取数据库，甚至同时存取同一数据块。共享实际上是基于数据库的集成。

(2) 用户

用户是指存储、维护和检索数据库中数据的人员。数据库系统中主要有 3 类用户：终端用户、应用程序员和数据库管理员。

- 终端用户：也称为最终用户，是指从计算机联机终端存储数据库的人员，也可以称为联机用户。这类用户使用数据库系统提供的终端命令语言、表格语言或菜单驱动等交互式对话方式来存取数据库中的数据。终端用户一般是不精通计算机和程序设计的各级管理人员、工程技术人员和各类科研人员。

- 应用程序员：也称为系统开发员，是指负责设计和编制应用程序的人员。这类用户通过设计和编写“使用及维护”数据库的应用程序来存取和维护数据库。这类用户通常使用 Access、SQL Server 或 Oracle 等数据库语言来设计和编写应用程序，以对数据库进行存取操作。
- 数据库管理员(DBA)：是指全面负责数据库系统的“管理、维护和正常使用”的人员，可以是一个人或一组人。特别对于大型数据库系统，DBA 极为重要，通常设置有 DBA 办公室，应用程序员是 DBA 手下的工作人员。DBA 不仅要具有较高的技术专长，而且还要具备较深的资历，并具有了解和阐明管理要求的能力。DBA 的主要职责包括参与数据库设计的全过程；与用户、应用程序员、系统分析员紧密结合，设计数据库的结构和内容；决定数据库的存储和存取策略，使数据的存储空间利用率和存取效率均较优；定义数据的安全性和完整性；监督控制数据库的使用和运行，及时处理运行程序中出现的问题；改进和重新构建数据库系统等。

(3) 硬件

硬件是指存储数据库和运行数据库管理系统 DBMS 的硬件资源，包括物理存储数据库的磁盘、磁鼓、磁带或其他外存储器及其附属设备、控制器、I/O 通道、内存、CPU 以及外部设备等。

(4) 软件

软件是指负责数据库存取、维护和管理的软件系统，通常叫做数据库管理系统(Database Management System，简称 DBMS)。数据库系统的各类用户对数据库的各种操作请求，都是由 DBMS 来完成的，它是数据库系统的核心软件。DBMS 提供一种超出硬件层之上的对数据库管理的功能，使数据库用户不受硬件层细节的影响。DBMS 是在操作系统支持下工作的。

2. 数据库系统的特点

数据库系统具有如下特点。

(1) 数据低冗余、共享性高

数据不再是面向某个应用程序而是面向整个系统。当前所有用户可同时存取库中的数据，从而减少了数据冗余，节约存储空间，同时也避免了数据之间的不相容性和不一致性。

(2) 数据独立性提高

数据的独立性包括逻辑独立性和物理独立性。

- 数据的逻辑独立性是指当数据的总体逻辑结构改变时，数据的局部逻辑结构不变，由于应用程序是依据数据的局部逻辑结构编写的，所以，应用程序可不必修改，从而保证了数据与程序间的逻辑独立性。例如，在原有的记录类型之间增加新的联系，或在某些记录类型中增加新的数据项时，均可确保数据的逻辑独立性。

- 数据的物理独立性是指当数据的存储结构改变时，数据的逻辑结构不变，从而应用程序也不必改变。例如，改变存储设备和增加新的存储设备，或改变数据的存储组织方式，均可确保数据的物理独立性。

(3) 有统一的数据控制功能

数据库可以被多个用户所共享，当多个用户同时存取数据库中的数据时，为保证数据库中数据的正确性和有效性，数据库系统提供了以下4个方面的数据控制功能。

- 数据的安全性(security)控制：可防止不合法使用数据造成数据的泄漏和破坏，保证数据的安全和机密。例如，系统提供口令检查或其他手段来验证用户身份，以防止非法用户使用系统；也可以对数据的存取权限进行限制，只有通过检查后才能执行相应的操作。
- 数据完整性(integrity)控制：系统通过设置一些完整性规则以确保数据的正确性、有效性和相容性。正确性是指数据的合法性，如代表年龄的整型数据，只能包含0~9，不能包含字母或特殊符号；有效性是指数据是否在其定义的有效范围内，如月份只能用1~12之间的数字来表示；相容性是指表示同一事实的两个数据应相同，否则就不相容，例如，一个人的性别不能既是男又是女。
- 并发(concurrency)控制：多用户同时存取或修改数据库时，防止相互干扰而提供给用户不正确的数据，并使数据库受到破坏。
- 数据恢复(recovery)：当数据库被破坏或数据不可靠时，系统有能力将数据库从错误状态恢复到最近某一时刻的正确状态。

1.1.5　数据库管理系统(DBMS)

数据库管理系统是位于用户和数据库之间的一个数据管理软件，它的主要任务是对数据库的建立、运行和维护进行统一管理、统一控制，即用户不能直接接触数据库，而只能通过DBMS来操纵数据库。

1. DBMS概述

数据库管理系统负责对数据库的存储进行管理、维护和使用，因此，DBMS是一种非常复杂的、综合性的、在数据库系统中对数据进行管理的大型系统软件，它是数据库系统的核心组成部分，在操作系统(OS)支持下工作。用户在数据库系统中的一切操作，包括数据定义、查询、更新及各种操作，都是通过DBMS完成的。

DBMS是数据库系统的核心部分，它把所有应用程序中使用的数据汇集在一起，并以记录为单位存储起来，便于应用程序查询和使用，如图1-2所示。

常见的DBMS有Access、Oracle、SQL Server、DB2、Sybase和FoxPro等。不同的数据库管理系统有不同的特点。Access相对于其他的一些数据库管理软件，如SQL Server、Oracle等来说，操作相对简单，不需要用户具有高深的数据库知识，就能完成数据库所有的构造、检索、维护等功能，并且Access拥有简捷、美观的操作界面。

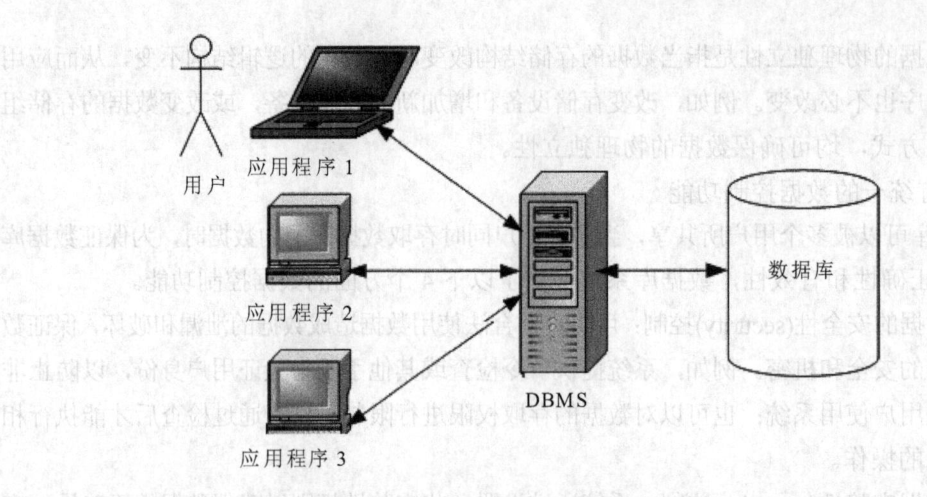

图 1-2　DBMS、数据库以及与用户之间的关系

Access 属于小型桌面数据库管理系统，通常用于办公管理。它允许用户通过构建应用程序来收集数据，并可以通过多种方式对数据进行分类、筛选，将符合要求的数据供用户查看，用户可以通过显示在屏幕上的窗体来查看数据库中的数据，也可以通过报表将相关的数据打印出来，以便更详细地进行研究。

2. DBMS 的功能

由于 DBMS 缺乏统一的标准，其性能、功能等许多方面随系统而异，通常情况下，DBMS 提供了以下几个方面的功能。

- 数据库定义功能：DBMS 提供相应数据定义语言定义数据库结构，刻画数据库的框架，并被保存在数据字典中。数据字典是 DBMS 存取和管理数据的基本依据。
- 数据存取功能：DBMS 提供数据操纵语言实现对数据库数据的检索、插入、修改和删除等基本存取操作。
- 数据库运行管理功能：DBMS 提供数据控制功能，即数据的安全性、完整性和并发控制等，对数据库运行进行有效的控制和管理，以确保数据库数据正确有效和数据库系统的有效运行。
- 数据库的建立和维护功能：包括数据库初始数据的装入，数据库的转储、恢复、重组织、系统性能监视、分析等功能。这些功能大都由 DBMS 的实用程序来完成。
- 数据通信功能：DBMS 提供处理数据的传输功能，实现用户程序与 DBMS 之间的通信，这通常与操作系统协调完成。

3. DBMS 的组成

DBMS 大多是由许多系统程序组成的一个集合。每个程序都有各自的功能，一个或几个程序一起协调完成 DBMS 的一件或几件工作任务。各种 DBMS 的组成因系统而异，一般来说，它由以下几个部分组成。

- 语言编译处理程序：语言编译处理程序主要包括数据描述语言翻译程序、数据操作语言处理程序、终端命令解释程序、数据库控制命令解释程序等。

- 系统运行控制程序：主要包括系统总控程序、存取控制程序、并发控制程序、完整性控制程序、保密性控制程序、数据存取与更新程序和通信控制程序等。
- 系统建立、维护程序：主要包括数据装入程序、数据库重组织程序、数据库系统恢复程序和性能监督程序等。
- 数据字典：数据字典通常是一系列表，它存储着数据库中有关信息的当前描述。它能帮助用户、数据库管理员和数据库管理系统本身使用和管理数据库。

1.1.6 数据库应用系统(DBAS)

数据库应用系统(Database Application System，简称 DBAS)，是指在 DBMS 的基础上，针对一个实际问题开发出来的面向用户的系统。如网上银行就是一个数据库应用系统，用户通过登录网上银行，可以查询自己的账户余额，还可以进行转账汇款等操作。

1.2 数据库系统的体系结构

从数据库管理系统的角度看，数据库系统通常采用三级模式结构，这是数据库系统内部的体系结构；从数据库最终用户的角度看，数据库系统的结构分为集中式结构、文件服务器结构和客户/服务器结构，这是数据库系统外部的体系结构。数据库系统的体系结构可分为内部体系结构和外部体系结构。

1.2.1 内部体系结构

数据库系统的内部体系结构是三级模式结构，分别为模式、外模式和内模式，如图 1-3 所示。另外，还存在两级映像，即在外模式与模式之间存在一层外模式/模式映像，在模式与内模式之间存在一层模式/内模式映像。

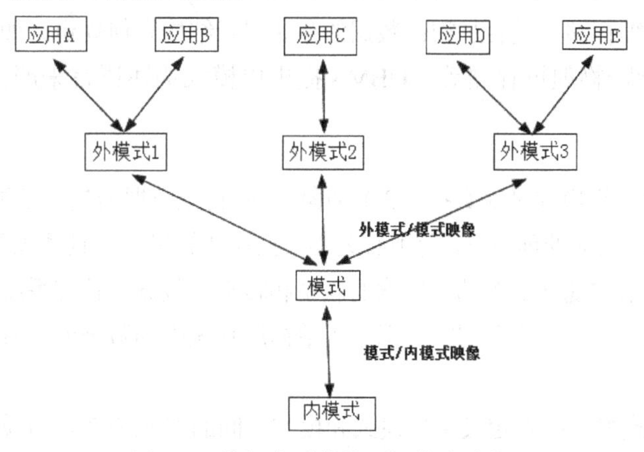

图 1-3 数据库系统的三级模式结构

1. 模式

模式也称为概念模式，是数据库中全体数据的逻辑结构和特征的描述，是所有用户的公共数据视图。它是数据库系统模式结构的中间层，既不涉及数据的物理存储细节和硬件环境，也与具体的应用程序、所使用的应用开发工具及高级程序设计语言无关。

模式实际上是数据库数据在逻辑级上的视图。一个数据库只有一个模式。数据库模式以某种数据模型为基础，统一综合地考虑了所有用户的需求，并将这些需求有机地结合成一个逻辑整体。定义模式时不仅要定义数据的逻辑结构，例如，数据记录由哪些数据项构成，数据项的名字、类型和取值范围等，而且要定义数据之间的联系，定义与数据有关的安全性、完整性要求。DBMS 提供模式描述语言来严格地定义模式。

2. 外模式

外模式也称子模式或用户模式，它是数据库用户(包括应用程序员和最终用户)看见和使用的局部数据的逻辑结构和特征的描述，是数据库用户的数据视图，是与某一应用有关的数据的逻辑表示。

外模式通常是模式的子集。一个数据库可以有多个外模式。由于它是各个用户的数据视图，如果不同的用户在应用需求、看待数据的方式、对数据保密的要求等方面存在差异，则其外模式描述就是不同的。即使是模式中同一数据，在外模式中的结构、类型、长度、保密级别等都可以不同。另一方面，同一外模式也可以为某一用户的多个应用系统所使用，但一个应用程序只能使用一个外模式。

外模式是保证数据库安全性的一个有力措施。每个用户只能看见和访问所对应的外模式中的数据，数据库中的其余数据是不可见的。

3. 内模式

内模式也称存储模式，一个数据库只有一个内模式。它是数据物理结构和存储方式的描述，是数据在数据库内部的表示方式。例如，记录的存储方式是堆存储，还是按照某个属性值的升(降)序存储，还是按照属性值聚簇存储；索引按照什么方式组织，是 B+树索引还是 hash 索引；数据是否压缩存储，是否加密；数据的存储记录结构有何规定，如定长结构或变长结构，一个记录不能跨物理页存储等。DBMS 提供内模式描述语言来严格地定义内模式。

4. 两级映像

数据库系统的三级模式是对数据的3个抽象级别，它把数据的具体组织留给DBMS管理，使用户能逻辑地、抽象地处理数据，而不必关心数据在计算机中的具体表示方式与存储方式。为了能够在系统内部实现这 3 个抽象层次的联系和转换，数据库管理系统在这三级模式之间提供了以下两层映射，正是这两层映射保证了数据库系统中的数据能够具有较高的逻辑独立性和物理独立性。

- 外模式/模式映射：它定义了外模式和模式之间的对应关系。当模式改变时，由数据库管理员对各个外模式/模式的映像做相应改变，可以使外模式保持不变，从而应用程序不必修改，以保证数据的逻辑独立性。

- 模式/内模式映射：模式/内模式映像是唯一的，它定义了数据全局逻辑结构和存储结构之间的对应关系。当数据库的存储结构改变时，由数据库管理员对模式/内模式映像作相应的改变，可以使模式保持不变，从而保证了数据的物理独立性。

1.2.2　外部体系结构

外部体系结构主要有集中式结构、文件服务器结构和客户/服务器结构。

1. 集中式结构

集中式数据库结构由两个关键硬件组成：主机和客户终端。

数据库和应用程序存放在主机中，数据的处理和主要的运算操作也在主机上进行。它的主要特点是数据和应用集中，维护方便，安全性好；但对主机性能要求较高，价格昂贵。

2. 文件服务器结构

在文件服务器结构中，数据库存放在文件服务器中，应用程序分散安排在各个客户工作站上。文件服务器只负责文件的集中管理，所有的应用处理安排在客户端完成。文件服务器结构的特点是费用低，配置灵活，但是缺乏足够的计算和处理能力，对客户端的计算机性能要求高。Access 和 Visual FoxPro 支持文件服务器方案。

3. 客户/服务器结构

在客户/服务器结构中，数据库存放在服务器中，应用程序可以根据需要安排在服务器或客户工作站上，实现了客户端程序和服务器端程序的协同工作。这种结构解决了集中式结构和文件服务器结构的费用和性能问题。SQL Server 和 Oracle 都支持客户/服务器结构。

1.3　数据模型

计算机不能直接处理现实世界中的具体事物，因此，必须通过进一步整理和归类，进行信息的规范化，然后才能将规范信息数据化并送入计算机的数据库中保存起来。这一过程经历了 3 个领域——现实世界、信息世界和数据(机器)世界。

- 现实世界：存在于人脑之外的客观世界，包括事物及事物之间的联系。
- 信息世界：是现实世界在人们头脑中的反映。
- 数据(机器)世界：将信息世界中的实体进行数据化，事物及事物之间的联系用数据模型来描述。

在现实世界中，常常用模型来对某个对象进行抽象或描述，如飞机模型，它反映了该飞机的大小、外貌特征及其型号等；并可用文字语言来对该对象进行抽象或描述。

为了用计算机来处理现实世界的事物，首先需要将它们反映到人的大脑中，即首先需要把这些事务抽象为一种既不依赖于某一具体的计算机，又不受某一具体 DBMS 所左右的信息世界的概念模型，然后再把该概念模型转换为某一具体 DBMS 所支持的计算机世界的数据模型。信息的 3 个世界及其关系如图 1-4 所示。

抽象　　　　　　转换

现实世界 ═════> 信息世界 ═════> 计算机世界(数据世界)

↑ 建立概念模型（便于用户和DB设计人员交流）　　↑ 建立数据模型（便于计算机实现）

图 1-4　信息的 3 个世界及其关系

这个过程是通过研究“过程和对象”，然后建立相应的数据模型来实现的。在这两个转换过程中，需要建立两个模型：概念模型和逻辑数据模型。

1.3.1　概念模型

概念模型是对客观事物及其联系的抽象，用于信息世界的建模。这类模型简单、清晰、易于被用户理解，是用户和数据库设计人员之间进行交流的语言。这种信息结构并不依赖于具体的计算机系统，不是某一个 DBMS 支持的数据模型，而是概念级的模型。

概念模型主要用来描述世界的概念化结构，它使数据库的设计人员在设计的初始阶段，摆脱计算机系统及 DBMS 的具体技术问题，集中精力分析数据以及数据之间的联系等，与具体的数据管理系统无关。概念数据模型必须换成逻辑数据模型，才能在 DBMS 中实现。

在概念模型中主要有以下几个基本术语。

1. 实体与实体集

实体是现实世界中可区别于其他对象的“事件”或物体。实体可以是人，也可以是物；可以指实际的对象，也可以指某些概念；还可以指事物与事物间的联系。例如，学生就是一个实体。

实体集是具有相同类型及共享相同性质(属性)的实体集合。如全班学生就是一个实体集。实体集不必互不相交，例如，可以定义学校所有学生的实体集 students 和所有教师的实体集 teachers，而一个 person 实体可以是 students 实体，也可以是 teachers 实体，甚至可能既是 students 实体又是 teachers 实体，也可以都不是。

2. 属性

实体通过一组属性来描述。属性是实体集中每个成员所具有的描述性性质。将一个属性赋予某实体集表明数据库为实体集中每个实体存储相似信息，但每个实体在自己的每个属性上都有各自的值。一个实体可以由若干个属性来刻画，如学生实体有学号、姓名、年龄、性别和班级等属性。

每个实体的每个属性都有一个值，例如，某个特定的 student 实体，其学号是 201111424F2，姓名是栾鹏，年龄是 23，性别是男。

3. 关键字和域

实体的某一属性或属性组合，其值能唯一标识出某一实体，称为关键字，也称码。如学号是学生实体集的关键字，由于姓名有相同的可能，故不应作为关键字。

每个属性都有一个可取值的集合，称为该属性的域，或者该属性的值集。如姓名的域为字符串集合，性别的域为“男”和“女”。

4. 联系

现实世界的事物之间总是存在某种联系，这种联系必然要在信息世界中加以反映。一般存在两种类型的联系：一是实体内部的联系，如组成实体的属性之间的联系；二是实体与实体之间的联系。

两个实体之间的联系又可以分为如下 3 类。

- 一对一联系(1:1)：例如，一个班级有一个班主任，而每个班主任只能在一个班任职。这样班级和班主任之间就具有一对一的联系。
- 一对多联系(1:N)：例如，一个班有多个学生，而每个学生只可以属于一个班，因此，在班级和学生之间就形成了一对多的联系。
- 多对多的联系(M:N)：例如，学校中的教师与课程之间就存在着多对多的联系。每个教师可以讲授多门课程，而每门课程也可以由不同的老师讲授。这种关系可以有很多种处理方法。

1.3.2　用 E-R 方法表示概念模型

概念模型的表示方法很多，其中最著名的是 E-R 方法(实体(Entity)-联系(Relation)方法)，它用 E-R 图来描述现实世界的概念模型。E-R 图的主要成分是实体、联系和属性。E-R 图通用的表现规则如下。

- 矩形：表示实体集。
- 椭圆：表示属性。
- 菱形：用菱形表示实体间的联系，菱形框内写上联系名。用无向边分别把菱形与有关实体相连接，在无向边旁标上联系的类型。如果实体之间的联系也具有属性，则把属性和菱形也用无向边连上。
- 线段：将属性连接到实体集或将实体集连接到联系集。
- 双椭圆：表示多值属性。
- 虚椭圆：表示派生属性。
- 双线：表示一个实体全部参与到联系集中。
- 双矩形：表示弱实体集。

E-R 方法是抽象和描述现实世界的有力工具。用 E-R 图表示的概念模型与具体的 DBMS 所支持的数据模型独立，是各种数据模型的共同基础，因而比数据模型更一般、更抽象，更接近现实世界。

例如，画出某个学校学生选课系统的 E-R 图。学校每学期开设若干课程供学生选择，每门课程可接受多个学生选修，每个学生可以选修多门课程，每门课程有一个教师讲授，每个教师可以讲授多门课程。

首先，确定实体集和联系。在本例中，可以将课程、学生和教师定义为实体，学生和课程之间是“选修”关系，课程和教师之间是“讲授”关系。

接着，确定每个实体集的属性：“学生”实体的属性有学号、姓名、班级和性别；“课程”实体的属性有课程号、课程名和教科书；“教师”实体的属性有职工号、姓名和性别。在联系中反映出教师讲授的课程信息、每门课程上课的学生数以及学生选修的所有课程。最终得到的 E-R 图如图 1-5 所示。

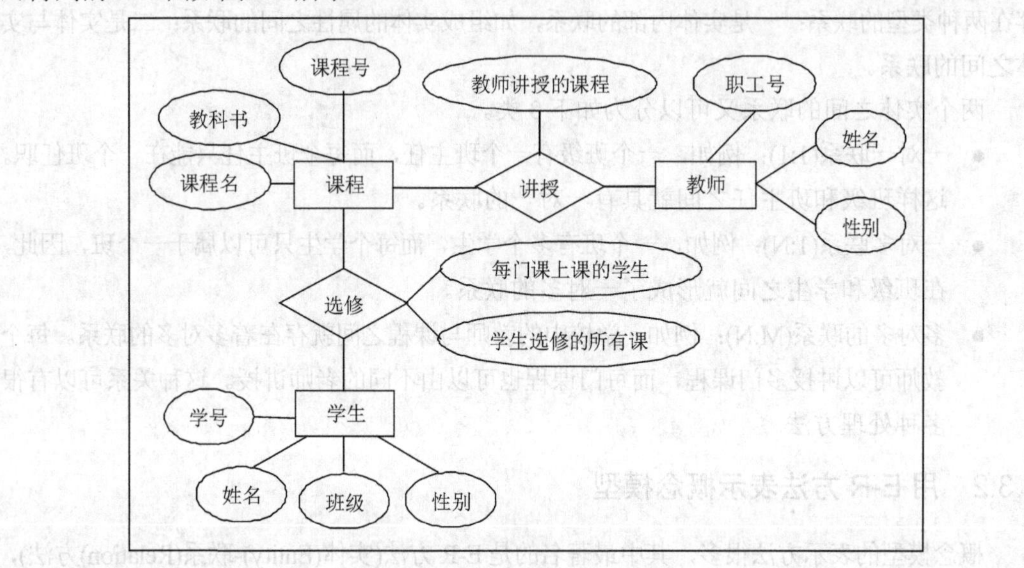

图 1-5　学生选课系统的 E-R 图

1.3.3　逻辑数据模型

数据库中的数据是结构化的，这是按某种数据模型来组织的。当前流行的逻辑数据模型有 3 类：关系模型、层次模型和网状模型。它们之间的根本区别在于数据之间联系的表示方式不同。关系模型是用二维表来表示数据之间的联系；层次模型是用树结构来表示数据之间的联系；网状模型是用图结构来表示数据之间的联系。

层次模型和网状模型是早期的数据模型。通常把它们统称为格式化数据模型，因为它们是属于以“图论”为基础的表示方法。

按照这 3 类数据模型设计和实现的 DBMS 分别称为层次 DBMS、网状 DBMS 和关系 DBMS。相应地存在有层次(数据库)系统、网状(数据库)系统和关系(数据库)系统等简称。下面分别对这 3 种数据模型做一个简单的介绍。

1. 层次模型

层次数据模型是数据库系统最早使用的一种模型，它的数据结构是一颗有向树。层次结构模型具有如下特征。

- 有且仅有一个结点没有双亲，该结点是根结点。
- 其他结点有且仅有一个双亲。

在层次模型中，每个结点描述一个实体型，称为记录类型。一个记录类型可有许多记录值，简称记录。结点间的有向边表示记录之间的联系。如果要存取某一记录类型的记录，可以从根结点起，按照有向树层次逐层向下查找。查找路径就是存取路径。

层次模型结构清晰，各结点之间联系简单，只要知道每个结点的(除根结点以外)双亲结点，就可以得到整个模型结构，因此，画层次模型时可用无向边代替有向边。用层次模型模拟现实世界的层次结构的事物及其之间的联系是很自然的选择方式，如表示"行政层次结构"、"家族关系"等是很方便的。

层次模型的缺点是不能表示两个以上实体型之间的复杂联系和实体型之间的多对多联系。

美国 IBM 公司 1968 年研制成功的 IMS 数据库管理系统就是这种模型的典型代表。

2. 网状模型

如果取消层次模型的两个限制，即两个或两个以上的结点都可以有多个双亲，则"有向树"就变成了"有向图"。"有向图"结构描述了网状模型。网状模型具有如下特征。

- 可有一个以上的结点没有双亲。
- 至少有一个结点可以有多于一个双亲。

网状模型和层次模型在本质上是一样的。从逻辑上看，它们都是基本层次联系的集合，用结点表示实体，用有向边(箭头)表示实体间的联系；从物理上看，它们每一个节点都是一个存储记录，用链接指针来实现记录间的联系。当存储数据时这些指针就固定下来了，数据检索时必须考虑存取路径问题；数据更新时，涉及链接指针的调整，缺乏灵活性；系统扩充相当麻烦。网状模型中的指针更多，纵横交错，从而使数据结构更加复杂。

3. 关系模型

关系模型(Relational Model)是用二维表格结构来表示实体及实体之间联系的数据模型。关系模型的数据结构是一个"二维表框架"组成的集合，每个二维表又可称为关系，因此可以说，关系模型是"关系框架"组成的集合。

关系模型是使用最广泛的数据模型，目前大多数数据库管理系统都是关系型的，本书要介绍的 Access 就是一种关系数据库管理系统。

例如：对于某校学生、课程和成绩的管理，要用到如表 1-1 至表 1-3 所示的几个表格。如果要找到学生"许书伟"的"高等数学"成绩，首先需在学生信息表中找到"姓名"为"许书伟"的记录，记下他的学号 201020202，如表 1-1 所示。

表 1-1　学生信息表

学　号	姓　名	性　别	年　龄	院系 ID	联系电话
982111056	葛冰	女	29	9001	13831705804
201400021	赵智暄	女	13	9002	15910806516
201021112	栾鹏	男	35	7482	13681187162
201020202	许书伟	女	22	1801	—
201231008	闫文峰	男	30	7012	13582107162

再到课程表中找到“课程名称”为“高等数学”的“课程号”：1003，如表 1-2 所示。

表 1-2　课程表

课 程 号	课 程 名 称	学　分	教师 ID
1001	经济学原理	3	91001
1002	变态心理学	4	61001
1003	高等数学	6	81002

接着到成绩表中查找“课程号”为 1003，“学号”为 201020202 的对应成绩值，如表 1-3 所示。

表 1-3　学生成绩表

课 程 号	学　号	成　绩
1001	982111056	91
1003	201020202	94
1003	944114044	52
1001	981000021	82

通过上面的例子可以看出，关系模型中数据的逻辑结构就是一张二维表，它由行和列组成。一张二维表对应了一个关系，表中的一行即为一条记录，表中的一列即为记录的一个属性。

关系模型的优点是：结构特别灵活，满足所有布尔逻辑运算和数学运算规则形成的查询要求；能搜索、组合和比较不同类型的数据；增加和删除数据非常方便。

其缺点是：数据库大时，查找满足特定关系的数据较费时；对空间关系无法满足。

1.4　关系数据库

关系数据库是当今世界的主流数据库。本节主要介绍关系模型中的一些基本术语，关系数据库中表之间的关系，关系模型的完整性约束，以及关系代数的运算。

1.4.1　关系模型中的基本术语

关系模型中经常用到的术语如下。

(1) 关系

一个关系就是一张二维表。

(2) 元组

二维表中的每一条记录就是一个元组，它是构成关系的一个个实体，可以说，“关系”是“元组”的集合，“元组”是属性值的集合，一个关系模型中的数据就是这样逐行逐列组织起来的。

(3) 属性

二维表中的一列就是一个属性，又称为字段，第一行列出的是属性名(字段名)。

(4) 域

属性的取值范围。例如，“性别”属性只能取值为“男”或“女”。

(5) 分量

元组中的一个属性值。关系模型要求关系必须是规范化的，最基本的条件就是关系的每一个分量必须是一个不可分的数据项，即不允许表中还有表。

(6) 关系模式

对关系的描述，一般表示如下：

关系名(属性1，属性2，……，属性n)

例如，可以将学生关系描述为：

学生(学号，姓名，性别，出生年月，籍贯，院系编号)

(7) 候选关键字

关系中的一个或几个属性的集合，该属性集唯一标识一个元组，这个属性集合称为候选关键字。

(8) 关系数据库

对应于一个关系模型的所有关系的集合称为关系数据库。

(9) 主关键字

一个关系中有多个候选关键字，可以选择其中一个作为主关键字，也称为主码或主键。

(10) 外关键字

如果一个属性组不是所在关系的关键字，但它是其他关系的关键字，则该属性组称为外关键字，也称为外码或外键。

(11) 主属性

包含在任一候选关键字中的属性称为主属性，不包含在任何候选关键字中的属性称为非关键字属性。

例如，描述院系的关系模式如下：

院系(院系编号，院系名称)

其主键为“院系编号”，所以“学生”关系中的“院系编号”字段就是外键。

在关系模型中基本数据结构是二维表，不用像层次或网状那样的链接指针。记录之间的联系是通过不同关系中的同名属性来体现的。例如，要查找某个教师讲授的课程，首先要在“教师”关系中根据“姓名”查找到对应的教师“编号”，然后根据“编号”的值在“课程”关系中找到对应的“课程名”即可。在查询过程中，同名属性教师“编号”起到了连接两个关系的纽带作用。由此可见，关系模型中的各个关系模式不应当孤立起来，不是随意拼凑的一堆二维表，它必须满足相应的要求。

关系模型具有如下特征。

- 描述的一致性，不仅用关系描述实体本身，而且也用关系描述实体之间的联系。
- 可直接表示多对多的联系。
- 关系必须是规范化的关系，即每个属性是不可分的数据项，不允许表中有表。
- 关系模型是建立在数学概念基础上的，有较强的理论根据。

关系是一个二维表，但并不是所有的二维表都是关系。关系应具有以下性质。

- 每一列中的分量是同一类型的数据。
- 不同的列要给予不同的属性名。
- 列的次序可以任意交换。
- 一个关系中的任意两个元组不能完全相同。
- 行的次序可以任意交换。

1.4.2　关系数据库中表之间的关系

在关系数据库中，可以通过外部关键字来实现表与表之间的联系，公共字段是一个表的主键和另一个表的外键。如图 1-6 所示的“学生”表和“院系”表都包含“院系 ID”属性，通过这个字段就可以在“院系”和“学生”表之间建立联系，这个联系是一对多的联系，即一个院系中有多个学生。

学　号	姓　名	性　别	年　龄	院系 ID	联系电话
982111056	葛冰	女	29	9001	13831705804
201400021	赵智暄	女	13	9002	15910806516
201021112	栾鹏	男	35	7482	13681187162
201020202	许书伟	女	22	1801	—
201231008	闫文峰	男	30	7012	13582107162

院系 ID	院系名称
9001	电子系
9002	软件学院
7482	法律系
1801	心理系
7012	医学院

图 1-6　“学生”表和“院系”表之间的联系

1.4.3　关系模型的完整性约束

关系模型的完整性规则是对关系的某种约束条件，也就是说，关系的值随着时间变化应该满足一些约束条件。这些约束条件实际上是现实世界的要求。任何关系任何时刻都要满足这些语义约束。

关系模型中有 3 类完整性约束：实体完整性、参照完整性和用户定义的完整性。其中，实体完整性和参照完整性是关系模型必须满足的完整性约束条件，被称作是关系的两个不变性，应该由关系系统自动支持。用户定义的完整性是应用领域需要遵循的约束条件，体现了具体领域中的语义约束。

1. 实体完整性(Entity Integrity)

实体完整性规则为：如果属性(指一个或一组属性)A 是基本关系 R 的主属性，则 A 不能取空值。所谓空值，就是“不知道”或“不存在”的值。例如，在“学生”关系中，“学号”这个属性为主键，则该字段不能取空值。

按照实体完整性规则的规定，基本关系的主键都不能取空值。如果主键由若干属性组成，则所有这些主属性都不能取空值。

对于实体完整性规则说明如下。

(1) 实体完整性规则是针对基本关系而言的。一个基本表通常对应现实世界的一个实体集。例如，“学生”关系对应于学生的集合。

(2) 现实世界中的实体是可区分的，即它们具有某种唯一性标识。例如，每个学生都是独立的个体，是不一样的。

(3) 关系模型中以主键作为唯一性标识。

(4) 主键中的属性即主属性不能取空值。如果主属性取空值，就说明存在某个不可标识的实体，即存在不可区分的实体，这与(2)相矛盾，因此这个规则称为实体完整性。

2. 参照完整性(Referential Integrity)

参照完整性规则为：如果属性(或属性组)F 是基本关系 R 的外键，它与基本关系 S 的主键 Ks 相对应(基本关系 R 和 S 不一定是不同的关系)，则对于 R 中每个元组在 F 上的值必须为空或是等于 S 中某个元组的主键值。

现实世界中的实体之间往往存在某种联系，在关系模型中，实体和实体之间的联系都是用关系来描述的，这样就自然存在着关系和关系间的引用。例如，图 1-6 中的“学生”表和“院系”表，“学生”表中每条学生记录的“院系 ID”在“院系”表中必须存在，即学生所属的院系必须是该学校中已存在的院系。

说明：

除了不同关系之间存在参照完整性之外，同一个关系的内部也可能存在参照完整性。

3. 用户定义的完整性(User-defined Integrity)

任何关系数据库系统都应该支持实体完整性和参照完整性。这是关系模型所要求的。除此之外，不同的关系数据库系统根据其应用环境的不同，往往还需要一些特殊的约束条件。用户定义的完整性就是针对某一具体关系数据库的约束条件。它反映某一具体应用所涉及的数据必须满足的语义要求。例如，某个属性必须取唯一值、某个非主属性也不能取空值、某个属性的取值范围在 0~100 之间(如学生的成绩)等。

关系模型应提供定义和检验这类完整性的机制，以便用统一的、系统的方法处理它们，而不要由应用程序承担这一功能。

1.5　关系代数

关系代数是一种抽象的查询语言，它用关系的运算来表达查询。

任何一种运算都是将一定的运算符作用于一定的运算对象之上，从而得到预期的结果，所以运算对象、运算符和运算结果是运算的三大要素。

关系代数的运算对象是关系，运算结果也是关系。关系代数用到的运算符包括 4 类：集合运算符、专门的关系运算符、比较运算符和逻辑运算符，如表 1-4 所示。

表 1-4　关系代数用到的运算符

运算符		含义	运算符		含义
集合运算符	∪	并	比较运算符	>	大于
	−	差		<	小于
	∩	交		<>	不等于
	×	笛卡尔积		>=	大于等于
				<=	小于等于
专门的关系运算符	σ	选择	逻辑运算符	¬	非
	Π	投影		∧	与
	÷	除		∨	或
	⋈	连接			

按照运算符的不同，可以将关系代数的运算分为传统的集合运算和专门的关系运算两大类。其中，传统的集合运算将关系看成是元组的集合，其运算是从关系的“水平”方向即行的角度来进行的；而专门的关系运算同时涉及行和列。比较运算符和逻辑运算符则是用来辅助专门的关系运算符进行操作的。

关于关系代数的理论，在这仅作简单介绍，详细信息请参考专门的数据库理论书籍。

1.5.1　传统的集合运算

传统的集合运算都是二目运算，包括并、差、交和笛卡尔积 4 种运算。

设关系 R 和关系 S 都具有 n 个属性，且相应的属性取自同一个域，t 是元组变量，$t \in R$ 表示 t 是 R 的一个元组，如图 1-7 所示。

R

A	B	C
a1	b1	c1
a1	b2	c2
a2	b2	c1

S

A	B	C
a1	b2	c2
a1	b3	c2
a2	b2	c1

图 1-7　关系 R 和关系 S

可以定义并、差、交、笛卡尔积运算如下。

1. 并

关系 R 和关系 S 的并运算记作：

$$R \cup S = \{t \mid t \in R \vee t \in S\}$$

其结果仍具有 n 个属性，由属于 R 或属于 S 的元组组成，结果如图 1-8 所示。

A	B	C
a1	b1	c1
a1	b2	c2
a2	b2	c1
a1	b3	c2

图 1-8　R∪S

2. 差

关系 R 和关系 S 的差记作：

$$R - S = \{t \mid t \in R \wedge t \notin S\}$$

其结果关系仍具有 n 个属性，由属于 R 而不属于 S 的所有元组组成，结果如图 1-9 所示。

A	B	C
a1	b1	c1

图 1-9　R-S

3. 交

关系 R 和关系 S 的交记作：

$$R \cap S = \{t \mid t \in R \wedge t \in S\}$$

其结果关系仍具有 n 个属性，由既属于 R 又属于 S 的元组组成。关系的交也可用差来表示，结果如图 1-10 所示。

A	B	C
a1	b2	c2
a2	b2	c1

图 1-10　R∩S

4. 笛卡尔积

严格地讲，在这里的笛卡尔积应该是广义的笛卡尔积，因为这里的笛卡尔积的元素是元组。

两个分别具有 n 和 m 个属性的关系 R 和 S 的笛卡尔积是一个(n+m)列的元组的集合。元组的前 n 列是关系 R 的一个元组，后 m 列是关系 S 的一个元组。若 R 有 k1 个元组，S 有 k2 个元组，则关系 R 和关系 S 的笛卡尔积有 k1×k2 元组。记作：

$$R \times S = \{t_r t_s \mid t_r \in R \wedge t_s \in S\}$$

结果如图 1-11 所示。

R.A	R.B	R.C	S.A	S.B	S.C
a1	b1	c1	a1	b2	c2
a1	b1	c1	a1	b3	c2
a1	b1	c1	a2	b2	c1
a1	b2	c2	a1	b2	c2
a1	b2	c2	a1	b3	c2
a1	b2	c2	a2	b2	c1
a2	b2	c1	a1	b2	c2
a2	b2	c1	a1	b3	c2
a2	b2	c1	a2	b2	c1

图 1-11　R×S

1.5.2　专门的关系运算

专门的关系运算包括选择、投影、连接、除运算等。下面简单介绍关系运算。

1. 选择

从一个关系中选出满足给定条件的记录的操作称为选择或筛选。选择运算是从行的角度进行的运算，选出满足条件的那些记录构成原关系的一个子集，其中，条件表达式中可以使用=、<>、>=、>、<和<=等比较运算符，多个条件之间可以使用 AND(∧)、OR(∨)和 NOT(¬)进行连接。选择操作记作：

$$\sigma_F(R)=\{t \mid t \in R \wedge F(t)='真'\}$$

其中，F 表示选择条件。

假设对于表 1-1 所示的学生信息表 Students，如果要查询年龄小于 25 岁的学生可以表示为：

$$\sigma_{年龄<25}(Students) \text{ 或 } \sigma_{4<25}(Students)$$

运算的结果为学生信息表 Students 中所有年龄小于 25 的记录。这里的 4 表示 Students 表的第 4 列。

2. 投影

从一个关系中选出若干指定字段的值的操作称为投影。投影是从列的角度进行的运算，所得到的字段个数通常比原关系少，或者字段的排列顺序不同。

投影操作记作：

$$\pi_A(R)=\{t[A] \mid t \in R\}$$

其中，A 为 R 中的属性列。

例如，查询学生的姓名和联系电话的操作如下：

$$\pi_{姓名,联系电话}(\text{students}) \text{或} \pi_{2,6}(\text{students})$$

运算的结果为姓名和联系电话两列，以及这两列对应的所有数据组成的关系。

投影之后得到的关系不仅取消了原关系中的某些列，而且还可能取消原关系中的某些元组，因为取消了某些列之后，就可能出现重复行，应取消这些完全相同的行。

3. 连接

连接是把两个关系中的记录按一定条件横向结合，生成一个新的关系。最常用的连接运算是自然连接，它是利用两个关系中公用的字段，把该字段值相等的记录连接起来。

需要明确的是，选择和投影都属于单目运算，它们的操作对象只是一个关系，而连接则是双目运算，其操作对象是两个关系。

连接操作记作：

$$\underset{A\theta B}{R \infty S}=\{t_r t_s \mid t_r \in R \wedge t_s \in S \wedge t_r[A]=t_s[B]\}$$

系统在执行连接运算时，要进行大量的比较操作。不同关系中的公共字段或具有相同语义的字段是实现连接运算的“纽带”。例如，“学生信息表”和“学生成绩表”可以通过“Students.学号”和“Scores.学号”作为连接的“纽带”。

4. 除

给定关系 R(X,Y)和 S(Y,Z)，其中 X、Y、Z 为属性组。R 中的 Y 和 S 中的 Y 可以有不同的属性名，但必须出自相同的域集。

那么 R 和 S 的除运算得到一个新的关系 P(X)，P 是 R 中满足下列条件的元组在 X 属性列上的投影：元组在 X 上分量值 x 的象集 Yx 包含 S 在 Y 上投影的集合。

除运算记作：

$$R \div S = \{t_r[X] \mid t_r \in R \wedge \pi_y(S) \subseteq Y_x\}$$

其中，Y_x 为 x 在 R 中的象集，$x=t_r[X]$。

1.6 规范化理论

为了使数据库设计的方法趋于完善，人们研究了规范化理论。目前规范化理论的研究已经有了很大的发展。本节将主要介绍模式规范化在数据库设计过程中的必要性及其规范化原理。

1.6.1 非规范化的关系

一般而言，关系数据库设计的目标是生成一组关系模式，使用户既无须存储不必要的重复信息，又可以方便地获取信息。方法之一是设计满足适当范式的模式。在学习范式前，首先来了解非规范化的表格。

- 当一个关系中的所有字段都是不可分割的数据项时，称该关系是规范化的。但是，当表格中有一个字段具有组合数据项时，即为不规范化的表，如图 1-12 所示。

编号	店名	季度营业额			
		第一季度	第二季度	第三季度	第四季度

图 1-12 字段含有组合数据项的不规范化表格

- 当表格中含有多值数据项时，该表格同样为不规范化的表格，如图 1-13 所示。

教师编号	教师姓名	年龄	教授科目
101	郑颖	35	数据挖掘
102	王海泉	36	计算机网络 网络协议与安全

←多值数据

图 1-13 多值数据项的不规范化表格

满足一定条件的关系模式称为范式(Normal Form，简称 NF)。关系数据库中的二维表按其规范化程度从低到高可分为 5 级范式，它们分别称为 1NF、2NF、3NF、4NF 和 5NF。规范化程序较高者必是较低者的子集。一个低级范式的关系模式，通过投影分解的方法可转换成多个高一级范式的关系模式的集合，这个过程称为规范化。一般情况下，3NF 基本能够满足需求。下面介绍前 3 种关系范式。

1.6.2 第一范式 1NF

在 1971 年至 1972 年，关系数据模型的创始人 E.F.Codd 系统地提出了第一范式(1NF)、第二范式(2NF)和第三范式(3NF)的概念。

在关系模式 R 的所有属性的值域中，如果每个值都是不可再分解的值，则称 R 是属于第一范式(1NF)。第一范式的模式要求属性值不可再分成更小的部分，即属性项不能是属性组合或组属性组成。

第一范式是最低的规范化要求，它要求关系满足一种最基本的条件，它与其他范式不同，不需要诸如函数依赖之类的额外信息。

第一范式要求数据表不能存在重复的记录，即存在一个关键字，第二个要求是每个字段都已经分到最小不再可分，关系数据库的定义就决定了数据库满足这一条。主关键字应满足下面几个条件。

- 主关键字在表中是唯一的。
- 主关键字段不存在空值。
- 每条记录都必须有一个主关键字。
- 主关键字是关键字的最小子集。

从非规范化关系转换为 1NF 的方法很简单，以图 1-12 和图 1-13 所示的表格为例，分别进行如图 1-14 和图 1-15 所示的转变，即可满足第一范式的关系。

编号	店名	第一季度	第二季度	第三季度	第四季度

图 1-14　横向展开成第一范式关系

教师编号	教师姓名	年龄	教授科目
101	郑颖	35	数据挖掘
102	王海泉	36	计算机网络
102	王海泉	36	网络协议与安全

图 1-15　纵向展开成第一范式关系

满足第一范式的关系模式有许多不必要的重复值，并且增加了修改数据时疏漏的可能性，为了避免这种数据冗余和更新数据的疏漏，就引出了第二范式。

1.6.3　第二范式 2NF

如果一个关系属于第一范式(1NF)，且所有的非主关键字段都完全依赖于主关键字，则称之为第二范式。

举个例子来说，有一个存储物品的关系有 5 个字段(物品 ID、仓库号、物品名称、物品数量、仓库地址)，这个库符合 1NF，其中“物品 ID”和“仓库号”构成主关键字，但因为“仓库地址”只完全依赖于“仓库号”，即只依赖于主关键字的一部分，所以它不符合第二范式(2NF)。这样首先存在数据冗余，因为仓库数量可能不多，其次，在更改仓库地址时，如果漏改了某一条记录，存在数据不一致性。再次，如果某个仓库的物品全部出库了，那么这个仓库地址就会丢失，所以这种关系不允许存在某个仓库中不放物品的情况。可以用投影分解的方法消除部分依赖的情况，从而达到 2NF 的标准。方法是从关系中分解出新的二维表，使得每个二维表中所有的非关键字都完全依赖于各自的主关键字。这里可以做如下分解，将原来的一个表分解成两个表：

- 物品(物品 ID，仓库号，物品名称，物品数量)
- 仓库(仓库号，仓库地址)

这样就完全符合第二范式(2NF)了。

如图 1-15 所示的表格虽然已经符合 1NF 的要求，但表中仍然存在着数据冗余和潜在的数据更新异常。此时，可以将表格分解成两个关系，如图 1-16 所示。

教师编号	教师姓名	年龄
101	郑颖	35
102	王海泉	36
102	王海泉	36

教师编号	教授科目
101	数据挖掘
102	计算机网络
102	网络协议与安全

图 1-16　展开成第二范式关系

1.6.4　第三范式 3NF

如果一个关系属于第二范式(2NF)，且每个非关键字不传递依赖于主关键字，这种关系就是第三范式(3NF)。简而言之，从 2NF 中消除传递依赖，就是 3NF。如有一个关系(姓名，工资等级，工资额)，其中姓名是关键字，此关系符合 2NF，但是因为工资等级决定工资额，这就叫传递依赖，它不符合 3NF。同样可以使用投影分解的方法将上表分解成两个表：(姓名，工资等级)和(工资等级，工资额)。

上面提到了投影分解的方法，关系模式的规范化过程是通过投影分解来实现的。这种把低一级关系模式分解成若干个高一级关系模式的投影分解方法不是唯一的，应该在分解中满足 3 个条件。

- 无损连接分解，分解后不丢失信息。
- 分解后得到的每个关系都是高一级范式，不要同级甚至低级分解。
- 分解的个数最少，这就是完美要求，应该做到尽量少。

如图 1-17 所示满足第二范式，但是该关系中的字段仍然存在较高的数据冗余。

员工编号	姓名	部门编号	部门名称	办公室
1	黄鹏	XS	销售部	101
2	周音	XS	销售部	101
3	赵鹏程	CW	财务部	106
4	李厉	SH	策划部	103
5	张小城	XZ	行政部	105

图 1-17　满足第二范式的关系模式

转换为第三范式后的关系模式如图 1-18 所示。

员工编号	姓名	部门编号
1	黄鹏	XS
2	周音	XS
3	赵鹏程	CW
4	李厉	SH
5	张小城	XZ

部门编号	部门名称	办公室
XS	销售部	101
CW	财务部	106
SH	策划部	103
XZ	行政部	105

图 1-18　展开成第三范式关系

从以上内容可知，规范化的基本思想是逐步消除数据依赖中不合适的部分，使模式中的各种关系模式达到某种程度的“分离”，即“一事一地”的模式设计原则。让一个关系描述一个概念、一个实体或者实体间的一种联系。如果多于一个概念，就把它分离出去。因此，所谓规范化实质上是概念的单一化。

应该指出的是，规范化的优点是明显的，它避免了大量的数据冗余，节省了空间，保持了数据的一致性，如果完全达到3NF，用户不会在超过两个以上的地方更改同一个值，而当记录会经常发生改变时，这个优点便很容易显现出来。但是，它最大的不利是，由于用户把信息放置在不同的表中，增加了操作的难度，同时把多个表连接在一起的时间花费也是巨大的，节省了时间必然付出了空间的代价；反之，节省了空间也必然要付出时间的代价，时间和空间在计算机领域中是一个矛盾统一体，它们是互相作用、对立统一的。

1.7　数据库语言

数据库系统提供两种不同类型的语言：一种是数据定义语言，用于定义数据库模式；另一种是数据操纵语言，用于表达数据库的查询和更新。而实际上，数据定义和数据操纵语言并不是两种分离的语言，相反，它们构成了单一的数据库语言，如广泛使用的SQL语言。

1.7.1　数据定义语言 DDL

数据库模式是通过一系列定义来说明的，这些定义由一种称为数据定义语言(Data-Definiton Language，简称 DDL)的特殊语言来表达。例如，下面的 SQL 语句描述了Students 表的定义：

```
Create table Students
  (Sno varchar(10),
  Sname varchar(50),
  Ssex varchar(4),
  Sage  integer,
  Sdeptno integer ,
  Stelephone varchar(20))
```

1.7.2　数据操纵语言 DML

数据操纵语言(Data-Manipulation Language，简称 DML)使得用户可以访问或操纵那些按照某种特定数据模式组织起来的数据。数据操纵包括对存储在数据库中的信息进行检索，向数据库中插入新的信息，从数据库中删除信息和修改数据库中存储的信息。

通常有以下两种基本的数据操纵语言。

- 过程化 DML：要求指定需要什么数据以及如何获得这些数据。
- 陈述式 DML：也称非过程化 DML，只要求用户指定需要什么数据，而不指明如何获得这些数据。

通常陈述式 DML 比过程化 DML 更易学易用。但是，由于不必指明如何获得数据，因此数据库系统会指出一种访问数据的高效路径。SQL 语言的 DML 部分是非过程化的。

查询是要求对信息进行检索的语句。DML 中涉及信息检索的部分称为查询语句。例如，下面的语句将从 Students 表中查询名为“葛萌萌”的用户信息：

```
SELECT * FROM Students WHERE cname= '葛萌萌';
```

1.8　数据库设计

数据库设计是指对于一个给定的应用系统，构造(设计)优化的数据库逻辑模式和物理结构，并据此建立数据库及其应用系统，使之能够有效地存储和管理数据，满足各种用户的应用需求，包括信息管理要求和数据操作要求。

- 信息管理要求是指在数据库中应该存储和管理哪些数据对象。
- 数据操作要求是指对数据对象需要进行哪些操作，如查询、增加、删除、修改和统计等操作。

1.8.1　数据库设计的目标

数据库设计的目标是为用户和各种应用系统提供一个信息基础设施和高效率的运行环境。高效率的运行环境包括数据库数据的存取效率、数据库存储空间的利用率以及数据库系统运行管理的效率等。

1.8.2　数据库设计的特点

数据库设计和一般的软件系统的设计、开发和运行与维护有许多相同之处，更有其自身的一些特点。

1. 数据库建设的基本规律

“三分技术，七分管理，十二分基础数据”是数据库设计的特点之一。

在数据库建设中，不仅涉及技术，还涉及管理。要建设好一个数据库应用系统，开发技术固然重要，但是相比之下管理则更加重要。这里的管理不仅仅包括数据库建设作为一个大型的工程项目本身的项目管理，而且包括该企业的业务管理。

“十二分基础数据”则强调了数据的收集、整理、组织和不断更新是数据库建设中的重要环节。人们往往忽视基础数据在数据库建设中的地位和作用。基础数据的收集、入库是数据建立初期工作量最大、最烦琐、最细致的工作。在以后数据库运行过程中更需要不断地把新的数据加入到数据库中，使数据库成为一个“活库”，否则就成为“死库”。数据库一旦成了“死库”，系统也就失去了应用价值，原来的投资也就失败了。

2. 结构(数据)设计和行为(处理)设计相结合

数据库设计应该和应用系统相结合。也就是说，整个设计过程中要把数据库结构设计和对数据的处理设计密切结合起来。这是数据库设计的特点之二。

在早期的数据库应用系统开发过程中，常常把数据库设计和应用系统的设计相分离开来。由于数据库设计有它专门的技术和理论，因此，需要专门来讲解数据库设计。这并不等于数据库设计和在数据库之上开发应用系统是相互分离的。相反，必须强调设计过程中数据库设计和应用程序的密切结合，并把它作为数据库设计的重要特点。

1.8.3 数据库设计的方法

大型数据库设计是涉及多学科的综合性技术，同时又是一项庞大的工程项目。它要求从事数据库设计的专业人员具备多方面的技术和知识。主要包括：计算机的基础知识、软件工程的原理和方法、程序设计的方法和技巧、数据库的基本知识、数据库设计技术、应用领域的知识等。这样才能设计出符合具体领域要求的数据库及其应用系统。

早期数据库设计主要采用手工与经验相结合的方法。设计的质量往往与设计人员的经验与水平有直接的关系。数据库设计是一种技艺，缺乏科学理论和工程方法的支持，设计质量难以保证。因此，人们努力探索，提出了各种数据库设计方法，其中比较著名的有以下 4 种。

- 新奥尔良(New Orleans)方法：该方法把数据库设计分为若干阶段和步骤，并采用一些辅助手段实现每一过程。它运用软件工程的思想，按一定的设计规程用工程化方法设计数据库。新奥尔良方法属于规范化设计法。虽然从本质上看它仍然是手工设计方法，其基本思想是过程迭代和逐步求精。
- 基于 E-R 模型的数据库设计方法：该方法用 E-R 模型来设计数据库的概念模型，是数据库概念设计阶段广泛采用的方法。
- 3NF(第三范式)设计方法：该方法用关系数据理论为指导来设计数据库的逻辑模型，是设计关系数据库时在逻辑阶段可以采用的一种有效方法。
- ODL(Object Definition Language)方法：这是面向对象的数据库设计方法。该方法用面向对象的概念和术语来说明数据库结构。ODL 可以描述面向对象的数据库结构设计，可以直接转换为面向对象的数据库。

1.8.4 数据库设计的步骤

数据库设计是指对于一个给定的应用环境，构造最优的数据库模式，建立数据库及其应用系统，使之能够有效地存储数据，满足各种用户的应用需求。

数据库设计一般分为以下 6 个步骤。

1. 需求分析

进行数据库设计首先必须准确了解与分析用户需求，包括数据和处理。需求分析是整个设计过程的基础，是最困难、最耗时的一步。作为“地基”的需求分析是否做得充分与准确，决定了在其上构建数据库大厦的速度与质量。需求分析做得不好，可能会导致整个数据库设计返工重做。

2. 概念结构设计

概念结构设计是整个数据库设计的关键，它通过对用户需求进行综合、归纳与抽象，形成一个独立于具体 DBMS 的概念模型。

概念模型是整个组织各个用户关心的信息结构。描述概念结构的有力工具是 E-R 图。数据库设计通常基于 E-R 模型来进行，然后转化成关系模型。

3. 逻辑结构设计

逻辑结构设计将概念结构转换为某个 DBMS 所支持的数据模型，并对其进行优化。

4. 物理结构设计

物理结构设计为逻辑数据模型选取一个最适合应用环境的物理结构，包括存储结构和存取方法等。物理结构设计通常分为以下两步。

- 确定数据库的物理结构：可分为确定数据的存取方法和数据的存储结构。
- 对物理结构进行评估：包括对时间效率、空间效率、维护开销和各种用户要求进行权衡，从多种设计方案中选择一个较优的方案。

5. 数据库实施

在数据库实施阶段，设计人员运用 DBMS 提供的数据库语言(如 SQL)及其宿主语言，根据逻辑设计和物理设计的结果建立数据库，编制与调试应用程序，组织数据入库，并进行调试运行。

(1) 定义数据库结构

确定了数据库的逻辑结构与物理结构后，就可以用所选用的 DBMS 提供的数据定义语言(DDL)来严格描述数据库结构。

(2) 数据装载

数据库结构建立后，就可以向数据库中装载数据了。组织数据入库是数据库实施阶段最主要的工作。对于数据量不是很大的小型系统，可以用人工方式完成数据的入库，具体包括如下几个步骤。

- 筛选数据：需要装入数据库中的数据通常都分散在各个部门的数据文件或原始凭证中，所以首先必须把需要入库的数据筛选出来。
- 转换数据格式：筛选出来的需要入库的数据，其格式往往不符合数据库要求，还需要进行转换。这种转换有时可能很复杂。
- 输入数据：将转换好的数据输入计算机中。
- 校验数据：检查输入的数据是否有误。

对于中大型系统，由于数据量大，用人工方式组织数据入库将会耗费大量人力物力，而且很难保证数据的正确性，因此应该设计一个数据输入子系统由计算机辅助数据的入库工作。

(3) 编制与调试应用程序

数据库应用程序的设计应该与数据设计并行进行。在数据库实施阶段，当数据库结构建立好后，就可以开始编制与调试数据库的应用程序，也就是说，编制与调试应用程序是与组织数据入库同步进行的。调试应用程序时由于数据入库尚未完成，可先使用模拟数据。

(4) 数据库试运行

应用程序调试完成，并且已有少部分数据入库后，就可以开展数据库的试运行。数据库试运行也称为联合调试，其主要工作如下。

- 功能测试：即实际运行应用程序，执行对数据库的各种操作，测试应用程序的各种功能。
- 性能测试：即测量系统的性能指标，分析是否符合设计目标。

6. 数据库运行和维护

数据库应用系统经过试运行后即可投入正式运行。数据库投入运行标志着开发任务的基本完成和维护工作的开始，并不意味着设计过程的终结，由于应用环境在不断变化，数据库运行过程中物理存储也会不断变化，对数据库设计进行评价、调整、修改等维护工作是一个长期的任务，也是设计工作的继续和提高。

在数据库运行阶段，对数据库经常性的维护工作主要是由 DBA 完成的，主要包括以下内容。

(1) 数据库的转储和恢复

定期对数据库和日志文件进行备份，以保证一旦发生故障，能利用数据库备份及日志文件备份，尽快将数据库恢复到某种一致性状态，并尽可能减少对数据库的破坏。

(2) 数据库的安全性、完整性控制

DBA 必须对数据库安全性和完整性控制负起责任。根据用户的实际需要授予不同的操作权限。另外，由于应用环境的变化，数据库的完整性约束条件也会变化，也需要 DBA 不断修正，以满足用户要求。

(3) 数据库性能的监督、分析和改进

目前，许多 DBMS 产品都提供了监测系统性能参数的工具，DBA 可以利用这些工具方便地得到系统运行过程中一系列性能参数的值。DBA 应该仔细分析这些数据，通过调整某些参数来进一步改进数据库性能。

(4) 数据库的重组织和重构造

数据库运行一段时间后，由于记录的不断被增、删、改，会使数据库的物理存储变坏，从而降低数据库存储空间的利用率和数据的存取效率，使数据库的性能下降。这时，DBA 就要对数据库进行重组织，或部分重组织(只对频繁增、删的表进行重组织)。数据库的重组织不会改变原设计的数据逻辑结构和物理结构，只是按原设计要求重新安排存储位置，回收垃圾，减少指针链，提高系统性能。DBMS 一般都提供了供重组织数据库使用的实用程序，帮助 DBA 重新组织数据库。

数据库应用环境发生变化，会导致实体及实体间的联系也发生相应的变化，使原有的数据库设计不能很好地满足新的需求，从而不得不适当调整数据库的模式和内模式，这就是数据库的重构造。DBMS 都提供了修改数据库结构的功能。

重构造数据库的程度是有限的。如果应用变化太大，已无法通过重构数据库来满足新的需求，或重构数据库的代价太大时，则表明现有数据库应用系统的生命周期已经结束，应该重新设计新的数据库系统，开始新数据库应用系统的生命周期。

提示：

设计一个完善的数据库应用系统不是一蹴而就的，往往是上述的 6 个阶段的不断反复。

1.9　本章小结

随着信息技术的飞速发展，需要处理的数据越来越多，将越来越多的资料存入计算机中，并通过一些编制好的计算机程序对这些资料进行管理，这些程序后来就被称为“数据库管理系统”(DBMS)，它们可以帮助管理输入到计算机中的大量数据。本章主要介绍了数据库的基本概念、数据模型、数据库管理系统、关系数据库和关系代数、安全性和完整性，以及数据库设计的内容和一般步骤等数据库基础理论知识。Access 是基于关系模型的数据库管理系统。本章的知识虽然过于理论化，但掌握这些理论是学好 Access 的重要基础。通过本章的学习，读者应该能够掌握什么是数据库，什么是数据库管理系统等基本概念，了解数据库设计的基本步骤，为后续章节的学习打下良好的基础。

1.10　思考和练习

1.10.1　思考题

1. 什么是数据库？什么是数据库系统？
2. 什么是数据库管理系统？它主要有哪些功能？
3. 说出几种常用的数据模型。
4. 什么是关系模型？它是如何表示实体和实体之间的联系的？
5. 常用的关系运算有哪些？如何区分一元运算和二元运算？
6. 为什么要进行关系模式规范化？
7. 第三范式与第二范式相比有哪些改进？
8. 什么是数据操纵语言？它有什么作用？
9. 简述数据库设计的步骤。

1.10.2　练习题

1. 企业进销存管理系统主要实现从进货、库存到销售的一体化信息管理，涉及商品信息、商品的供应商、购买商品的客户等多个实体。根据下面的描述创建客户实体 E-R 图、供应商实体 E-R 图、商品实体 E-R 图、

- 企业进销存管理系统将记录所有的客户信息，在销售、退货等操作时，将直接引用该客户的实体属性。客户实体包括客户编号、客户名称、简称、地址、电话、邮政编码、联系人、联系人电话、传真、开户行和账号等属性。
- 不同的供应商可以为企业提供不同的商品，在商品信息中将引用商品供应商的实体属性。供应商实体包括编号、名称、简称、地址、电话、邮政编码、传真、联系人、联系电话、开户行和 E-mail 属性。

● 商品信息是进销存管理系统中的基本信息，系统将维护商品的进货、退货、销售、入库等操作。商品实体包括编号、商品名称、商品简称、产地、单位、规格、包装、批号、批准文号、商品简介和供应商属性。

2．请简述满足 1NF、2NF 和 3NF 的基本条件。并完成以下题目。

某信息一览表如图 1-19 所示，其是否满足 3NF？若不满足，请将其转化为符合 3NF 的关系。

考生编号	姓名	性别	考生学校	考场号	考场地点	成绩	
						考试成绩	学分

图 1-19　信息一

第2章　Access 2013基础

Access 2013 是一个面向对象的、采用事件驱动的新型关系数据库，它提供了强大的数据处理功能，可以组织和共享数据库信息，以便对数据库数据进行分析，做出有效决策。它具有界面友好、易学易用、开发简单、接口灵活等特点，因此，目前许多中小型网站都使用 Access 作为后台数据库系统。本章将主要介绍 Access 2013 的基本工作环境及其所使用到的对象。

本章的学习目标：

- 掌握 Access 2013 的启动与关闭操作
- 掌握 Access 2013 各功能区的命令选项及其使用
- 熟悉自定义功能区
- 掌握 Access 2013 数据库对象的功能
- 了解自定义快速访问工具栏的使用

2.1　初识 Access 2013

Access 是美国 Microsoft 公司推出的关系型数据库管理系统(RDBMS)，它是 Microsoft Office 的组成部分之一，具有与 Word、Excel 和 PowerPoint 等相同的操作界面，深受广大用户的喜爱。目前，Microsoft Office 2013 是应用的主流版本，因此，本书以 Access 2013 版本为背景来介绍 Access 的使用。Access 2013 虽然是独立的软件，但它不是孤立的，Access 2013 可以通过 ODBC 与 Oracle、Sybase、FoxPro 等其他数据库相连，实现数据的交换和共享。

2.1.1　Access 简介

Access 2013 是一个面向对象的、采用事件驱动的新型关系数据库。它提供了表生成器、查询生成器、宏生成器和报表设计器等许多可视化的操作工具，以及数据库向导、表向导、查询向导、窗体向导、报表向导等多种向导，使用户能够很方便地构建一个功能完善的数据库系统。

1. 概述

Access 能操作其他来源的数据，包括许多流行的 PC 数据库程序(如 DBASE、Paradox、FoxPro)和服务器、小型机及大型机上的许多 SQL 数据库。此外，Access 还提供了 Windows 操作系统的高级应用程序开发系统。与其他数据库开发系统相比，Access 有一个明显的区别，就是用户不需要编写一行代码，就可以在很短的时间里开发出一个功能强大且相当专业的数据库应用程序，并且这一过程是完全可视的，如果能给它加上一些简短的 VBA 代码，那么开发出的程序就与专业程序员潜心开发的程序一样了。

Access 的最主要优点是它不用携带向上兼容的软件。无论是对于有经验的数据库设计人员还是那些刚刚接触数据库管理系统的新手，都会发现 Access 所提供的各种工具既实用又方便，同时还能够获得高效的数据处理能力。

2. Access 发展历程

Access 数据库软件它经历了一个长期的发展过程。

Microsoft 公司在 1990 年 5 月推出 Windows 3.0，该程序立刻受到了用户的欢迎和喜爱。1992 年 11 月 Microsoft 公司发行了 Windows 数据库关系系统 Access 1.0 版本。从此，Access 不断改进和再设计，自 1995 年起，Access 成为办公软件 Office 95 的一部分。多年来，Microsoft 先后推出的 Access 版本有 2.0、7.0/95、8.0/97、9.0/2000、10.0/2002、2003、2007、2010，直到今天的 Access 2013、2016 版。本教程将介绍主流的版本 Access 2013。

2.1.2　启动 Access 2013

在安装好 Microsoft Office 2013 软件包之后，就可以从 Windows 界面启动 Access 2013 了。选择【开始】|【所有程序】| Microsoft Office 2013 | Access 2013 命令，即可启动 Access 2013。启动后的界面如图 2-1 所示。

提示：

若在安装 Access 2013 时在桌面上创建有快捷方式，可以通过双击快捷方式启动该软件；若未创建，可创建一个快捷方式，其操作方法为：将鼠标指针移到【开始】|【所有程序】| Microsoft Office 2013 | Access 2013 命令上，按住鼠标左键不放，将其拖放到桌面上。

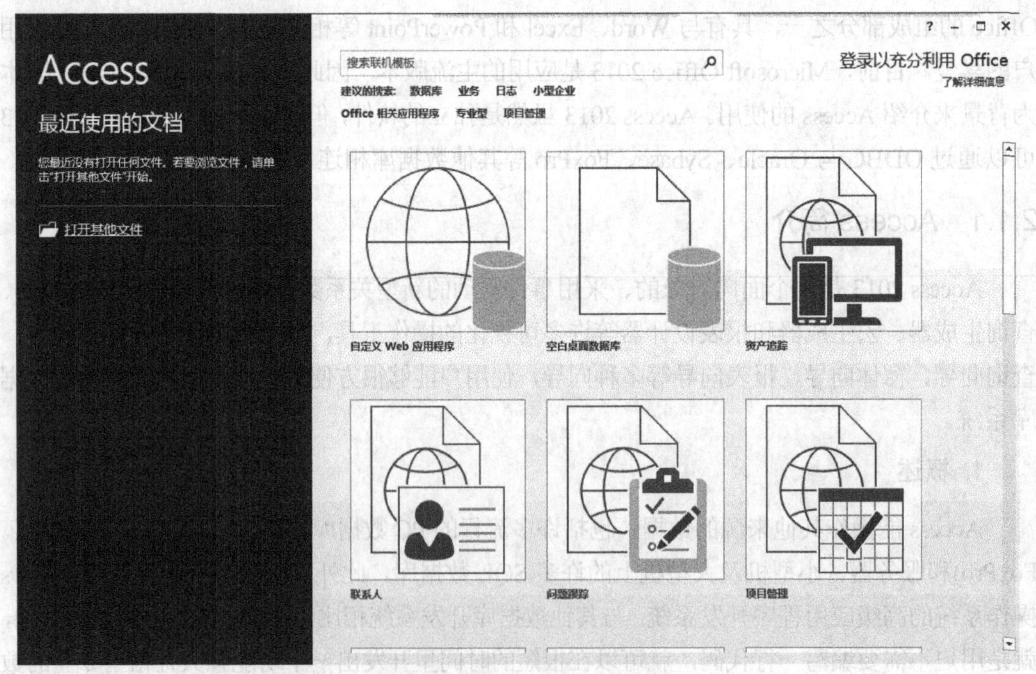

图 2-1　Access 2013 初始界面

2.1.3　关闭 Access 2013

关闭 Access 2013 的操作方法有以下几种。

(1) 单击标题栏右端的 Access 窗口的【关闭】按钮。

(2) 单击标题栏左端的 Access 窗口的【控制菜单】图标，在打开的下拉菜单中选择【关闭】命令。

(3) 按组合键 Alt + F4 键。

(4) 双击标题栏左端的 Access 窗口的【控制菜单】图标。

(5) 右击标题栏，在打开的快捷菜单中，选择【关闭】命令。

无论何时退出 Access 2013，Access 都将自动保存对数据所做的更改。但是，如果上一次保存之后又更改了数据库对象的设计，Microsoft Access 将在关闭之前询问是否保存这些更改。

2.2　Access 2013 的工作界面

Access 2013 与 Access 2010 和 2007 非常类似。Access 2013 启动后，屏幕上就会出现 Access 2013 的初始界面，如图 2-1 所示。由于此时没有打开任何数据库文件，所以很多功能菜单还看不到。

2.2.1　起始页

从图 2-1 可以看到，Access 2013 的起始页分为左右两个区域。左侧列出了最近使用的文档列表和【打开其他文件】按钮；右侧显示的是新建数据库可以使用的【模板】。

单击【打开其他文件】按钮，将进入 Access 2013 的【打开】界面，在该界面中可以打开【最近使用的文件】，或者选择 OneDrive 和【计算机】中其他未知的数据库文件，如图 2-2 所示。

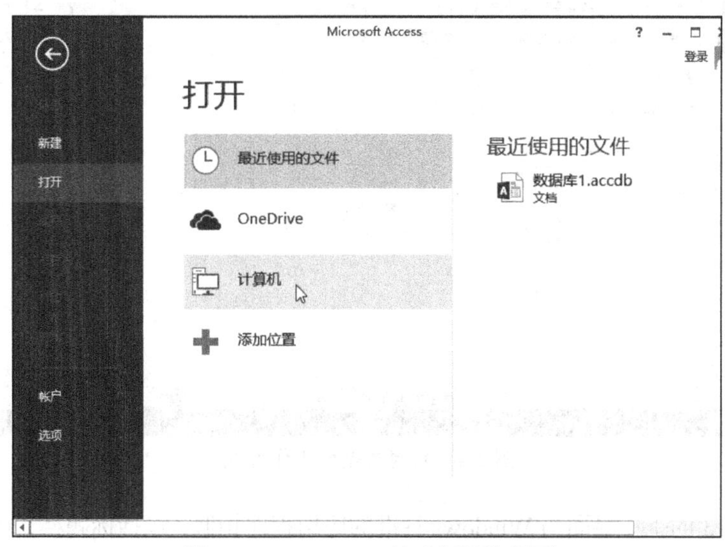

图 2-2　Access 2013 的【打开】界面

单击左上角的后退按钮，可以返回到起始页。

Access 2013 提供的每个模板都是一个完整的应用程序，具有预先建立好的表、窗体、报表、查询、宏和表关系等。如果模板设计能够满足需求，则通过模板建立数据库以后，就可以立即利用数据库工具开始工作；如果模板设计不能够完全满足需求，则可以使用模板作为基础，对所创建的数据库进行修改，从而得到符合特定需求的数据库。

用户也可以通过模板中的【空白桌面数据库】选项来创建一个空白数据库。此时将弹出对话框要求输入新数据库的名称和文件存放路径，如图 2-3 所示。单击图中对话框两边的箭头按钮和可以为新建的数据库选择不同的模板。

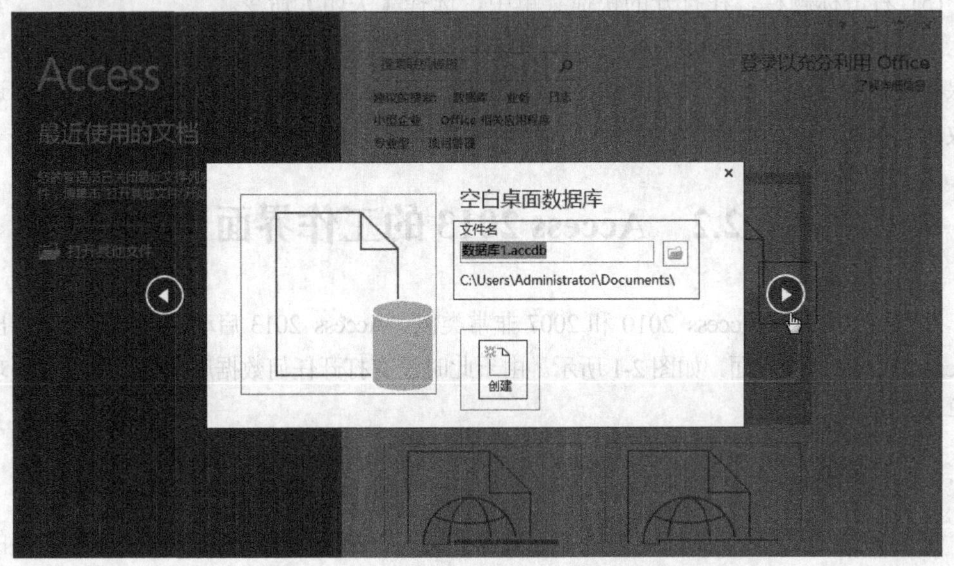

图 2-3　输入新数据库的名称和存放路径

单击【创建】按钮即可以指定的模板新建数据库。新建的空数据库中什么都没有，此时的工作界面如图 2-4 所示。

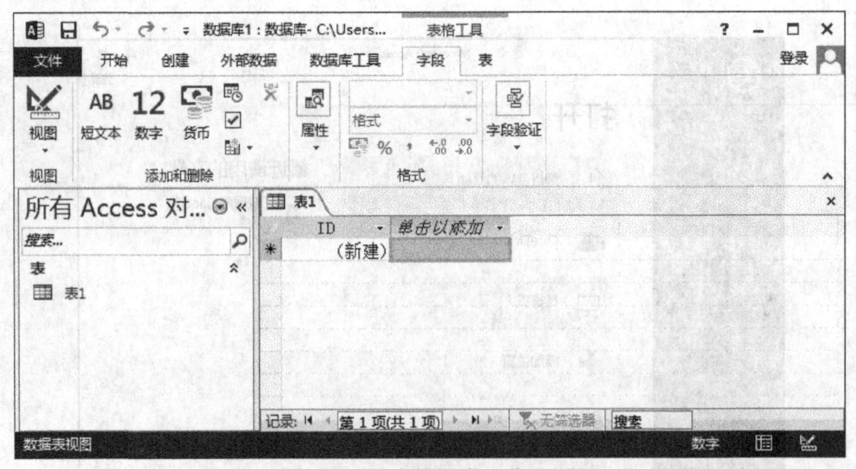

图 2-4　新建数据库工作界面

Access 2013 的工作界面与 Windows 标准的应用程序相似，包括标题栏、功能区选项卡、状态栏、导航窗格、数据库对象窗口等部分。

2.2.2　标题栏

【标题栏】位于 Access 2013 工作界面的最上端，用于显示当前打开的数据库文件名。在标题栏的右侧有 3 个小图标，从左到右依次用于最小化、最大化(还原)和关闭应用程序窗口，这是标准的 Windows 应用程序的组成部分。

标题栏最左端的 Access 图标是控制图标，单击控制图标会出现如图 2-5 所示的控制菜单。通过该菜单可以控制 Access 2013 窗口的还原、移动、大小、最小化、最大化和关闭等。双击控制图标，可以直接关闭 Access 2013 窗口。

控制图标的右边是【自定义快速访问工具栏】，如图 2-6 所示，单击工具栏右侧的下拉按钮，将打开【自定义快速访问工具栏】下拉菜单，可以定义工具栏中显示的快捷操作图标。

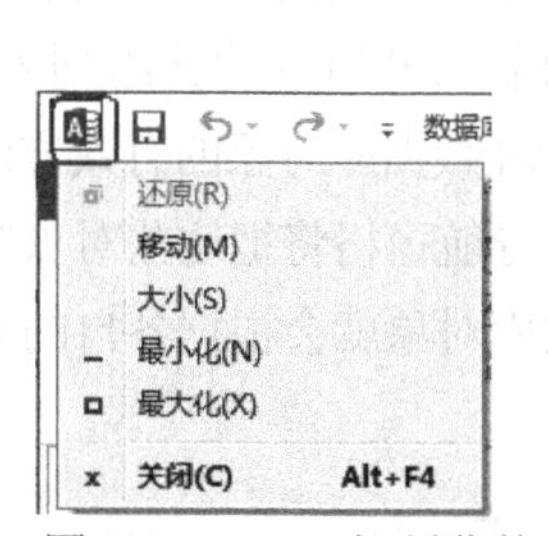

图 2-5　Access 控制菜单

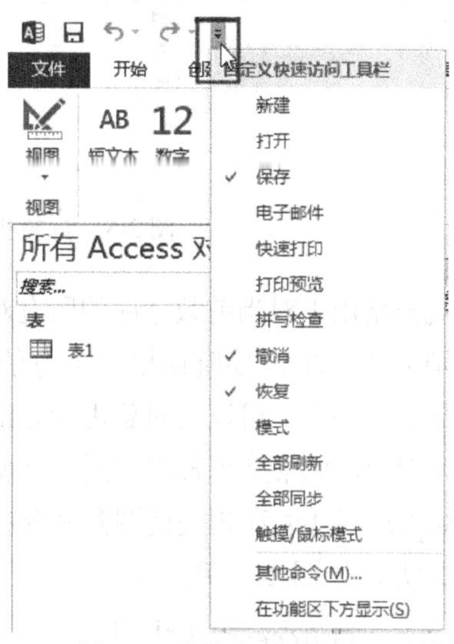

图 2-6　自定义快速访问工具栏

2.2.3　功能区

功能区是一个带状区域，位于程序窗口的顶部，标题栏的下方，它以选项卡的形式将各种相关的功能组合在一起，提供了Access 2013中主要的命令界面，如图2-7所示为功能区的【创建】选项卡。

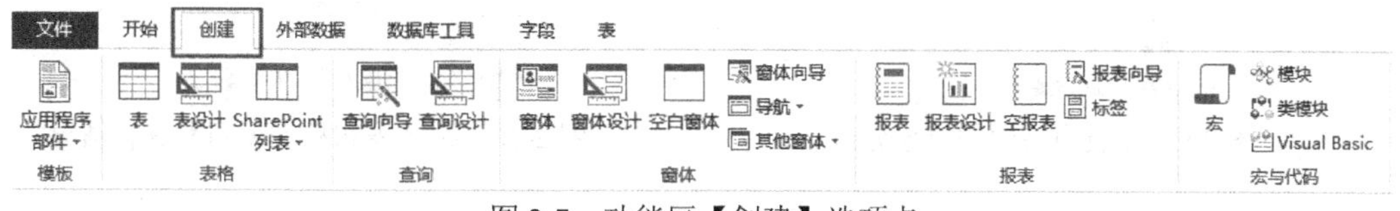

图 2-7　功能区【创建】选项卡

通过 Access 2013 的功能区，可以快速查找所需的命令。例如，要创建一个新的表格，可以在【创建】选项卡下找到各种创建表格的方式。

使用这种选项卡式的功能区，可以使各种命令的位置与用户界面更为接近，从而大大方便了用户的使用。由于在使用数据库的过程中，功能区是用户使用最频繁的区域，因此将在 2.3 节详细介绍功能区。

2.2.4　导航窗格

导航窗格位于程序窗口的左侧，用于显示当前数据库中的各种数据库对象，它取代了 Access 早期版本中的数据库窗口。导航窗口有两种状态：折叠状态和展开状态，如图 2-8 所示。单击导航窗格上部的 » 按钮或 « 按钮，可以展开或折叠导航窗格。如果需要较大的空间显示数据库，则可以把导航窗格折叠起来。

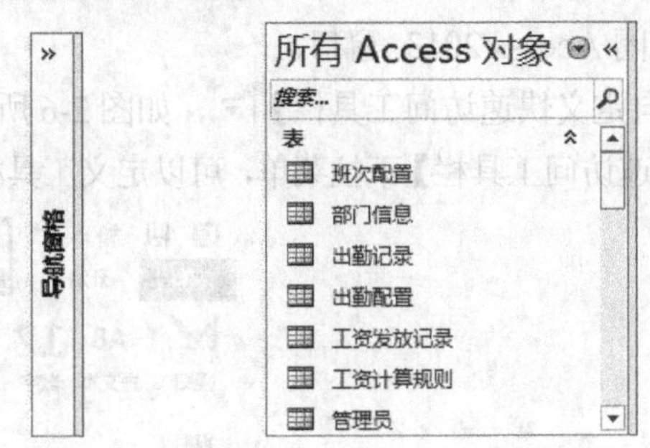

图 2-8　折叠状态与展开状态的导航窗格

导航窗格用于对当前数据库的所有对象进行管理。导航窗格显示数据库中的所有对象，并按类别分组。单击导航窗格右上方的小箭头，可以显示如图 2-9 所示的分组列表。

在导航窗格中，可以对对象进行分组。分组是一种分类管理数据库对象的有效方法。在一个数据库中，如果某个表绑定到一个窗体、查询和报表，则导航窗格将把这些对象归组在一起。如当选择【表和相关视图】命令进行查看时，各种数据库对象就会根据各自的数据源表进行分类，如图 2-10 所示。

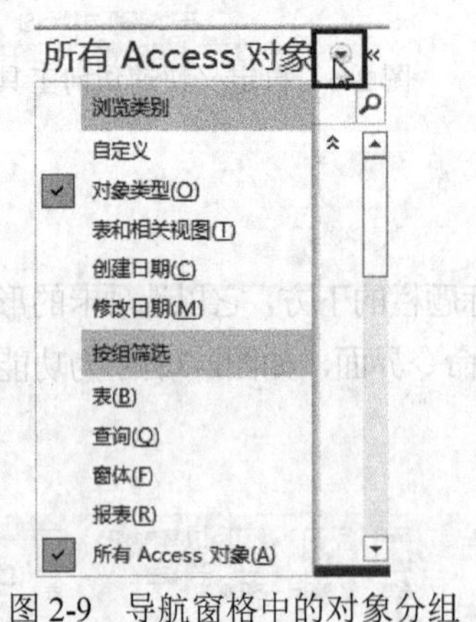

图 2-9　导航窗格中的对象分组

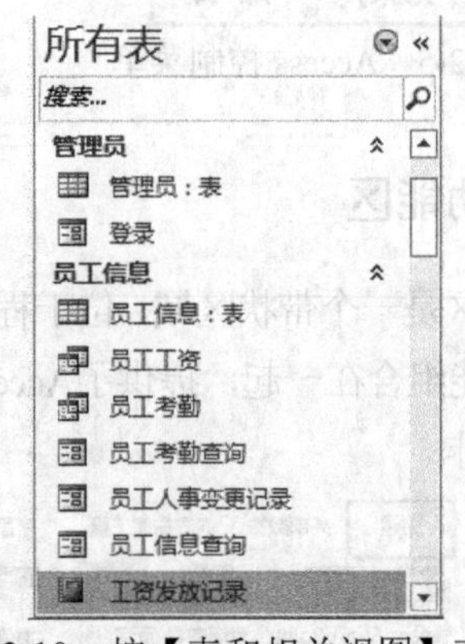

图 2-10　按【表和相关视图】查看结果

知识点：

在导航窗格中，右击任何对象都会弹出快捷菜单，从中可以选择所需的命令以执行相应的操作。

2.2.5　状态栏

状态栏位于程序窗口底部，用于显示状态信息。状态栏中还包含用于切换视图的按钮。如图 2-11 所示是表的【设计视图】中的状态栏。

图 2-11　状态栏

2.3　Access 2013 的功能区

Access 2013 的功能区分为多个部分，其涵盖的功能类似于老版本中的菜单，下面将分别进行介绍。

2.3.1　显示或隐藏功能区

为了扩大数据库的显示区域，Access 2013 允许把功能区折叠起来。单击功能区左端的按钮^即可折叠功能区，如图 2-12 所示。折叠以后，将只显示功能区的选项卡名称，若要再次打开功能区，只需单击命令选项卡即可，此时，鼠标离开功能区区域后，功能区将自动隐藏，如果要功能区一直保持打开状态，则需要单击功能区左端的 按钮固定功能区，如图 2-13 所示。

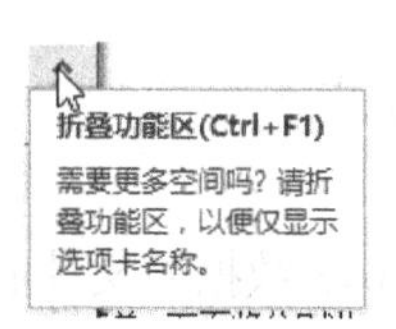

图 2-12　折叠功能区

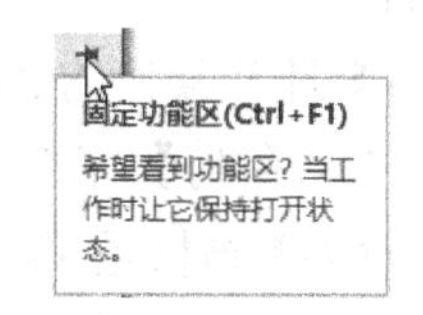

图 2-13　固定功能区

2.3.2　常规命令选项卡

在 Access 2013 的【功能区】中有 5 个常规命令选项卡，分别是【文件】、【开始】、【创建】、【外部数据】和【数据库工具】。每个选项卡下有不同的操作工具，可以通过使用这些工具对数据库中的数据库对象进行操作。

1. 【文件】选项卡

【文件】选项卡是一个特殊的选项卡，它与其他选项卡的结构、布局和功能完全不同。单击【文件】选项卡，打开文件窗口，这是一个由【新建】、【打开】等一组命令组成的菜单，如图 2-14 所示。选择不同的命令按钮，右侧窗格中将显示不同的信息。在文件窗口中，可对数据库文件进行各种操作和对数据库进行设置。

(1) 【信息】窗格

【信息】窗格提供了【启用内容】、【压缩和修复数据库】、【用密码进行加密】等操作选项，如图 2-15 所示。

图 2-14　【文件】选项卡菜单

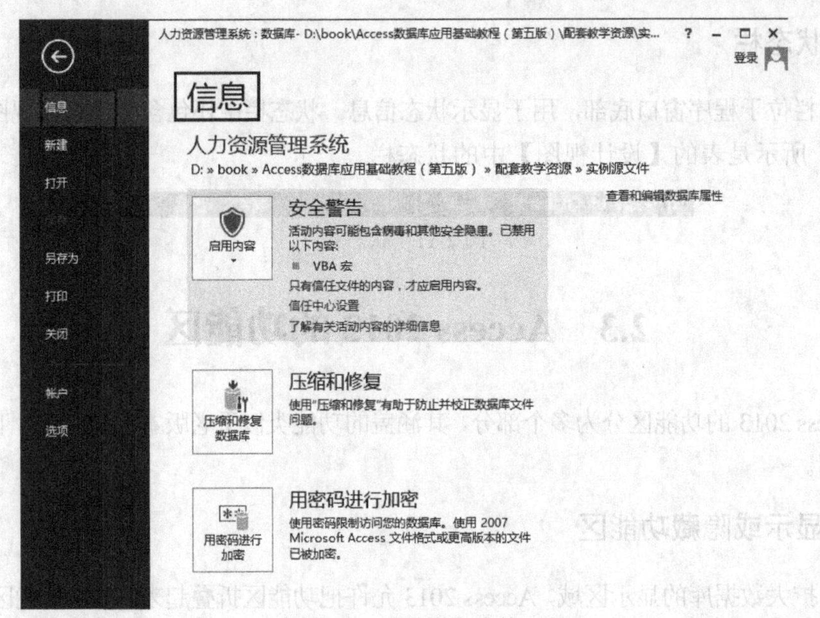

图 2-15　【信息】窗格

(2) 【新建】窗格

【新建】窗格与 Access 2013 的首界面一样，在这个窗格中可进行数据库的创建。

(3) 【打开】窗格

【打开】窗格用于打开其他的 Access 2013 数据库。

(4) 【保存】与【另存为】窗格

【保存】与【另存为】窗格是保存和转换 Access 2013 数据库文件的窗口。在【另存为】窗格中包括【数据库另存为】、【对象另存为】两个选项。右侧窗格中显示对应每个选项的下一级命令信息，如图 2-16 所示。

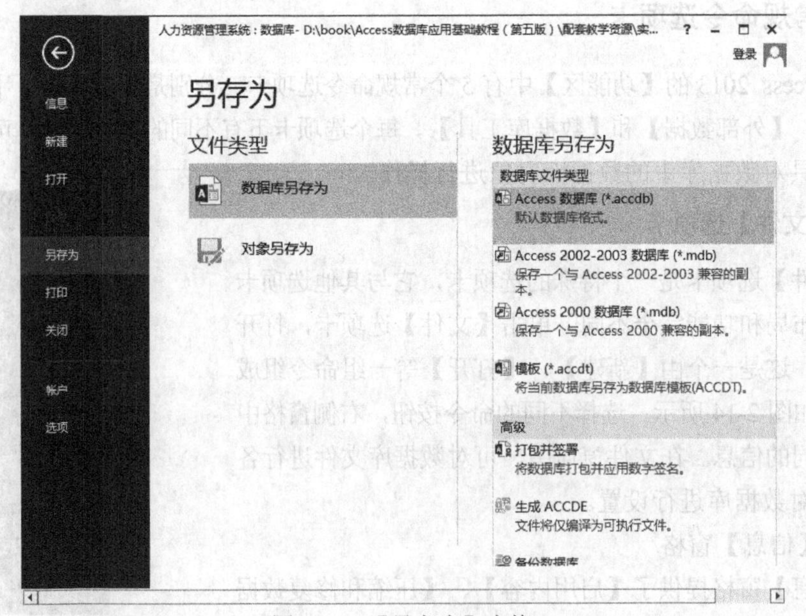

图 2-16　【另存为】窗格

(5) 【打印】窗格

【打印】窗格是打印 Access 2013 报表的操作界面，在该窗格中，有【快速打印】、【打印】和【打印预览】3 个操作选项。

(6) 【关闭】窗格

【关闭】窗格用于关闭当前打开的 Access 2013 数据库，但是并不退出 Access 2013。

(7) 【选项】窗格

单击【选项】命令，将打开如图 2-17 所示的【Access 选项】对话框。通过该对话框，用户可以对 Access 2013 进行个性化设置。

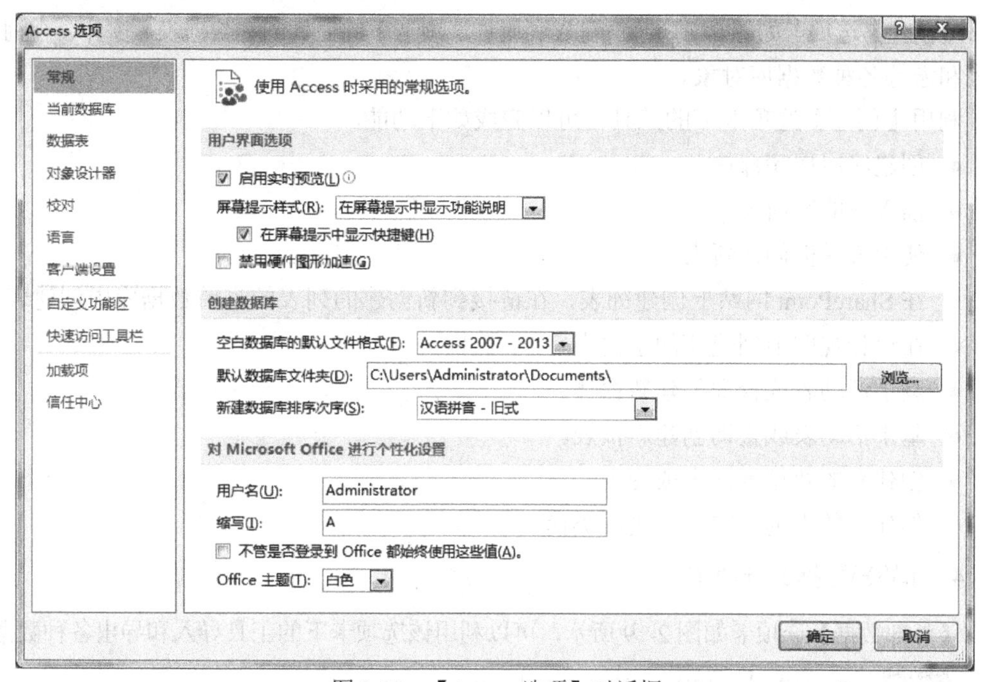

图 2-17　【Access 选项】对话框

在【常规】选项中，可以更改默认文件格式，以便通过 Access 2013 创建与旧版本 Access 兼容的 MDB 文件。在【自定义功能区】选项中，可以对用户界面的一部分功能区进行个性化设置。例如，可以创建自定义选项卡和自定义组来包含经常使用的命令。在【快速访问工具栏】选项中，可以自定义工具栏。

2. 【开始】选项卡

在【开始】选项卡下，有如图 2-18 所示的一些工具组。利用这些工具，可以完成如下功能。

- 选择不同的视图。
- 从剪贴板复制和粘贴。
- 对记录进行排序和筛选。
- 操作数据记录(刷新、新建、保存、删除、汇总以及拼写检查等)。
- 查找记录。
- 设置当前的字体格式。

- 设置当前的字体对齐方式。
- 对备注字段应用 RTF 格式。

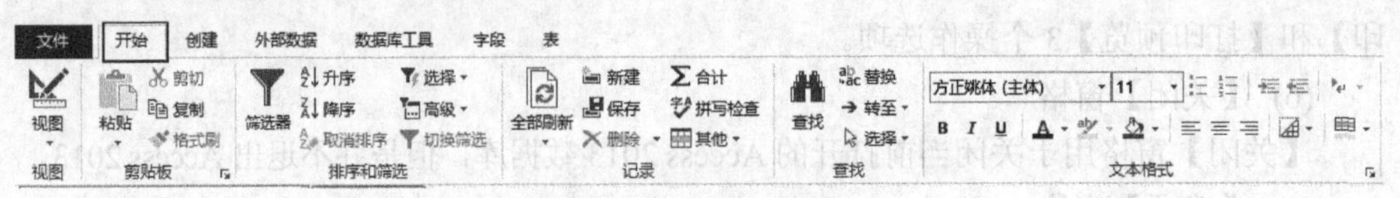

图 2-18　【开始】选项卡

3. 【创建】选项卡

【创建】选项卡如图 2-7 所示。可以利用该选项卡下的工具创建数据表、窗体、查询、报表和宏等各种数据库对象。

利用【创建】选项卡下的工具，可以完成如下功能。

- 创建应用程序部件。
- 插入新的空白表。
- 使用表模板创建新表。
- 在 SharePoint 网站上创建列表，在链接到新创建的列表的当前数据库中创建表。
- 在设计视图中创建新的空白表。
- 基于活动表或查询创建新窗体。
- 基于活动表或查询创建新报表。
- 创建新的数据透视表或图表。
- 创建新的查询、宏、模块或类模板。

4. 【外部数据】选项卡

【外部数据】选项卡如图 2-19 所示，可以利用该选项卡下的工具导入和导出各种数据。

图 2-19　【外部数据】选项卡

利用【外部数据】选项卡下的工具，可以完成如下功能。

- 导入并链接到外部数据。
- 导出数据为 Excel、文本、XML 文件、PDF 等格式。
- 通过电子邮件收集和更新数据。
- 将部分或全部数据库移至新的或现有的 SharePoint 网站。

5. 【数据库工具】选项卡

【数据库工具】选项卡如图 2-20 所示，可以利用该选项卡下的各种工具进行压缩和修复数据库、数据库 VBA 编程、表关系设置、性能分析与移动数据等。

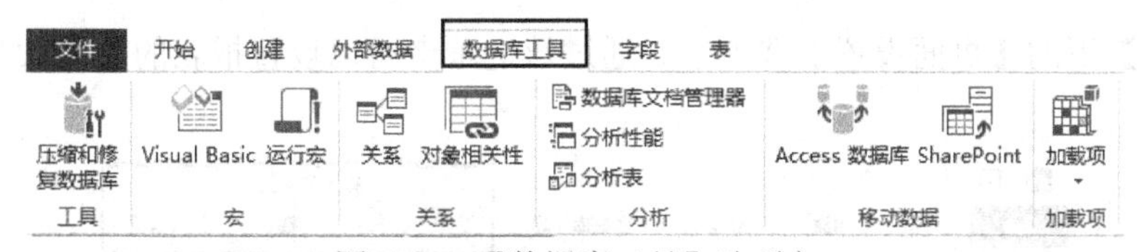

图 2-20　【数据库工具】选项卡

利用【数据库工具】选项卡下的工具，可以完成如下功能。

- 压缩和修复数据库。
- 启动 Visual Basic 编辑器或运行宏。
- 创建和查看表关系。
- 显示/隐藏对象相关性或属性。
- 运行数据库文档或分析性能。
- 将表数据移至 Access(仅限于表)数据库或 SharePoint 列表。
- 管理 Access 加载项。

2.3.3　上下文命令选项卡

上下文命令选项卡就是根据正在使用的对象或正在执行的任务而显示的命令选项卡。例如，当在数据视图下编辑一个数据表时，会出现【表格工具】下的【字段】选项卡和【表】选项卡，如图 2-21 和图 2-22 所示。

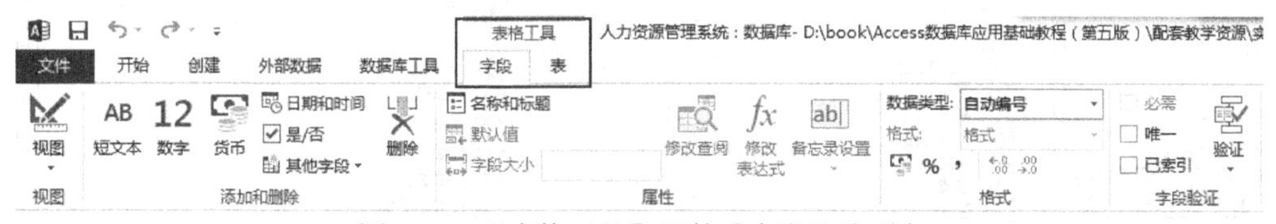

图 2-21　【表格工具】下的【字段】选项卡

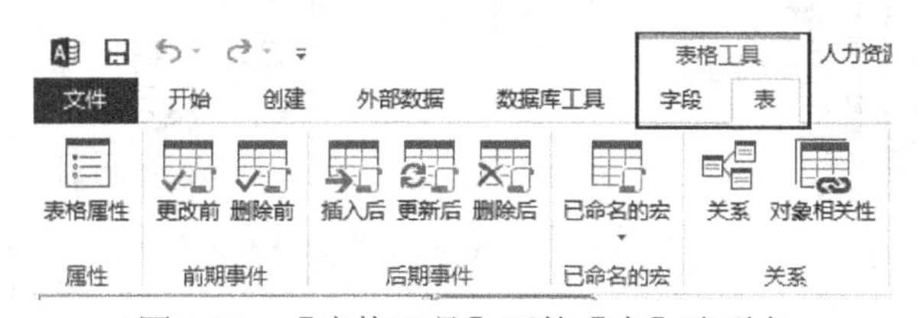

图 2-22　【表格工具】下的【表】选项卡

而在设计视图中设计一个数据表时，会出现【表格工具】及其下方的【设计】选项卡，如图 2-23 所示。

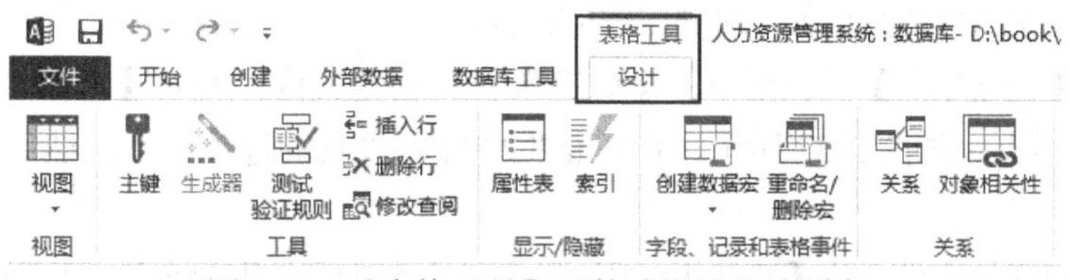

图 2-23　【表格工具】下的【设计】选项卡

在对查询、窗体和报表进行编辑时，也会出现相应的上下文选项卡，如图 2-24 所示是【报表设计工具】下的【页面设置】选项卡。通过该选项卡可以设置报表的页面大小和页面布局等。

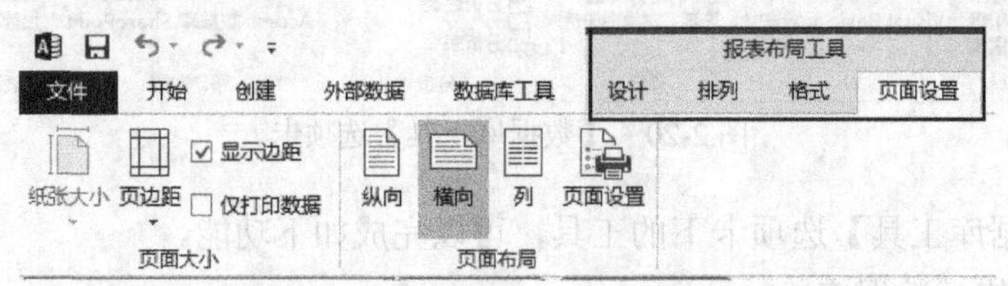

图 2-24　【报表设计工具】下的【页面设置】选项卡

2.3.4　自定义功能区

Access 2013 允许用户对界面的一部分功能区进行个性化设置。例如，可以创建自定义选项卡和自定义组来包含经常使用的命令。具体操作步骤如下。

(1) 单击【文件】功能区中的【选项】按钮，打开【Access 选项】对话框。单击【Access 选项】对话框左侧窗格中的【自定义功能区】选项，打开【自定义功能区】窗格，如图 2-25 所示。

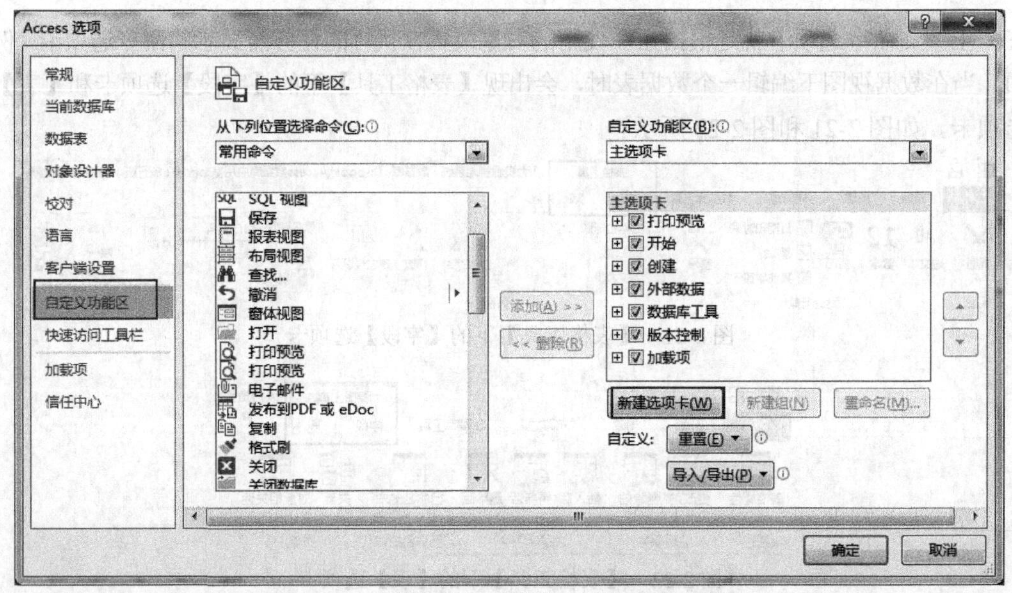

图 2-25　【自定义功能区】窗格

(2) 单击其中的【新建选项卡】按钮，【主选项卡】列表框中将会添加【新建选项卡(自定义)】和【新建组(自定义)】，如图 2-26 所示。

(3) 选中【主选项卡】列表框中的【新建选项卡(自定义)】，单击【重命名】按钮，打开【重命名】对话框，如图 2-27 所示，在对话框中输入“我的选项卡”，然后单击【确定】按钮。

(4) 使用同样的方法，将【新建组(自定义)】重命名为“常用命令”，并为其选择一个自己喜欢的图标，如图 2-28 所示。

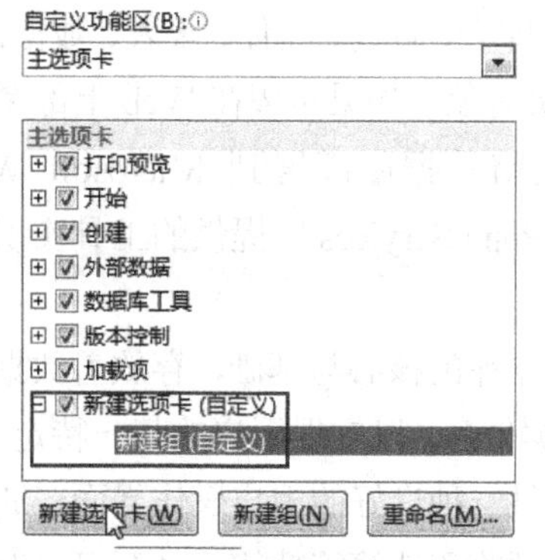

图 2-26　【新建选项卡】和【新建组】

图 2-27　【重命名】对话框

(5) 在【从下列位置选择命令】下拉列表中单击下拉箭头，选择【所有命令】。在下方的列表框中选择需要添加的命令即可。本例选择【SQL 视图】、【快速打印】、【报表视图】、【布局视图】和【窗体视图】5 个命令，单击【添加】按钮，将它们添加到【我的选项卡(自定义)】的【我的常用命令(自定义)】组中，如图 2-29 所示。

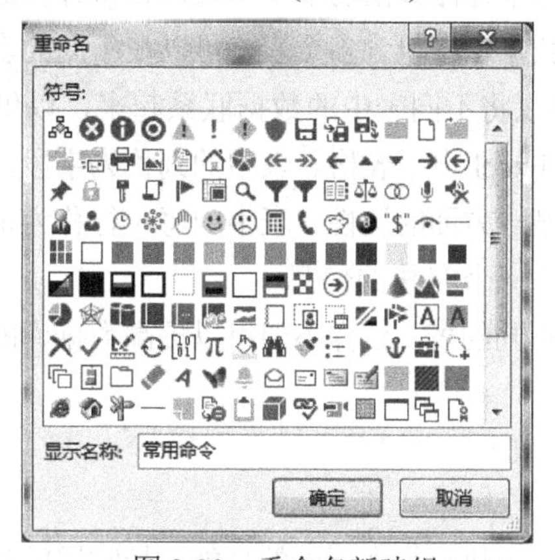

图 2-28　重命名新建组

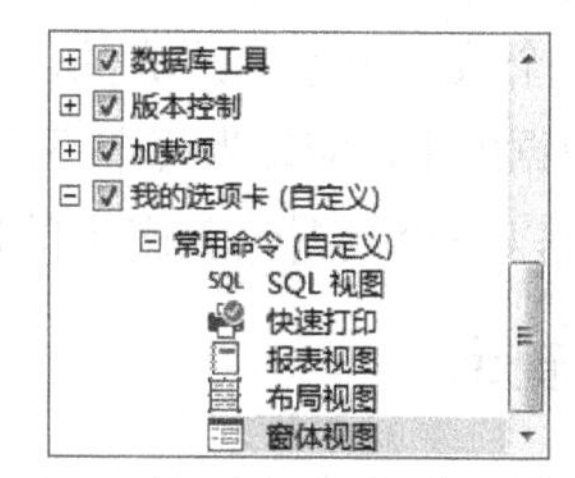

图 2-29　添加后的结果

(6) 单击【选项】对话框中的【确定】按钮，完成自定义功能区，此时可以看到，功能区多了一个选项卡【我的选项卡】，如图 2-30 所示。

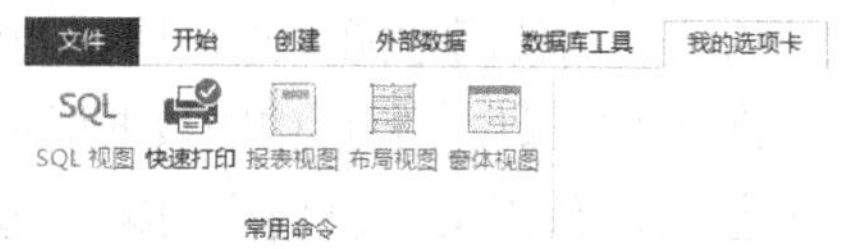

图 2-30　自定义的功能区选项卡

2.4　Access 2013 的数据库对象

数据库对象是 Access 最基本的容器对象，它是一些关于某个特定主题或目的的信息集合，具有管理本数据库中所有信息的功能。在数据库对象中，用户可以将自己的数据分别保存在彼此独立的存储空间中，这些空间称为数据表；可以使用联机窗体来查看、添加和更新数据表中的数据；使用查询来查找并检索所需的数据；也可以使用报表以特定的版面布局来分析及打印数据。总之，创建一个数据库对象是应用 Access 建立信息系统的第一步工作。

早期的 Access 中有 7 种不同类别的数据库对象，即表、查询、窗体、报表、数据访问页、宏和模块。从 Access 2010 开始，不再支持数据访问页对象。如果希望在 Web 上部署数据输入窗体并在 Access 中存储所生成的数据，则需要将数据库部署到 Microsoft Windows SharePoint Services 3.0 服务器上，使用 Windows SharePoint Services 所提供的工具实现所需的目标。

不同的对象在数据库中有着不同的作用：表是数据库的核心与基础，存放着数据库中的全部数据；报表、查询和窗体都是从数据库中获得数据信息，以实现用户的某一特定的需求，如查找、计算统计、打印、编辑修改等；窗体可以提供一种良好的用户操作界面，通过它可以直接或间接地调用宏或模块，并执行查询、打印、预览和计算等功能，甚至可以对数据库进行编辑修改操作。

2.4.1　表

表是数据库中用来存储数据的对象，是整个数据库系统的基础。建立和规划数据库，首先要做的就是建立各种数据表。数据表是数据库中存储数据的唯一单位，它将各种信息分门别类地存放在各种数据表中。Access 允许一个数据库中包含多个表，可以在不同的表中存储不同类型的数据。通过在表之间建立关系，可以将不同表中的数据联系起来，以供使用。

表中的数据以行和列的形式保存，类似于 Excel 电子表格。表中的列称为字段，字段是 Access 信息的最基本载体，说明了一条信息在某一方面的属性。表中的每一行称为记录，记录是由一个或多个字段组成的。一条记录就是一个完整的信息。

在数据库中，应该为每个不同的主题建立不同的表，这样不但可以提高数据库的工作效率，还可以减少数据输入产生的错误。

2.4.2　查询

查询是数据库中应用得最多的对象之一。它可执行很多不同的功能，最常用的功能是从表中检索符合某种条件的数据。查询是数据库设计目的的体现，数据库创建完成后，数据只有被使用者查询使用才能真正体现它的价值。

查询是用来操作数据库中的数据记录，利用它可以按照一定的条件或准则从一个或多个表中筛选出需要的字段，并将它们集中起来，形成动态数据集，这个动态数据集就是用户想看到的来自一个或多个表中的字段，它显示在一个虚拟的数据表窗口中。用户可以浏览、查询、打印，甚至修改这个动态数据集中的数据，Access 会自动将所做的任何修改更新到对应的表中。执行某个查询后，用户可以对查询的结果进行编辑或分析，并可以将查询结果作为其他对象的数据源。

查询到的数据记录集合称为查询的结果集。结果集以二维表形式显示出来，但它们不是基本表。每个查询只记录该查询的查询操作方式，这样，每进行一次查询操作，其结果集显示的都是基本表中当前存储的实际数据，它反映的是查询的那个时刻数据表的情况，查询的结果是静态的。

查询对象的运行形式与数据表对象的运行形式几乎完全相同，但它只是数据表对象所包含数据的某种抽取与显示，本身并不包含任何数据。需要注意的是，查询对象必须建立在数据表对象之上。

2.4.3　窗体

窗体是 Access 数据库对象中最灵活的一种对象，其数据源可以是表或查询。窗体有时被称为“数据输入屏幕”。窗体是用来处理数据的界面，通常包含一些可执行各种命令的按钮。可以说窗体是数据库与用户进行交互操作的最好界面。利用窗体，用户能够从表中查询、提取所需的数据，并将其显示出来。通过在窗体中插入宏，用户可以把 Access 的各个对象很方便地联系起来。

窗体的类型比较多，大致可以分为如下 3 类。

- 提示型窗体：主要用于显示文字和图片等信息，没有实际性的数据，也基本没有什么功能，主要用于作为数据库应用系统的主界面。
- 控制型窗体：使用该类型的窗体，可以在窗体中设置相应菜单和一些命令按钮，用于完成各种控制功能的转移。
- 数据型窗体：使用该类型的窗体，可以实现用户对数据库中相关数据进行操作的界面，这是 Access 数据库应用系统中使用得最多的窗体类型。

2.4.4　报表

数据库应用程序通常要打印输出数据，在 Access 中，如果要对数据库中的数据进行打印，使用报表是最简单且有效的方法。利用报表可以将数据库中需要的数据提取出来进行分析、整理和计算，并将数据以格式化的方式发送到打印机。可以在一个表或查询的基础上创建报表，也可以在多个表或查询的基础上创建报表。利用报表可以创建计算字段；还可以对记录进行分组，以便计算出各组数据的汇总等。在报表中，可以控制显示的字段、每个对象的大小和显示方式，还可以按照所需的方式来显示相应的内容。

2.4.5　宏

Access 的宏对象是 Access 数据库中的一个基本对象。宏是指一个或多个操作的集合，其中每个操作实现特定的功能，如打开某个窗体或打印某个报表。宏可以使某些普通的、需要多个指令连续执行的任务能够通过一条指令自动完成，而这条指令就称为宏。例如，可创建某个宏，在用户单击某个命令按钮时运行该宏，打印某个报表。因此，宏可以看作是一种简化的编程语言。利用宏，用户不必编写任何代码，就可以实现一定的交互功能。

通过宏，可以实现的功能主要有以下几项。

- 打开或关闭数据表、窗体、打印报表和执行查询。
- 弹出提示信息框，显示警告。
- 实现数据的输入和输出。
- 在数据库启动时执行操作等。
- 查找数据。

Microsoft Office 系列产品提供的所有工具中都提供了宏的功能。利用宏可以简化这些操作，使大量重复性操作自动完成，从而使管理和维护 Access 数据库更加简单。

宏可以是包含一个操作序列的宏，也可以是若干个宏的集合所组成的宏组。一个宏或宏组的执行与否还可以使用一个条件表达式是否成立予以判断，即可以通过给定的条件来决定在哪些情况下运行宏。

2.4.6　模块

模块对象是 Access 数据库中的一个基本对象。在 Access 中，不仅可以通过从宏列表中以选择的方式创建宏，还可以利用 VBA(Visual Basic for Applications)编程语言编写过程模块。

模块是将 VBA 的声明、语句和过程作为一个单元进行保存的集合，也就是程序的集合。创建模块对象的过程也就是使用 VBA 编写程序的过程。Access 中的模块可以分为类模块和标准模块两类。类模块中包含各种事件过程，标准模块包含与任何其他特定对象无关的常规过程。

尽管 Microsoft 在推出 Access 产品之初就将该产品定位为不用编程的数据库管理系统，而实际上，要在 Access 的基础上进行二次开发来实现一个数据库应用系统，用 VBA 编写适当的程序是必不可少的。也就是说，若需要开发一个 Access 数据库应用系统，其间必然包括 VBA 模块对象。

2.5　本章小结

Access 2013 是一款面向对象的、采用事件驱动的新型关系数据库，它提供了强大的数据处理功能，可以组织和共享数据库信息，以便对数据库的数据进行分析，做出有效决策。本章重点介绍了 Access 2013 的基本工作环境及其所使用到的对象，主要内容包括：Access 2013 的启动与关闭的操作、Access 2013 的工作界面组成元素、Access 2013 功能区的使用以及自定义功能区、Access 2013 所支持的数据库对象等。

2.6　思考和练习

2.6.1　思考题

1. 简单描述 Access 2013 启动和关闭的方法。

2. 简单描述 Access 2013 的工作界面组成。

3. Access 2013 包括哪些数据库对象？分别说出它们的含义和功能。

2.6.2　练习题

1. 安装 Office 2013，并启动其中的 Access 2013，观察新版本 Access 的界面新特性。

2. 熟悉 Access 2013 的工作界面和常用操作，并对各个对象的功能和区别进行了解并尝试创建。

第3章 创建和使用数据库

在 Access 中，数据库犹如一个容器，用来存储数据库应用系统中的各种对象，也就是说，构成数据库应用系统的对象都存储在数据库中。Access 2013 数据库保存后是一个独立的数据库文件，扩展名为.accdb。在 Access 数据库中，可以存储 6 种数据库对象，分别是表、查询、窗体、报表、宏、模块。本章首先来介绍如何创建数据库以及操作数据库和数据库对象。

本章的学习目标：

- 了解 Access 2013 的数据库结构及 Access 数据库文件
- 掌握如何创建空白数据库
- 了解使用模板创建数据库
- 掌握如何转换老版本的 Access 数据库
- 掌握数据库及其对象的操作

3.1 Access 数据库概述

在第 1 章中曾经介绍过，数据库(Database)就是数据存储的位置，是针对特定的需求所整理和组织出的相关信息的汇集处。例如，全国居民的身份证信息、某银行的客户账户信息、12306 网上订票系统的订单数据、医院患者的看病记录等。在学习创建 Access 数据库之前，首先来了解 Access 数据库结构和 Access 数据库文件。

3.1.1 Access 数据库结构

Access 是关系型数据库。在 Access 数据库中，任何事物都可以称之为对象，也就是说，Access 数据库由各种对象组成，包括表、查询、窗体、报表、宏和模块等。其中，可以利用表对象来存储信息，利用查询对象搜索信息，利用窗体查看信息，利用报表对象打印信息，利用宏对象完成自动化工作，利用模块实现复杂功能。

此外，Access 数据库具备存储、组织和管理各项相关信息的功能。数据库记录了字段和记录的验证规则、各个字段的标题和说明、各个字段的默认值、各个表的索引、各个表之间的关联性、数据参照完整性等。

3.1.2 Access 数据库文件

由于 Access 数据库与传统的数据库概念有所不同，它采用特有的全环绕数据库文件结构组成数据库文件，因此，它可以以一个单独的数据库文件存储一个数据库应用系统中包含的所有对象。基于 Access 数据库文件的这一特点，创建一个 Access 数据库应用系统的过程就是创建一个 Access 数据库文件并在其中设置和创建各种对象的过程。

知识点：

在 Access 中，不同版本数据库文件的后缀名也不一样，早期的 Access 版本数据库文件的扩展名为.mdb，从 Access 2007 开始，其扩展名为.accdb。

开发一个 Access 2013 数据库应用系统的第一步工作就是创建一个 Access 数据库文件，其操作的结果是在磁盘上建立一个扩展名为.accdb 的数据库文件；第二步工作则是在数据库中创建数据表，并建立数据表之间的关系；接着，创建其他对象，最终即可形成完备的 Access 2013 数据库应用系统。

整个数据库应用系统仅以一个文件存储于文件系统中，显得极为简洁，使得该数据库应用系统的创建和发布变得非常简单。这也是很多小型数据库应用系统开发者偏爱 Access 的原因之一。实际上，对于 Access 数据库管理系统来说，数据库是一级容器对象，其他对象均置于该容器对象之中，因此，数据库是其他对象的基础，即其他对象必须建立在数据库中。

3.2　创建数据库

Access 提供了两种建立数据库的方法：一种是创建空白数据库，一种是使用模板创建数据库。另外，Access 2013 提供了两类数据库的创建，即 Web 数据库和传统数据库，本书以介绍传统数据库的创建为主。

3.2.1　创建空白数据库

如果在数据库模板中找不到满足需要的模板，或在另一个程序中有要导入的 Access 数据，最好的办法就是创建一个空白数据库，这种方法适合于创建比较复杂的数据库但没有合适的数据库模板的情况。其实，空白数据库就是建立的数据库的外壳，其中没有任何对象和数据。

空白数据库创建成功后，可以根据实际需要，添加所需要的表、窗体、查询、报表、宏和模块等对象。这种方法非常灵活，可以根据需要创建出各种数据库，但是由于用户需要自己动手创建各个对象，因此操作难度较高。

【例 3-1】创建一个空白数据库 Sales.accdb。

(1) 启动 Access 2013，打开 Access 的起始页。单击右侧窗格中的【空白桌面数据库】选项，此时将弹出对话框要求输入新数据库的名称和文件存放位置，默认的文件名是【数据库1.accdb】，这里将数据库名称命名为 Sales.accdb，如图 3-1 所示。

(2) 单击【浏览】按钮，在打开的【文件新建数据库】对话框中，选择数据库的保存位置。为了保证数据库的安全，创建的数据库最好不要保存在 Windows 系统盘中。

(3) 单击【创建】按钮，即可创建一个空白数据库，并以数据工作表视图方式打开一个默认名为【表 1】的数据表，如图 3-2 所示。

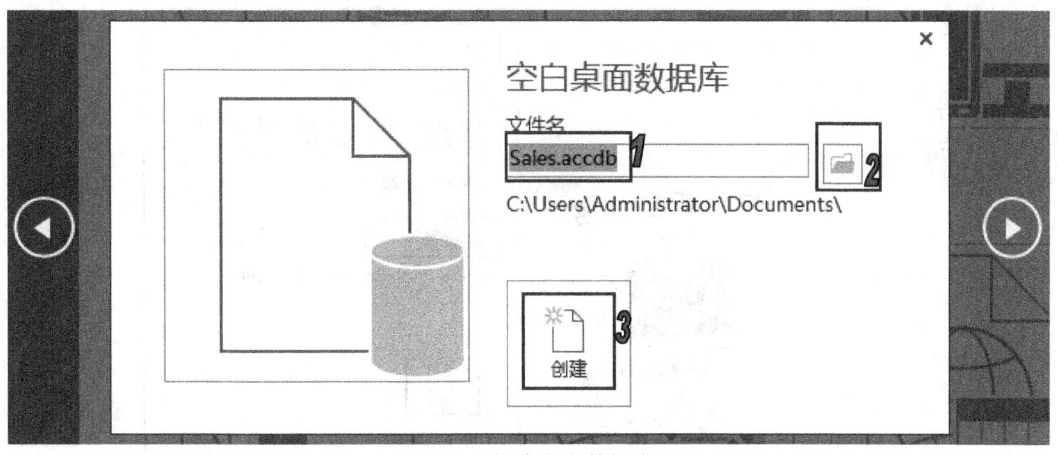

图 3-1　创建空白数据库

图 3-2　新建空白数据库【表 1】的数据工作表视图

(4) 空白数据库创建好以后，就可以往数据库中添加表和数据了。此时，可以在该空白数据库中逐一创建 Access 的各种对象了。

3.2.2　使用模板创建数据库

使用模板创建数据库是创建数据库的最快方式，只需要进行一些简单的操作，就可以创建一个包含了表、查询等数据库对象的数据库系统。如果能找到并使用与需求最接近的模板，此方法的效果最佳。除了可以使用 Access 提供的本地方法创建数据库之外，还可以在线搜索所需的模板，然后把模板下载到本地计算机中，从而快速创建出所需的数据库。

【例 3-2】使用模板创建一个【营销项目】数据库，具体操作步骤如下。

(1) 启动 Access 2013，打开 Access 的启动窗口。在启动窗口中的 【可用模板】窗格中，单击【营销项目】选项，弹出如图 3-3 所示的对话框，要求输入数据库的名称和存放位置，这里我们修改数据库的文件名为【营销项目.accdb】，默认存放在【我的文档】中。用户也可以自己指定文件名和文件保存的位置。

(2) 单击【创建】按钮，即可开始使用模板创建数据库，很快就能完成数据库的创建。创建的数据库如图 3-4 所示。

图 3-3　新建【营销项目】数据库

(4) 展开【导航窗格】，可以查看该数据库包含的所有 Access 对象。

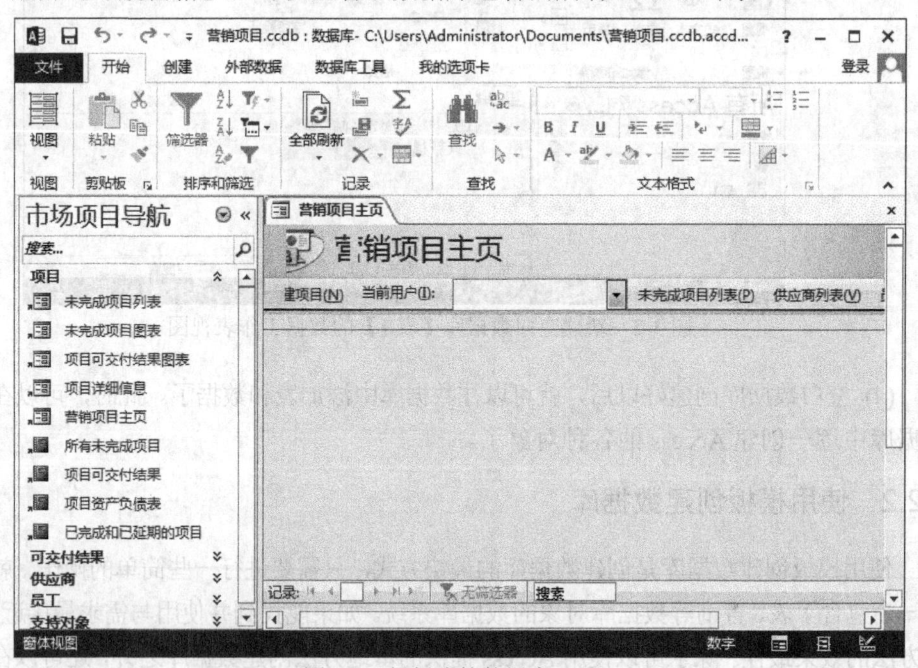

图 3-4　新创建的数据库

知识点：

通过数据库模板可以创建专业的数据库系统，但是这些系统有时不能够完全符合需求，因此最简单的方法就是先利用模板生成一个数据库，然后再进行修改，使其符合需求。

3.2.3　转换数据库

Access 具有不同的版本，可以将使用 Microsoft Office Access 2003、Access 2002、Access

2000 或 Access 97 创建的数据库转换成 Access 2007-2013 文件格式.accdb。此文件格式支持新的功能，如多值字段和附件。

这种新型文件格式(.accdb)的数据库不能用早期版本的 Access 打开，也不能与其链接，而且此新型格式不再支持复制或用户级安全性。如果需要在早期版本的 Access 中使用新型文件格式的数据库，或者需要使用复制或用户级安全性，则必须将其转换为早期版本的文件格式。

知识点：

可以使用 SharePoint Server 的新组件 Access Services 将新文件格式的数据库发布到 Web，但不可使用 Access Services 将早期文件格式的数据库发布到 Web。

1. 转换 Access 2000 或 Access 2002-2003 数据库

若要将 Access 2000 或 Access 2002-2003 数据库(.mdb)转换成新型文件格式(.accdb)，则必须先在 Access 2013 中打开该数据库，然后将其保存为.accdb 文件格式。具体操作步骤如下。

(1) 在【文件】选项卡上，单击【打开】命令按钮。

(2) 在【打开】对话框中，选择要转换的数据库并将其打开。如果出现【数据库增强功能】对话框，则表明数据库使用的文件格式早于 Access 2000。

(3) 在【文件】选项卡上，单击【另存为】命令，然后在【文件类型】中选择【数据库另存为】选项，然后在【数据库文件类型】中选择【Access 数据库(*.accdb)】选项。

提示：

在使用【另存为】命令时，如果有数据库对象处于打开状态，Access 将会提示用户在创建副本之前关闭这些数据库对象。单击【是】按钮以让 Access 关闭对象，或者单击【否】按钮以取消操作。

(4) 单击【另存为】按钮，将打开【另存为】对话框，在【文件名】文本框中输入文件名，然后单击【保存】按钮即可完成转换，Access 将创建数据库副本并打开该副本。

2. 转换 Access 97 数据库

在 Access 2013 中打开 Access 97 数据库时，会出现【数据库增强功能】对话框。若要将此版本的数据库转换为 Access 2007 以上文件格式，则在该对话框中单击【是】按钮。Access 随后会以 .accdb 格式创建此数据库的副本。

知识点：

在早于 Office Access 2007 的版本中无法使用.accdb 文件格式，使用同样的操作，可以在 Access 2013 中将.accdb 数据库另存为 Access 2000 或 Access 2002-2003 数据库。

3. 另存为数据库模板

除了可以与 Access 2000 或 Access 2002~2003 格式的数据库进行相互转换之外，Access

2013 还可以将某个数据库另存为数据库模板，从而可以使用该模板创建更多的数据库。具体操作步骤如下。

(1) 在【文件】选项卡中，单击【另存为】命令，在【文件类型】中选择【数据库另存为】选项，然后在【数据库文件类型】中选择【模板(*.accdt)】选项。

(2) 此时将打开【从此数据库中创建新的模板】对话框，在此对话框中需要设置模板的名称、说明、图标、主表以及是否包括数据信息等内容，如图 3-5 所示。

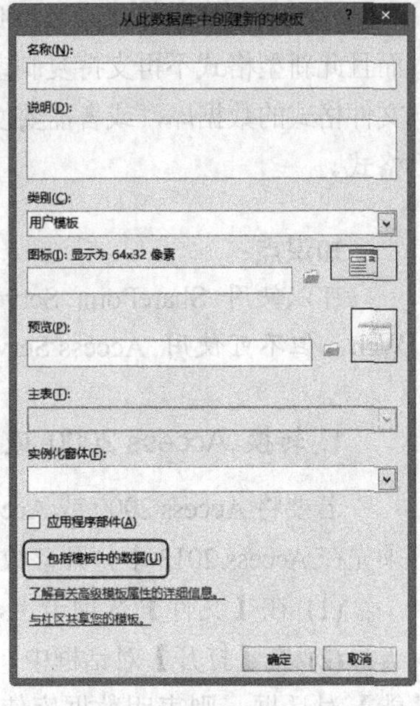

图 3-5　从数据库创建新的模板

提示

选中【包括模板中的数据】复选框，将把数据库中的数据也导出到模板，这样通过该模板创建的新数据库将包含数据信息。

3.3　操作数据库和数据库对象

创建了数据库之后，要使用数据库时就需要打开创建好的数据库；可以在数据库中进行创建数据库对象、修改已有对象等操作；当数据库不用时要关闭数据库。这些都是数据库的基本操作。

3.3.1　打开数据库

打开数据库是数据库操作的第一步，也是最基本、最简单的操作。打开一个已经存在的数据库的一般操作步骤如下。

(1) 启动 Access 2013，如果要打开的数据库在【最近使用的文档】列表中，则直接单击数据库名称即可打开该数据库。

(2) 如果要打开的数据库文件不在【最近使用的文档】列表中，则可以单击【打开其他文件】链接，进入【打开】页面，如图 3-6 所示。

(3) 在该页面中选择【计算机】选项，然后单击右侧的【浏览】按钮，将打开【打开】对话框，如图 3-7 所示。

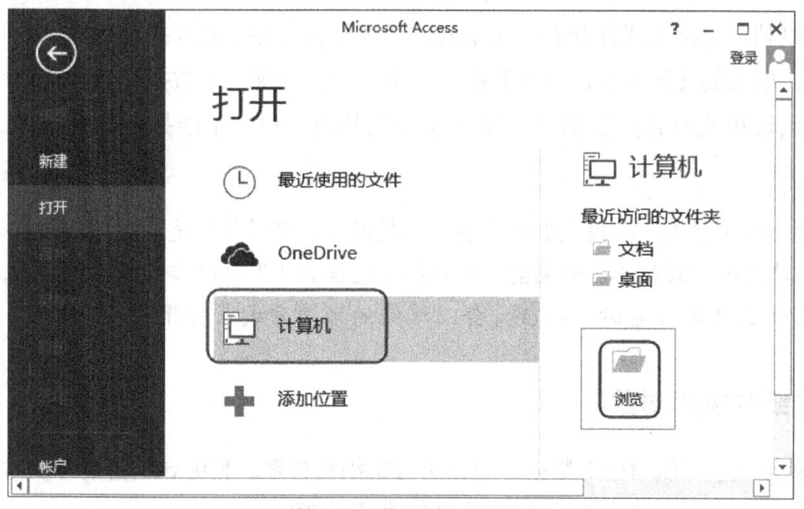

图 3-6　【打开】页面

(4) 在该对话框中选择需要打开的数据库文件，接着单击【打开】按钮旁的下三角按钮，弹出一个下拉菜单，从中选择数据库的打开方式。

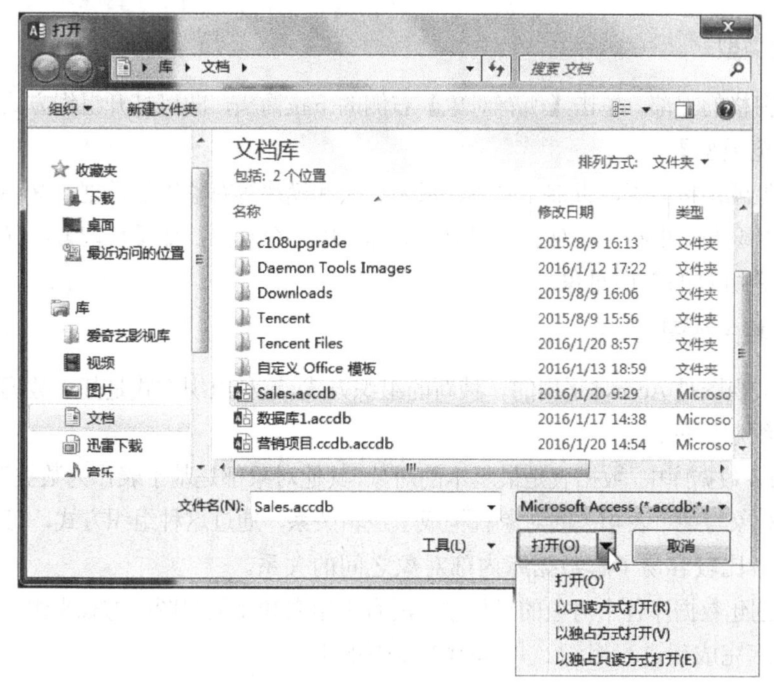

图 3-7　【打开】对话框

下面简单介绍以不同方式打开数据库的不同功能。

- 【打开】：以这种方式打开数据库，就是以共享模式打开数据库，即允许多个用户在同一时间同时读写数据库。
- 【以只读方式打开】：以这种方式打开数据库，只能查看而无法编辑数据库。
- 【以独占方式打开】：以这种方式打开数据库时，当有一个用户在读写数据库，其他用户都无法使用该数据库。

- 【以独占只读方式打开】：如果要以只读且独占的模式来打开数据库，则选择该选项。所谓的【独占只读方式】指在一个用户打开某一个数据库后，其他用户将只能以只读模式打开此数据库，而并非限制其他用户都不能打开此数据库。

知识点：

要成功地以【独占只读模式】打开某一个数据库，前提条件是此数据库目前必须尚未被其他用户以非只读方式打开。如果某一个数据库已被其他用户以非只读方式打开，则当尝试以独占只读方式去打开它时，Access 会以单纯的只读方式来打开它。

3.3.2　组织数据库对象

Access 提供了导航窗格对数据库对象进行组织和管理。利用导航窗格可以对 Access 中的表、查询、窗体、报表、宏和模块等对象进行管理。

在导航窗格中，可以采用多种方式对数据库对象进行组织，以便高效地管理数据库对象。这些组织方式包括对象类型、表和相关视图、创建日期、修改日期、按组筛选、按对象类别以及自定义。

1. 对象类型

在导航窗格的上部，单击【所有对象】右侧的下拉箭头，即可打开组织方式列表，选择不同的【浏览类型】。

对象类型就是按照表、查询、窗体、报表、宏和模块等对象组织数据，这种组织方式和之前版本的组织方式相同。在对象类别中，选择其中一个对象，如【查询】，导航窗格将只显示数据库中所有的查询对象。

2. 表和相关视图

表和相关视图是 Access 采用的一种新的组织方式。这种组织方式是基于数据库对象的逻辑关系而组织起来的。

在 Access 数据库中，数据表是最基本的对象，其他对象都是基于表作为数据源而创建的。因此，这些对象与某个表相关的对象就构成了逻辑关系，通过这种组织方式，可以使 Access 数据库开发者比较容易了解数据库内部对象之间的关系。

如果在创建数据库各个对象的过程中，没有采用表和相关视图的方式来组织对象，那么可以在数据库完成后进行组织。具体操作步骤如下。

(1) 打开指定的数据库。

(2) 在导航窗格中，单击【所有对象】右侧的下拉箭头，从打开的快捷菜单中选择【表和相关视图】选项。

(3) Access 开始对数据库对象进行组织(若数据库比较大，可能需要花费一定的时间)。

3. 创建日期/修改日期

这两个选项是根据数据库对象的创建日期/修改日期来组织所有的数据库对象，根据具体的日期信息还可以进行分组筛选，如筛选出所有修改日期为【今天】的数据库对象，可以按如下操作步骤进行。

(1) 在导航窗格的顶部，单击右侧的下拉箭头，选择【修改日期】选项。

(2) 此时所有的数据库对象将按修改日期进行重新排序，再次单击导航窗格顶部右侧的下拉箭头，从【按组筛选】下拉菜单中选择【今天】选项即可，如图 3-8 所示。

4. 自定义

自定义是一种灵活的组织方式，允许 Access 数据库开发者根据用户的需要组织数据库中的对象。例如，如果一个主窗体包含两个子窗体，那么，可以把该主窗体与这两个子窗体组织在一起；或把两个相关的查询组织在一起。

自定义数据库对象组织方式的具体操作步骤如下。

(1) 打开数据库，在导航窗格中选择【自定义】选项，此时，将创建一个自定义组，在导航窗格中，把需要的对象拖到【自定义组 1】中，如图 3-9 所示。

(2) 如果需要对自定义分组重命名，可以在【自定义组 1】上右击，从弹出的快捷菜单中选择【重命名】命令，自定义分组的名称则处于可编辑状态，如图 3-10 所示。此时可对分组重新命名。

图 3-8　按修改日期分组筛选

图 3-9　拖动对象到自定义组 1

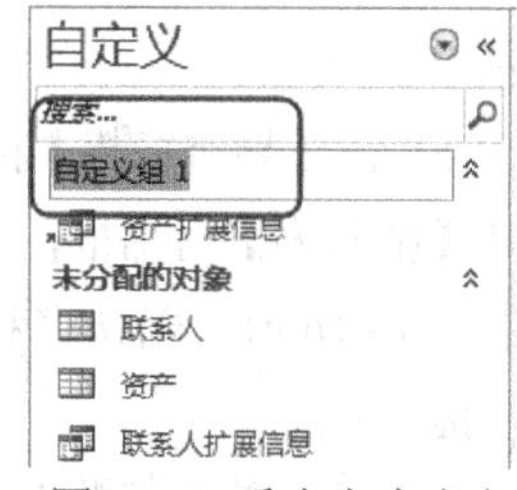

图 3-10　重命名自定义组

3.3.3　操作数据库对象

打开数据库之后，就可以创建、修改和删除数据库中的对象，对数据库对象的操作包括创建、打开、复制、删除、修改和关闭等。本节只介绍基本的打开、复制、删除和关闭操作，其他的操作将在后续章节中详细介绍。

1. 打开数据库对象

如果需要打开一个数据库对象，可以在导航窗格中选择一种组织方式，找到要打开的对象，然后双击即可直接打开该对象。

【例 3-3】打开前面创建的【营销项目】数据库中的【供应商列表】窗体。

(1) 启动 Access 2013，打开【营销项目】数据库。

(2) 在导航窗格顶部，单击右侧的下拉箭头，从弹出的快捷菜单中选择【对象类型】命令。

(3) 在展开的对象列表中，双击【供应商列表】窗体图标即可。

(4) 右击【供应商列表】窗体图标，从弹出的快捷菜单中，选择【打开】命令，也可打开该窗体，如图 3-11 所示。

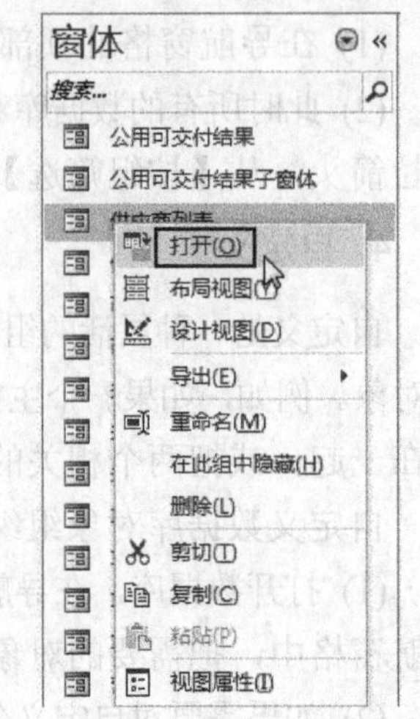

图 3-11　窗体对象的快捷菜单

提示：

从导航窗格打开的所有对象都显示在文档窗格中。如果打开了多个对象，在选项卡式文档窗格中，只要单击相应的选项卡名称，就可以把相应的对象显示出来。

2. 复制数据库对象

在 Access 数据库中，使用复制方法可以创建对象的副本。通常在修改某个对象的设计之前，需要创建对象的副本，这样可以避免因修改操作错误造成数据丢失，一旦发生错误还可以用副本还原对象。

【例 3-4】复制【营销项目】数据库中的【员工列表】窗体。

(1) 启动 Access 2013，打开数据库【营销项目】。

(2) 在【导航窗格】中，按【对象类型】方式组织数据库对象。

(3) 选择【窗体】命令，筛选出所有表对象。

(4) 选择【员工列表】窗体并右击，从弹出的快捷菜单中选择【复制】命令，如图 3-12 所示。

(5) 在【导航窗格】的空白处，右击，从弹出的快捷菜单中选择【粘贴】命令，此时将打开【粘贴为】对话框，在该对话框中可以为复制的对象重新命名，或者使用默认的名称，如图 3-13 所示，确认名称后单击【确定】按钮。

提示：

如果要把对象粘贴到另外一个数据库，则在执行复制操作后要把当前数据库关闭，然后打开另外的数据库再执行粘贴操作。

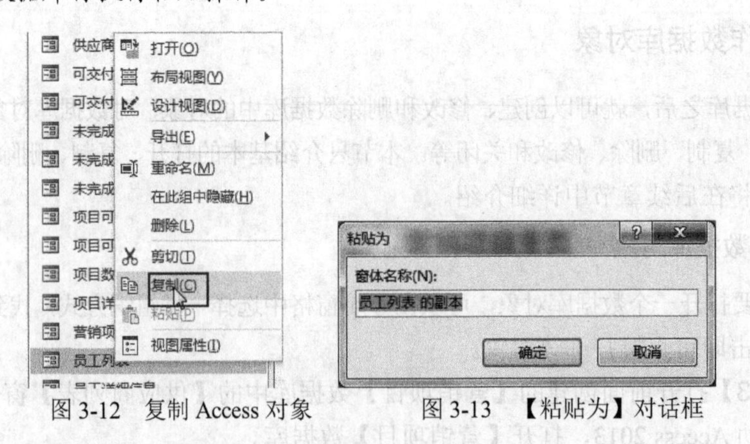

图 3-12　复制 Access 对象　　　　图 3-13　【粘贴为】对话框

3. 关闭数据库对象

Access 使用选项卡方式管理所有打开的数据库对象。当打开多个对象后，如果需要关闭某个对象，最简单的方法就是，首先选中想要关闭的对象，然后在选项卡对象窗格中单击右上角的“关闭”按钮，即可将该对象关闭。

4. 删除数据库对象

如果要删除某个数据库对象，需要先关闭该数据库对象。在多用户的环境中，还要确保所有的用户都已经关闭了该数据库对象。

【例 3-5】删除【例 3-4】中创建的【员工 的副本】表。

(1) 如果【员工 的副本】表被打开，需要先关闭该数据表。

(2) 在【导航窗格】中找到要删除的数据库对象【员工 的副本】表。

(3) 右击该数据库对象，从弹出的快捷菜单中选择【删除】命令。或者按 Delete 键，选中的对象就被删除了。

(4) 在执行删除命令之前，Access 会弹出提示对话框要求用户确认是否真的删除，如图 3-14 所示，单击【是】按钮即可完成删除。

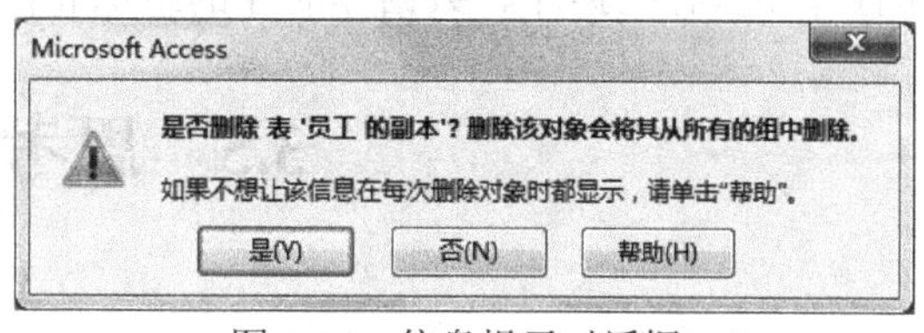

图 3-14　信息提示对话框

3.3.4　保存数据库

对数据库做了修改以后，需要及时地保存数据库，才能永久保存所做的修改操作。

保存数据库的具体操作步骤如下。

(1) 单击【文件】选项卡，选择【保存】命令，即可保存对当前数据库的修改。

(2) 选择【另存为】命令，可更改数据库的保存位置和文件名，使用该命令时，Access 会弹出提示框，提示用户在保存数据库前必须关闭所有打开的对象，单击【是】按钮即可，如图 3-15 所示。

(3) 在打开的【另存为】对话框中，选择文件的保存位置，然后在【文件名】文本框中输入文件名称，单击【保存】按钮即可。

提示：

还可以通过单击快速访问工具栏中的【保存】按钮或按 Ctrl + S 组合键来保存编辑后的文件。

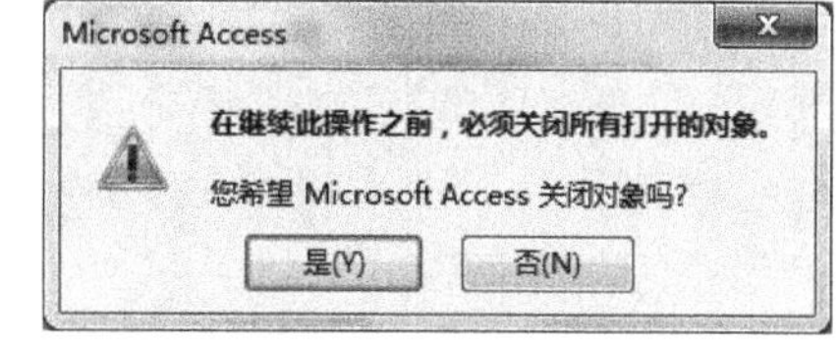

图 3-15　提示对话框

3.3.5　关闭数据库

当不再需要使用数据库时，可以将数据库关闭。关闭数据库的具体操作步骤如下。

(1) 单击窗口右上角的【关闭】按钮，即可关闭数据库。

(2) 单击【文件】选项卡，选择【关闭数据库】命令，也可关闭数据库。

3.4　本章小结

在 Access 中，数据库犹如一个容器，用来存储数据库应用系统中的各种对象，也就是说，构成数据库应用系统的对象都存储在数据库中。Access 2013 数据库保存后是一个独立的数据库文件，扩展名为.accdb。在 Access 数据库中，可以存储 6 种数据库对象，分别是表、查询、窗体、报表、宏、模块。本章主要介绍了创建数据库的方法以及数据库和数据库对象的基本操作，包括：Access 2013 数据库结构及 Access 数据库文件；创建数据库的主要方法，主要有创建空白数据库、使用模板创建数据库以及通过转换创建数据库；数据库及其对象的操作，如打开和保存数据库、数据库对象的组织和操作等。

3.5　思考和练习

3.5.1　思考题

1. Access 2013 数据库文件的扩展名是什么？
2. Access 数据库由哪几种对象组成？
3. 创建数据库的方法有几种？步骤如何？

3.5.2　练习题

1. 利用模板建立一个学生数据库 Students。
2. 练习数据库的打开、保存和关闭操作。

第4章　表

表是 Access 数据库中最基本的对象。所有的数据都存在表中，其他所有对象都是基于表而建立的。建立好数据库之后，可以通过多种方法来创建表。本章将介绍创建 Access 表的几种方法，表中字段的数据类型、属性的设置、如何修改表的结构、设置主键等，以及如何建立表之间的关系。通过本章的学习，读者应掌握 Access 中数据表的创建和维护等基本操作。

本章的学习目标：

- 了解 Access 2013 数据类型及其使用
- 掌握创建 Access 数据表的方法
- 掌握字段属性的设置方法
- 了解创建查阅字段的方法
- 掌握表结构的修改方法
- 掌握建立表间联系的操作方法

4.1　数据表的相关知识

数据表是数据库的核心和基础，它保存着数据库中的所有数据信息。报表、查询和窗体都从表中获取信息，然后对获取到的信息进行加工、分析和处理，以实现某些特定的需要，如查找、计算统计、数据分析、打印等。

4.1.1　数据表相关概念

数据表是存储二维表格的容器，每个表由若干行和列组成，如图 4-1 所示。下面详细介绍数据表的一些重要概念。

- 字段：二维表中的一列称为数据表的一个字段，它描述数据的一类特征。图 4-1 中 ID、【公司】、【姓名】、【电子邮件地址】、【职务】、【移动电话】、【住址】、【籍贯】和【备注】等每一列都是一个字段，分别描述了员工的不同特征。
- 记录：二维表中的一行称为数据表的一条记录，每条记录都对应一个实体，它由若干个字段组成。图 4-1 中的一条记录由 ID、【公司】、【姓名】、【电子邮件地址】、【职务】、【移动电话】、【住址】、【籍贯】和【备注】等字段组成，描述了每个雇员的属性信息。从图中可以看出，同一个表中的每条记录都具有相同的字段定义。
- 值：记录中字段的具体取值。取值一般有一定的范围。如“李婷”是【姓名】字段的一个取值。

- 主关键字：又称为主键，在 Access 数据库中，每个表包含一个主关键字，它可以由一个或多个字段组成，它(们)的值可以唯一标识表中的一条记录。图 4-1 中的 ID 是主键。
- 外键：引用其他表中的主键的字段，用于说明表与表之间的关系。

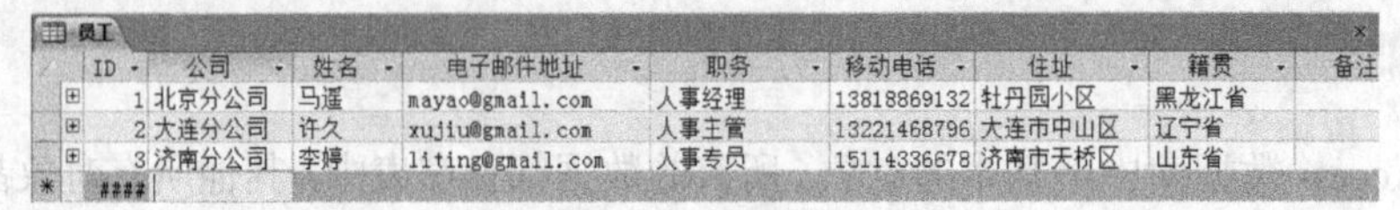
员工

ID	公司	姓名	电子邮件地址	职务	移动电话	住址	籍贯	备注
1	北京分公司	马遥	mayao@gmail.com	人事经理	13818869132	牡丹园小区	黑龙江省	
2	大连分公司	许久	xujiu@gmail.com	人事主管	13221468796	大连市中山区	辽宁省	
3	济南分公司	李婷	liting@gmail.com	人事专员	15114336678	济南市天桥区	山东省	
####								

图 4-1　数据表

4.1.2　表之间的关系

Access 2013 采用相互关联的多个二维表来反映数据库中的数据关系，以方便用户查询需要的数据信息。这种关联可以通过创建表之间的关系来实现。

在关系数据库中，表与表之间的关系有以下 3 种。

1. 一对一关系

A 表的任何一条记录最多仅对应 B 表的一条记录，同时 B 表的任何一条记录也只对应 A 表的一条记录，一般记为 1 : 1。如一个人只有一个身份证号，而一个身份证号只能给一个人使用。这种一对一关系不常使用，因为这样的两个表可以简单地合成一个表。

2. 一对多关系

一对多关系是关系型数据库中最常见的关系。若 A 表的任何一条记录对应 B 表的多条记录，而 B 表的任何一条记录最多只能对应 A 表的一个记录，那么 A 表对 B 表就是一对多关系，一般记为 1 : n。如一个公司只能有一个 CEO，但一个 CEO 可以负责多家公司的运营。

3. 多对多关系

在多对多关系中，A 表的一条记录可以对应 B 表的多条记录，而同时 B 表的一条记录也可以对应 A 表的多条记录，一般记为 m : n。如一个部门可以有多个员工，一个员工也可以在多个部门兼任不同的职务。多对多关系总是被分解成一对多关系处理。一般会创建一个中间表，这个表里包含了两个多方表的主键，可以将这两个字段组合起来成为中间表的主键。

4.1.3　表的结构

在创建表时，必须先建立表的结构，表的结构是指表的框架，主要包括表名和字段属性。

- 表名是该表存储在磁盘上的唯一标识，也可以理解为是用户访问数据的唯一标识。
- 字段属性即表的组织形式，它包括表中字段的个数，每个字段的名称、数据类型、字段大小、格式、输入掩码以及有效性规则等。

一个数据库可以包含一个或多个表。表由行和列组成，每一列就是一个字段，对应着一个列标题；所有列组成一行，每一行就是一条数据记录。

在 Access 中，字段的命名规则如下。

- 长度为 1~64 个字符。

- 可以包含字母、汉字、数字、空格和其他字符，但不能以空格开头。
- 不能使用ASCII码值为0~32的ASCII字符。
- 不能包含句号(.)、惊叹号(!)、方括号([ ])和单引号(')。

4.1.4　数据类型

在表中同一列数据必须具有相同的数据“格式”，这样的“格式”称为字段的数据类型。不同数据类型的字段用来表达不同的信息。在设计表时，必须先定义表中字段的数据类型。

数据的类型决定了数据的存储方式和使用方式。Access的数据类型有12种，包括文本、备注、数字、日期/时间、货币、自动编号、是/否、OLE对象、超级链接、附件、计算和查阅向导类型。

1. 短文本

短文本型字段可以保存文本或文本与数字的组合，如姓名、地址，也可以是不需要计算的数字，如电话号码、邮政编码。短文本型字段的默认大小是50个字符，但一般输入时，系统只保存输入到字段中的字符。设置【字段大小】属性可以控制能输入的最大字符个数。

2. 长文本

短文本型字段的取值最多可以达到255个字符，如果取值的字符个数超过了255，则需要使用长文本型字段。长文本型字段可保存较长的文本，允许存储的最大字符个数为65 535。在长文本型字段中可以搜索文本，但搜索速度比在有索引的文本型字段中慢。

注意：

不能对长文本型字段进行排序和索引。如果长文本型字段是通过DAO来操作，并且只有文本和数字(非二进制数据)保存在其中，则长文本型字段的大小受数据库大小的限制。

3. 数字

数字型字段用来存储进行算术运算的数字数据。一般可以通过设置【字段大小】属性，定义一个特定的数字型。可以定义的数字型及其取值范围如表4-1所示。

表4-1　数字型字段大小的属性取值

可设置值	说　明	小数位数	大　小
字节	保存从0~255且无小数位的数字	无	1个字节
整型	保存从－32768~32767且无小数位的数字	无	2个字节
长整型	系统的默认数字类型，保存从－2147483648~2147483647的数字且无小数位	无	4个字节
单精度型	保存从-3.402823E38~-1.401298E-45的负值，以及保存从－1.401298E－45~3.402823E38的正值	7	4个字节
双精度型	保存从－1.79769313486231E308~－4.94065645841247E－324的负值，以及保存从4.94065645841247E－324~1.79769313486231E308的正值	15	8个字节

(续表)

可设置值	说　明	小数位数	大　小
同步复制 ID	ReplicationID，也叫全球唯一标识符 GUID，它的每条记录都是唯一不重复的值，类似：{9E4038C8-E965-45B1-BDE1-9F06E6B280A3}	无	16 字节
小数	单精度和双精度属于浮点型数字类型，而小数是定点型数字类型，存储 -10^38-1 到 10^38-1 范围的数字，可以指定小数位数	最多 28	12 字节

4. 日期/时间

日期/时间型字段用来存储日期、时间或日期时间的组合，范围为 100~9999 年。

5. 货币

货币型是数字型的特殊类型，等价于具有双精度属性的数字型。向货币型字段输入数据时，不必输入美元符号和千位分隔符，Access 会自动显示这些符号，并在此类型的字段中添加两位小数。

提示：

如果要对字段中包含了 1~4 位小数的数据进行大量计算，请用【货币】数据类型。单精度和双精度数据类型字段要求浮点运算。【货币】数据类型则使用较快的定点计算。

6. 自动编号

自动编号类型比较特殊。每次向表中添加新记录时，不需要用户为自动编号型的字段指定值，Access 会自动插入唯一顺序号。

需要注意的是，不能对自动编号型字段人为地指定数值或修改其数值，每个表只能包含一个自动编号型字段。自动编号型一旦被指定，就会永久地与记录连接。如果删除了表中含有自动编号型字段的一条记录，Access 并不会对表中自动编号型字段重新编号。当添加新的记录时，Access 不再使用已被删除的自动编号型字段的数值，而是按递增的规律重新赋值。

7. 是/否

是/否型，又常被称为布尔型数据或逻辑型，是针对只包含两种不同取值的字段而设置的。如 Yes/No、True/False、On/Off 等数据。通过设置是/否型的格式特性，可以选择是/否型字段的显示形式，使其显示为 Yes/No、True/False 或 On/Off 等。

8. OLE 对象

OLE 对象型是指字段允许单独地“链接”或“嵌入”OLE 对象。添加数据到 OLE 对象型字段时，Access 给出以下选择：插入(嵌入)新对象、插入某个已存在的文件内容或链接到某个已存在的文件。每个嵌入对象都存放在数据库中，而每个链接对象只存放于原始文件中。可以链接或嵌入表中的 OLE 对象是指在其他使用 OLE 协议程序创建的对象。例如，Word 文档、Excel 电子表格、图像、声音或其他二进制数据。在窗体或报表中必须使用“结合对象框”来显示OLE对象。OLE对象字段最大可为1GB，且受磁盘空间限制。

9. 超级链接

超级链接型的字段是用来保存超级链接的。超级链接型字段包含作为超级链接地址的文本或以文本形式存储的字符与数字的组合。超级链接地址是通往对象、文档或其他目标的路径。一个超级链接地址可以是一个URL(通往Internet或Intranet节点)或一个UNC网络路径(通往局域网中一个文件的地址)。超级链接地址也可能包含其他特定的地址信息。例如，数据库对象、书签或该地址所指向的Excel单元格范围。当单击一个超级链接时，Web浏览器或Access将根据超级链接地址到达指定的目标。

超级链接地址可包含以下3部分内容。

- Displaytext：在字段或控件中显示的文本。
- Address：到文件(UNC路径)或页面(URL)的路径。
- Subaddress：在文件或页面中的地址(每一部分最多包含2048个字符)。

超级链接型使用的语法格式如下：

```
Displaytext#Address#Subaddress
```

10. 附件

可以将图像、电子表格文件、文档、图表和其他类型的支持文件附加到数据库的记录，这与将文件附加到电子邮件非常类似。还可以查看和编辑附加的文件，具体取决于数据库设计者对附件字段的设置方式。【附件】字段和【OLE对象】字段相比，有着更大的灵活性，而且可以更高效地使用存储空间，这是因为【附件】字段不用创建原始文件的位图图像。

11. 计算

用于表达式或结果类型为小数的数据，用8个字节存放。

12. 查阅向导

查阅向导是一种比较特殊的数据类型。在进行记录数据输入时，如果希望通过一个列表或组合框选择所需要的数据以便将其输入到字段中，而不是直接手工输入，此时就可以使用查阅向导类型的字段。在使用查阅向导类型字段时，列出的选项可以是来自其他的表，或者是事先输入好的一组固定的值。

显然，查阅向导类型的字段可以使数据库系统的操作界面更简单、更人性化。

4.1.5 字段属性

确定了字段的数据类型后，还应该设置字段的属性，才能更准确地确定数据在表中的存储。不同的数据类型有不同的属性。

1. 字段大小

字段大小用于限定文本字段所能存储的字符长度和数字型数据的类型。

短文本型字段的大小属性是指该字段能够保存的文本长度。短文本型数据的大小范围为0~255个字节，默认值是255。

数字型字段的大小属性限定了数字型数据的种类，不同种类的数字型数据的大小范围如表 4-1 所示。

2. 格式

用于控制数据显示格式。可在不改变数据存储情况、输入方式的条件下，改变数据显示的格式。不同类型的数据有不同的格式。文本和备注型数据可以自定义显示格式，可以使用 4 种格式符号来控制显示的格式。如表 4-2 所示。

表 4-2　文本和备注型数据的格式符号

符　　号	说　　明
@	需要输入文本字符(一个字符或空格)
&	不需要输入文本字符
<	强制所有字符都小写
>	强制所有字符都大写

如果数据类型为数字，则数据格式有【常规数字】、【货币】、【欧元】、【固定】、【标准】、【百分比】、【科学记数】7 种，这 7 种数据格式都在下拉菜单中给出了相应的例子，如图 4-2 所示。

如果数据类型为【日期/时间】，则其格式有【常规日期】、【长日期】、【中日期】、【短日期】、【长时间】、【中时间】和【短时间】7 种，如图 4-3 所示。

图 4-2　数字型数据的格式

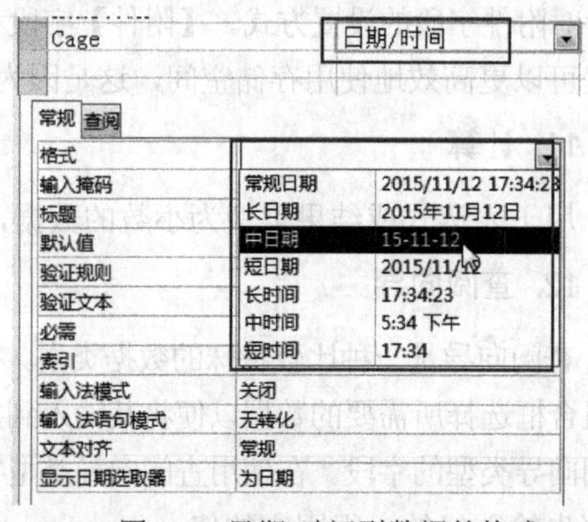

图 4-3　日期/时间型数据的格式

3. 小数位数

小数位数用于指定小数的位数。小数位数只有数字或货币型数据可以使用。小数位数可为 0~15 位，由数字或者货币型数据的字段大小而定。如果字段大小为字节、整数、长整数，则小数位数为 0；如果字段大小为单精度，则可以输入 0~7 位小数；如果字段大小为双精度，则可以输入 0~15 位小数；Access 2013 中小数的位数默认值为“自动”，即小数的位数由字段的格式决定。

4. 标题

标题是字段的别名，在数据表视图中，它是字段列标题显示的内容，在窗体和报表中，它是该字段标签所显示的内容。

通常字段的标题为空，但是有些情况下需要设置。设置字段的标题往往和字段名是不同的，如字段名可以是 ID，而标题是“编号”。在数据表视图，用户看到的是标题，在系统内部引用的则是字段名 ID。

5. 输入掩码

在数据库管理工作中，有时常常要求以指定的格式和长度输入数据，如输入邮政编码、身份证号，既要求以数字形式输入，又要求位数固定。Access 提供的输入掩码就可以实现这样的输入。

Access 不仅提供了预定义输入掩码模板，而且还允许用户自定义输入掩码。对于一些常用的输入掩码，如邮政编码、身份证号码和日期等，Access 已经预先定义好了模板，用户直接使用即可。如果在预定义中没有需要的输入掩码，用户可以自己定义。【文本】、【数字】、【日期/时间】和【货币】数据类型的字段都可以定义输入掩码。在定义这些字段的输入掩码时，可以利用一些特殊的代码，如表 4-3 所示。在密码框中输入的密码不能显示出来，只能以【*】的形式显示，那么只需要在【输入掩码】框中设置为【*】即可。

表 4-3　输入掩码代码的用法

代　码	用　法
0	数字，必须在该位置输入一个一位数字
9	数字，该位置上的数字是可选的
#	在该位置可输入一个数字、空格、加号或减号。如果跳过此位置，Access 会输入一个空格
L	字母，必须在该位置输入一个大写字母
?	字母，可以在该位置输入一个字母
A	字母或数字，必须在该位置输入一个字母或数字
a	字母或数字，可以在该位置输入单个字母或一位数字
&	任何字符或空格，必须在该位置输入一个字符或空格
C	任何字符或空格，该位置上的字符或空格是可选的
. , : ; - /	小数分隔符、千位分隔符、日期分隔符和时间分隔符
>	其后的所有字符都以大写字母显示
<	其后的所有字符都以小写字母显示
!	使输入掩码从左到右(而非从右到左)显示，即输入掩码中的字符始终都是从左到右输入。可以在输入掩码中的任何地方包括感叹号
\	使其后的字符原样显示(如\A 显示为 A)，这与用双引号括起一个字符具有相同的效果
“文本”	用双引号括起希望用户看到的任何文本
密码	在表或窗体的设计视图中，将【输入掩码】属性设置为【密码】，将会创建一个密码输入文本框。当用户在该文本框中输入密码时，Access 会将其显示为星号(*)

6. 默认值

添加新记录时，自动加入到字段中的值。默认值是新记录在表中自动显示的值。默认值只是开始值，可以在输入时进行改变。默认值的使用是为了减少输入时的重复操作，它可以是任何符合字段要求的数据值。例如，可以设置【性别】字段的默认值为“男”。

7. 验证规则和验证文本

【验证规则】用来防止用户将非法数据输入到表中，对输入数据起着限制作用。有效性规则使用 Access 表达式来描述，可以直接在【验证规则】文本框中输入。当用户输入的数据违反了有效性规则时，就会弹出提示信息。提示信息的内容可以直接在【验证文本】文本框内输入。例如，【性别】字段，可以在【验证规则】文本框内输入“"男" Or "女"”，如果输入时【性别】是其他文本，将违反此有效性规则，会弹出如图 4-4 所示的提示对话框。

图 4-4　输入错误时的提示对话框

也可以使用【表达式生成器】对话框来定义【验证规则】属性，具体操作步骤如下。

(1) 单击【验证规则】文本框右边的图标，打开如图 4-5 所示的【表达式生成器】对话框。

(2) 在【表达式生成器】对话框中，设置有效性规则，然后单击【确定】按钮，字段有效性规则属性设置成功。

8. 必需

【必需】属性用来规定该字段是否必须输入数据。该属性有【是】和【否】两个选项。默认值为【否】，如图 4-6 所示。

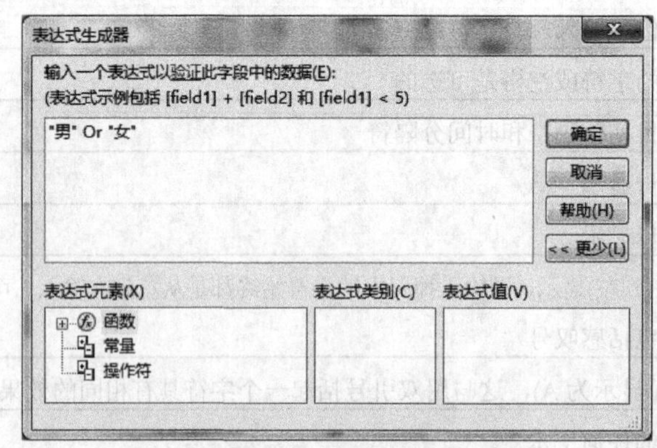

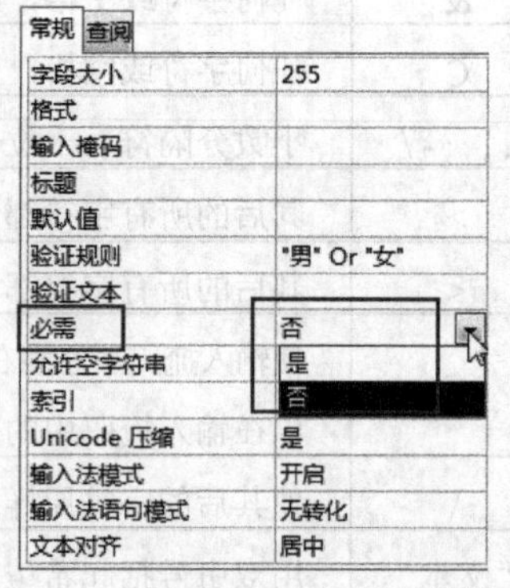

图 4-5　【表达式生成器】对话框　　　　图 4-6　【必需】属性

9. 允许空字符串

该属性仅对文本型的字段有效，其属性取值仅有【是】和【否】两项。当取值为【是】

时，表示该字段可以不填写任何字符。

10. 索引

字段定义索引后，可以显著加快排序和查询等操作的速度。但为字段定义索引将耗费更多的空间来存储信息，而且添加、删除或更新记录的速度也会变慢。【索引】选项有如下几种。

- 无：默认值，表示该字段无索引。
- 有(无重复)：该字段有索引，但每条记录中该字段里的值必须是唯一的，任意两条记录之间的该字段的值不能相同。
- 有(有重复)：该字段有索引，但每条记录中该字段里的值可以重复，任意两条记录之间的该字段的值可以相同。

对字段定义索引后，查看有关索引的定义，可以在【设计视图】的【设计】功能区中选择【索引】命令，即可打开【索引】对话框，在此查看一个表中所有索引字段的清单，如图4-7所示。

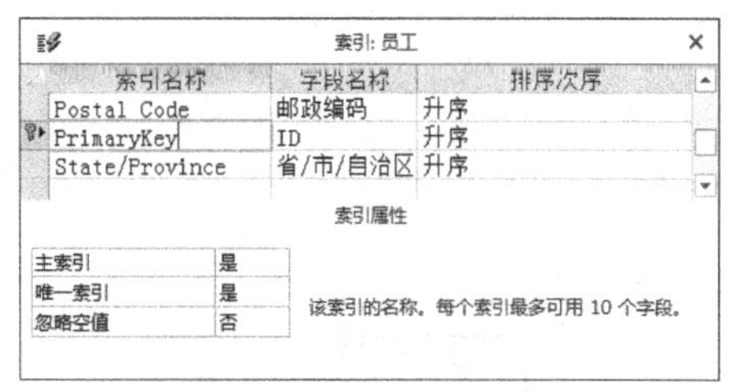

图 4-7　【索引】对话框

11. Unicode 压缩

该属性取值仅有【是】和【否】两个选项。当取值为【是】时，表示该字段中数据可以存储和显示多种语言的文本。

12. 输入法模式

【输入法模式】属性仅对文本数据类型的字段有效，可设置为【随意】、【开启】和【关闭】等多个选项。在表的数据视图中，当焦点移到该字段时，自动切换到【输入法模式】属性所指定的输入法。

13. 智能标记

通过设置【智能标记】属性可以将智能标记添加到字段或控件中。当向字段添加智能标记后，在激活该字段的单元格时，将显示【智能标记操作】按钮。

4.2　创建 Access 数据表

掌握了数据表的基础和结构后，就可以开始创建表了。即在 Access 中构造表中的字段、定义字段的数据类型、设置字段的属性等。表的创建是对数据库进行操作或录入数据的基础。

在创建新数据库时，系统自动创建一个新表。在现有的数据库中创建表的方式有以下4种。

- 使用数据表视图创建表
- 使用设计视图创建表
- 使用模板创建表
- 通过导入方法创建表

4.2.1　使用数据表视图创建表

使用数据表视图创建表很方便。在创建空白数据库时，系统将会自动创建一个新的表，并打开该表的数据表视图。在此可以根据需要定义表的字段。

【例 4-1】在空白数据库 Sales 中使用数据表视图创建表 Customers。

(1) 启动 Access 2013，打开数据库 Sales.accdb。

(2) 打开【创建】功能区选项卡。在【表格】选项组中单击【表】按钮，将在数据库中插入一个默认表名为【表 1】的新表，并且在数据表视图中打开该表，如图 4-8 所示。

(3) 从图中可看出，新的数据表创建了名为 ID 的字段，该字段的数据类型是【自动编号】，单击【单击以添加】旁的下三角按钮可以为表添加新字段，此时，将弹出如图 4-9 所示的下拉列表，可以从列表中为新字段选择所需的数据类型。

图 4-8　新建表的数据表视图

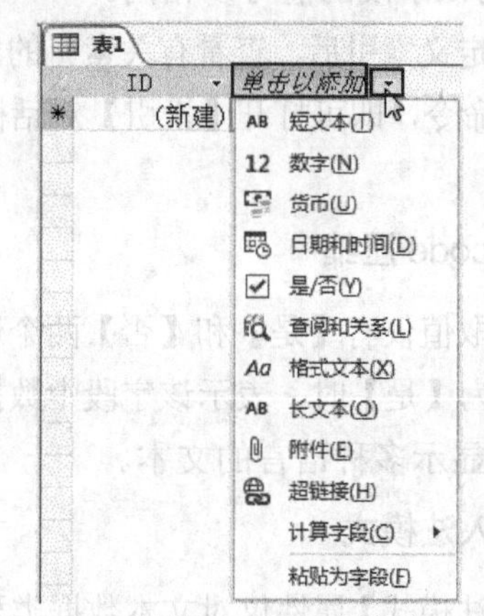

图 4-9　添加新字段

(4) 数据表中就会增加一个字段，默认字段名改为【字段 1】，如图 4-10 所示，将这个字段名改为所需的字段名即可。按此方法逐个添加其他字段，即可完成数据表的创建。

(5) 右击 ID 列，从弹出的快捷菜单中选择【重命名字段】命令，将字段名改为 Cno。顾客表 Customers 的完整字段信息如表 4-4 所示。

表 4-4　顾客表 Customers 的完整字段信息

字　段	数 据 类 型	字　段	数 据 类 型
Cno	短文本	Caddr	短文本
Cname	短文本	Cphone	短文本
Cgender	短文本	Cpwd	短文本

(6) 单击快速访问工具栏中的【保存】按钮，弹出【另存为】对话框，在【表名称】文本框中输入 Customers，如图 4-11 所示，单击【确定】按钮，完成表的创建。

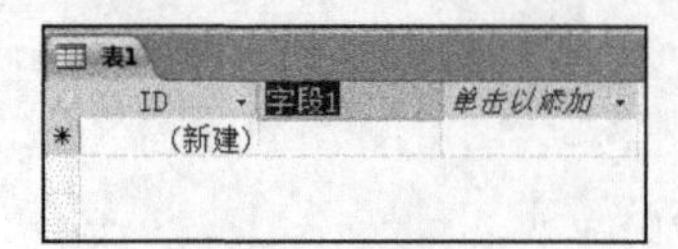

图 4-10　添加新字段

图 4-11　【另存为】对话框

4.2.2　使用设计视图创建表

使用数据表视图来创建数据表，虽然直观，但也有一定的局限性，比如，设置字段属性不方便等。另一种较常用的创建表的方法是使用设计视图创建表。以这种方式创建表，可以根据需要，自行设计字段并对字段的属性进行定义。

【例 4-2】在 Sales.accdb 数据库中创建一个商品表 Commodities，具体字段设计如表 4-5 所示。

表 4-5　商品表 Commodities 的字段信息

字　段	数据类型	说　明
Sno	短文本	商品编号，主键
Sname	短文本	商品名称，非空
Tno	短文本	商品类别，非空
Hno	短文本	仓库编号，非空
Description	长文本	商品描述

(1) 启动 Access 2013，打开 Sales.accdb 数据库。

(2) 打开【创建】功能区选项卡。在【表格】组中选择【表设计】命令，将新建表，并打开表的设计视图，如图 4-12 所示。

(3) 根据表 4-5 的字段构造数据表，在【字段名称】列中输入字段名称，在【数据类型】列中设置字段类型，在【说明】列中为字段添加适当的描述信息，设置 Sname、Tno 和 Hno 列的【必需】属性为【是】，如图 4-13 所示。

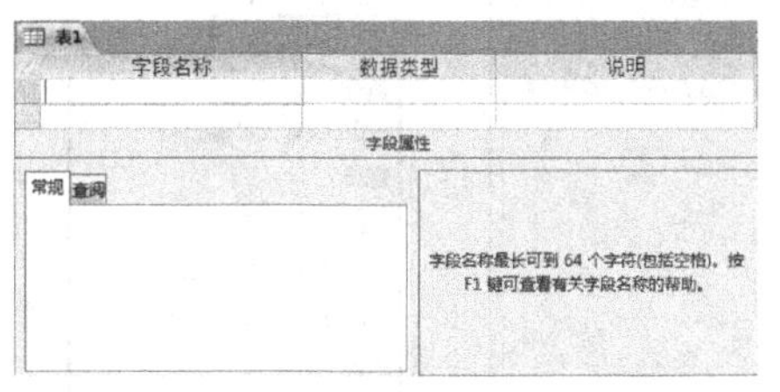

图 4-12　新建表的设计视图

图 4-13　Customers 表的设计视图

(4) 选中 Sno 所在的行右击，从弹出的快捷菜单中选择【主键】命令，将该列设置为主键，如图 4-14 所示。

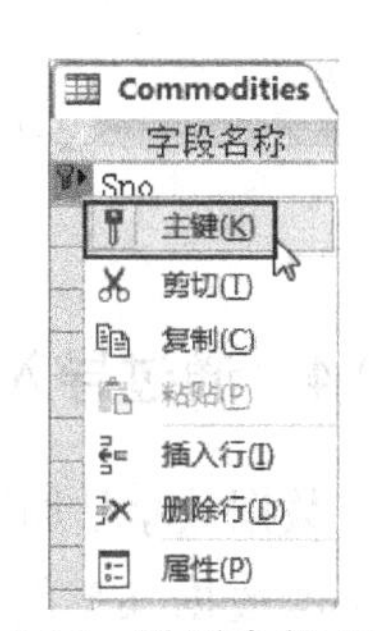

图 4-14　设置表的主键

提示：

选中要设置主键的列，单击【表格工具】的【设计】功能区选项卡，单击【工具】选项组中的【主键】按钮，也可将该列设置为主键。

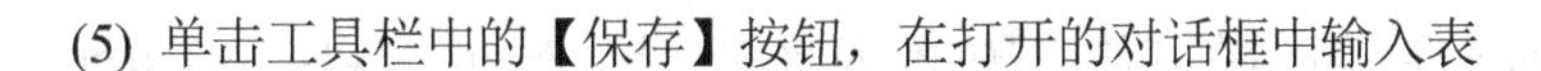

(5) 单击工具栏中的【保存】按钮，在打开的对话框中输入表

的名称 Commodities，单击【确定】按钮，完成表的创建。

4.2.3 使用模板创建表

对于一些常用的应用，如创建【联系人】、【任务】或【事件】等相关主题的数据表和窗体等对象，可以使用 Access 2013 自带的模板。使用模板创建表的好处是方便快捷。

【例 4-3】在 Sales.accdb 数据库中，使用模板来创建一个带窗体和报表的联系人表，具体操作步骤如下。

(1) 启动 Access 2013，打开数据库 Sales.accdb。

(2) 打开【创建】功能区选项卡。在【模板】组中单击【应用程序部件】按钮，然后在弹出的下拉列表中选择【联系人】选项，如图 4-15 所示。

(3) 从图 4-15 中可以看出，使用【联系人】模板，将创建一个带有窗体和报表的数据表。此时将弹出【创建关系】对话框，如图 4-16 所示。本例选择【不存在关系】单选按钮。

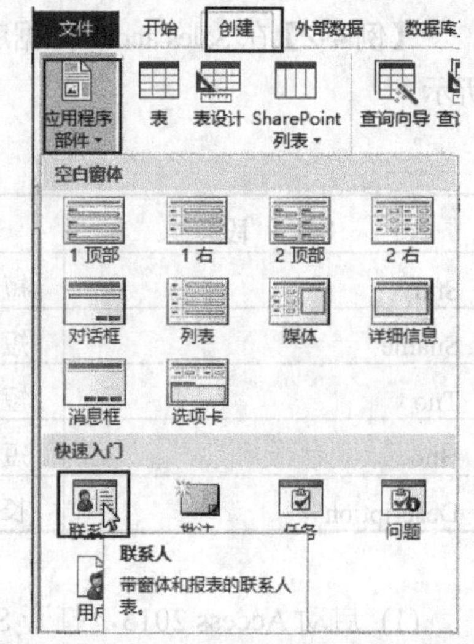

图 4-15　【应用程序部件】下拉列表

(4) 单击【创建】按钮，开始从模板创建表和相关的窗体与报表，此时的【导航窗格】如图 4-17 所示。从图 4-17 中可以看出，通过模板创建了【联系人】表和一些相关的窗体与报表。

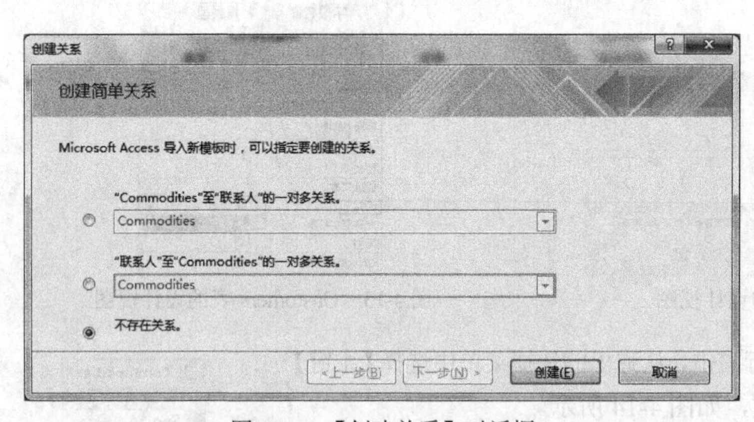

图 4-16　【创建关系】对话框

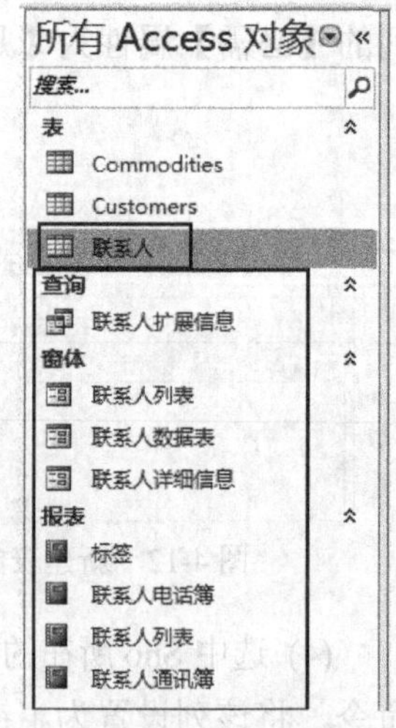

图 4-17　导航窗格

4.2.4 通过导入并链接创建表

数据共享是加快信息流通、提高工作效率的要求。Access 提供的导入和导出功能就是用来实现数据共享的工具。

在 Access 中可以通过导入存储在其他位置的信息来创建表。例如，可以导入 Excel 工作表、ODBC 数据库、Access 数据库、文本文件、XML 文件以及其他类型的文件。

【例4-4】在 Sales.accdb 数据库中，通过导入 Excel 文件 Province.xlsx 创建省份表 Province。

(1) 启动 Access 2013，打开数据库 Sales.accdb。

(2) 打开【外部数据】功能区选项卡。在【导入并链接】组中单击 Excel 按钮，如图 4-18 所示。

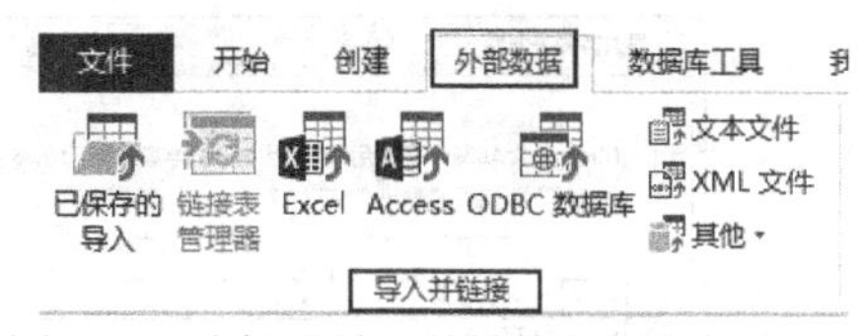

图 4-18　选择【导入并链接】组中的 Excel

(3) 此时将打开【获取外部数据-Excel 电子表格】对话框，如图 4-19 所示。

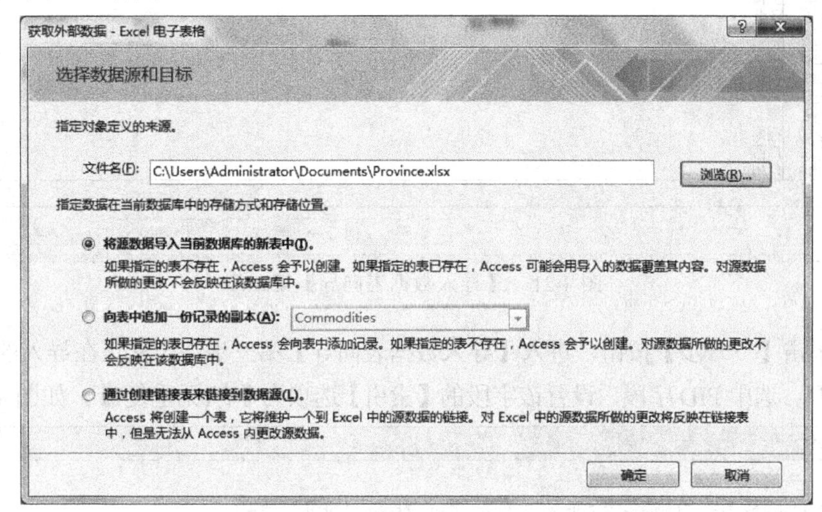

图 4-19　【获取外部数据-Excel 电子表格】对话框

(4) 单击【浏览】按钮，打开【打开】对话框中，找到 Province.xlsx 所在的位置，单击【打开】按钮，或者直接在【文件名】文本框中输入该文件的路径信息，在【指定数据在当前数据库中的存储方式和存储位置】选项中选中【将源数据导入当前数据库的新表中】单选按钮，这样 Access 将在当前数据库中新建表来存储导入的数据。

(5) 单击【确定】按钮，启动【导入数据表向导】，第一步是选择 Excel 文件保护的工作表区域，如图 4-20 所示。

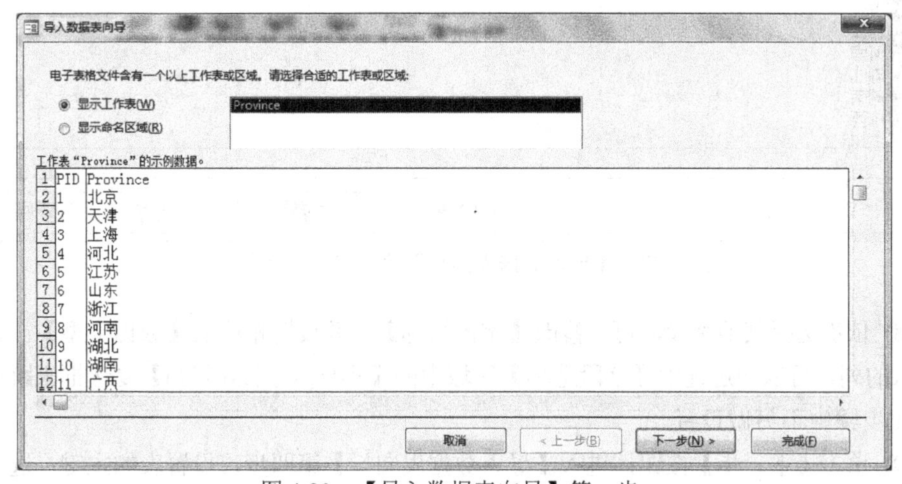

图 4-20　【导入数据表向导】第一步

(6) 单击【下一步】按钮，进入【导入数据表向导】第二步，选中【第一行包含列标题】复选框，如图 4-21 所示。

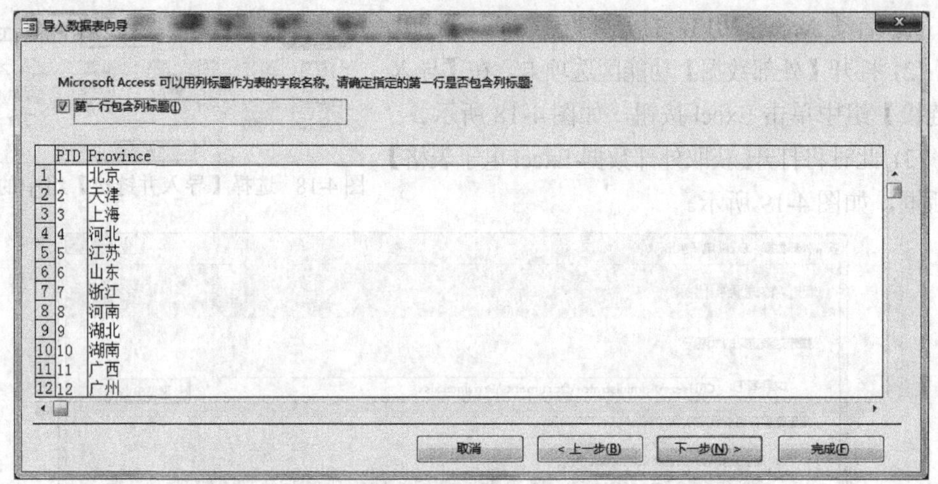

图 4-21　【导入数据表向导】第二步

(7) 单击【下一步】按钮，进入【导入数据表向导】第三步，定义正在导入的每一字段的详细信息，选中 PID 字段，设置该字段的【索引】选项为【有(无重复)】，如图 4-22 所示。

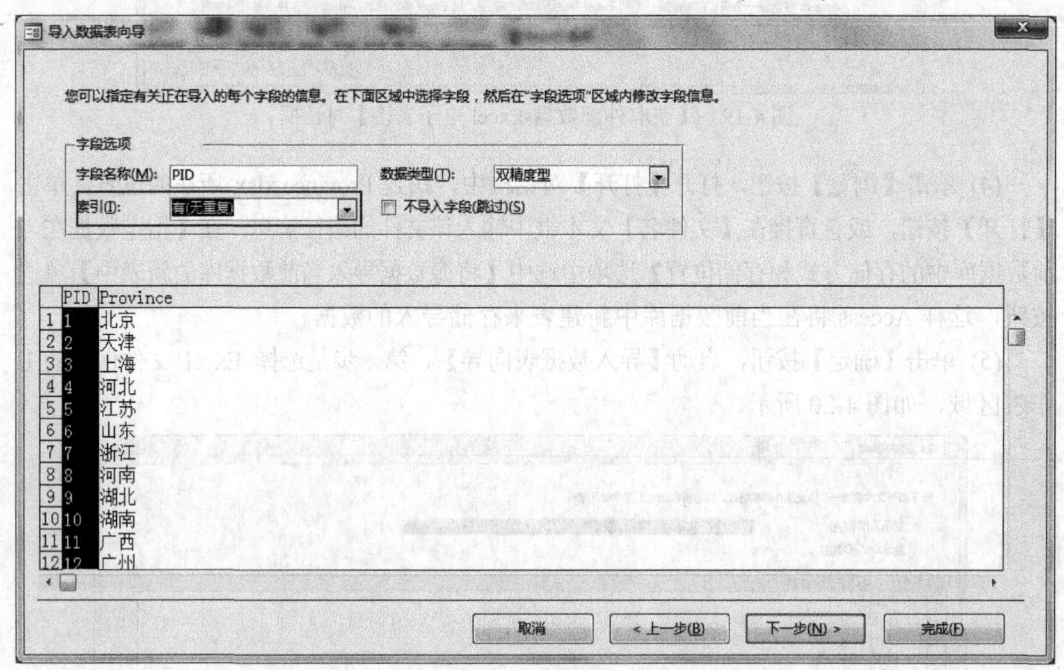

图 4-22　【导入数据表向导】第三步设置字段信息

(8) 依次选择其他字段，可以修改【字段名称】，并设置相应的【数据类型】。对于不想导入的列，可以通过选中【字段选项】区域中的【不导入字段(跳过)】复选框来跳过。本例在此步骤中不另做设置。

(9) 单击【下一步】按钮，进入【导入数据表向导】第四步，设置表的主键，选中【我自己选择主键】单选按钮，然后选择 PID 字段为主键，如图 4-23 所示。

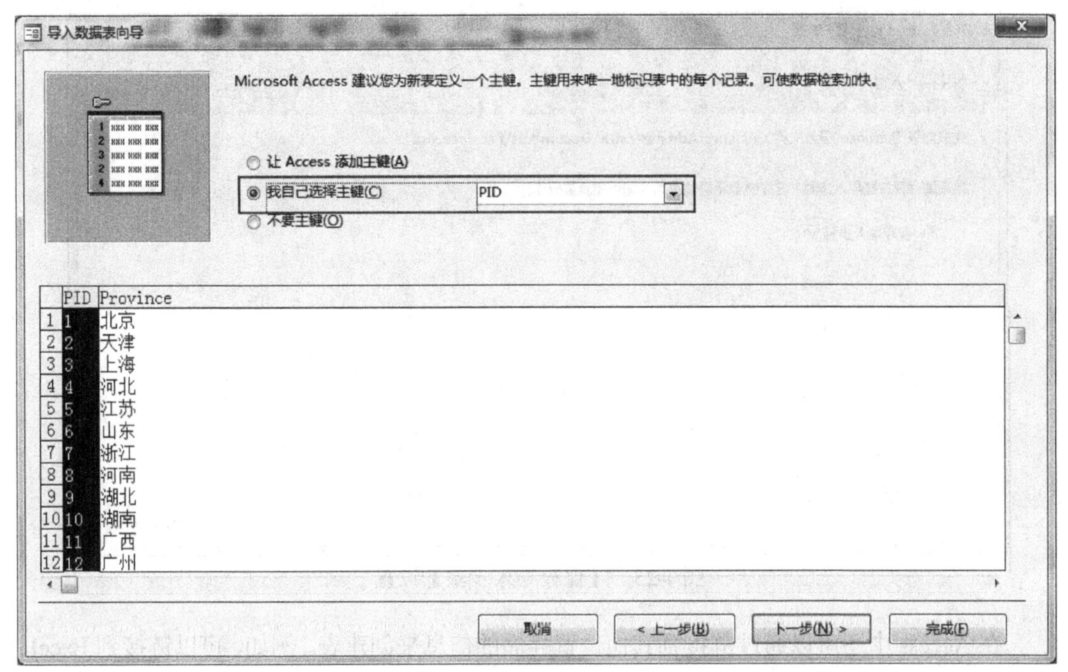

图 4-23 【导入数据表向导】第四步

(10) 单击【下一步】按钮，进入【导入数据表向导】第五步，输入表的名称，这里在【导入到表】文本框中，输入 Province，如图 4-24 所示。

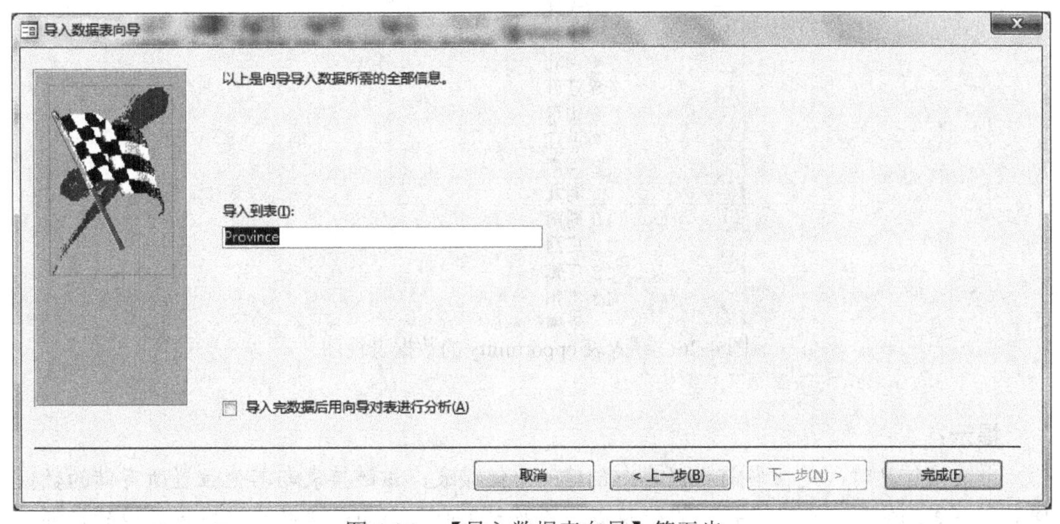

图 4-24 【导入数据表向导】第五步

(11) 单击【完成】按钮，在【保存导入步骤】设置中，如果不需要进行相同的导入操作，则可以不用选中【保存导入步骤】复选框，直接单击【关闭】按钮，如图 4-25 所示。对于经常进行同样数据导入操作的用户，可以把导入步骤保存下来，方便以后快速完成同样的导入。

(12) 导入完成后，在【导航窗格】中双击 Province，打开该表的数据表视图，如图 4-26 所示，不仅创建了新表而且还导入了相应的数据。

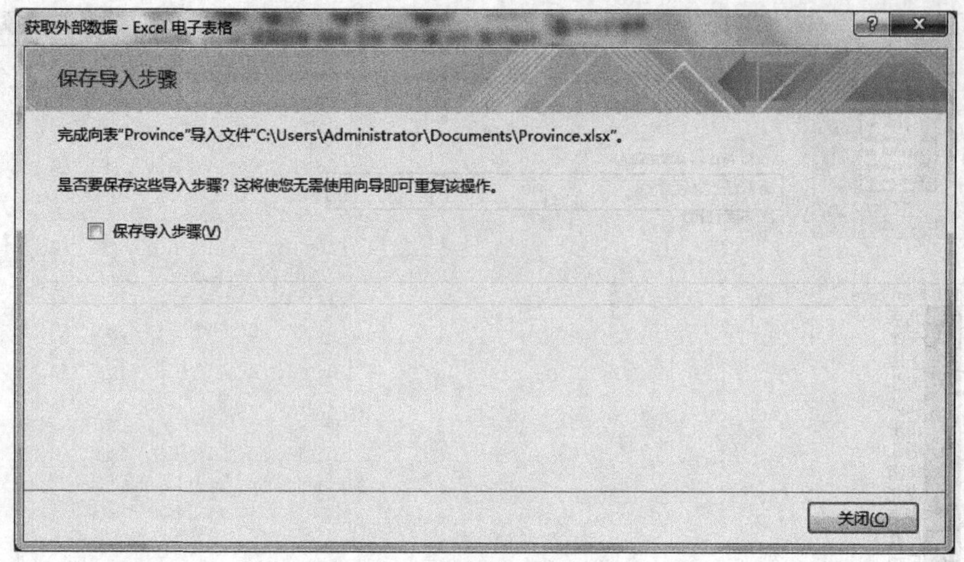

图 4-25　【保存导入步骤】设置

在 Access 中还可以通过链接到其他位置存储的信息来创建表。例如，可以链接到 Excel、ODBC 数据库、其他 Access 数据库、文本文件、XML 文件以及其他类型文件。

Province

PID	Province	单击以添加
1	北京	
2	天津	
3	上海	
4	河北	
5	江苏	
6	山东	
7	浙江	
8	河南	
9	湖北	
10	湖南	
11	广西	
12	广州	
13	贵州	
14	云南	

图 4-26　导入表 opportunity 的数据表视图

提示：

当链接信息时，是在当前数据库中创建一个链接表，该链接表与其他位置所存储的数据建立一个活动链接。也就是说，在链接表中更改数据时，会同时更改原始数据源中的数据，因此，当需要保持数据库与外部数据源之间动态更新数据的关系时则需要建立链接，否则就应该使用导入方法了。

为了保证数据库安全或者为了在网络环境中能够使用 Access 数据库，常需要把 Access 数据库拆分成前后端分离的两个数据库。在后端数据库中，只保存表对象，而在前端数据库中保存查询、窗体等除表之外的所有对象。前端数据库与后端数据库中的表通过链接相连。

链接表的操作与导入表的操作基本相同，只是在开始的【获取外部数据】对话框中，选中【通过创建链接表来链接到数据源】单选按钮，如图4-27所示。

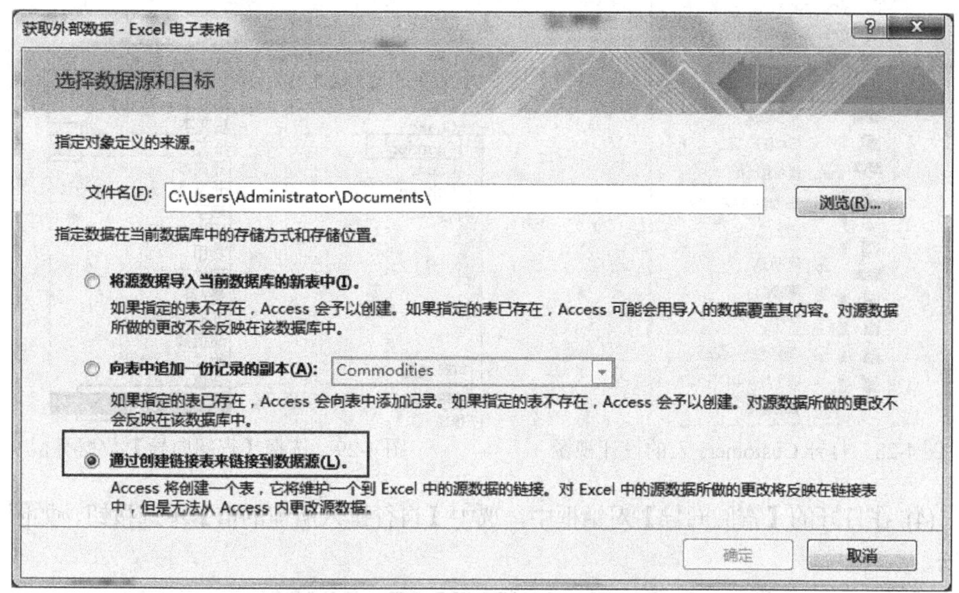

图4-27 通过创建链接表来链接到数据源

4.2.5 创建查阅字段列

在向表中输入数据时，经常出现输入的数据是一个数据集合中的某个值的情况。例如【性别】字段一定是“男”、“女”中的一个元素的值。对于输入这类数据的字段列，最简单的方法是把该字段列设置为【查阅向导】数据类型。严格地说，【查阅向导】不是一种新的数据类型，它是一种建立在某个数据集合中的选择值，也就是说，字段的值只能来源于固定的数据。

当完成字段的查询设置值后，在这个字段输入数据时就可以不用手工输入，而是从一个列表中选择数据。这样加快了数据输入速度，还保证了数据输入的正确性。

查阅字段数据的来源有两种：来自表、查询中的数值和来自值列表的数值。

1. 创建【值列表】查阅字段列

【例4-5】在Sales.accdb数据库中的顾客表Customers中设置Cgender的查阅字段列，使得该列的值可从下拉列表中选择“男”或 “女”。

(1) 启动Access 2013，打开数据库Sales.accdb。

(2) 在【导航窗格】中找到Customers表，右击，从弹出的快捷菜单中选择【设计视图】命令，如图4-28所示。

(3) 打开Customers表的设计视图，选择Cgender字段，单击【数据类型】列右侧的下拉箭头，弹出下拉列表，选择【查阅向导】选项，如图4-29所示。

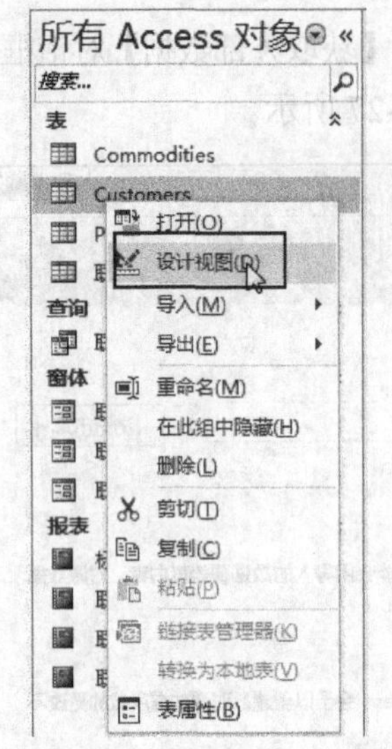

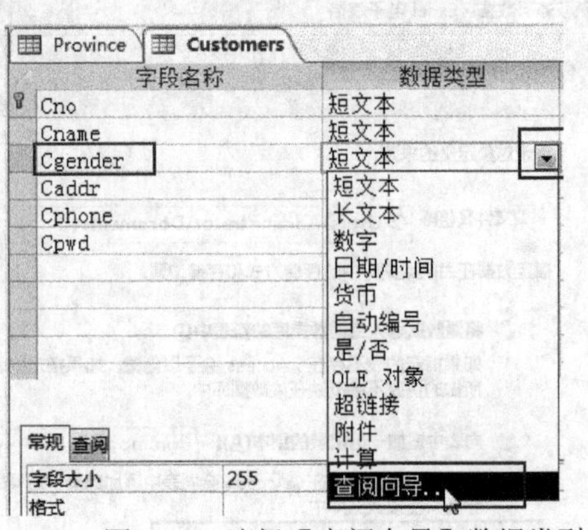

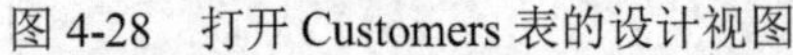

图 4-28　打开 Customers 表的设计视图　　　　图 4-29　选择【查阅向导】数据类型

(4) 在打开的【查阅向导】对话框中，选中【自行键入所需的值】单选按钮，如图 4-30 所示。

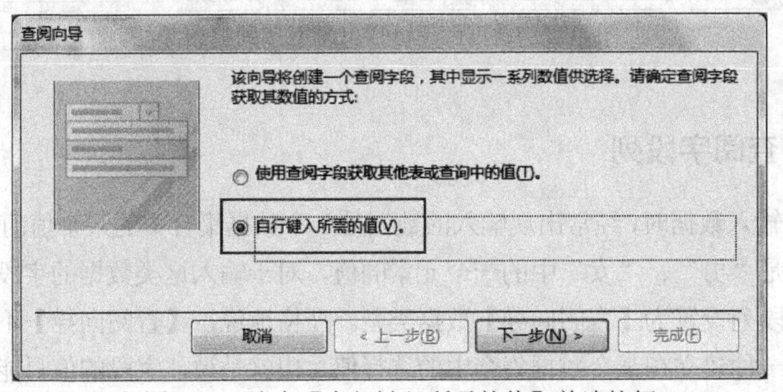

图 4-30　选中【自行键入所需的值】单选按钮

(5) 单击【下一步】按钮，在打开的对话框中依次在列表中输入“男”和“女”，如图 4-31 所示。

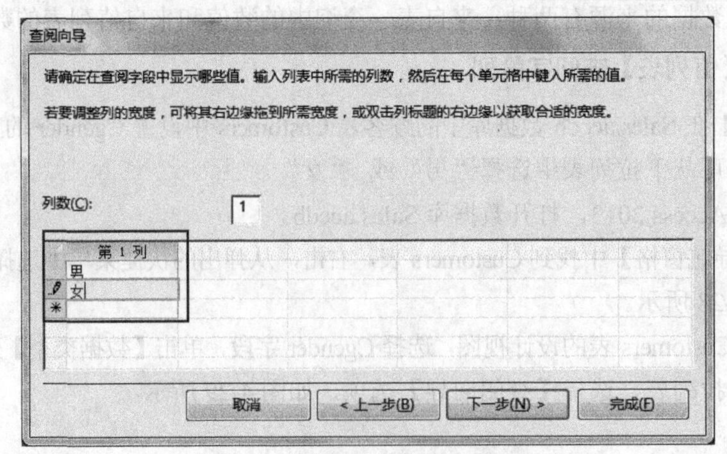

图 4-31　确定在查阅字段中显示的值

(6) 单击【下一步】按钮，在打开界面的【请为查阅字段指定标签】文本框中输入 Cgender，如图 4-32 所示。

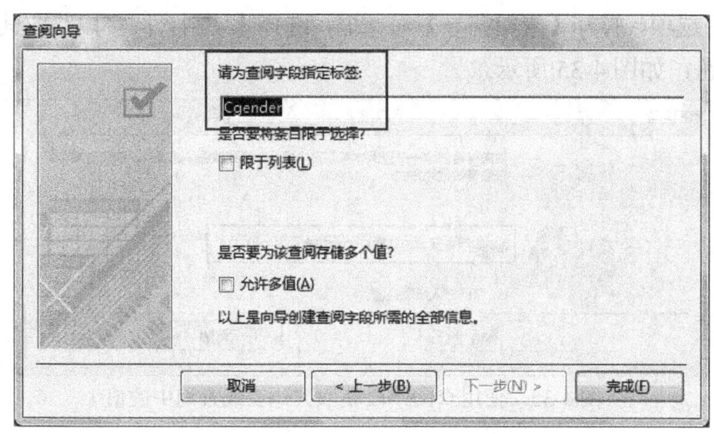

图 4-32　为查阅字段指定标签

(7) 单击【完成】按钮，完成查阅向导，单击【保存】按钮保存对 Customers 表的修改。在设计视图中可以看到，Cgender 字段的【数据类型】仍然显示为【短文本】，在下面的【字段属性】区域中，单击【查询】标签，打开该选项卡，可以看到相应的属性信息，如图 4-33 所示。

(8) 保存 Customers 表，关闭设计视图，双击该表，打开数据表视图，此时，输入 Cgender 字段时，可以单击下拉列表进行选择，如图 4-34 所示。

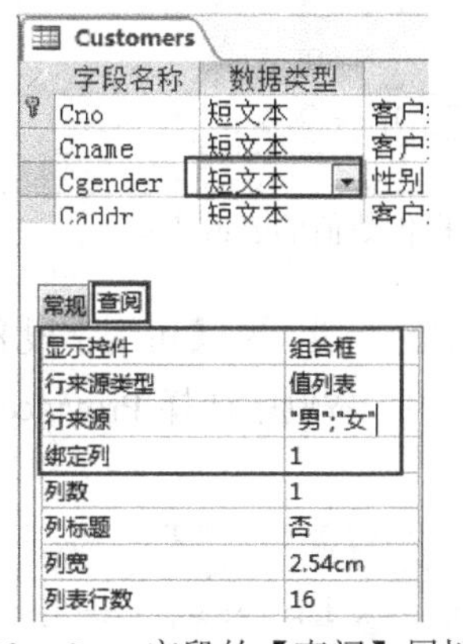

图 4-33　Csex 字段的【查阅】属性

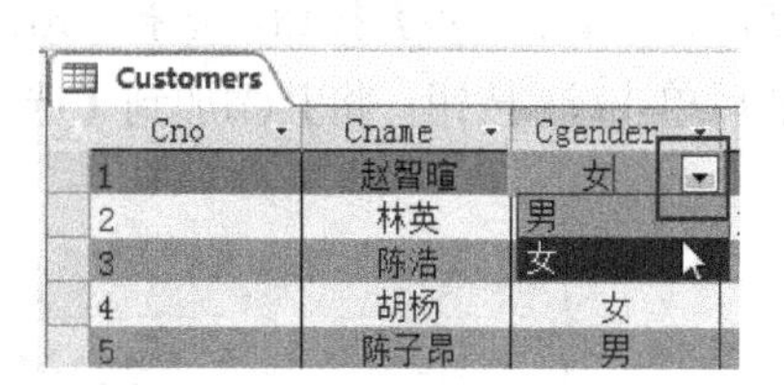

图 4-34　设置查阅向导后的结果

2. 设置来自表/查询的查阅字段

除了【值列表】查阅字段，还可以创建来自表/查询的查阅字段，下面来看一个具体的例子。

【例 4-6】在 Sales.accdb 数据库中的顾客表 Customers 中，设置籍贯字段 hometown 为查阅字段列，数据来源自省份表的 Province 字段。

(1) 启动 Access 2013，打开数据库 Sales.accdb。

(2) 在【导航窗格】中找到顾客表 Customers，右击，从弹出的快捷菜单中选择【设计视图】命令，打开顾客表 Customers 的设计视图。

(3) 添加籍贯字段 hometown，单击【数据类型】列右侧的下拉箭头，弹出下拉列表，选择【查阅向导】选项。打开【查阅向导】对话框，选择【使用查阅字段获取其他表或查询中的值】单选按钮，如图 4-35 所示。

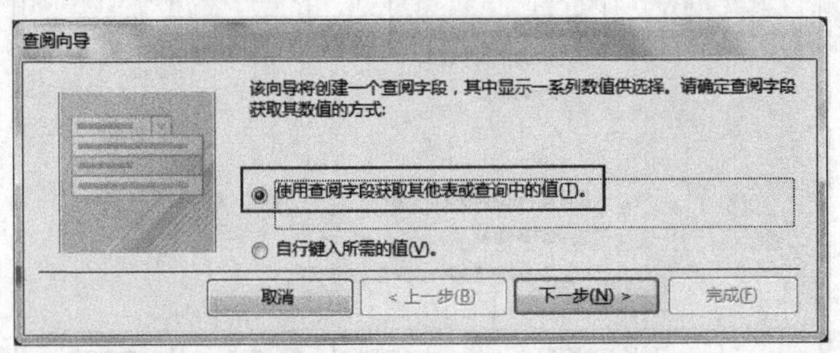

图 4-35　使用查阅字段获取其他表或查询中的值

(4) 单击【下一步】按钮，进入查阅向导第二步，在【请选择为查阅字段提供数值的表或查询】列表框中选择【表：Province】，如图 4-36 所示。

图 4-36　选择为查阅字段提供数值的表或查询

(5) 单击【下一步】按钮，选择 Province 表中的字段，从【可用字段】中选择需要的字段，然后单击 > 按钮，将其添加到【选定字段】中。本例中选择 Province 字段，如图 4-37 所示。

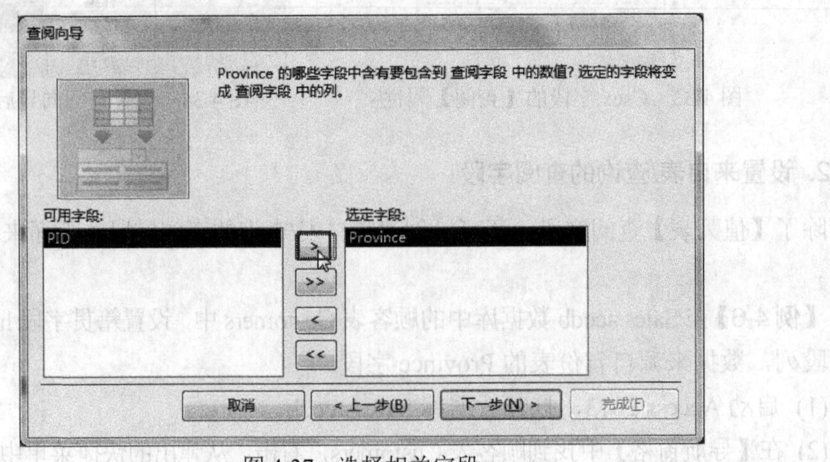

图 4-37　选择相关字段

(6) 单击【下一步】按钮，指定列表框中项的排序次序，这里选择按照 Province 表中的 PID 列升序排列，如图 4-38 所示。

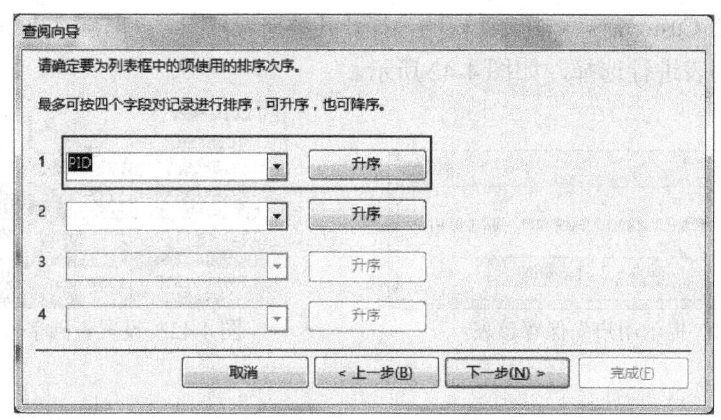

图 4-38　为列表框中的项指定排序次序

(7) 单击【下一步】按钮。在打开的对话框中，提示【请指定查阅字段中列的宽度】，可以直接在此调整列的宽度，如图 4-39 所示。

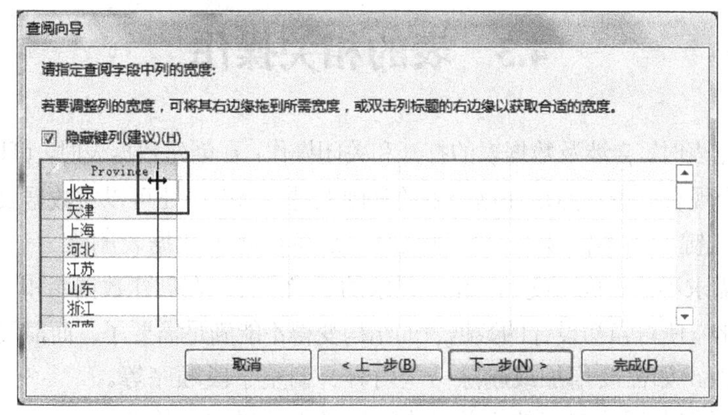

图 4-39　指定查阅字段中列的宽度

(8) 单击【下一步】按钮，为查阅字段指定标签，在文本框中输入 hometown，如图 4-40 所示。

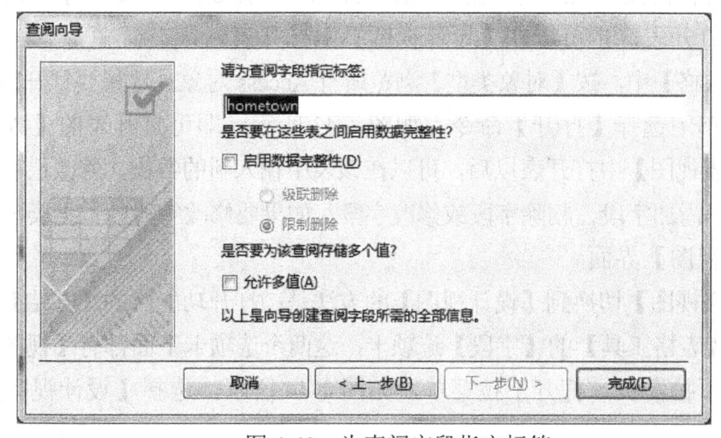

图 4-40　为查阅字段指定标签

(9) 单击【完成】按钮，开始创建查阅字段，此时会弹出提示对话框，提示用户【创建关系之前先保存该表】，单击【是】按钮即可，如图 4-41 所示。

(10) 关闭 Customers 表的设计视图，打开其数据表视图，此时输入 hometown 字段时可以单击下拉列表进行选择，如图 4-42 所示。

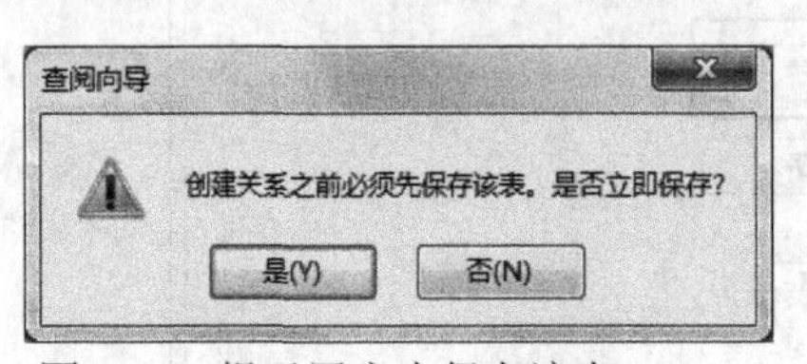

图 4-41　提示用户先保存该表

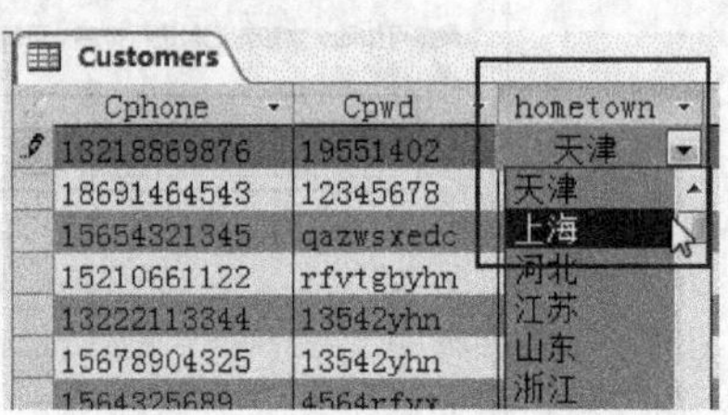

图 4-42　设置查阅字段后的效果

提示：

设置来自表或查询中的查阅字段，实际上是在两个表之间建立关系。选择【数据库工具】功能区选项卡，单击其中的【关系】按钮，即可查看表之间的关系。

4.3　表的相关操作

在使用数据表时，会涉及数据表的打开和关闭操作；在创建数据表时，可以新建一个表，也可以复制一个现有的表，然后在这个表的基础上进行修改；还可以对数据表进行重命名、为数据表设置主键；当不需要某个数据表时，还可以将该数据表删除。

现实中的需求不是一成不变的。由于需求的不确定性，在创建数据库和表之后，可能会因为需求的变化，使得当初设计的数据表的结构变得不能满足需要了，而需要对原有的数据表结构进行修改，如需要增加或删除一些内容、调整字段顺序等。

本节就来详细介绍数据表的相关操作，以及表的维护与修改。

4.3.1　打开表

在对表进行任何操作之前，要先打开相应的表；在 Access 中，表有两种视图，可以在【数据表视图】中打开表，也可以在【设计视图】中打开表。

在【导航窗格】中，按【对象类型】浏览所有 Access 对象，选择要打开的表，右击，从弹出的快捷菜单中选择【打开】命令，如图 4-43 所示，即可打开表的【数据表视图】。

在【数据表视图】中打开表以后，可以在该表中输入新的数据、修改已有的数据、删除不需要的数据，添加字段、删除字段或修改字段。如果要修改字段的数据类型或属性，则应切换到【设计视图】界面。

从【数据表视图】切换到【设计视图】的方法是：打开功能区的【开始】选项卡，或者上下文功能区【表格工具】的【字段】选项卡，这两个选项卡下面都有【视图】切换按钮，单击该按钮的下拉箭头，打开下拉菜单，如图 4-44 所示，选择【设计视图】命令即可。

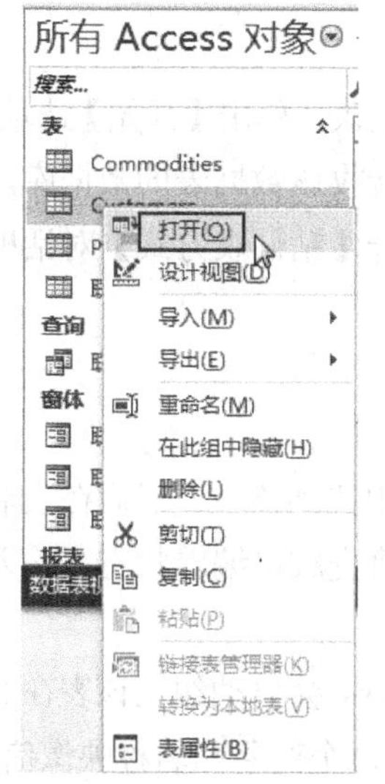

图 4-43　数据表的快捷菜单

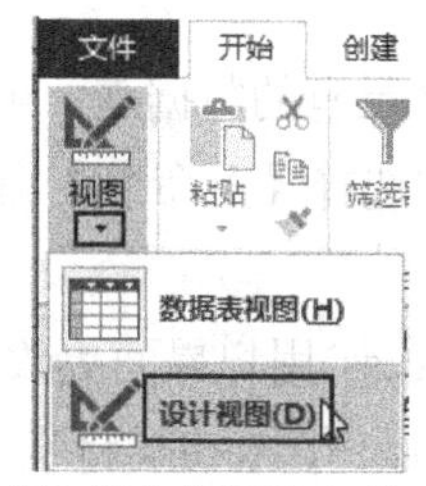

图 4-44　从【数据表视图】切换到【设计视图】

提示：

在【导航窗格】中直接双击要打开的表，可以打开表的数据表视图；另外，如果在图 4-43 所示的快捷菜单中选择【设计视图】命令，则可以直接打开表的设计视图。

4.3.2　复制表

复制表的操作分为两种情况：在同一个数据库中复制表和将数据表从一个数据库复制到另一个数据库。

1. 在同一个数据库中复制表

在数据库窗口中，选中需要复制的数据表后，在【开始】选项卡下的【剪贴板】组中，单击【复制】按钮，然后单击【粘贴】按钮，系统将打开【粘贴表方式】对话框，如图 4-45 所示。

该对话框中有 3 种粘贴表的方式，各方式的功能如下。

图 4-45　【粘贴表方式】对话框

- 【仅结构】：只是将所选择的表的结构复制，形成一个新表。
- 【结构和数据】：将所选择的表的结构及其全部数据记录一起复制，形成一个新表。
- 【将数据追加到已有的表】：表示将所选择的表的全部数据记录追加到一个已存在的表中，此处要求确实有一个已存在的表，且此表的结构和被复制的表的结构相同，才能保证复制数据的正确性。

在【表名称】文本框中为复制的数据表命名，然后在【粘贴选项】区域中选择所需的粘贴方式，单击【确定】按钮即完成数据表的复制操作。

2. 将数据表从一个数据库复制到另一个数据库

打开需要复制的数据表所在的数据库，选中该数据表，单击【开始】选项卡下【剪贴板】组中的【复制】按钮，然后关闭这个数据库；打开要接收该数据表的数据库，单击【开始】选项卡下【剪贴板】组中的【粘贴】按钮，同样会打开【粘贴表方式】对话框，接下来的操作方法与第一种复制操作相同。

4.3.3 重命名表

要重新命名已有的数据表，可以在【导航窗格】中找到该表，然后在表名上右击，从弹出的快捷菜单中选择【重命名】命令，数据表的名称将变成可编辑状态，输入新的名称后按 Enter 键即可。

当通过 Access 用户界面更改数据表名称时，Access 会自动纠正该表在其他对象中的引用名。为实现此操作，Access 将唯一的标识符与创建的每个对象和名称映像信息存储在一起，名称映像信息使 Access 能够在出现错误时纠正绑定错误。当 Access 检测到最后一次“名称自动更正”之后又有对象被更改时，它将在出现第一个绑定错误时对该对象的所有项目执行全面的名称更正。这种机制不仅对数据表的更名有效，而且对数据库中任何对象的更名包括表中的字段都是有效的。

4.3.4 删除表

如果要删除一个数据表，首先选中需要删除的表，然后按 Delete 键即可；也可以在需要删除的数据表上右击，从弹出的快捷菜单中选择【删除】命令，系统将弹出如图 4-46 所示的信息提示对话框。

图 4-46　询问用户是否删除表的提示对话框

如果不想删除该表，单击【否】按钮；如果确认要删除该表，单击【是】按钮即可删除选中的表。

4.3.5 修改表结构

修改表结构的操作主要包括选择字段、插入字段、重命名字段以及移动字段等。

1. 选择字段

字段的选择操作是字段操作中最基本的操作，它是其他字段操作的基础。要选择某个字段，只需将鼠标光标移到需要选择的字段名上，单击即可，如图 4-47 所示。被选择的字段将呈现与其他字段不同的颜色。

2. 移动字段

字段的移动操作是指将一个字段从一处移动到另一处，具体操作方法为：选定需要移动的字段，如图 4-48 所示。

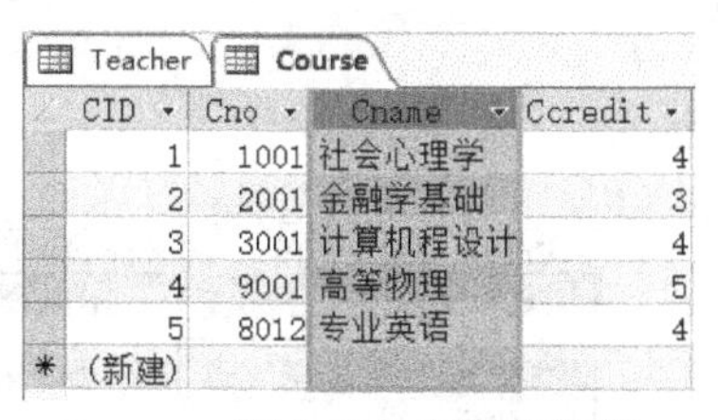

图 4-47 字段的选择

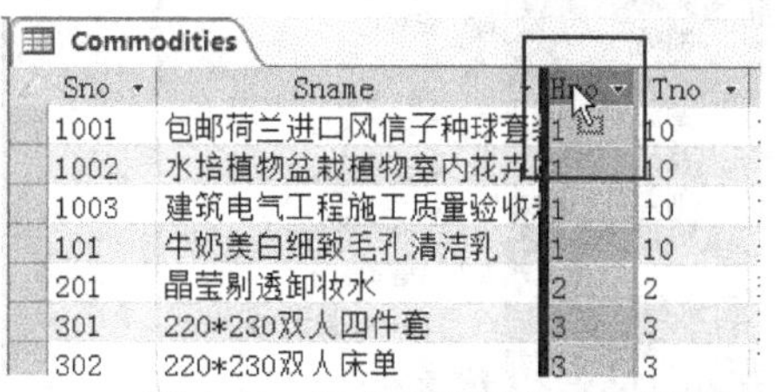

图 4-48 选中要移动的字段列

按住鼠标左键不放，将光标拖动到需要移动的位置后释放鼠标即可，如图 4-49 所示，移动后的数据表视图如图 4-50 所示。

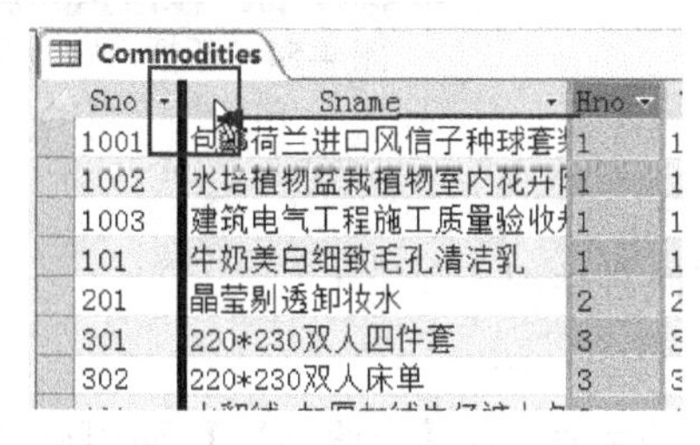

图 4-49 拖动字段到合适的位置

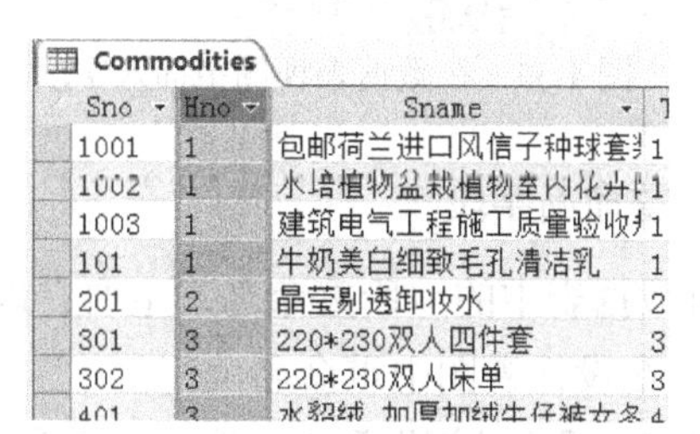

图 4-50 移动后的数据表视图

3. 插入字段

字段的插入操作主要有以下两种方法。

- 在设计视图中插入字段

打开表的【设计视图】，在要插入新字段的下一字段行上右击，从弹出的快捷菜单中选择【插入行】命令，如图 4-51 所示，此时，将在选定行的上方插入一个空白行，如图 4-52 所示。在此设置新字段的【字段名称】和【数据类型】即可完成新字段的插入。

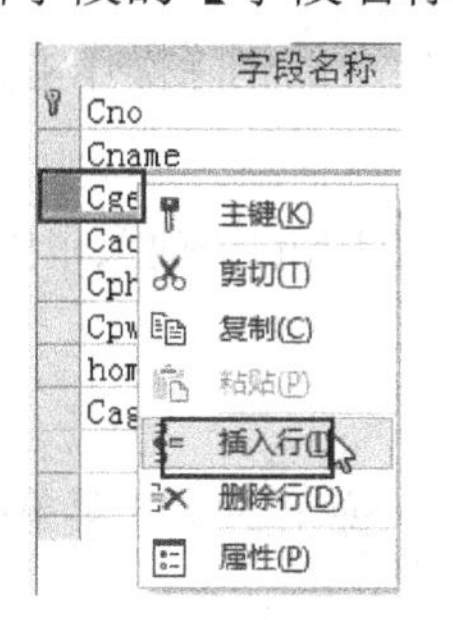

图 4-51 在设计视图中插入字段

Customers

字段名称	数据类型
Cno	短文本
Cname	短文本
Cgender	短文本
Caddr	短文本
Cphone	短文本
Cpwd	短文本
hometown	数字

图 4-52 插入新行示例

- 在数据表视图中插入字段

在表的【数据表视图】中插入字段的方法与在【设计视图】中插入行的方法类似，首先打开表的【数据表视图】，选择要插入新字段的位置的下一个字段，右击，从弹出的快捷菜单中选择【插入字段】命令，如图 4-53 所示，Access 将在选定字段的前面插入新字段，如图

4-54 所示。

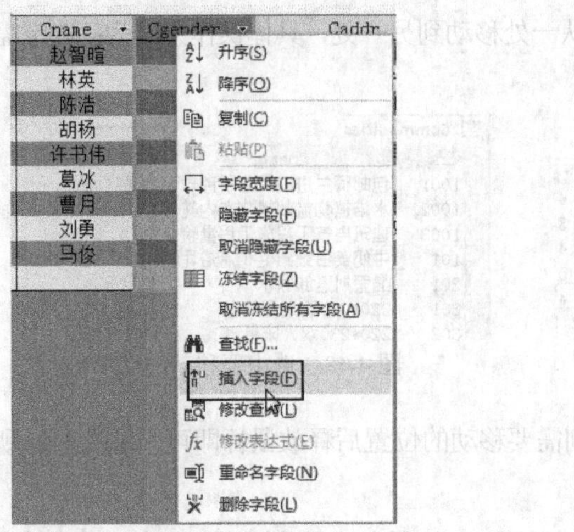

图 4-53　在数据表视图中插入字段

Cname	字段1	Cgender
赵智暄		女
林英		女
陈浩		男
胡杨		女
许书伟		男
葛冰		女
曹月		男
刘勇		男
马俊		男

图 4-54　新插入字段列效果

4. 重命名字段

对数据表中的字段重命名，主要有以下两种情况。

- 在设计视图中重命名

在表的【设计视图】中，选中需要重命名的字段，在【字段名称】列中删除原来的字段名，输入新的字段名即可。

- 在数据表视图中重命名

在表的【数据表视图】中，双击原来的字段名，此时该字段名呈现为可编辑状态，输入新的字段名即可。

在表的【数据表视图】中，也可以通过右键快捷菜单来重命名字段，只需在要重命名的字段上右击，从弹出的快捷菜单中选择【重命名字段】命令即可。

5. 删除操作

当不再需要数据库表中某个字段时，可将其删除，字段的删除操作主要有以下两种方法。

- 在设计视图中删除字段

在表的【设计视图】中，右击需要删除的字段，在弹出的快捷菜单中，选择【删除行】命令即可。

- 在数据表视图中删除字段

在表的【数据表视图】中，右击需要删除的字段，从弹出的快捷菜单中选择【删除字段】命令即可。

6. 隐藏/取消隐藏字段

字段的隐藏操作是指将一个或多个暂时不重要的字段隐藏起来，方便查看所需的字段信息；等需要查看该字段时，再通过【取消隐藏】使其显示出来。具体操作方法为：在表的【数据表视图】中，右击需要隐藏的字段，从弹出的快捷菜单中选择【隐藏字段】命令即可；当需要取消隐藏字段时，可在表的任意字段上右击，从弹出的快捷菜单中选择【取消隐藏字段】命令，打开如图 4-55 所示的【取消隐藏列】对话框，选中字段前面的复选框即可。

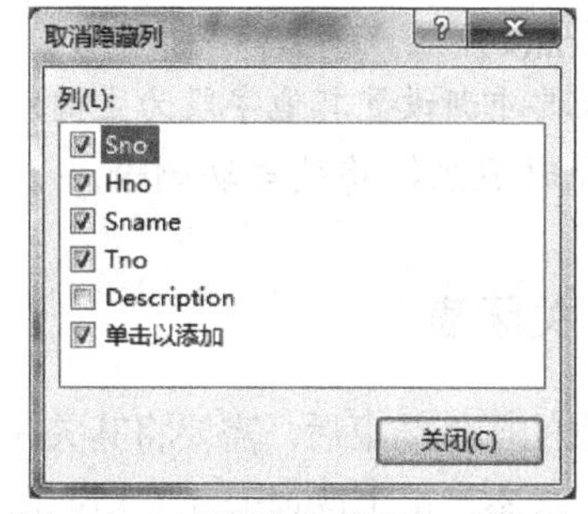

图 4-55　【取消隐藏列】对话框

4.3.6　设置表的主键

在 Access 2013 中，并不要求每个表都设置主键，但在表中设置主键是有好处的。字段一旦被设置为主键，在该字段上就不能输入相同的数据，并且内容不能为空，这样就可以利用主键对记录快速地进行查找和排序。

在一个表中，可以设置一个字段为主键，也可以设置多个字段为主键，还可以删除已经设置好的主键。

提示：

当某个字段被设置为主键后，该字段的【索引】属性将自动变为【有(无重复)】，而且不能通过下拉菜单更改这个属性。

1. 单一字段主键的设置

在 4.2.2 节介绍过设置单一字段主键的方法，只需打开表的设计视图，右击需要设置为主键的字段，在弹出的快捷菜单中选择【主键】命令即可。

【例 4-7】为 Customers 表设置主键为 Cno 字段。

(1) 启动 Access 2013，打开数据库 Sales.accdb。

(2) 打开 Customers 表的【设计视图】，选择 Cno 字段，右击，从弹出的快捷菜单中选择【主键】命令。

2. 多个字段主键的设置

设置多个字段主键的方法与设置单个字段的方法类似，所不同的是，需要同时选中多个字段，然后右击，从弹出的快捷菜单中选择【主键】命令，或者打开上下文功能区【表格工具】下的【设计】选项卡，单击【工具】组中的【主键】按钮。

提示：

选择多个字段的方法是首先选中需要的一个字段，然后按住 Ctrl 键，依次单击其他字段。

3. 删除主键

某个字段被设置为主键后，也可将其取消。取消主键字段的方法为：选中该字段，按上面设置主键的方法做相同的操作即可。

如果多个字段被设置为主键，则可以选中任意其中一个字段，单击上下文功能区【表格工具】下的【设计】选项卡的【工具】组中的【主键】按钮即可删除主键。

知识点：

如果要重新设置其他字段为主键，则直接选择新的字段，按设置主键的方法设置新主键即可，此时原主键将被自动删除。

4.3.7 关闭表

对表的操作结束后，需要将其关闭。无论表是处于【设计视图】状态，还是处于【数据表视图】状态，单击选项卡式文档窗口右上角的【关闭窗口】按钮都可以将打开的表关闭。如果对表的结构或布局进行了修改，则会弹出一个提示框，询问用户是否保存所做的修改。单击【是】按钮将保存所做的修改；单击【否】按钮将放弃所做的修改；单击【取消】按钮则取消关闭操作。

关闭表的另一种方法是，直接在主窗口中右击要关闭的表的选项卡标签，从弹出的快捷菜单中选择【关闭】命令，如图 4-56 所示。

图 4-56 通过选项卡标签的快捷菜单关闭表

提示：

从图 4-56 可以看出，在该快捷菜单中，也可以切换数据表的不同视图。

4.4 表之间的关系

数据表之间的关系指的是在两个数据表中的相同域上的字段之间建立一对一、一对多或多对多的联系。在 Access 数据库中，通过定义数据表的关系，可以创建能够同时显示多个数据表的数据的查询、窗体及报表等。

通常情况下，相互关联的字段是一个数据表中的主关键字，它对每一条记录提供唯一的标识，而该字段在另一个相关联的数据表中通常被称为外部关键字。外部关键字可以是它所在数据表中的主关键字，也可以是多个主关键字中的一个，甚至是一个普通的字段。外部关键字中的数据应和关联表中的主关键字字段相匹配。

4.4.1 建立表间的关系

在 Access 中，每个表都是数据库独立的一个部分，但每个表又不是完全孤立的，表与表之间可能存在着相互的联系。一旦两个表之间建立了关系，就可以很容易地从中找出所需要的数据。两个表之间相关联字段的类型和长度需要注意以下事项。

- 创建表之间的关系时，相关联的字段不一定要有相同的名称，但必须有相同的字段类型(除非主键字段是【自动编号】类型)。
- 当主键字段是【自动编号】类型时，只能与【数字】类型并且【字段大小】属性相同的字段关联。例如，如果一个【自动编号】字段和一个【数字】字段的 【字段大小】属性均为【长整型】，则它们是可以匹配的。

● 如果两个字段都是【数字】字段，只有【字段大小】属性相同，两个表才可以关联。

【例 4-8】在 Sales.accdb 数据库中，创建商品类别表 CommodityType，并建立其与商品表 Commodities 的关系。

(1) 启动 Access 2013，打开 Sales.accdb 数据库。

(2) 按表 4-6 创建商品类别表 CommodityType。

表 4-6 商品类别表 CommodityType 的字段

字　段	数据类型	说　明
Tno	短文本	主键，商品类别编号
Tname	短文本	类型名称，非空
Description	长文本	描述

(3) 打开【数据库工具】功能区选项卡，单击【关系】组中的【关系】按钮，打开【关系】窗口，该窗口显示当前数据库中已经存在的表间关系。

(4) 在【关系】窗口的空白处右击，从弹出的快捷菜单中选择【显示表】命令，或者打开上下文功能区【关系工具】下的【设计】选项卡，单击【关系】组中的【显示表】按钮，打开【显示表】对话框，如图 4-57 所示。

(5) 在【显示表】对话框中，选中需建立关系的表的 CommodityType 和 Commodities，单击【添加】按钮，将选中的表添加到【关系】窗口中，结果如图 4-58 所示。

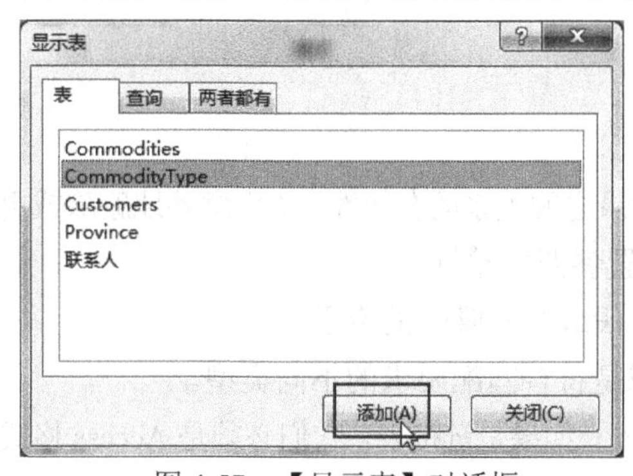

图 4-57 【显示表】对话框

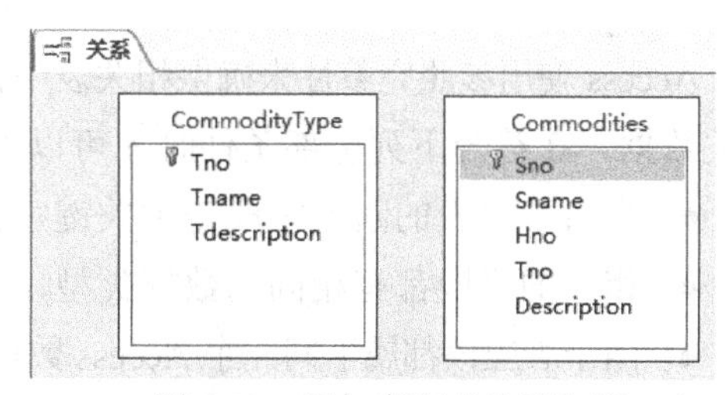

图 4-58 添加表到【关系】窗口中

(6) 要设置表之间的关系，只需单击该表的某一字段并按住鼠标左键不放，拖动到另一个表的相关字段中，释放鼠标左键即可。如将 CommodityType 表的字段 Tno 拖到 Commodities 表中的 Tno 字段上，如图 4-59 所示。

(7) 释放鼠标，系统将打开【编辑关系】对话框，如图 4-60 所示。若选中【实施参照完整性】复选框，系统将激活【级联更新相关字段】和【级联删除相关记录】复选框，这样，当 CommodityType 表中更新或删除了某个商品分类时，相应地，在 Commodities 表中的商品类别字段 Tno 也被更新或删除。此外，单击【联接类型】按钮，还可以在打开的【联接属性】对话框中，更改两个数据表之间的【关系类型】选项的设置，此内容将在后续章节介绍。

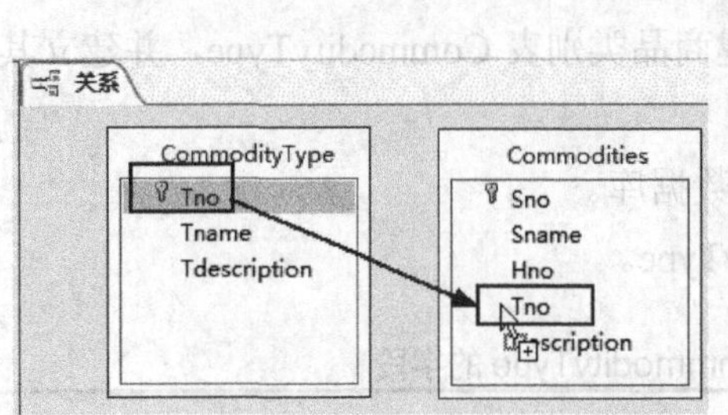

图 4-59 拖动字段到另一个表的关联字段上

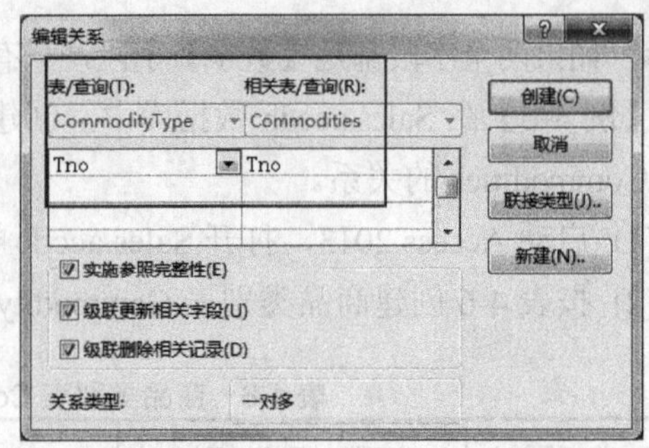

图 4-60 【编辑关系】对话框

(8) 单击【创建】按钮，系统将关闭【编辑关系】对话框，并根据设置在 CommodityType 和 Commodities 两个表之间建立起一对多的关系，如图 4-61 所示。

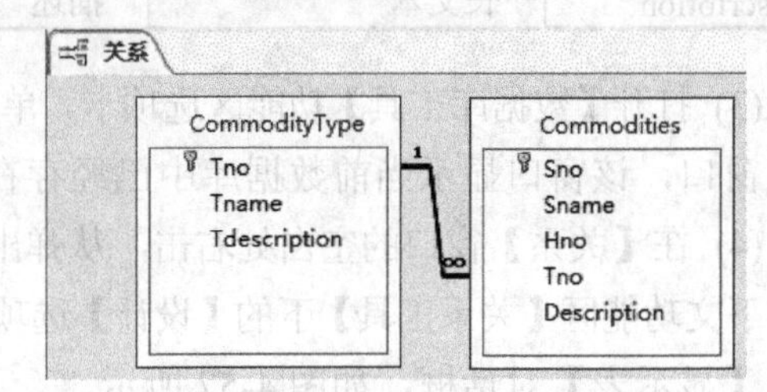

图 4-61 CommodityType 和 Commodities 之间的关系

提示：

在定义表之间的关系前，应关闭所有需要定义关系的表。不能在已打开的数据表之间创建或修改关系。

(9) 在选项卡中右击【关系】标签，从弹出的快捷菜单中选项【关闭】命令，Access 会询问是否保存对关系的更改，单击【是】按钮。

4.4.2 关系选项

Access 使用参照完整性来确保相关表中记录之间关系的有效性，防止意外地删除或更改相关数据。在符合下列全部条件时才可以设置参照完整性。

- 来自于主表的匹配字段是主关键字字段或具有唯一的索引。
- 相关的字段都有相同的数据类型，或是符合匹配要求的不同类型。
- 两个表应该都属于同一个 Access 数据库。如果是链接表，它们必须是 Access 格式的表。不能对数据库中其他格式的链接表实施参照完整性。

1. 实施参照完整性

参照完整性是在输入或删除记录时，为维持表之间已定义的关系而必须遵循的规则。如果设置了【实施参照完整性】，则要遵循下列规则。

- 不能在相关表的外键字段中输入不存在于主表的主键中的值。例如，CommodityType 和 Commodities 表之间建立了一对多的关系，如果设置了【实施参照完整性】选项，Commodities 表中的 Tno 字段值必须存在于 CommodityType 表的 Tno 字段中，或为空值。

- 如果在相关表中存在匹配的记录，则不能从主表中删除这个记录。例如，如果 Commodities 表中存在某个类别的商品，则在 CommodityType 表中不可以删除该商品类别的记录。
- 如果某个记录有相关的记录，则不能在主表中更改主键值。

2. 级联更新相关字段

当定义一个关系时，如果选择了【级联更新相关字段】复选框，则不管何时更改主表中记录的关系字段，Microsoft Access 都会自动在所有相关的记录中将该字段更新为新值。

3. 级联删除相关记录

当定义一个关系时，如果选中了【级联删除相关记录】复选框，则不管何时删除主表中的记录，Access 都会自动删除相关表中的相关记录。

4.4.3 编辑关系

在【关系】窗口中，选定字段间的关系线，并在其上右击，从弹出的快捷菜单中选择【编辑关系】命令，如图 4-62 所示，即可打开【编辑关系】对话框，在【编辑关系】对话框中进行设置，即可修改表之间的关系。

除了用上面的方法之外，还可以在上下文功能区【关系工具】的【设计】选项卡中的【工具】组中单击【编辑关系】按钮，或者在【关系】窗口的空白处双击，或者双击选定的关系线，均可打开【编辑关系】对话框。

如果需要改变表之间的联接类型，则单击【编辑关系】对话框中的【联接类型】按钮，打开【联接属性】对话框，如图 4-63 所示。选择适当的联接类型，然后单击【确定】按钮返回【编辑关系】对话框即可。

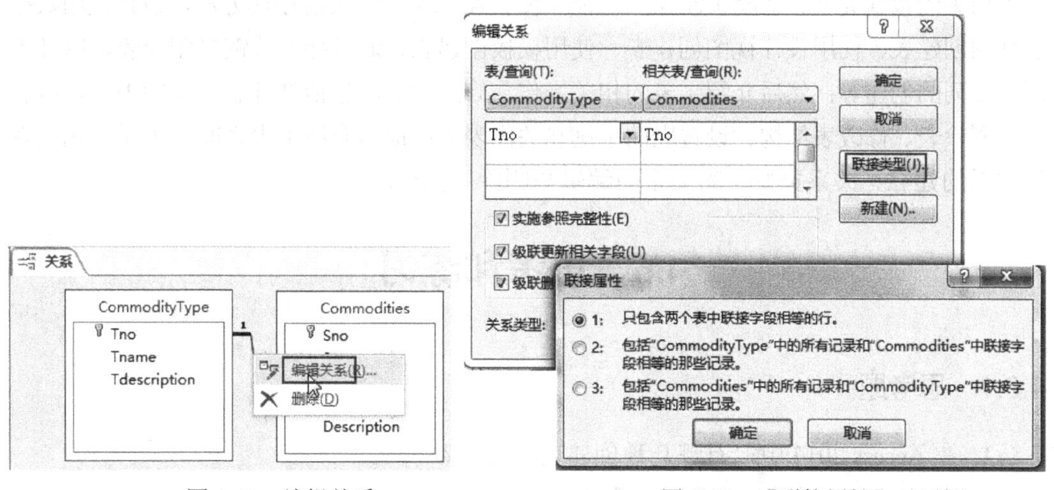

图 4-62 编辑关系　　　　图 4-63 【联接属性】对话框

【联接属性】对话框中一共有 3 个单选按钮选项，分别对应关系运算中的 3 种联接。

- 1：只包含来自两个表的联接字段相等处的行，即对应于关系运算里的“自然连接”。

- 2：包括 CommodityType 中的所有记录和 Commodities 中联接字段相等的那些记录，即对应于关系运算里的“左连接”。
- 3：包括 Commodities 中的所有记录和 CommodityType 中联接字段相等的那些记录，即对应于关系运算里的“右连接”。

4.4.4 删除关系

若要将表之间的关系删除，只需在【关系】窗口中，右击字段间的关系线，从弹出的快捷菜单中选择【删除】命令即可，如图 4-64 所示。

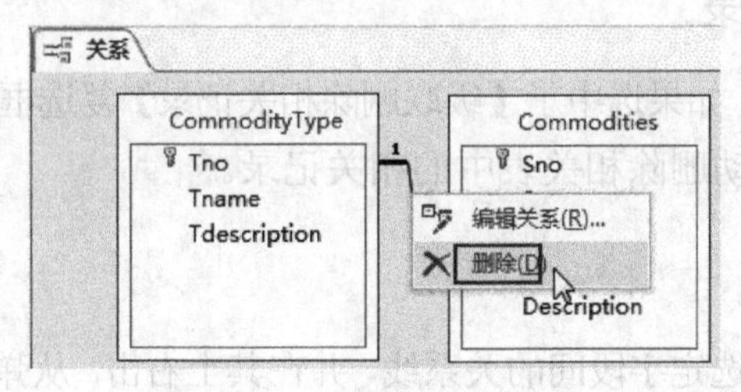

图 4-64　删除表间的关系

4.5 本章小结

表是数据库的最基本的对象，用于存储和管理数据，它从属于某个数据库。建立好数据库之后，就可以在数据库中创建表了，Access 2013 提供了多种创建表的方法。本章首先介绍了数据表的相关知识，包括数据表相关概念、表与表之间的关系、表的结构、与表中数据相关的数据类型、字段属性等；接着讲解了 Access 数据表的创建方法，包括使用数据表视图创建表、使用设计视图创建表、使用模板创建表、通过导入或链接创建表，以及查阅字段列的创建等；然后介绍了表的相关操作与修改方法，包括打开表、复制表、重命名表、删除表、修改表结构、设置表的主键和关闭表等；最后介绍了表之间的关系，包括表间关系的建立、关系类型、表关系的编辑与删除等操作。

4.6 思考和练习

4.6.1 思考题

1. 在 Access 2013 中，有哪几种创建表的方法？
2. Access 2013 数据库字段的类型有哪几种？
3. 如何设置表的主键？
4. 为什么要建立表间关系？表之间有哪几种关系？

4.6.2　练习题

1. 建立一个客户关系管理数据库 CRM，并向该数据库中添加 3 张数据表，分别为 Customer 表、User 表和 Account 表，这 3 个表的字段分别如表 4-7~表 4-9 所示。其中，Customer 表为客户信息表；User 表为用户信息表；Account 表为账户信息表。

表 4-7　Customer 表的字段

字　段	数据类型	说　明
CustID	数字	客户 ID。主键字段，长度为 8，必填字段
CustName	短文本	客户姓名。长度为 50，不允许为空
CustGender	短文本	客户性别。只能是“男”或“女”
CustIdentity	短文本	客户证件号码。不允许为空
CustAddress	短文本	客户联系地址
CustEmail	短文本	客户电子邮件地址
CustType	数字	客户类型
CustLevel	数字	客户等级
CustPhone	短文本	客户联系电话

表 4-8　User 表的字段

字　段	数据类型	说　明
UserID	数字	用户 ID。长度为 8，主键字段
CustID	数字	用户归属的客户 ID。外键，长度为 8，必填字段
UserNumber	短文本	用户号码。必填字段，不允许为空
UserBand	短文本	用户品牌。不允许为空
StartDt	日期和时间	用户入网时间
EndDt	日期和时间	有效期截止时间
Status	数字	用户状态。不允许为空
UserPwd	短文本	用户密码

表 4-9　Account 表的字段

字　段	数据类型	说　明
AcctId	数字	账户 ID。主键，长度为 8
CustId	数字	账户归属的客户 ID。外键，长度为 8，必填字段
AcctType	数字	账户类型，不允许为空
AcctAmount	数字	账户余额，长度为 8，不允许为空
BankName	短文本	账户关联的银行名称
BankNumber	短文本	账户关联的银行账户

2. 设置 Customer 表的 CustGender 字段为查询字段，只能输入“男”和“女”。

3. 在 Customer 表与 User 表之间的 CustID 字段建立一对多的关系，因为一个客户可以有多个用户，而一个用户只能属于一个客户；在 Customer 表与 Account 表之间的 CustID 字段建立一对多的关系，因为一个客户可以有多个账户，而一个账户只能属于一个客户。

4. 在第 1 题创建的数据库中，新增付费关系表 PayRelation，该表定义了账户为用户付费的关系，请读者自行设计表结构。

第5章　表中记录的操作

数据库最基础的功能就是存储和维护数据。在 Access 中设计好数据表的结构之后，就可以向数据表中输入数据了。由于事物是发展的，需求是不断变化的，因此数据不可能一直不变。为此，需要对数据库中的数据持续进行更新和维护，这是数据库技术中很基本也很重要的内容。故本书单独用一章的篇幅来介绍表中数据的增删改查、改变显示方式、排序与筛选、汇总统计、导出等操作。

本章的学习目标：

- 掌握表中数据记录的增删改查等操作
- 掌握如何设置数据记录的显示方式
- 了解数据记录的汇总与统计
- 掌握数据表的导出操作
- 掌握数据记录的排序与筛选

5.1　数据的增删改查

对 Access 表中数据记录的操作包括增加记录、输入数据、修改记录、查找数据、复制记录、删除记录等，以及后面将介绍到的数据记录显示方式的设置、排序与筛选等，这些操作通常都是在数据表视图中进行的。本节先来介绍数据的增删改查操作。

5.1.1　增加记录

在 Access 2013 中打开表的数据表视图后，增加新记录的方法有以下 4 种。

(1) 直接将光标定位在表的最后一行然后输入。

(2) 在功能区【开始】选项卡的【记录】组中，单击【新建】按钮，如图 5-1 所示。

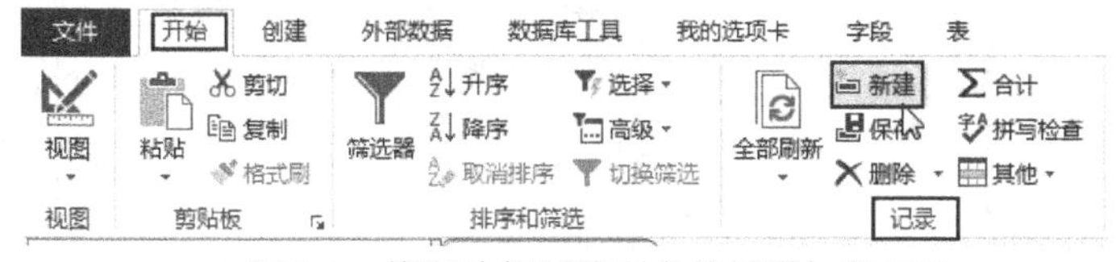

图 5-1　使用功能区选项卡按钮增加新记录

(3) 单击状态栏的【记录指示器】最右侧的【新(空白)记录】按钮，如图 5-2 所示。

(4) 将鼠标指针移到任意一条记录的【记录选定器】上，当鼠标指针变成箭头时，右击，从弹出的快捷菜单中选择【新记录】命令，如图 5-3 所示。

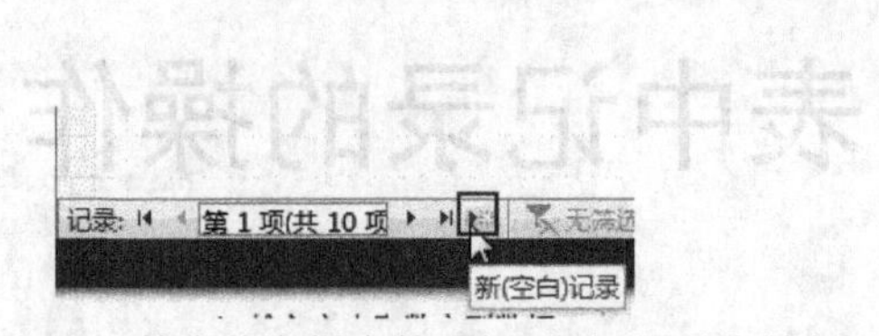

图 5-2　单击状态栏中的【新(空白)记录】按钮

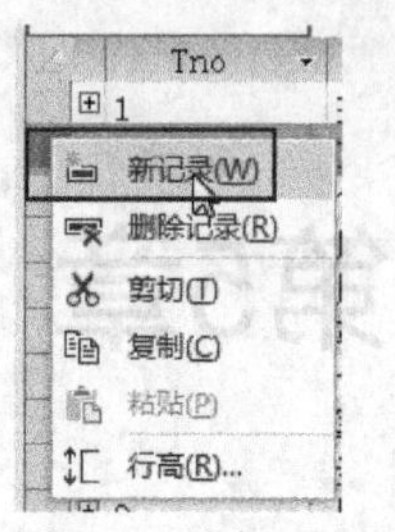

图 5-3　选择【新记录】命令

5.1.2　输入数据

在增加新记录后，新记录行的前面会显示*标记。向新记录输入数据时，此标记高亮显示，表示此时处于输入数据状态。

由于字段的数据类型和属性的不同，对不同的字段输入数据时会有不同的要求，对于【自动编号】类型的字段不需要用户手动输入，当用户在其他字段输入数据以后，Access 会为该字段自动填充值。

1. 输入短文本和数字型数据

对于短文本和数字型数据，通常直接输入即可。文本型数据字段最多只能输入 255 个字符，对于名称、描述等这些常见的文本类型，设置文本字段的大小时通常设置得比实际需要大一点，以符合实际变化需要。这些设置操作需要在表的设计视图中进行。

2. 输入日期型数据

当光标定位到日期型数据字段时，字段的右侧出现一个日期选取器图标。单击该图标，打开日历控件，如图 5-4 所示，选择相应日期即可。

3. 输入附件型数据

附件型字段在【数据表视图】中显示为 (0) 形式，其中括号内的数字表示当前字段包含的附件个数。要向该字段添加附件，可以双击该图标，将打开【附件】对话框，通过该对话框，可以编辑附件型字段的内容，包括添加附件、删除附件、打开附件以及另存为附件等，如图 5-5 所示。

图 5-4　日历控件

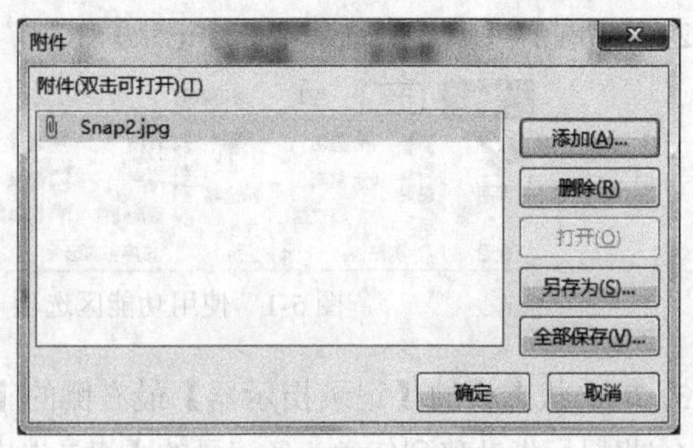

图 5-5　【附件】对话框

4. 输入查阅型数据

前面曾提到过查阅字段，其功能为：当把某个字段设置为查阅类型后，在数据表视图中光标定位到该字段时，字段的右侧会出现下拉箭头，单击下拉箭头将打开一个下拉列表，如图 5-6 所示。用鼠标选择列表中的某一项后，该值就被输入到字段中。由此可以看出，查阅字段数据类型的输入既快速又准确。

5. 输入长文本型数据

当字段的数据类型为【长文本】类型时，将数据输入长文本类型的字段也有技巧。当将光标移至长文本类型字段时，一般需要输入大量文字数据。为了易于输入，可以按 Shift+F2 键，系统将打开如图 5-7 所示的【缩放】对话框，可以直接在其中的文本框中输入长文本，输入完成后，单击【确定】按钮即可。

图 5-6　输入查阅字段列

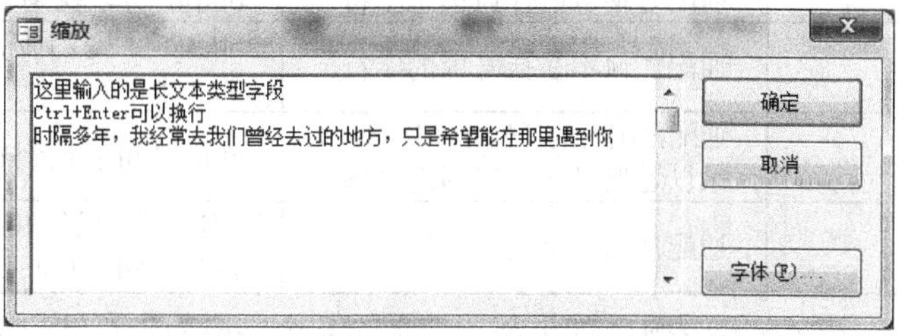

图 5-7　【缩放】对话框

5.1.3　修改记录

在数据表视图中，把光标移动到需要修改的数据处，就可以直接修改当前数据。可以通过单击鼠标来移动光标位置，也可以使用键盘上的方向键来移动光标。

- 按 Enter 键移动光标到下一个字段。
- 按→向后移动光标到下一个字段；按←向前移动光标到前一个字段。
- 按 Tab 键向后移动光标到下一个字段；按 Shift+Tab 键光标向前移动一个字段。

当把光标定位到某一个字段后，该单元格会呈现白色，该行的其他单元格颜色变深。

知识点：

如果需要修改整个单元格的内容，可以按 F2 键，此时，单元格中的值被全选中，并且输入的内容将会取代原来的内容。如果只需要修改其中的某个(些)字符，可以将光标定位到相应的字符，然后用退格键删除原来的字符，再次输入新字符即可。

5.1.4　查找与替换

当数据表中的数据很多时，若要快速找到某个数据，可以使用 Access 提供的查找功能。

1. 查找

【例 5-1】 在 Sales.accdb 数据库的 Customers 表中，查找姓“葛”的顾客。

(1) 启动 Access 2013，打开 Sales.accdb 数据库。

(2) 打开 Customers 表的数据表视图，在状态栏的【记录导航条】的最右侧搜索栏中，输入“葛”，如图 5-8 所示，光标将定位到所查找到的位置。

图 5-8　在搜索栏输入查找内容

(3) 如果有多条记录，则按 Enter 键，光标将定位到下一个满足条件的记录处。

另外在查找中还可以使用通配符。通配符的意义如表 5-1 所示。

表 5-1　通配符的用法

字　符	用　法	示　例
*	通配任意个字符	Na* 可以找到任意 Na 开头的，如 Name，但找不到 Nuam
?	通配任何单个字符	N?a 可以找到任意以 N 开头及 a 结尾的 3 个字符
[ ]	通配方括号内任何单个字符	b[ai]d 可以找到 bad 和 bid
!	通配任何不在括号内的字符	b[!ai]d 可以找到除 bad 和 bid 之外的，以 b 开头，d 结尾的 3 个字符
-	通配范围内的任何一个字符，必须以递增排序顺序指定区域	b[a-c]d 可以找到 bad、bbd 和 bcd
#	通配任何单个数字字符	1#4　可以找到 104、114、124、134、144、154、164、174、184、194

在 Access 表中，如果某条记录的某个字段尚未存储数据，则称该记录的这个字段的值为空值。空值与空字符串的含义不同。空值是缺值或还没有值(即可能存在但当前未知)，允许使用 null 值来说明一个字段里的信息目前还无法得到；而空字符串是用双引号括起来的字符串，且双引号中间没有空格(即“”)，这种字符串的长度为 0。

提示：

在 Access 中，查找空值或空字符串的方法是相似的。要查找 null 值，可以直接在搜索栏中输入 null 即可。

另外，还可以使用【查找和替换】对话框进行查找。按 Ctrl+F 快捷键即可打开【查找和替换】对话框，如图 5-9 所示。

在该对话框中，在【查找内容】组合框中输入要查找的内容，在【查找范围】下拉列表框中确定在哪个字段中查找数据。在查找之前，最好把光标定位在查找的字段列上，这样可以提高效率。【匹配】下拉列表框用于确定匹配方式，包括【字段任何部分】、【整个字段】和【字段开头】3 种方式。【搜索】下拉列表框用于确定搜索方式，包括【向上】、【向下】和【全部】3 种方式。

2. 替换

单击【查找和替换】对话框中的【替换】标签，切换到【替换】选项卡，如图 5-10 所示，在【查找内容】文本框中输入需要替换的内容，在【替换为】文本框中输入替换【查找内容】的文本，其他选项的意义和【查找】选项卡相同。

知识点：

打开【查找和替换】对话框的另一种方法是在【开始】功能区选项卡的【查找】组中，

单击【查找】或【替换】按钮。

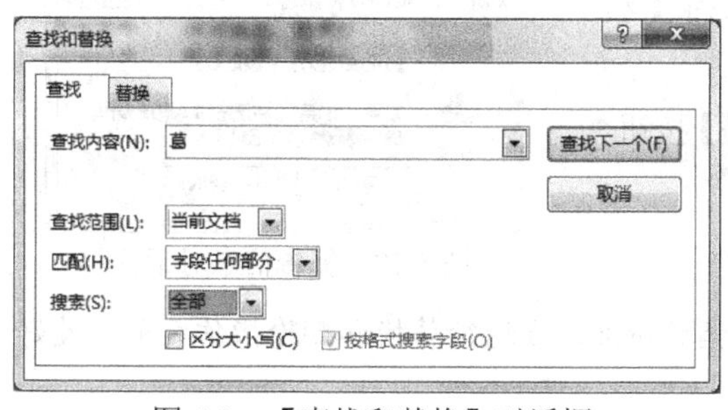

图 5-9　【查找和替换】对话框

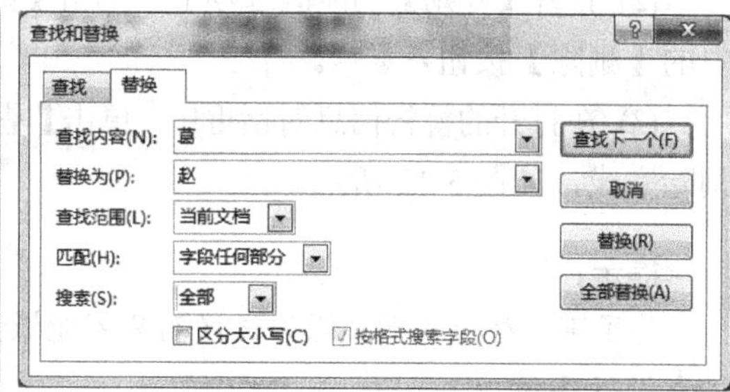

图 5-10　【替换】选项卡

5.1.5　复制记录

在输入或编辑数据时，有些数据可能相同或相似，这时可以使用复制和粘贴操作将某字段中的部分或全部数据复制到另一个字段中，以减少输入操作。这与 Windows 的复制和粘贴操作是一样的，操作方法为：选中要复制的内容，单击【开始】功能区选项卡中的【复制】按钮，然后将光标定位到要粘贴数据的地方，单击【粘贴】按钮即可。

除了复制某个字段值以外，Access 还允许复制整条数据记录，然后通过【粘贴追加】命令将复制记录追加到表中，从而快速创建相同的记录。如果新记录与源记录不是完全相同，只需修改个别字段即可。

【例 5-2】通过复制记录，在 Sales.accdb 数据库的 Commodities 表中快速增加相同类别的商品。

(1) 启动 Access 2013，打开 Sales.accdb 数据库。

(2) 打开 Commodities 表的数据表视图，将鼠标指针指向要复制数据的最左侧，在鼠标指针变为箭头➡时，单击鼠标选中整条记录。例如，选择 Sno 为 301 的一条商品记录。

(3) 打开【开始】功能区选项卡，单击【复制】按钮，复制该记录。

(4) 单击【粘贴】命令下方的倒三角形，打开【粘贴】下拉菜单，选择【粘贴追加】命令，如图 5-11 所示。

需要注意的是：使用该方法粘贴追加的记录除了【自动编号】类型的字段以外，其他都和源数据一样。所以，如果粘贴后存在主键冲突的情况，则不能使用此方法。

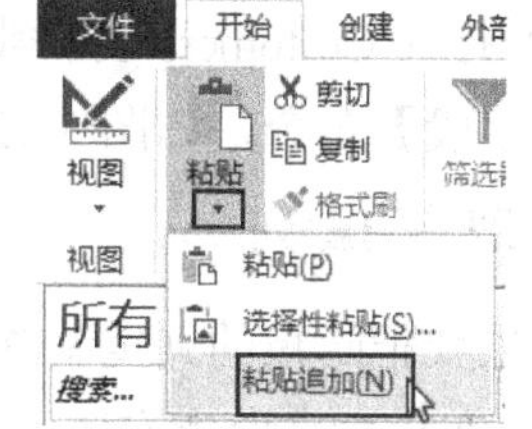

图 5-11　选择【粘贴追加】命令

提示：

也可以同时选中多条记录进行复制，相应的粘贴追加也会追加多条记录。

5.1.6　删除记录

在删除记录时，首先选中需要删除的记录。如果要同时删除多条连续的记录，则先选中第一条记录，然后按住 Shift 键，再选择最后一条记录；如果要删除的多条记录不连续，则需要按住 Ctrl 键，依次选择要删除的记录。删除记录的操作步骤如下。

(1) 单击选中要删除的记录行。

(2) 打开【开始】功能区选项卡，单击【记录】组中的【删除】按钮✕删除。

(3) 在打开的警告信息对话框中，单击【是】按钮，删除完成，如图 5-12 所示。

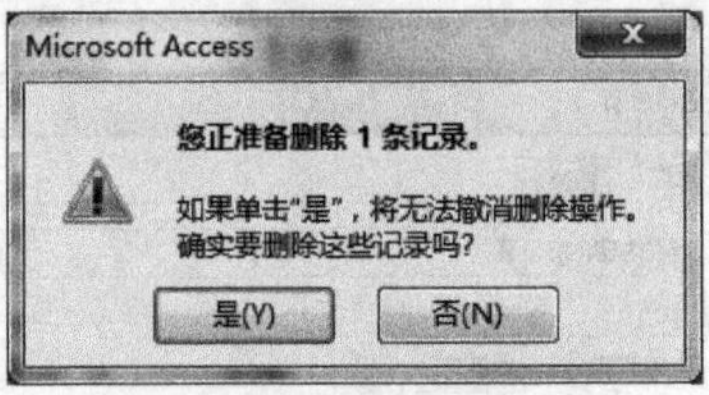

图 5-12　警告信息对话框

提示：

为了避免替换和删除操作失误而又不能撤销的情况，在进行替换和删除操作之前，最好对表进行备份。

5.2　改变数据记录的显示方式

在数据表视图下，显示的布局格式是 Access 2013 的默认格式。在使用时，可以自定义数据在数据表视图下的显示格式，如隐藏/取消隐藏列、调整行高与列宽、冻结/解冻列、改变列的显示顺序、设置数据表格式等。

5.2.1　隐藏/取消隐藏列

当数据表的字段过多时，打开数据表的数据表视图，有可能无法直接看到全部的列，而需通过移动滚动条来查看显示不完的列。这时可以使用隐藏列命令将一些目前不太重要的字段列隐藏起来，从而有空间显示一些比较重要的字段。

1. 隐藏列

隐藏列是使数据表中的某一列数据不显示，需要时再把它显示出来，这样做的目的是便于查看表中的主要数据。

【例 5-3】将 Sales.accdb 数据库的学生表 Customers 中的 Cno 字段列隐藏起来。

(1) 启动 Access 2013，打开 Sales.accdb 数据库。

(2) 打开 Customers 表的数据表视图，选中 Cno 字段，右击，从弹出的快捷菜单中选择【隐藏字段】命令，如图 5-13 所示。

2. 取消隐藏列

如果要把隐藏的列重新显示，可执行如下操作。

(1) 在任意字段上右击，从弹出的快捷菜单中选择【取消隐藏列】命令。

(2) 在打开的【取消隐藏列】对话框中，选中已经隐藏的列即可取消该列的隐藏，如图 5-14 所示。

(3) 单击【关闭】按钮，关闭【取消隐藏列】对话框。

技巧：

通过【取消隐藏列】对话框也可以实现隐藏列的功能，只需要将要隐藏的字段前面的复选框取消选中即可。

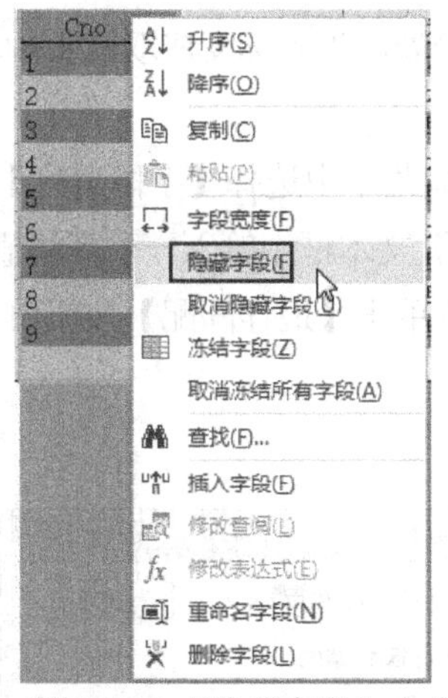

图 5-13　【隐藏字段】命令

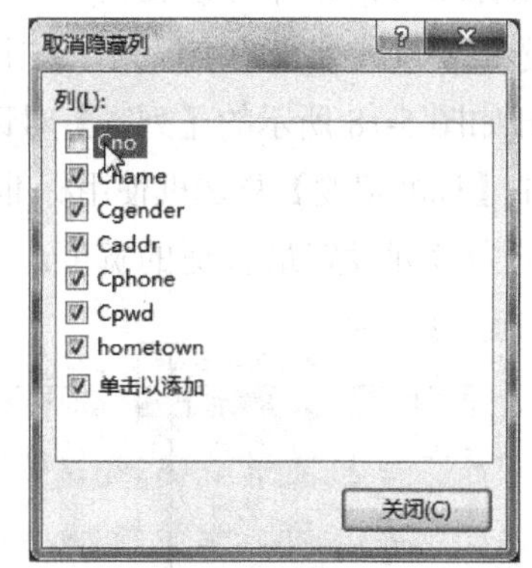

图 5-14　【取消隐藏列】对话框

5.2.2　调整行高与列宽

在数据表视图下，行高和列宽是固定的，因此，当某个字段的内容过多时，难免有内容被隐藏起来，影响查看。

Access 允许用户调整行高和列宽，以方便数据记录的查看。操作方法有：可以通过拖动行列分隔处来调整行高和列宽；通过 Access 提供的专用命令和对话框来设置具体的行高和列宽值。

1. 设置行高

设置行高的方法有鼠标拖动操作和使用【行高】对话框进行设置两种。操作方法如下。

- 打开数据表视图，把鼠标光标移至需要设置行高的两个记录选定器的分隔处(记录前面的矩形块)，当变成双箭头 ‡ 时，上下拖动即可改变行高，如图 5-15 所示。
- 选中表中的某一行记录，右击，从弹出的快捷菜单中选择【行高】命令，打开如图 5-16 所示的【行高】对话框。在【行高】文本框中输入一个具体值，或选中【标准高度】复选框使用标准的行高。

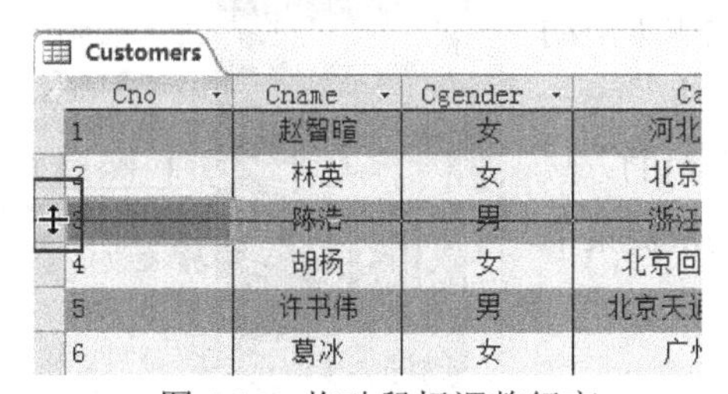

图 5-15　拖动鼠标调整行高

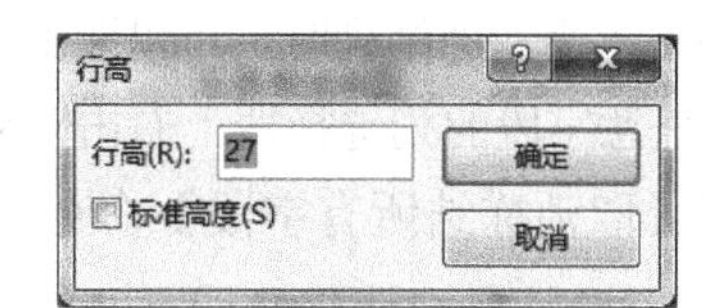

图 5-16　【行高】对话框

2. 设置列宽

与设置行高一样，设置列宽的方法也有两种：通过鼠标拖动和使用【列宽】对话框。操作方法如下。

- 打开数据表视图，把鼠标光标移至字段列的分隔处，当光标变成双箭头时，按住鼠标左右拖动即可改变列宽，如图 5-17 所示。
- 选中要设置列宽的字段列，右击，从弹出的快捷菜单中选择【字段宽度】命令，打开如图 5-18 所示的【列宽】对话框。在【列宽】文本框中输入一个具体值，或者选中【标准宽度】复选框使用标准的列宽，也可以单击【最佳匹配】按钮由 Access 自动为该列设置最合适的宽度。

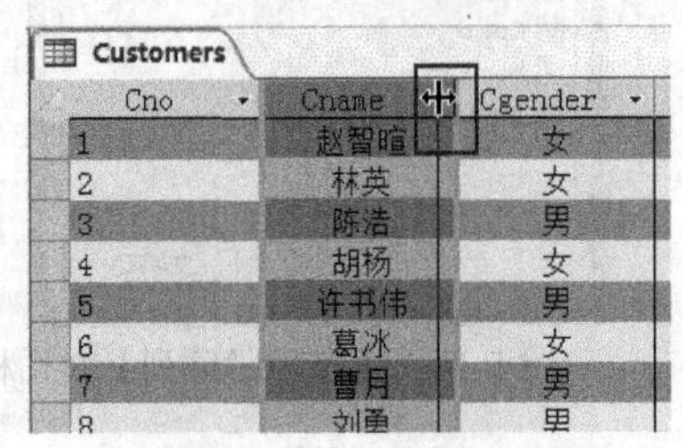

图 5-17　拖动鼠标调整列宽

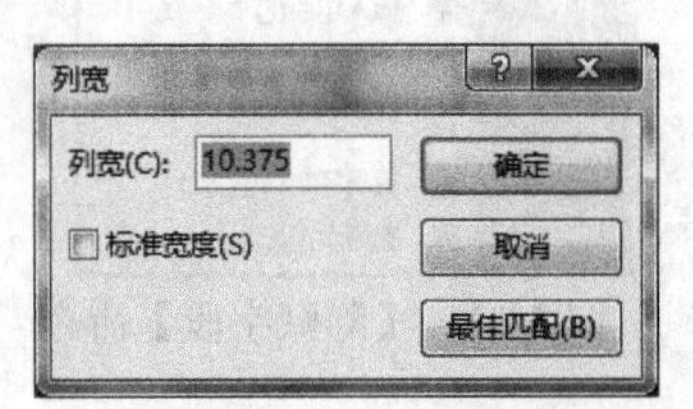

图 5-18　【列宽】对话框

5.2.3　冻结/解冻列

在操作数据库表时，常常会遇到列数很多、很宽的数据表，以至屏幕无法显示全部字段列的情况，这时候需要使用水平滚动条来查看那些看不到的字段，而在查看这些字段的过程中，前面的主要字段或关键字段又被隐藏起来，查看数据十分不便。

Access 提供了冻结列的功能来解决这个问题。当某个(或某几个)字段列被冻结后，无论怎样水平滚动窗口，这些被冻结的列总是可见的，并且它们总是显示在窗口的最左边。通常，冻结列是把一个表中最重要的、表示表的主要信息的字段列冻结起来。

【例 5-4】冻结 Sales.accdb 数据库中 Customers 表的 Cname 列。

(1) 启动 Access 2013，打开 Sales.accdb 数据库。

(2) 打开 Customers 表的数据表视图，选中 Cname 字段，右击，从弹出的快捷菜单中选择【冻结字段】命令，如图 5-19 所示。

(3) 此时，Cname 列显示在最左边，拖动水平滚动条，可以看到，该列始终显示在窗口的最左边。

当不再需要冻结列时，可以取消冻结。取消的方法是：在任意字段的列选择器上右击，从弹出的快捷菜单中选择【取消冻结所有字段】命令即可。

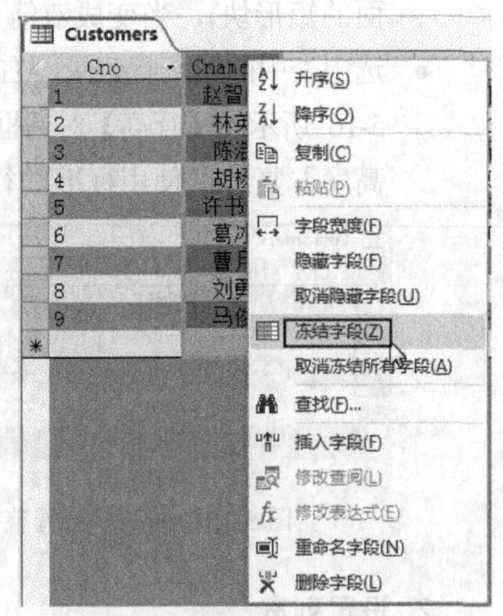

图 5-19　【冻结字段】命令

提示：

当表中有多个列被冻结时，系统会按照列被冻结的时间先后顺序将列固定在数据表视图的左端。

5.2.4　改变列的显示顺序

在数据视图中，字段按表在设计视图中所设置的顺序进行显示。用户可以在数据表视图中通过鼠标操作改变字段的显示顺序。

例如，要将顾客表 Customers 中的 Cphone 字段移到 Cname 字段左侧，可以将光标移到 Cphone 字段标题处，单击鼠标选中该列，然后按下鼠标左键并拖动，出现一条竖直方向的分隔线，如图 5-20 所示，拖动鼠标，分隔线将随着鼠标移动，这条分隔线表示当前的列被移动到的位置。当拖到 Cname 列的前方时释放鼠标，此时 Cphone 列就被移到了 Cname 列的左侧，如图 5-21 所示。

Customers

Cno	Cname	Cgender	Caddr	Cphone
1	赵智暄	女	河北省沧州市	15910806516
2	林英	女	北京市大兴区	18691464543
3	陈浩	男	浙江省杭州市	15532795819
4	胡杨	女	北京回龙观北清路	13582717406
5	许书伟	男	北京天通苑3号院101	13222113344
6	葛冰	女	广州天河路	13831705804
7	曹月	男	陕西太原	1564325689

图 5-20　拖动 Cphone 列

Customers

Cno	Cphone	Cname	Cgender
1	15910806516	赵智暄	女
2	18691464543	林英	女
3	15532795819	陈浩	男
4	13582717406	胡杨	女
5	13222113344	许书伟	男
6	13831705804	葛冰	女
7	1564325689	曹月	男

图 5-21　改变 Cphone 列顺序后

5.2.5　设置数据表格式

Access 2013 数据表视图的默认表格样式为白底、黑字和细表格线形式。如果需要，用户可以改变表格的显示效果。另外，还可以设置表格的背景颜色、网格样式等。

1. 设置字体

数据表视图中所有数据的字体(包括字段数据字段名)，其默认值均为 5 号宋体。用户可以根据实际需要更改字体。

【例 5-5】为 Sales.accdb 数据库中的顾客表 Customers 设置数据的字体为“方正姚体”，颜色为红色、Caddr 列中的数据对齐方式为左对齐，Cname 列中的数据居中对齐。

(1) 启动 Access 2013 应用程序，打开 Sales.accdb 数据库。

(2) 打开顾客表 Customers 的数据表视图窗口，在【开始】选项卡的【文本格式】组中的【字体】下拉列表中选择“方正姚体”，然后单击字体的颜色按钮 A · 后面的倒三角形，在弹出的颜色面板中选择红色，如图 5-22 所示。

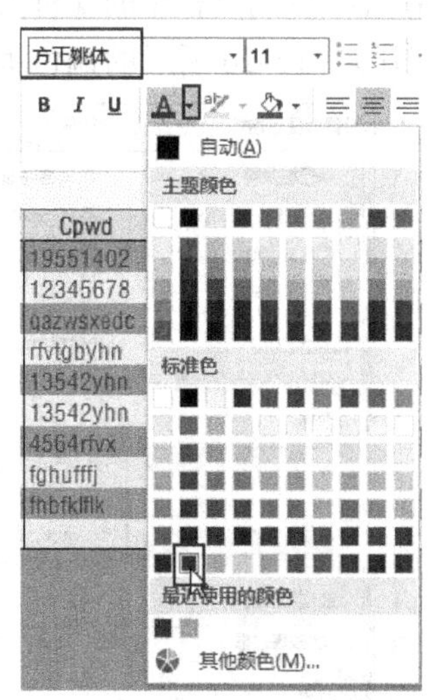

图 5-22　设置字体与颜色

(3) 选中 Caddr 列，在【开始】选项卡的【文本格式】组中单击【左对齐】按钮 使其左对齐显示。

(4) 选中 Cname 列，在【开始】选项卡的【文本格式】组中单击【居中】按钮 使其居中显示。

(5) 在自定义快速访问工具栏中单击【保存】按钮，保存对数据表所作的修改，此时的数据表视图如图 5-23 所示。

提示：

可以对不同列分别设置对齐方式，但不能为某些列设置不同的字体和颜色，只能为整个表统一修改字体和颜色。

Customers

Cno	Cphone	Cname	Cgender	Caddr	Cpwd	hometown
1	15910806516	赵智暄	女	河北省沧州市	19551402	上海
2	18691464543	林英	女	北京市大兴区	12345678	上海
3	15532795819	陈浩	男	浙江省杭州市	qazwsxedc	上海
4	13582717406	胡杨	女	北京回龙观北清路	rfvtgbyhn	浙江
5	13222113344	许书伟	男	北京天通苑3号院101	13542yhn	广州
6	13831705804	高冰	女	广州天河路	13542yhn	广州

图 5-23　修改字体和颜色后的数据表视图

2. 设置数据表格式

通过【设置数据表格式】对话框，可以设置【单元格效果】、【网格线显示方式】、【背景色】、【替代背景色】、【网格线颜色】、【边框和线型】和【方向】等数据表视图属性，以改变数据表单调的样式布局风格。

设置数据表格式的操作步骤如下。

(1) 打开数据库，打开需要设置的数据表。

(2) 打开【开始】功能区选项卡，单击【文本格式】组右下角的【设置数据表格式】按钮，如图 5-24 所示。

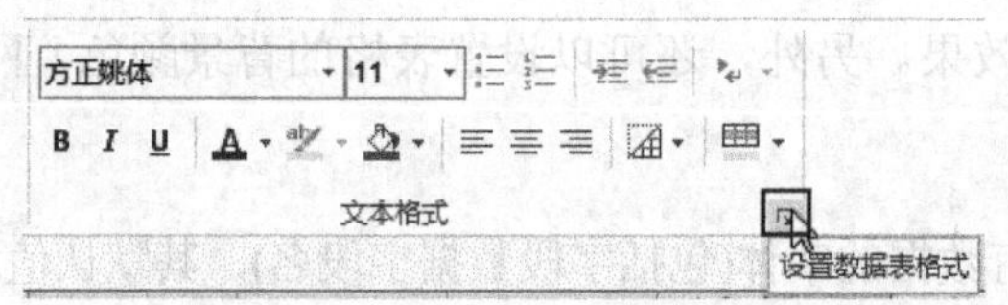

图 5-24　单击功能区中的【设置数据格式】按钮

(3) 单击该按钮后，将打开【设置数据表格式】对话框，如图 5-25 所示。通过该对话框可以设置单元格的效果、网格线的显示方式、背景色、边框和线型等信息。

(4) 单击该对话框中的【背景色】、【替代背景色】以及【网格线颜色】的下拉箭头，都将打开如图 5-26 所示的调色板。

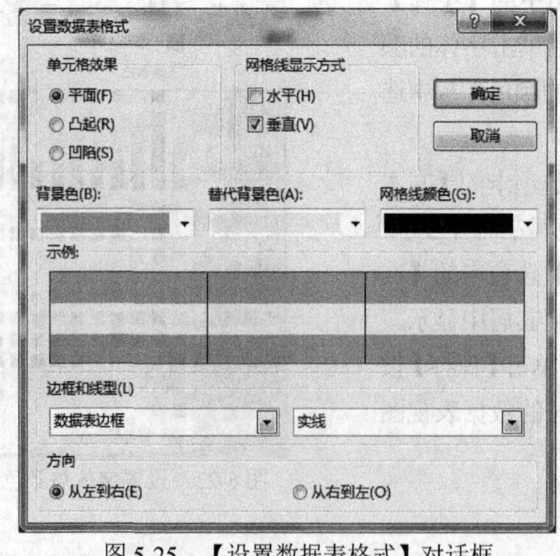

图 5-25　【设置数据表格式】对话框

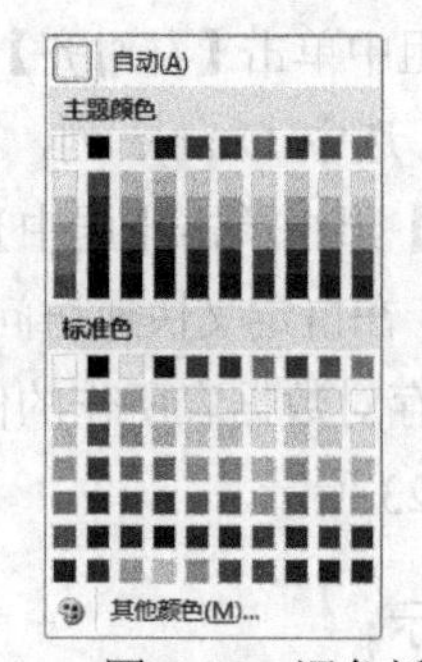

图 5-26　调色板

调色板分为【主题颜色】和【标准色】两部分。在其中选择所需要的样板颜色，如果提供的样板颜色不能满足需要，还可以单击【其他颜色】按钮，在打开的对话框中选择所需颜色。

5.3　数据排序与筛选

数据库的基本功能是存储和维护数据，而其终极目标是用于决策，也就是对数据库中存储的数据进行分析，发现一些规律，然后应用于实践。数据库中的数据在输入时，往往是杂乱无章的，人们在进行数据分析过程中，一般需要对数据进行排序，然后从中抽取某个范围的数据进行分析。这就是现实中在统计数据时经常涉及的排序和筛选操作。

5.3.1　排序规则

排序就是将数据按照一定的逻辑顺序进行排列，即根据当前表中的一个或多个字段的值对所有记录进行顺序排列。排序时可按升序，也可按降序。

排序记录时，不同的字段类型，排序规则会有所不同，具体规则如下。

- 英文按字母顺序排序，大、小写视为相同，升序时按 A 到 Z 排列，降序时按 Z 到 A 排列。
- 中文按拼音字母的顺序排序，升序时按 A 到 Z 排列，降序时按 Z 到 A 排列。
- 数字按数字的大小排序，升序时从小到大排列，降序时从大到小排列。
- 日期和时间字段，按日期的先后顺序排序，升序时按从前向后的顺序排列，降序时按从后向前的顺序排列。

在进行排序操作时，还要注意以下几点。

(1) 对于短文本型的字段，如果它的取值有数字，那么 Access 将数字视为字符串。因此，排序时是按照 ASCII 码值的大小排列，而不是按照数值本身的大小排列。如果希望按其数值大小排列，则应在较短的数字前面加零。例如，对于文本字符串 5、8、12 按升序排列，如果直接排列，那么排序的结果将是 12、5、8，这是因为 1 的 ASCII 码小于 5 的 ASCII 码。要想实现按其数值的大小升序顺序，应将 3 个字符串改为 05、08、12。

(2) 按升序排列字段时，如果字段的值为空值，则将包含空值的记录排列在列表中的第 1 条。

(3) 数据类型为备注、超级链接或附件类型的字段不能进行排序。

(4) 排序后，排列次序将与表一起保存。

5.3.2　数据排序

常见的排序可分为基于一个字段的简单排序，基于多个相邻字段的简单排序和高级排序 3 种。

1. 单字段排序

【例 5-6】对 Sales.accdb 数据库 Customers 表中的数据，按 Cname 字段进行升序排序。

(1) 启动 Access 2013，打开 Sales.accdb 数据库。

(2) 打开 Customers 表的数据表视图，单击 Cname 字段名称右侧的下拉箭头，打开排序下拉菜单，如图 5-27 所示。

(3) 在该下拉菜单中选择【升序】命令，Access 将按汉字的首字母对姓名列 Cname 进行排列，结果如图 5-28 所示。

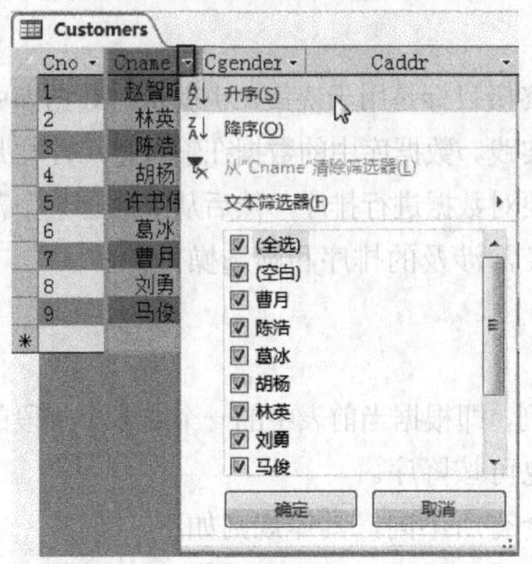

图 5-27　字段列的排序下拉菜单

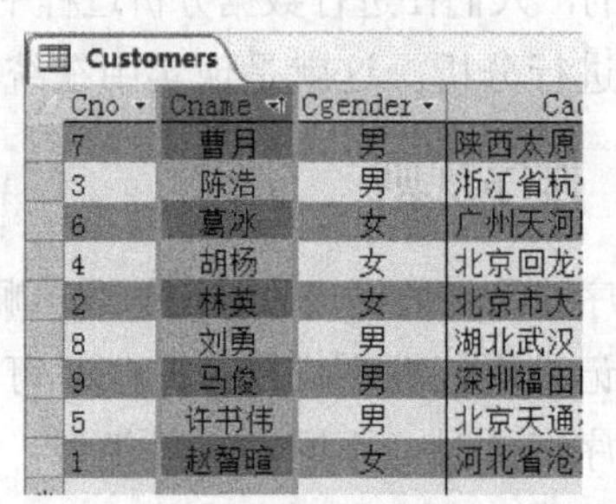

图 5-28　排序后的数据表视图

提示：

也可以在【开始】功能区选项卡的【排序和筛选】组中，选择【升序】、【降序】命令对数据进行排列。

2. 按多个字段排序

在 Access 中，还可以按多个字段的值对记录排序。当按多个字段排序时，首先根据第一个字段按照指定的顺序进行排序，当第一个字段具有相同的值时，再按照第二个字段进行排序，依次类推，直到按全部指定字段排序。

利用简单排序特性也可以进行多个字段的排序，需要注意的是，这些列必须相邻，并且每个字段都要按照同样的方式(升序或降序)进行排序。如果两个字段并不相邻，需要调整字段位置，而且把第一个排序字段置于最左侧。

【例 5-7】在 Sales.accdb 数据库的 Customers 中，按 hometown 和 Cname 两个字段升序排序，即先按籍贯排序，同一地方的客户再按姓名排序。

(1) 启动 Access 2013，打开 Sales.accdb 数据库。

(2) 打开 Customers 表的数据表视图。

(3) 将 hometown 字段拖动到 Cname 的左侧，使得这两个字段相邻，如图 5-29 所示。

(4) 同时选中 hometown 和 Cname 两个字段列，切换到【开始】功能区选项卡，单击【排序和筛选】组中的【升序】按钮，即可实现升序排序，效果如图 5-30 所示。

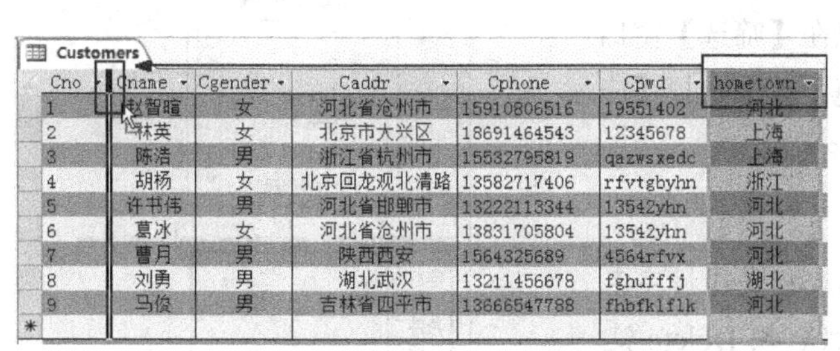

图 5-29　将排序字段调整为相邻

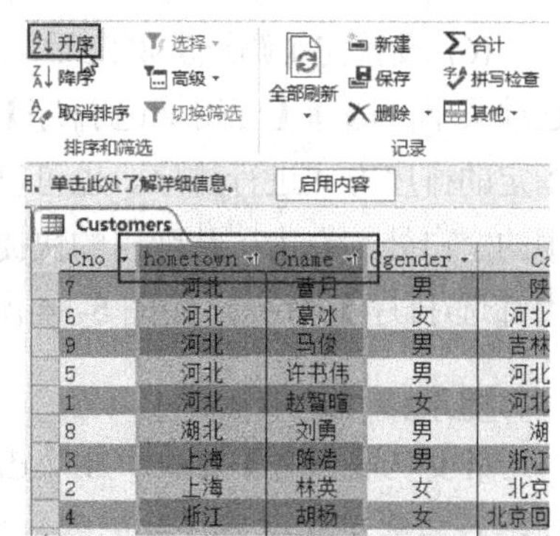

图 5-30　多字段排序结果

3. 高级排序

简单排序只可以对单个字段或多个相邻字段进行简单的升序或降序排序。在日常生活中，很多时候需要将不相邻的多个字段按照不同的排序方式进行排列。这时就要用到高级排序了。使用高级排序可以对多个不相邻的字段采用不同的排序方式进行排序。

【例 5-8】在 Sales.accdb 数据库中，对商品表 Commodities 中的记录按仓库编号 Hno 升序排序，然后按商品名称 Sname 降序排序。

(1) 启动 Access 2013，打开 Scales.accdb 数据库。

(2) 打开商品表 Commodities 的数据表视图，切换到【开始】功能区选项卡，单击【排序和筛选】组中的【高级】按钮右侧的箭头，打开【高级】选项菜单，如图 5-31 所示。

(3) 从高级选项菜单中选择【高级筛选/排序】命令，系统将打开筛选窗口，如图 5-32 所示。

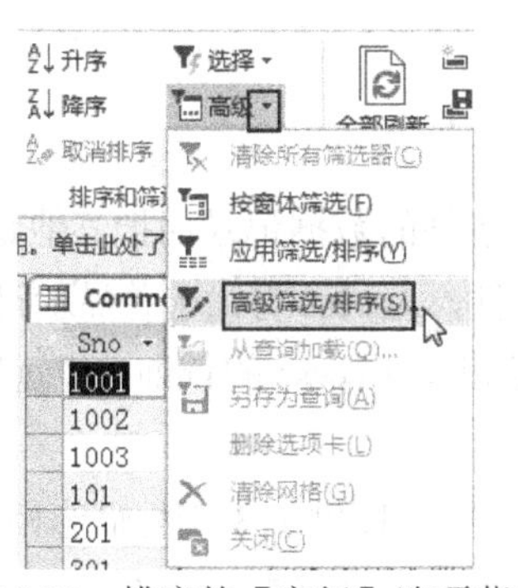

图 5-31　排序的【高级】选项菜单

图 5-32　筛选窗口

(4) 筛选窗口分为上下两个区域，上面显示的是表信息，下面显示筛选和排序的具体设置。在下面的窗口中，单击【字段】行第一个单元格，出现一个下拉列表按钮，单击此按钮，打开字段下拉列表，选择需要排序的字段 Hno；类似地，在【排序】行的第一个单元格中，设置 Hno 字段的排序方式为【升序】。

(5) 用同样的方法，在第二列单元格中，选择排序字段为 Sname，排序方式为【降序】，如图 5-33 所示。

(6) 设置完【筛选】窗口后，重新打开【高级】选项菜单，选择【应用筛选/排序】命令，即可按所指定的排序方式进行排序。也可以在【筛选】窗口中的空白处，右击，从弹出的快捷菜单中选择【应用筛选/排序】命令，如图 5-34 所示。

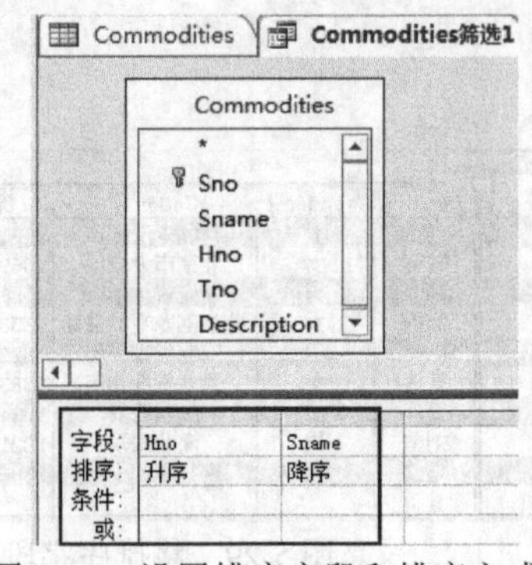

图 5-33　设置排序字段和排序方式

提示:

若要从【筛选】窗口中删除已经指定的排序字段，只需选中含有该字段的列，然后按 Delete 键即可。

(7) 应用高级排序后，结果如图 5-35 所示。

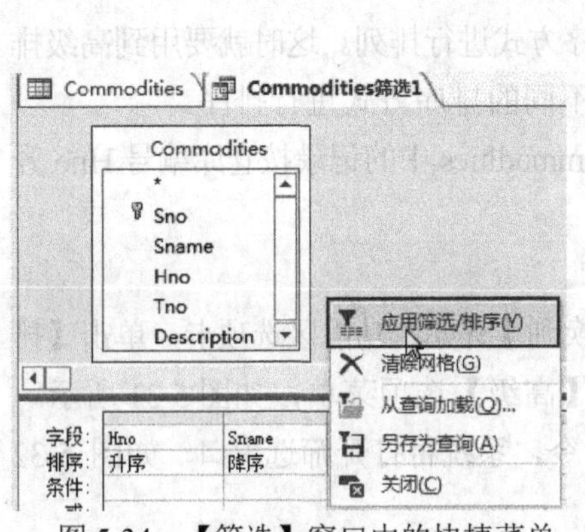

图 5-34　【筛选】窗口中的快捷菜单

Commodities　Commodities筛选1

Sno	Sname	Tno	Hno	Description
1002	水培植物盆栽植物室内花卉	10	1	文化娱乐
101	牛奶美白细致毛孔清洁乳	10	1	美白，清洁功能
1003	建筑电气工程施工质量验收	10	1	文化娱乐
1001	包邮荷兰进口风信子种球套	10	1	文化娱乐
201	晶莹剔透卸妆水	2	2	玩美卸妆
402	雅羊人加绒加厚牛仔裤女裤	4	3	应季女装
403	秀裕中老年棉裤女冬老年人	4	3	应季女装
507	西瑞男鞋韩版马丁靴男英伦	5	3	男鞋
401	水貂绒 加厚加绒牛仔裤女冬	4	3	应季女装
404	秋装外套女韩版衣服毛呢外	4	3	应季女装
514	七匹狼皮带男士 真皮休闲牛	5	3	男士配件
503	莫蕾蔻蕾2013年冬新品坡跟	5	3	女鞋
509	金粉世家2013时尚女包品牌	5	3	女包
512	汉客镇店之宝 拉杆箱万向轮	5	3	旅行箱包
504	冬季新款欧美保暖雪地靴女	5	3	女鞋
511	波斯丹顿男包真皮商务休闲	5	3	男包

图 5-35　高级排序结果

5.3.3　数据筛选

数据筛选是在众多记录中找出那些满足指定条件的数据记录而把其他记录隐藏起来(并不是删除记录)的操作。筛选时必须设置好筛选条件，Access 将筛选并显示符合条件的数据。因此，从这个意义上讲，筛选也就是查询，但实际上，Access 的查询功能远比筛选更加丰富(查询功能将在后面介绍)。

在【开始】功能区选项卡的【排序和筛选】组中，提供了 3 个与筛选相关的按钮和 4 种筛选方式。其中，3 个按钮是【筛选器】、【选择】和【高级】。5.3.2 节已经使用过【高级】选项菜单中的【高级筛选/排序】命令中的高级排序，本节将会介绍【高级】选项菜单中的【按窗体筛选】和【高级筛选/排序】中的筛选功能。

4 种筛选方式为【选择】筛选、【筛选器】筛选、【按窗体筛选】和【高级筛选】。

1. 选择筛选

选择筛选就是基于选定的内容进行筛选，这是一种最简单的筛选方法，使用它可以快速地筛选出所需要的记录。

【例 5-9】在 Sales.accdb 数据库中新增入库表 InWarehouse，并导入一些记录，然后筛选出入库量小于 10 的全部记录。

(1) 启动 Access 2013，打开 Sales.accdb 数据库。

(2) 按表 5-2 所示字段创建 InWareHouse 表，并向其中输入一些记录。

表 5-2　InWarehouse 表的字段

字　段	数 据 类 型	说　明
Sno	短文本	商品编号　非空
Gno	短文本	供货商编号　非空
InNum	数字	入库数量　非空
InPrice	货币	入库单价
InDate	日期/时间	入库时间

(3) 打开入库表 InWarehouse 的数据表视图，把光标定位到入库量 Innum 的某个单元格中。

(4) 切换到【开始】功能区选项卡，在【筛选和排序】组中单击【选择】按钮右侧的下拉箭头，可展开下拉列表，如图 5-36 所示。列表中的具体选项会根据光标所在字段的值略有不同。

知识点：

对于文本类型的字段，选择筛选菜单通常包含【等于】、【不等于】、【包含】和【不包含】等选项；对于时间类型的字段，还会包括【不早于】和【不晚于】选项。

(5) 如果恰好将光标定位在了字段值为 10 的单元格内，则【选择】筛选菜单中就会有【大于或等于 10】选项，如果不是字段值为 10 的单元格，则需要选择【介于】选项，打开【数字范围】对话框，如图 5-37 所示。

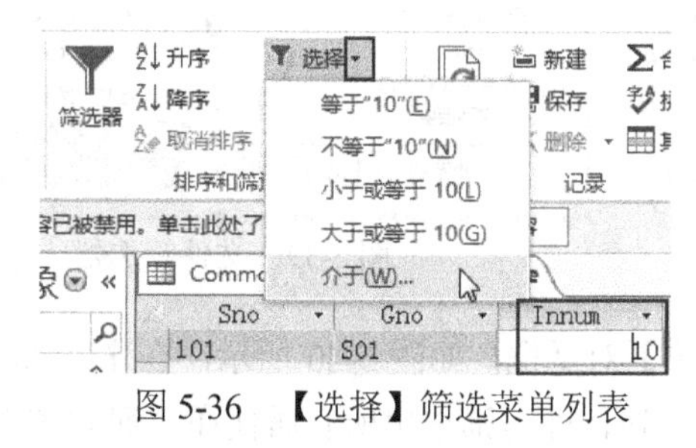

图 5-36　【选择】筛选菜单列表

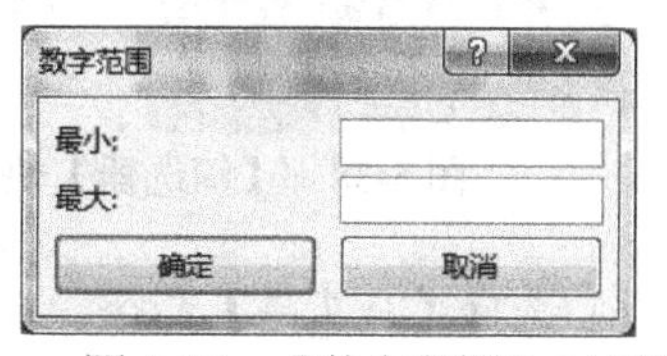

图 5-37　【数字范围】对话框

(6) 在【最小】和【最大】文本框中输入数字边界值，单击【确定】按钮即可。本例中【最小】值为 0，【最大】值为 10。

提示：

如果执行筛选后没有返回所需要的筛选结果，其原因是光标所在的字段列不正确。

2. 筛选器筛选

筛选器提供了一种更为灵活的方式。它把所选定的字段列中所有不重复的值以列表形式显示出来，用户可以逐个选择需要的筛选内容。除了 OLE 和附件字段外，所有其他字段类型都可以应用筛选器。具体的筛选列表取决于所选字段的数据类型和值。

【例 5-10】在 Sales.accdb 数据库中的顾客表 Customers 中，筛选出所有居住在“河北省”的客户。

(1) 启动 Access 2013，打开 Sales.accdb 数据库。

(2) 打开顾客表 Customers 的数据表视图，把光标定位到 Caddr 字段的某个单元格中。

(3) 单击【开始】功能区选项卡中的【筛选器】按钮，光标处将打开一个下拉列表，如图 5-38 所示。该列表中显示了所有居住地址，且都是被选中的。

(4) 此时，可以从这个下拉列表中取消不需要的选项。显然，当字段数量比较大时，这种方法显然不是好的选择。Access 2013 提供了另一种比较简单的方法来筛选出所有居住在“河北省”的客户。

(5) 在如图 5-38 所示的【筛选器】快捷菜单中选择选项列表上方的【文本筛选器】，将打开一个子菜单，如图 5-39 所示。

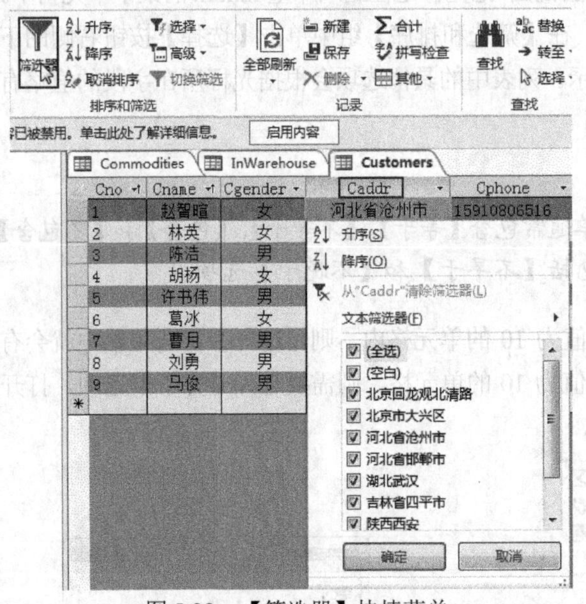

图 5-38　【筛选器】快捷菜单

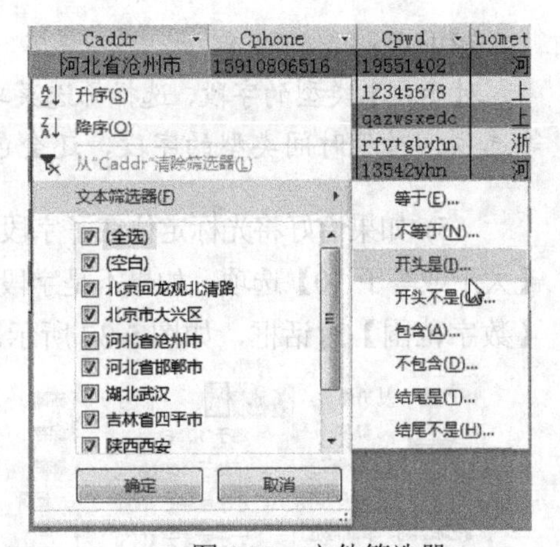

图 5-39　文件筛选器

(6) 选择【开头是】命令，打开【自定义筛选】对话框，如图 5-40 所示，在【Caddr 开头是】文本框中输入“河北省”，单击【确定】按钮，即可筛选出所有居住在“河北省”的客户，结果如图 5-41 所示。

图 5-40　【自定义筛选】对话框

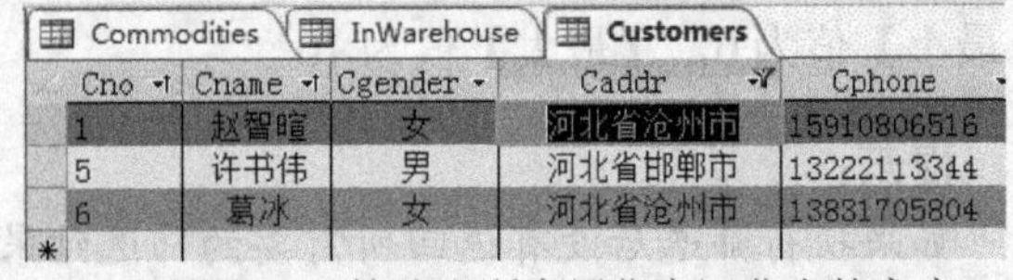

图 5-41　筛选出所有居住在河北省的客户

3. 按窗体筛选

【按窗体筛选】是一种快速的筛选方法，使用它不需要浏览整个数据表的记录，而且可以同时对两个以上的字段值进行筛选。

单击【按窗体筛选】命令时，数据表将转变为单一记录的形式，并且每个字段都变为一个下拉列表框，可以从每个列表中选取一个值作为筛选的内容。

【例 5-11】在 Sales.accdb 数据库中的入库表 InWarehouse 中，筛选出供货商编号为 S02，商品编号 504 的入库记录。

(1) 启动 Access 2013，打开 Sales.accdb 数据库。

(2) 打开入库表 InWarehouse 的数据表视图。

(3) 切换到【开始】功能区选项卡，单击【排序和筛选】组中的【高级】按钮右侧的下拉箭头，从弹出的下拉菜单中选择【按窗体筛选】命令。

(4) 这时数据表视图转变为一条记录，将光标定位到供货商编号字段列 Gno，单击下拉箭头，在打开的下拉列表中选择 S02，在把光标移到商品编号字段列 Sno，单击下拉箭头，从下拉列表中选择 504，如图 5-42 所示。

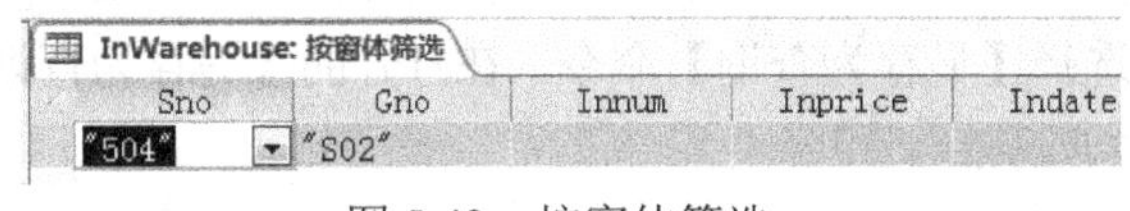

图 5-42　按窗体筛选

(5) 在【排序和筛选】组中，单击【切换筛选】按钮，即可显示筛选结果，如图 5-43 所示。

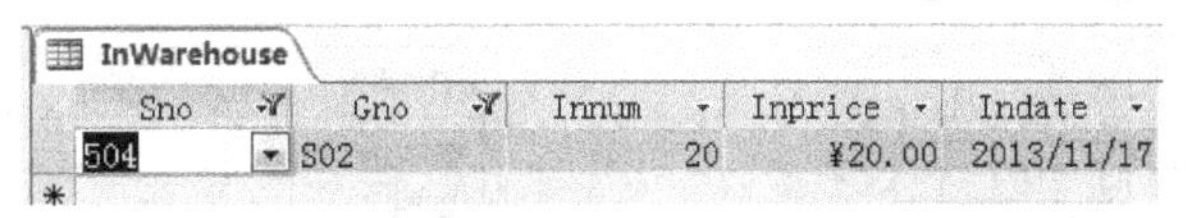

图 5-43　按窗体筛选结果

4. 高级筛选

有些情况下，当筛选条件比较复杂时，可以使用 Access 提供的高级筛选功能。例如，如果要筛选生日在某月内的员工，那么就需要必须自己编写筛选条件，筛选条件就是一个表达式。如果在高级筛选中使用表达式，则需要熟悉表达式的编写才可以使用此功能。

【例 5-12】在 Sales.accdb 数据库中的顾客表 Customers 中，筛选出籍贯 hometown 为“河北”的记录。

(1) 启动 Access 2013，打开 Sales.accdb 数据库。

(2) 打开顾客表 Customers 的数据表视图。

(3) 切换到【开始】功能区选项卡，单击【排序和筛选】组中的【高级】按钮右侧的下拉箭头，从弹出的下拉菜单中选择【高级筛选和排序】命令，打开【筛选】窗口。

(4) 在【例 5-7】中，曾对 Customers 表进行过排序设置，所以，打开的【筛选】窗口还是之前设置的结果。本例中，将在此基础上添加高级筛选。

(5) 本例要筛选的字段 hometown 来自于 Province 表的 Province 字段，所以在 Province 字段的【条件】行单元格中输入“河北”，如图 5-44 所示。

(6) 单击【排序和筛选】组中的【切换筛选】按钮，显示筛选的结果，如图 5-45 所示。

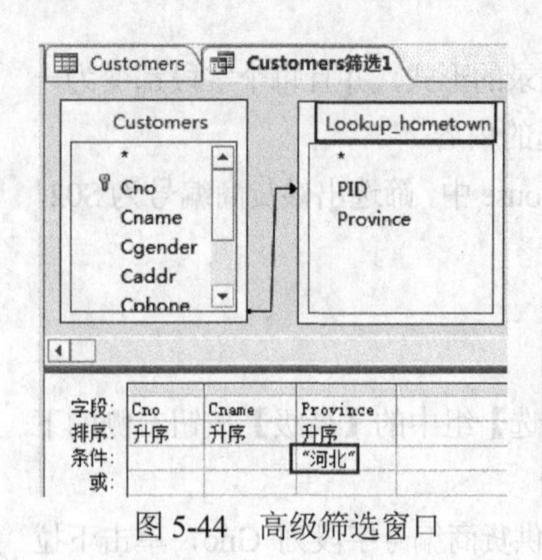

图 5-44　高级筛选窗口

Cno	Cname	Cgende	Caddr	Cphone	Cpwd	hometow
1	赵智暄	女	河北省沧州市	15910806516	19551402	河北
5	许书伟	男	河北省邯郸市	13222113344	13542yhn	河北
6	葛冰	女	河北省沧州市	13831705804	13542yhn	河北
7	曹月	男	陕西西安	1564325689	4564rfvx	河北
9	马俊	男	吉林省四平市	13666547788	fhbfklflk	河北

图 5-45　高级筛选结果

如果经常进行同样的高级筛选，则可把结果保存下来，重新打开【高级】筛选列表，在列表中选择【另存为查询】命令，如图 5-46 所示；或者在【筛选】窗口中的空白处，右击，从弹出的控件菜单中选择【另存为查询】命令。在打开的【另存为查询】对话框中输入查询名称即可，如图 5-47 所示。

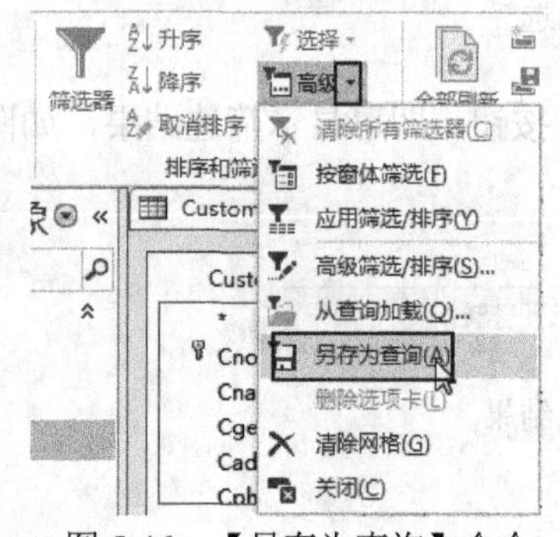

图 5-46　【另存为查询】命令

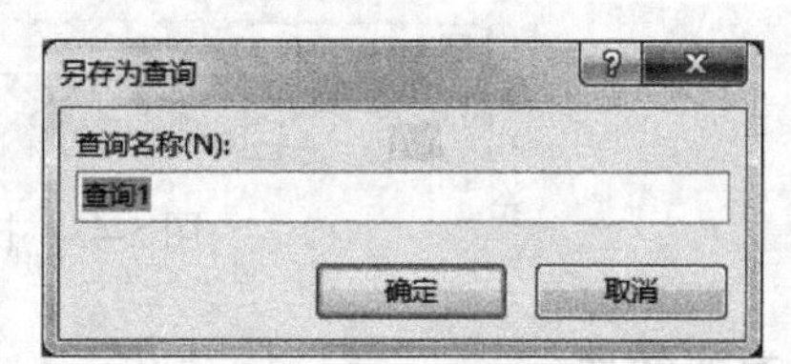

图 5-47　【另存为查询】对话框

在高级筛选中，还可以添加更多的字段列和设置更多的筛选条件，高级筛选实际上是创建了一个查询，通过查询可以实现各种复杂条件的筛选。

提示：

筛选和查询操作是近义的，可以说筛选是一种临时的手动操作，而查询则是一种预先定制操作，在 Access 中，查询操作具有更普遍的意义。有关查询的内容将在后面的章节中介绍。

5. 清除筛选

在设置筛选后，如果不再需要筛选时应该将它清除，否则影响下一次筛选。清除筛选后将把筛选的结果清除掉，恢复筛选前的状态。

可以从单个字段中清除单个筛选，也可以从视图内的所有字段中清除所有筛选。在【开始】功能区选项卡上的【排序和筛选】组中，打开【高级】下拉菜单，选择【清除所有筛选】命令即可把所设置的筛选全部清除掉。

5.4　对数据表中的行汇总统计

Access 提供了一种新的简便方法(即汇总行)来对数据表中的项目进行统计。可以向任何数据表(表、查询的结果集或分割窗体中的数据表)中添加汇总行。对数据表中的行进行汇总统计是一项经常性而又非常有意义的数据库操作。例如，在销售管理中除了计算销售总额之外，用户可能还需要了解某个代理商某个月的销售额。

显示汇总行时，可以从下拉列表中选择 COUNT 函数或其他聚合函数(如 SUM、AVERAGE、MIN 或 MAX)。聚合函数是对一组值执行计算并返回单一值的函数。

5.4.1　添加汇总行

汇总行不仅可以对数据表中的行进行汇总，还可以对查询结果或窗体中的数据表部分进行汇总。

【例 5-13】在 Sales.accdb 数据库中的顾客表 Customers 中，添加汇总行，统计客户总数。

(1) 启动 Access 2013，打开 Sales.accdb 数据库。

(2) 打开商品表 Customers 的数据表视图。

(3) 切换到【开始】功能区选项卡，单击【记录】组中的【合计】按钮 **Σ 合计**，在数据表的最下方将自动添加一个空汇总行，如图 5-48 所示。

(4) 单击 Cname 列的汇总行的单元格，出现一个下拉箭头。单击下拉箭头，从弹出的下拉列表中选择【计数】选项，如图 5-49 所示。

(5) 此时，汇总函数自动统计出表中的记录数，如图 5-50 所示。

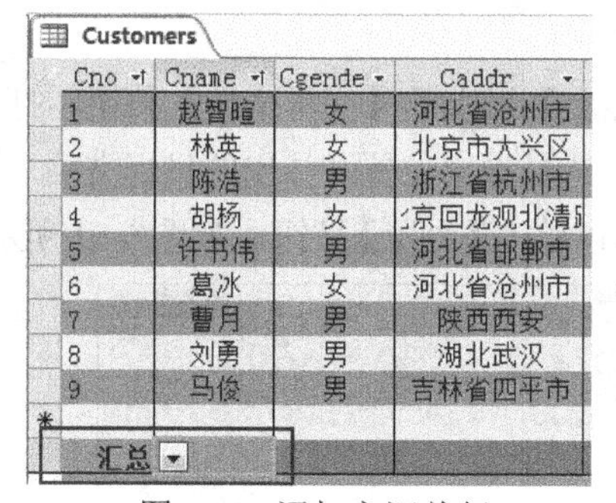

图 5-48　添加空汇总行

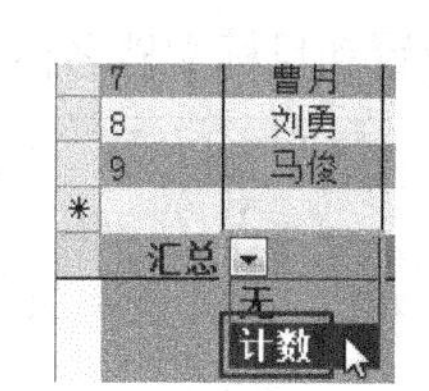

图 5-49　选择汇总函数

图 5-50　汇总函数统计结果

提示：

数据表汇总是 Access 2010 开始增加的功能。它把 Excel 的汇总功能移植到 Access 中了。在 Access 中，对表中不同数据类型的字段汇总的内容不同，对短文本型字段实现计数汇总，对于数字字段、货币字段可以使用聚合函数实现求最大值、最小值、合计、计数、平均值、标准偏差和方差的操作。

5.4.2　隐藏汇总行

如果暂时不需要显示汇总行时，无须从数据表中删除汇总行，隐藏汇总行即可。当再次显示该行时，Access 会记住对数据表中的每列应用的函数，该行会显示为以前的状态。

隐藏汇总行的操作步骤如下。

(1) 打开具有汇总行的表或查询的数据表视图。

(2) 切换到【开始】功能区选项卡，再次单击【记录】组中的【合计】按钮，Access 就会隐藏【汇总】行。

5.5　导出数据表

通过 Access 提供的数据导出功能，可以按照外部应用系统所需要的格式导出数据，从而实现不同应用程序之间的数据共享。

Access 2013 支持将数据导出为 Excel 工作表、文本文件、XML 文件、PDF/XPS 文件、电子邮件、HTML 文件和 ODBC 数据库等。这些导出操作都比较类似，本节将选择几种比较常见的导出类型进行介绍。

5.5.1　导出到文本文件

文本文件是各种类型应用软件之间交换数据的常用文件格式，即各种应用系统一般都支持文本文件的导入导出，并提供相应的导入导出功能。

【例 5-14】将 Sales.accdb 数据库中的商品表 Commodities 中的记录导出到文本文件中。

(1) 启动 Access 2013，打开 Sales.accdb 数据库。

(2) 打开商品表 Commodities 的数据表视图。

(3) 切换到【外部数据】功能区选项卡，单击【导出】组中的【文本文件】按钮，打开导出向导，在【选择数据导出操作的目标】对话框中，选择导出位置和导出的目标文档，这里采用默认设置(如果需要指定位置和目标文档名称，可以单击【浏览】按钮)，如图 5-51 所示。

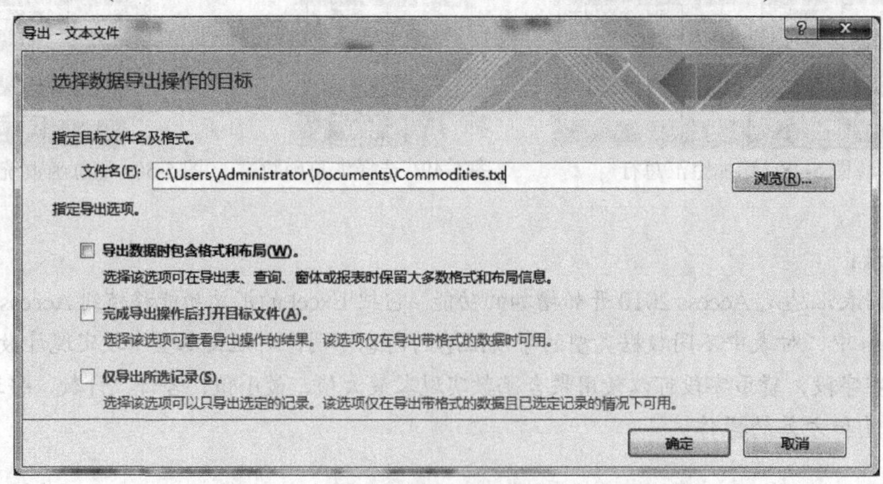

图 5-51　【选择数据导出操作的目标】对话框

(4) 单击【确定】按钮，设置导出格式，使用默认的【带分隔符】的格式，如图 5-52 所示。

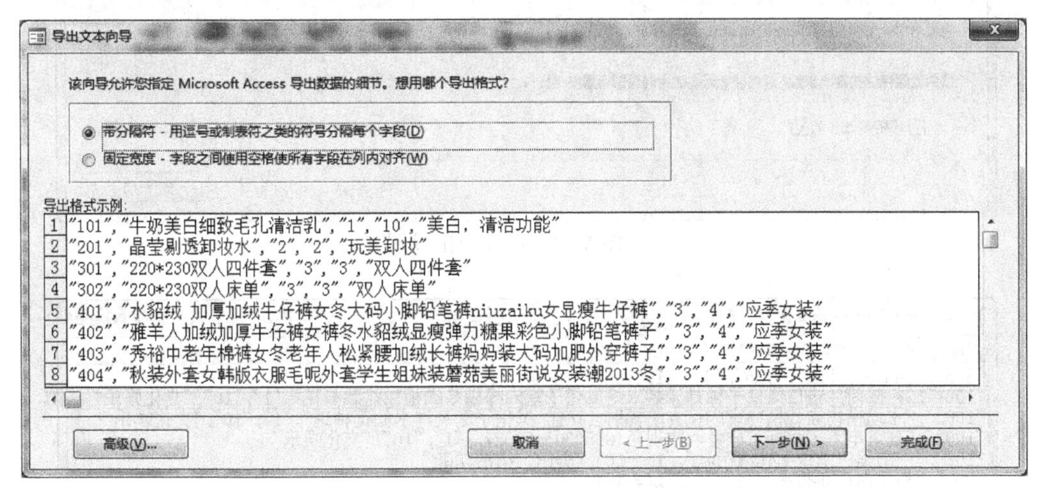

图 5-52　设置导出格式

(5) 单击【下一步】按钮，确定所需的字段分隔符，该对话框中共列出 5 种分隔符：【制表符】、【分号】、【逗号】、【空格】和【其他】，这里使用默认的分隔符，并选中【第一行包含字段名称】复选框，如图 5-53 所示。

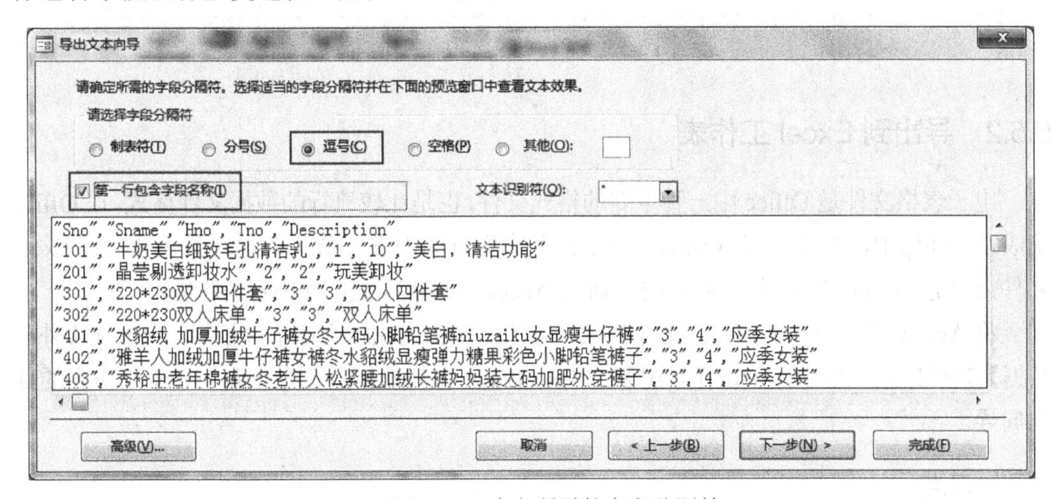

图 5-53　确定所需的字段分隔符

(6) 单击【完成】按钮，完成导出操作。在打开的【保存导出步骤】设置中，可以选择把导出步骤保存起来，这适用于经常进行重复导出同样文档的情况，如图 5-54 所示，单击【关闭】按钮。

(7) 找到导出文件的文件，双击打开该文件，可以查看导出结果，如图 5-55 所示。

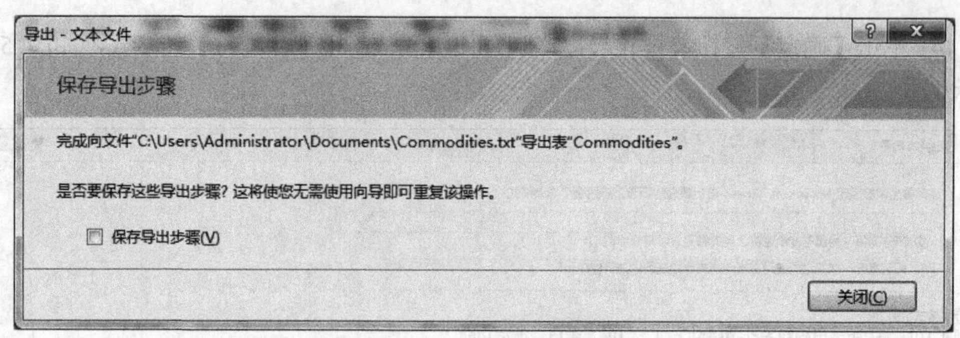

图 5-54　保存导出设置

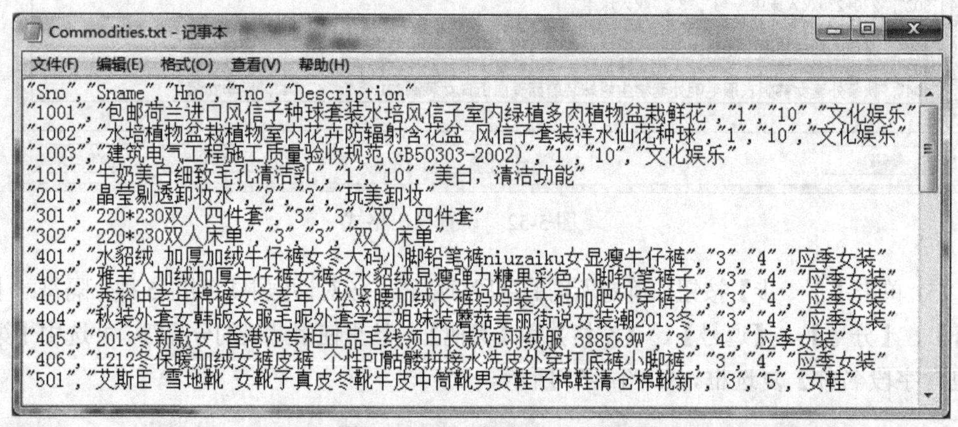

图 5-55　导出的文本文件的内容

5.5.2　导出到 Excel 工作表

电子表格文件是 Office 中一种重要的格式文件，也是比较流行的数据文件格式。在 Office 集成办公环境中，经常会有 Access 与 Excel 共享数据的需求。第 4 章学习了通过导入 Excel 文件来创建 Access 表，本节将介绍如何将 Access 数据表导出为 Excel 文件。

将 Access 文件导出为 Excel 文件的操作方法与导出为文本文件基本相同，只需在【外部数据】功能区选项卡中，单击【导出】组中的 Excel 按钮即可启动导出到 Excel 工作表的导出向导。

知识点：

从 Office 2007 开始，Office 提供了另外一种的文件格式，为了兼容以前的版本，Office 支持 4 种 Excel 文件格式，即二进制工作簿(*.xlsb)、5.0/95 工作簿(*.xls)、工作簿(*xlsx)和 97-2003 工作簿(*.xls)。

在 Access 2013 中导出 Excel 文件时，默认的格式是*.xlsx，同时允许用户选择其他文件格式。单击打开【文件格式】下拉列表，可以进行文件格式选择，如图 5-56 所示。选择后，单击【确定】按钮开始导出。

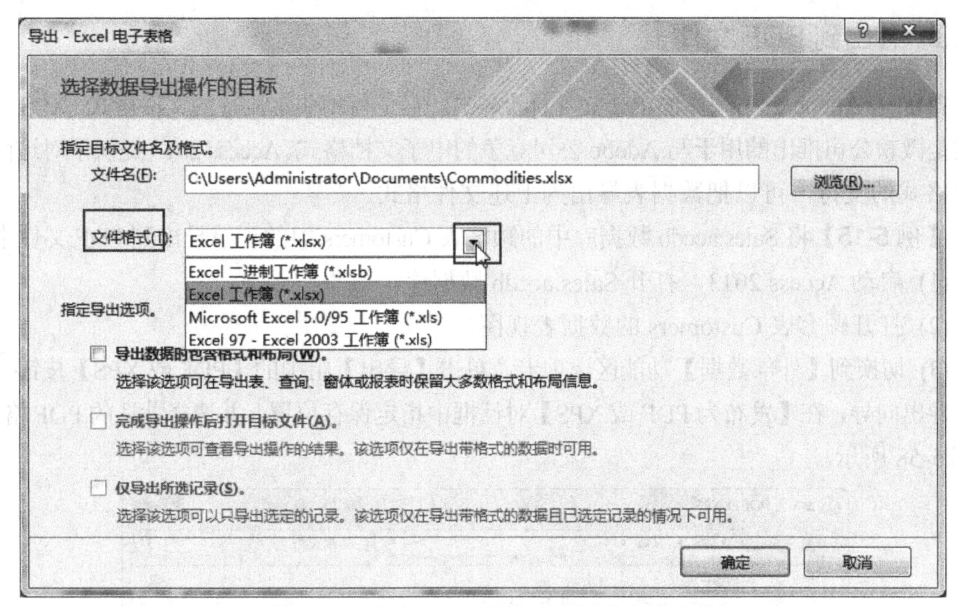

图 5-56　导出 Excel 文件时选择【文件格式】

Access 还提供了另一种更简单的导出方法。具体操作步骤如下。

(1) 把 Access 数据表和 Excel 同时打开，并同时显示在窗口中。

(2) 在 Access 导航窗格中找到要导出的数据表，直接把该表拖动到 Excel 窗口的单元格中，如图 5-57 所示操作，这时在 Excel 窗口中将出现一种复制型光标图形▦，释放鼠标后，即可实现数据表的导出。

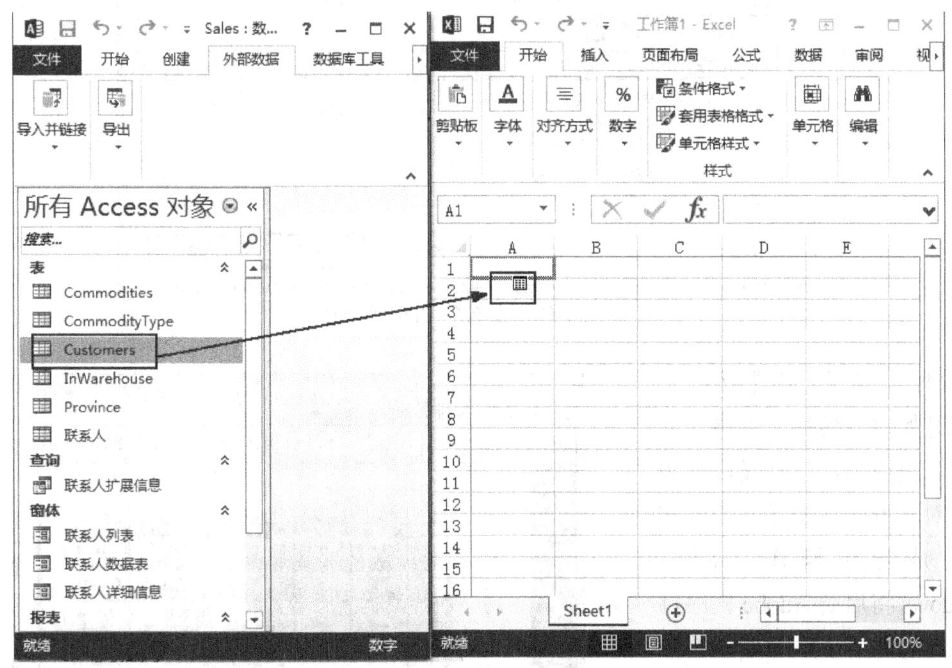

图 5-57　拖动数据表对象到 Excel 中

(3) 此时表的字段和数据信息都将出现在 Excel 工作簿中。

5.5.3　导出到 PDF 文件

PDF 是 Adobe 公司制作的电子文件标准格式，它是一种非常流行的文件格式。XPS 文件格式是微软公司推出的用于与 Adobe 公司竞争的电子文档格式。Access 2013 提供了对这两种文件格式的支持，可以把数据表导出为上述文件格式。

【例 5-15】将 Sales.accdb 数据库中的顾客表 Customers 中的记录导出到 PDF 文件中。

(1) 启动 Access 2013，打开 Sales.accdb 数据库。

(2) 打开顾客表 Customers 的数据表视图。

(3) 切换到【外部数据】功能区选项卡，单击【导出】组中的【PDF 或 XPS】按钮，打开导出向导，在【发布为 PDF 或 XPS】对话框中指定保存位置，并选择默认的 PDF 格式，如图 5-58 所示。

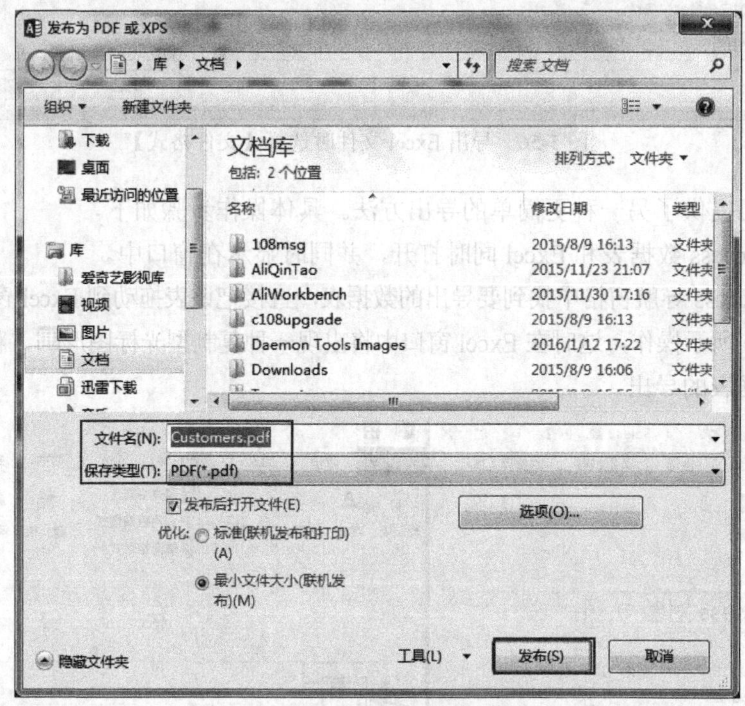

图 5-58　发布到 PDF 或 XPS

(4) 单击【发布】按钮，程序开始进行转换文件格式的工作。完成后，打开【保存步骤】对话框，单击【关闭】按钮完成导出操作。同时 Windows 将启动 Adobe 程序打开导出的 PDF 文件，如图 5-59 所示。

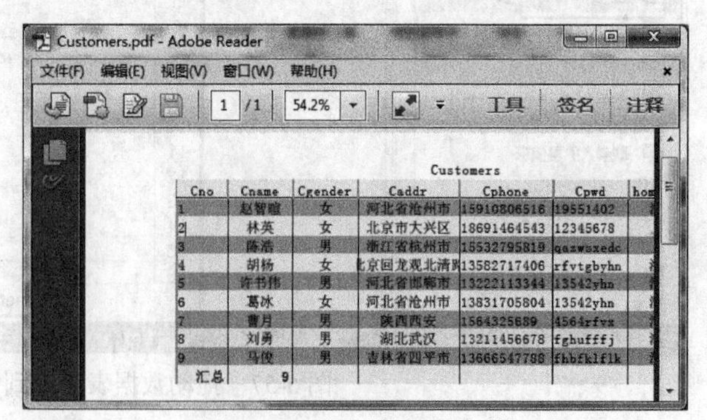

图 5-59　导出的 PDF 文件

5.6　本章小结

表是最基本的对象，用于存储和管理数据，它从属于某个数据库。第 4 章讲解了表对象相关的知识及操作，本章主要介绍与表中记录相关的知识及操作。首先介绍的是数据的增删改查操作，包括增加记录、输入数据、修改记录、查找和替换记录中的数据、复制记录、删除记录等；接着介绍了数据记录显示方式的改变，包括隐藏/显示字段、调整行高与列宽、冻结/解冻列、改变列的显示顺序、设置数据表格式；然后讲解了数据的排序与筛选方法，详细介绍了排序规则的使用、数据排序与数据筛选的操作方法；接下来介绍了数据表中行数据的汇总统计操作；最后讲解的是数据表的导出操作。通过本章的学习，读者应熟练掌握数据表的基本操作，能够对表中的记录进行排序、查找、汇总统计等基本分析操作。

5.7　思考和练习

5.7.1　思考题

1. 如何向数据表中添加数据记录？
2. 如何输入附件型数据？
3. 冻结列的作用是什么？如何隐藏不需要的列？
4. 如何对记录进行排序？
5. 简述查找与筛选的异同点。
6. 如何向数据表中添加汇总行？
7. 如何将数据表导出为文本文件？

5.7.2　练习题

1. 在 Access 数据库中创建一个职工表(编号、姓名、性别、年龄、聘用时间、所属部门、职务、特长)，并完成以下操作。

(1) 设置【编号】字段为主键。

(2) 设置【年龄】字段的【有效性规则】属性为：大于等于 17 且小于等于 55(提示：选定【年龄】字段，在字段属性的 【有效性规则】处输入：>=17 And <=55)。

(3) 设置【聘用时间】字段的默认值为：系统当前日期(提示：选定【聘用时间】字段，在字段属性的在默认值处输入 Date( ))。

(4) 交换表结构中的【职务】与【聘用时间】两个字段的位置(提示：只要将【职务】字段用鼠标拖动到【聘用时间】处，再将【聘用时间】字段拖动到原来【职务】字段处)。

(5) 在编辑完的表中追加以下一条新记录，如图 5-60 所示。

编号	姓名	性别	年龄	聘用时间	所属部门	职务	特长
000031	王涛	男	35	2011-9-1	02	主管	熟悉系统维护

图 5-60　追加记录

(6) 删除表中职工编号为 000024 和 000028 的两条记录。

(7) 筛选出所有今年聘用的职工信息。

(8) 冻结姓名列，然后查看职工的特长。

(9) 筛选出所有年龄在 35 岁以下的职工。

(10) 找出部门编号是 02 的所有职工，并计算该部门所有职工的平均年龄，将结果导出到 PDF 文件中。

第6章　查　　询

前面的章节介绍了如何通过查找和筛选功能来查询数据，但是，由于查找和筛选只能从单个表中查询数据，不能从多个表中进行数据查询。要实现此功能，需用到Access提供的查询对象。查询对象既能从单个表中查询数据，也可以从多个表中联合查询数据。本章将介绍如何使用查询对象进行数据查找。首先介绍的是查询的基本概念和类型，接着介绍查询时需要用到的SQL语句，最后介绍如何通过查询向导和查询设计视图来创建查询。

本章的学习目标：

- 理解查询与表的区别
- 掌握查询的类型
- 掌握SQL语言中的SELECT语句
- 掌握使用查询向导创建查询
- 掌握使用查询设计视图创建和编辑查询
- 掌握参数查询的创建方法

6.1　查询概述

数据表创建好后，即可建立基于表的各种对象，最重要的对象就是查询对象。查询是在指定的(一个或多个)表中，根据给定的条件从中筛选出所需要的信息，以供查看、统计分析与决策用。例如，可以使用查询回答简单问题、执行计算、合并不同表中的数据，甚至添加、更改或删除表中的数据。查询对象所基于的数据表，称为查询对象的数据源。查询的结果也可以作为数据库中其他对象的数据源。

查询是基于表的一项重要检索技术，是数据库处理和数据分析的有力工具。

6.1.1　查询与表的区别

查询是Access数据库的一个重要对象，通过查询筛选出符合条件的记录，构成一个新的数据集合。尽管这个数据集合表面看起来和表的数据表视图完全一样，但两者实质上完全不同，区别在于，查询的结果并不是数据的物理集合，而是动态数据集合。查询中所存放的是如何取得数据的方法和定义，而表对象所存放的就是实际的数据，因此两者是完全不一样的，查询是操作的集合，相当于程序。

知识点：

创建查询后，只保存查询的操作，只有在运行查询时才会从查询数据源中抽取数据，并创建它；只要关闭查询，查询的动态集就会自动消失。

总地来说，查询与表的区别主要表现在以下几个方面。

- 表是存储数据的数据库对象，而查询则是对数据表中的数据进行检索、统计、分析、查看和更改的一个非常重要的数据库对象。
- 数据表将数据进行了分割，而查询则是将不同表的数据进行了组合，它可以从多个数据表中查找到满足条件的记录组成一个动态集，以数据表视图的方式显示。
- 查询仅仅是一个临时表，当关闭查询的数据视图时，保存的是查询的结构。查询所涉及的是表、字段和筛选条件等，而不是记录。
- 表和查询都是查询的数据源，查询是窗体和报表的数据源。
- 建立多表查询之前，一定要先建立数据表之间的关系。

6.1.2　查询的类型

在 Access 中，根据对数据源操作方式和操作结果的不同，可以把查询分为 5 种，它们是选择查询、参数查询、交叉表查询、操作查询和 SQL 查询。

1. 选择查询

选择查询是最常用的，也是最基本的查询。它根据指定的查询条件，从一个或多个表中获取数据并显示结果。使用选择查询还可以对记录进行分组，以及对记录作总计、计数、平均值以及其他类型的求和计算。

2. 参数查询

参数查询是一种交互式查询，它利用对话框来提示用户输入查询的条件，然后根据所输入的条件来筛选记录。

将参数查询作为窗体和报表的数据源，可以方便地显示和打印所需要的信息。例如，可以参数查询为基础来创建某个商品的统计报表。运行查询时，Access 显示对话框来询问用于要查询的商品编号，在输入编号后，Access 将生成该商品的销售报表。

3. 交叉表查询

使用交叉表查询可以计算并重新组织数据的结构，这样可以更方便分析数据。交叉表查询可以计算数据的总计、平均值、计数或其他类型的总和。

4. 操作查询

操作查询用于添加、更改或删除数据。操作查询共有 4 种类型：删除、更新、追加与生成表。

- 删除查询：删除查询可以从一个或多个表中删除一组记录。
- 更新查询：更新查询可对一个或多个表中的一组记录进行全部更改。使用更新查询，可以更改现有表中的数据。例如，可以将所有教师的基本工资增加 10%。
- 追加查询：追加查询可将一个或多个表中的组记录追加到一个或多个表的末尾。
- 生成表查询：生成表查询利用一个或多个表中的全部或部分数据创建新表。例如，在商品管理系统中，可以用生成表查询来生成入库量低于 10 的商品表。

5. SQL 查询

SQL(结构化查询语言)查询是使用 SQL 语句创建的查询。

在查询设计视图中创建查询时，系统将在后台构造等效的SQL语句。实际上，在查询设计视图的属性表中，大多数查询属性在SQL视图中都有等效的可用子句和选项。如果需要，可以在SQL视图中查看和编辑SQL语句。但是，对SQL视图中的查询进行更改之后，查询可能无法以原来在设计视图中所显示的方式进行显示。

有一些特定 SQL 查询无法使用查询设计视图进行创建，而必须使用 SQL 语句创建。这类查询主要有 3 种类型：传递查询、数据定义查询和联合查询。

6.2 SQL 语言简介

SQL 语言是一种介于关系代数和关系演算之间的结构化查询语言，其功能并不仅仅是查询，还具备数据定义和数据操纵等功能，本书重点关注的是其数据查询功能。

6.2.1 SQL 概述

SQL(Structured Query Language)，即结构化查询语言。ANSI(美国国家标准协会)规定 SQL 为关系型数据库管理系统的标准语言。SQL 语言的主要功能就是同各种数据库建立联系，进行沟通，以达到操纵数据库数据的目的。SQL 语句可以用来执行各种各样的操作，例如，更新数据库中的数据、从数据库中检索数据等。目前，绝大多数流行的关系型数据库管理系统，如 Oracle、Sybase、Microsoft SQL Server 以及 Access 等，都采用了 SQL 语言标准。

通过SQL语言控制数据库可以大大提高程序的可移植性和可扩展性，因为几乎所有的主流数据库都支持SQL语言，用户可将使用SQL的技能从一个数据库系统转到另一个数据库系统。所有用SQL编写的程序都是可以移植的。

SQL 语言包含以下 4 个部分。

- 数据定义语言(DDL-Data Definition Language)：包括 CREATE、ALTER、DROP 语句，主要体现在表的建立、修改和删除操作上。
- 数据查询语言(DQL-Data Query Language)：包括 SELECT 语句。
- 数据操纵语言(DML-Data Manipulation Language)：包括 INSERT、UPDATE、DELETE 语句，分别用于向表中添加若干行记录、修改表中的数据和删除表中的若干行数据。
- 数据控制语言(DCL-Data Control Language)：包括 COMMIT WORK、ROLLBACK WORK 语句。

6.2.2 使用 SELECT 语句

数据库查询是数据库的核心操作。SQL 提供了 SELECT 语句进行数据库的查询，该语句具有灵活的使用方式和丰富的功能。其一般格式如下。

```
SELECT [ALL|DISTINCT] <目标列表表达式>[,<目标列表表达式>]…
FROM <表名或视图名> [,<表名或视图名>]…
```

```
[WHERE <条件表达式>]
[GROUP BY <列名 1> [HAVING <条件表达式>]]
[ORDER BY <列名 2> [ASC|DESC]];
```

整个 SELECT 语句的含义是，根据 WHERE 子句的条件表达式，从 FROM 子句指定的基本表或视图中找出满足条件的元组，再按 SELECT 子句中的目标列表表达式，选出元组中的属性值形成结果表。

如果有 GROUP BY 子句，则将结果按<列名 1>的值进行分组，该属性列值相等的元组为一个组。如果 GROUP BY 子句带有 HAVING 短语，则只有满足指定条件的组才予以输出。

如果有 ORDER BY 子句，则结果表还要按<列名 2>的值的升序或降序排列。

提示：

SQL 语言不区分大小写，SELECT 与 Select 的含义是相同的。

SELECT 语句既可以完成简单的单表查询，也可以完成复杂的连接查询和嵌套查询。下面以 Sales.accdb 数据库中的表为例介绍 SELECT 语句的各种用法。

1. 最简单的 SELECT 语句

简单的 SELECT 语句格式如下：

```
SELECT <目标表的列名或列表达式集合>
FROM 基本表或(和)视图集合
```

其中，<目标表的列名或列表达式集合>中指定的各个列的先后顺序可以和表中相应列的顺序不一致。在查询时可以根据需要改变列的显示顺序。

例如：

```
SELECT Cno,Cname,Cphone
FROM Customers
```

这个 SELECT 语句将返回顾客表 Customers 中的选定字段(Cno,Cname,Cphone)的数据。

如果需要返回顾客表中的所有字段，可以使用通配符【*】表示【所有】，例如：

```
SELECT *
FROM Customers
```

另外，SELECT 子句中的<目标表的列名或列表达式集合>不仅可以是表中的属性列，也可以是表达式。以下 SQL 语句查询全体学生的姓名及其性别，并且在性别字段前面添加了文本【性别：】：

```
SELECT Cname, '性别：'+Cgender    FROM Customers;
```

查询结果中第 2 列不是列名，而是一个计算表达式。这里的<目标列表达式>可以是算术表达式，也可以是字符串常量和函数等。

2. 消除重复行

两个本来并不完全相同的元组，投影到指定的某些列后，可能变成相同的行了，这时可以使用 DISTINCT 关键字。

例如，以下 SQL 语句查询 Commodities 表中的 Tno 列：

```
SELECT Tno FROM Commodities;
```

由于每类商品一般都有多个商品对应，所以，以上的 SQL 语句执行后将会包含许多重复的行，如果想消除重复的行，可以通过 DISTINCT 关键字来实现：

```
SELECT DISTINCT Tno FROM Commodities;
```

如果没有指定 DISTINCT 关键字，则默认为 ALL，即保留结果集中所有重复的行。

3. 重命名输出列

在创建表时，为方便计算和查询，一般将字段名称定义为英文名。但是，当需要将表显示出来时，对于中国人来说，英文字段名称就不如中文字段名称直观。SQL 提供了 AS 关键字来对字段重新命名。例如，以下将输出的 Cname 字段重新命名为【姓名】，将字段名称 Cgender 重新命名为【性别】：

```
SELECT Cname AS 姓名, Cgender AS 性别
FROM Customers
```

提示：

在 SQL 查询语句中使用 AS 对表的字段重新命名，只改输出，并未改变该表在设计视图中的字段名称。

AS 关键字不仅可以对存在的字段进行重命名输出，还可以对不存在的字段进行重命名输出。这项功能主要在以下情况会使用到。

- 所涉及的表的字段名很长或者想把英文字段名改为中文字段名，使字段在结果集中更容易查看和处理。
- 查询产生了某些计算字段、合并字段等原本不存在的字段，需要命名。
- 多表查询中在两个或者多个表中存在重复的字段名。

需要注意的是，字符型字段之间也支持加操作，其结果是将两个字符串合并在一起，下面的语句演示了如何把顾客表中的顾客编号 Cno 和姓名 Cname 连接起来：

```
SELECT Cno + Cname AS 顾客信息
FROM Customers
```

4. 使用 WHERE 子句

查询满足指定条件的元组可以通过 WHERE 子句来实现。WHERE 子句常用的查询条件如表 6-1 所示。

表 6-1 常用的查询条件

查询条件	谓 词
比较	=，>，<，>=，<=，!=，<>，!>，!<，Not+上述比较运算符
确定范围	BETWEEN AND，NOT BETWEEN AND
确定集合	IN，NOT IN
字符匹配	LIKE，NOT LIKE

(续表)

查 询 条 件	谓　词
空值	IS NULL，IS NOT NULL
多重条件(逻辑运算)	AND，OR，NOT

例如：以下 SQL 语句查询所有 Tno 为 4 的商品编号及名称：

```
SELECT Tno,Sname FROM Commodities WHERE Tno='4';
```

LIKE 操作符是针对字符串的，作用是确定给定的字符串是否与指定的模式匹配。模式可以包含常规字符和通配符字符。模式匹配过程中，常规字符必须与字符串中指定的字符完全匹配。可以使用字符串的任意片段匹配通配符。与使用 = 和 != 字符串比较运算符相比，使用通配符可使 LIKE 运算符更加灵活。如下面的例子将返回顾客表 Customers 中姓“葛”的数据记录：

```
SELECT *
FROM Customers
WHERE Cname LIKE '葛*'
```

在上面的例子中讲述了通过条件约束来筛选数据，还有另外一种用于筛选数据的方法：使用 TOP 关键字。TOP 关键字可以只显示一组记录中前面的几个记录，它紧跟在 SELECT 关键字的后面，下面的语句将返回商品表 Commodities 的前 5 条记录。

```
SELECT TOP 5 *
FROM Commodities
```

当需要检索出姓名 Cname 等于“葛冰”和“赵智暄”的数据记录时，可以利用 IN 操作符：

```
SELECT *
FROM Customers
WHERE Cname IN ('葛冰', '赵智暄')
```

在该例中，所在的取值范围是直接指定的，实际上 IN 操作符还支持从另一个 SELECT 语句中得到这个范围，也就是说支持查询嵌套(子查询)，后面将详细介绍子查询。

5. ORDER BY 子句

用户可以用 ORDER BY 子句对查询结果按照一个或多个字段的升序或降序排列，默认值为升序。

例如，以下 SQL 语句将查询结果按入库量降序排列：

```
SELECT Gno,Innum   FROM InWarehouse WHERE Innum >=1 ORDER BY Innum DESC;
```

提示：

对于空值，若按升序排列，含空值的元组将最后显示；若按降序排列，空值的元组则将最先显示。

6.2.3　高级查询语句

除了基本的 WHERE 子句和 ORDER BY 子句，SELECT 语句中还可以使用其他高级语句，以完成更复杂的查询操作。本节将介绍几种比较复杂的 SELECT 查询语句。

1. 使用合计函数

为了进一步方便用户，增强检索功能，SQL 提供了许多合计函数，也称为聚集函数。主要的合计函数如表 6-2 所示。

表 6-2　SQL 提供的合计函数

合 计 函 数	功　能
COUNT([DISTINCT|ALL]*)	统计元组个数
COUNT([DISTINCT|ALL]<列名>)	统计一列中值的个数
SUM([DISTINCT|ALL]<列名>)	计算一列值的总和(此列必须是数值型)
AVG([DISTINCT|ALL]<列名>)	计算一列值的平均值(此列必须是数值型)
MAX([DISTINCT|ALL]<列名>)	求一列值中的最大值
MIN([DISTINCT|ALL]<列名>)	求一列值中的最小值

如果指定 DISTINCT 关键字，则表示在计算时要取消指定列中的重复值。如果不指定 DISTINCT 关键字或指定 ALL 关键字(ALL 为默认值)，则表示不取消重复值。

以下 SQL 语句查询顾客表中的总人数：

```
SELECT COUNT(*) FROM Customers;
```

提示：

当合计函数遇到空值时，除 Count(*)外，都跳过空值而只处理非空值。

2. GROUP BY 子句

GROUP BY 子句将查询结果按某一列或多列的值分组，值相等的为一组。

对查询结果分组的目的是为了细化聚集函数的作用对象。如果未对查询结果分组，聚集函数将作用于整个查询结果。分组后聚集函数将作用于每一个组，即每一个组都有一个函数值。

以下 SQL 语句将查询每类商品各有多少种：

```
SELECT Tno,COUNT(Tno) FROM Commodities GROUP BY Tno;
```

该语句对查询结果按 Tno 的值分组，所有具有相同 Tno 值的元组为一组，然后对每一组用聚集函数 COUNT 计算，以求得该类型商品的种类数。

如果分组后还要求按一定的条件对这些组进行筛选，最终只输出满足指定条件的组，可以使用 HAVING 关键字指定筛选条件。

例如，以下 SQL 语句查询商品种数大于 5 的商品类型：

```
SELECT Tno,COUNT(Tno)
FROM Commodities
GROUP BY Tno
```

```
HAVING COUNT(*)>5;
```

WHERE 子句与 HAVING 关键字的区别在于作用对象不同。WHERE 子句作用于表或视图，从中选择满足条件的元组。而 HAVING 关键字则作用于组，从中选择满足条件的组。

3. 连接查询

连接查询也叫多表查询，在实际应用过程中经常需要同时从两个或两个以上的表中检索数据。连接查询允许通过指定表中某个或者某些列作为连接条件，同时从两个或多个表中检索数据。

连接查询可以使用两种连接语法形式：一种是 ANSI 连接语法形式，它的连接条件写在 FROM 子句中；另外一种是 SQL Server 连接语法形式，它的连接条件写在 WHERE 子句中。SQL Server 连接语法形式使用简单，在数据库程序中经常用到，所以这里只针对 SQL Server 连接语法形式进行讲解，语法格式如下：

```
SELECT 表名.字段名,表名.字段名,…
FROM 表名, 表名…
WHERE 连接条件 AND 搜索条件
```

由于是多表查询，为了防止这些表中出现相同的字段，一般在字段名前面加上表名。如果某个表中有某个字段，而在别的表中没有相同名字的字段与它重复，则数据库会自动辨别该字段属于哪个数据表，这时不加表名的限制也可以。但为了程序代码清晰起见，最好还是加上表名的限制。

连接条件一般是表与表之间联系字段的表达式，下面是一个多表查询的例子：

```
SELECT Sname, CommodityType.Tname
FROM Commodities, CommodityType
WHERE    Commodities.Tno = CommodityType.Tno
```

数据表也可以使用别名，数据表别名在多表查询的操作中很有用，能够大大减少手工输入量，使得代码简洁明了。

4. 子查询

在 SQL 语言中，一个 SELECT…FROM…WHERE 语句称为一个查询块。将一个查询块嵌套在另一个查询块的 WHERE 子句或 HAVING 关键字的条件中的查询称为嵌套查询。

SQL 语言允许多层嵌套查询，即一个子查询中还可以嵌套其他子查询。需要注意的是，子查询的 SELECT 语句中不能使用 ORDER BY 子句，因为 ORDER BY 子句只能对最终查询结果进行排序。

(1) 带有 IN 谓词的子查询

在嵌套查询中谓词 IN 是嵌套查询中最经常使用的谓词。带谓词 IN 的子查询，其结果往往是一个集合。例如，使用 SQL 语句查询与商品 1001 在同一个仓库的商品：

```
SELECT Sno,Sname,Hno FROM Commodities WHERE Hno IN
  (SELECT Hno FROM Commodities WHERE Sno='1001');
```

(2) 带有比较运算符的子查询

带有比较运算符的子查询是指父查询与子查询之间用比较运算符进行连接。当用户能确切知道内层查询返回的是单值时，可以用>、<、=、>=、<=、!=或<>等比较运算符。

以下 SQL 语句将找出入库表 InWarehouse 中入库量大于商品编号 101 的入库总量的所有记录：

```
SELECT *
FROM InWarehouse
WHERE ((Innum)>
(SELECT SUM(Innum) FROM InWarehouse WHERE Sno ='101'));
```

(3) 带有 ANY(SOME)或 ALL 谓词的子查询

子查询返回单值时可以用比较运算符，但返回多值时要用 ANY(有的系统用 SOME)或 ALL 谓词修饰符。而使用 ANY 或 ALL 谓词时则必须同时使用比较运算符，其语义定义如表 6-3 所示。

表 6-3　ANY 和比较运算符组合

运　算　符	意　　义
>ANY	大于子查询结果中的某个值
>ALL	大于子查询结果中的所有值
<ANY	小于子查询结果中的某个值
<ALL	小于子查询结果中的所有值
>=ANY	大于等于子查询结果中的某个值
>=ALL	大于等于子查询结果中的所有值
<=ANY	小于等于子查询结果中的某个值
<=ALL	小于等于子查询结果中的所有值
=ANY	等于子查询结果中的某个值
=ALL	等于子查询结果中的所有值
!=(或<>)ANY	不等于子查询结果中的某个值
!=(或<>)ALL	不等于子查询结果中的任何一个值

以下是使用 SQL 语句查询进价比商品 101 高的商品编号及名称：

```
SELECT   InWarehouse.Sno, Commodities.Sname
FROM Commodities,InWarehouse WHERE InPrice> ANY
(SELECT InPrice FROM InWarehouse WHERE Sno='101')
```

系统在执行此查询语句时，首先处理子查询，然后处理父查询。

6.3　使用向导创建查询

打开 Access 2013 功能区的【创建】选项卡，可以看到，在【查询】组提供了【查询向导】和【查询设计】两种创建查询的方法，本节将介绍使用查询向导来创建查询的几种方式。

6.3.1　简单查询

简单查询就是前面介绍的选择查询，这是 Access 2013 中最常用、使用规则最简单的查询方法。

【例 6-1】使用查询向导，基于 Sales.accdb 数据库中的商品表 Commodities 创建简单查询。

(1) 启动 Access 2013 应用程序，打开 Sales.accdb 数据库。

(2) 打开功能区的【创建】选项卡，单击【查询】组中的【查询向导】按钮，如图 6-1 所示。

(3) 在打开的【新建查询】对话框中，选择【简单查询向导】选项，如图 6-2 所示。

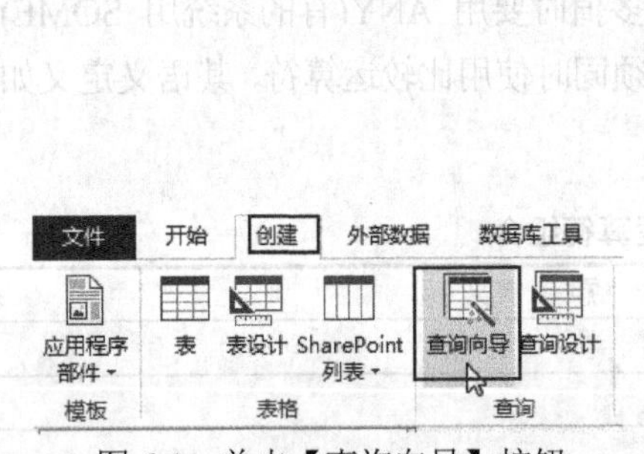

图 6-1　单击【查询向导】按钮

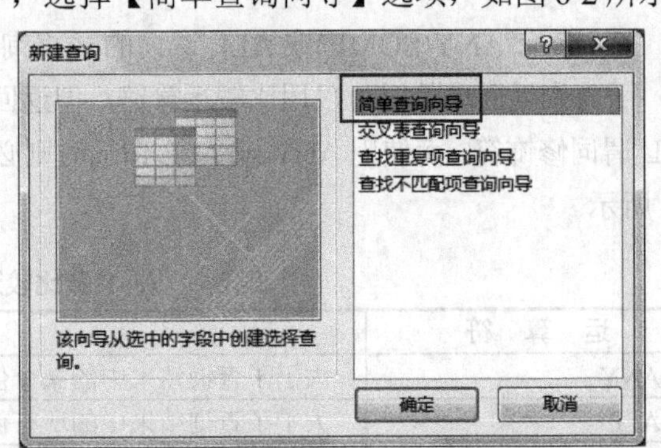

图 6-2　选择【简单查询向导】选项

(4) 单击【确定】按钮，打开如图 6-3 所示的【简单查询向导】对话框，向导的第一步是确定查询中使用的字段。

【表/查询】下拉列表框用于指定当前数据库中需要进行查询的表或查询，本例选择【表：Commodities】，下面的【可用字段】列表框里列出了当前被查询的表或查询中的可用字段，选择需要的字段，单击 > 按钮即可将其添加到【选定字段】列表中，本例单击 >> 按钮，将所有字段添加到【选定字段】列表中。

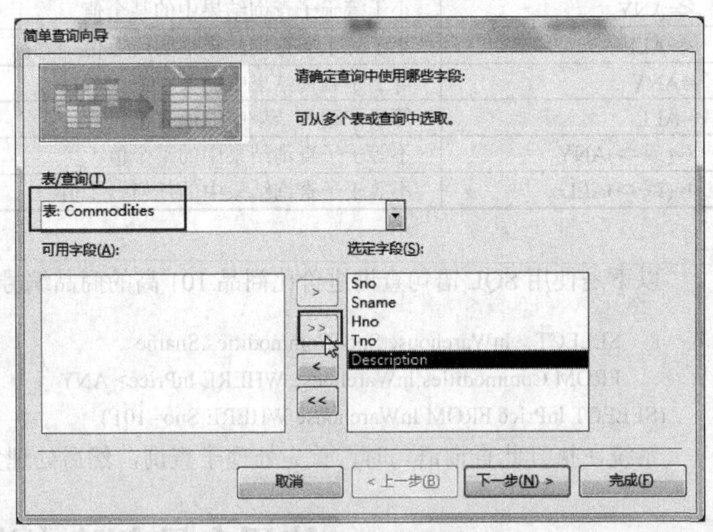

图 6-3　确定查询中使用的字段

(5) 单击【下一步】按钮，为查询指定标题，如图 6-4 所示。

该对话框下面还有两个单选按钮，选中【打开查询查看信息】单选按钮，单击【完成】按钮后，在主窗口里将打开查询信息，如图 6-5 所示。如果选中【修改查询设计】单选按钮，单击【完成】按钮后，将在主窗口中打开查询的设计视图，可在其中修改查询。

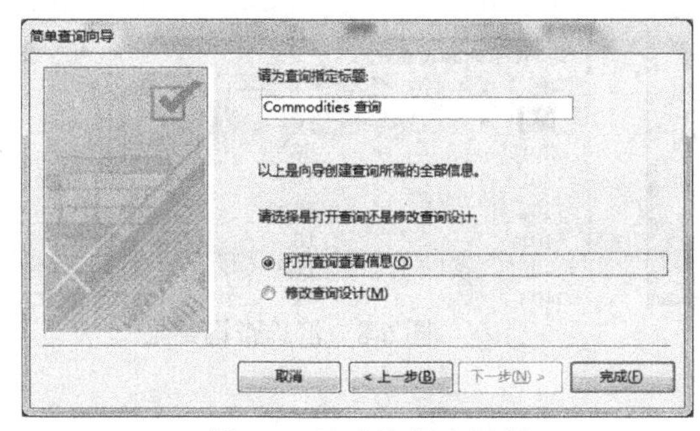

图 6-4　为查询指定标题

Commodities 查询

Sno	Sname	Hno	Tno	Description
1001	包邮荷兰进口风信子种球套	1	10	文化娱乐
1002	水培植物盆栽植物室内花卉	1	10	文化娱乐
1003	建筑电气工程施工质量验收	1	10	文化娱乐
101	牛奶美白细致毛孔清洁乳	1	10	美白，清洁功能
201	晶莹剔透卸妆水	2	2	玩美卸妆
301	220*230双人四件套	3	3	双人四件套
302	220*230双人床单	3	3	双人床单
401	水貂绒 加厚加绒牛仔裤女冬	3	4	应季女装
402	雅羊人加绒加厚牛仔裤女裤	3	4	应季女装
403	秀裕中老年棉裤女冬老年人	3	4	应季女装

图 6-5　查询结果

【例 6-2】使用查询向导，基于 Sales.accdb 数据库中的入库表 InWarehouse 创建简单查询，汇总每件商品入库的总数量和最低进货价格。

(1) 启动 Access 2013，打开 Sales.accdb 数据库。

(2) 打开功能区的【创建】选项卡，单击【查询】组中的【查询向导】按钮。在打开的【新建查询】对话框中，选择【简单查询向导】选项。

(3) 单击【确定】按钮，打开【简单查询向导】对话框，在向导的第一步选择【表：InWarehouse】，从下面的【可用字段】中选择 Sno、Innum 和 Inprice 字段，将其添加到【选定字段】列表中。

(4) 单击【下一步】按钮，确定采用明细查询还是汇总查询，本例选中【汇总】单选按钮，如图 6-6 所示。

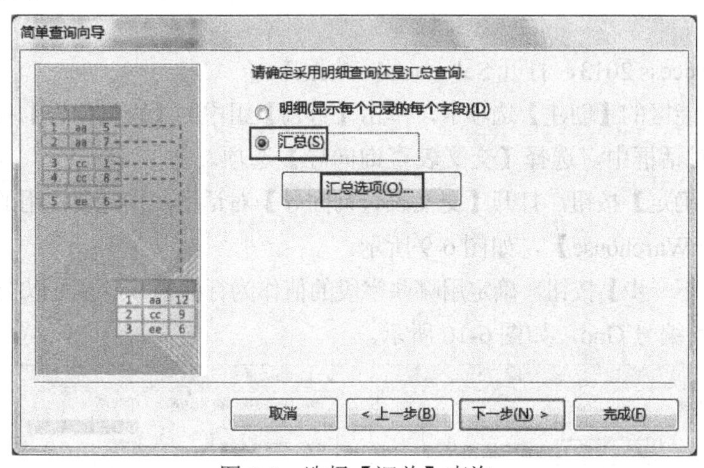

图 6-6　选择【汇总】查询

(5) 单击【汇总选项】按钮，打开【汇总选项】对话框，如图 6-7 所示，选择需要计算的汇总值，本例选择 Innum 字段的【汇总】和 Inprice 的【最小】复选框。

(6) 单击【确定】按钮，返回【简单查询向导】对话框，单击【下一步】按钮，为查询指定标题，继续单击【完成】按钮，显示查询结果，如图 6-8 所示。

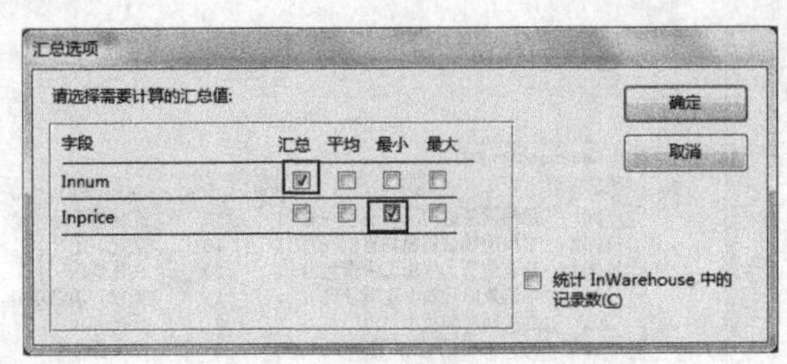

图 6-7　【汇总选项】对话框

InWarehouse 查询

Sno	Innum 之 合计	Inprice 之 最小值
101	10	¥12.00
201	50	¥30.50
301	10	¥99.00
302	50	¥25.00
401	13	¥288.00
402	10	¥199.00
403	9	¥328.00

图 6-8　汇总查询结果

6.3.2　交叉表查询

交叉表查询是 Access 特有的一种查询类型。它将用于查询的字段分成两组，一组以行标题的方式显示在表格的左边；一组以列标题的方式显示在表格的顶端，在行和列交叉的地方对数据进行总合、平均、计数或者是其他类型的计算，并显示在交叉点上。

在实际应用中，交叉表查询用于解决在一对多的关系中，对“多方”实现分组求和的问题。例如，在商品入库表中，每种商品从不同的供货商进货，入库记录都是按顺序依次显示在一张表中，而在实际工作中，常常需要以供货商为行，以商品为列来显示不同供货商供货价格的差异，这种情况就需要使用交叉表查询来实现了。

创建交叉表查询有两种方法：一种是使用向导创建交叉表查询，另一种是直接在查询的设计视图中创建交叉表查询，本节将介绍使用查询向导创建交叉表查询。

【例 6-3】使用查询向导，基于入库表 InWarehouse 创建交叉表查询，汇总每个学生的总分。

(1) 启动 Access 2013，打开 Sales.accdb 数据库。

(2) 打开功能区的【创建】选项卡，单击【查询】组中的【查询向导】按钮。在打开的【新建查询】对话框中，选择【交叉表查询向导】选项。

(3) 单击【确定】按钮，打开【交叉表查询向导】对话框，指定要使用的表或查询，本例选择【表：InWarehouse】，如图 6-9 所示。

(4) 单击【下一步】按钮，确定用哪些字段的值作为行标题，最多可以指定 3 个字段，这里选择供货商编号 Gno，如图 6-10 所示。

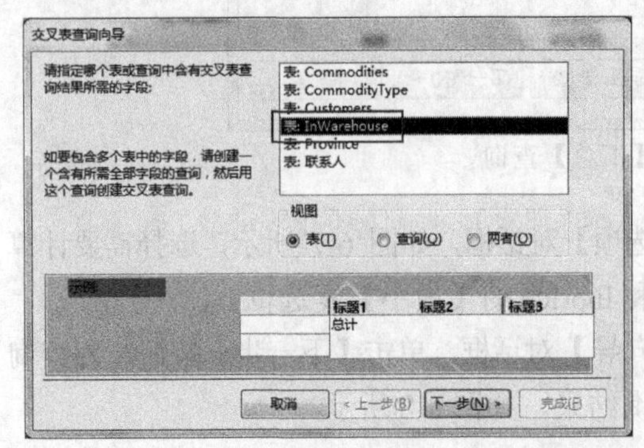

图 6-9　指定含有交叉表查询结果所需字段的表

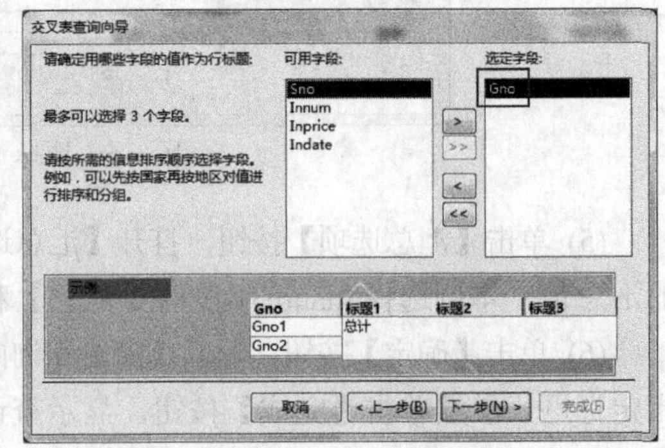

图 6-10　确定作为行标题所用的字段的值

(5) 单击【下一步】按钮，确定用哪些字段的值作为列标题，这里选择商品编号 Sno，如图 6-11 所示。

(6) 单击【下一步】按钮，设置每个行与列的交叉点，此步骤是使用交叉表查询向导创建查询的最主要步骤。

在这一步中，有两个列表框和一个复选框。在【字段】列表框，给出了表的字段名称，在这里选择交叉字段。【函数】列表框列出了可以对指定字段进行计算操作的函数，只有在【是，包括各行小计】复选框被选中时，才能在查询结果中显示出来。这里选择入库价格字段 Inprice，取消选中【是，包括各行小计】复选框，函数为【总数】，如图 6-12 所示。

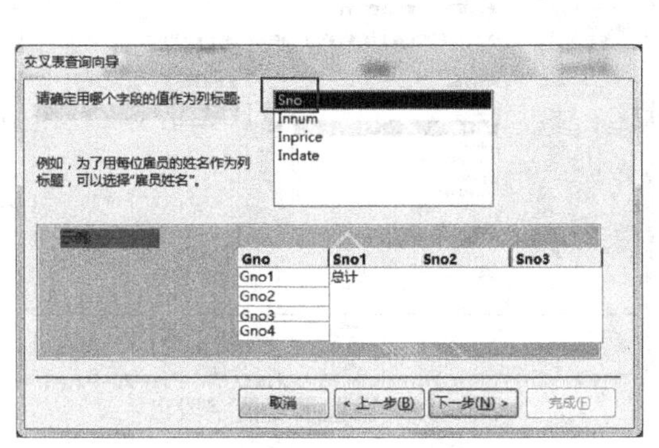

图 6-11　确定作为列标题所用的字段的值

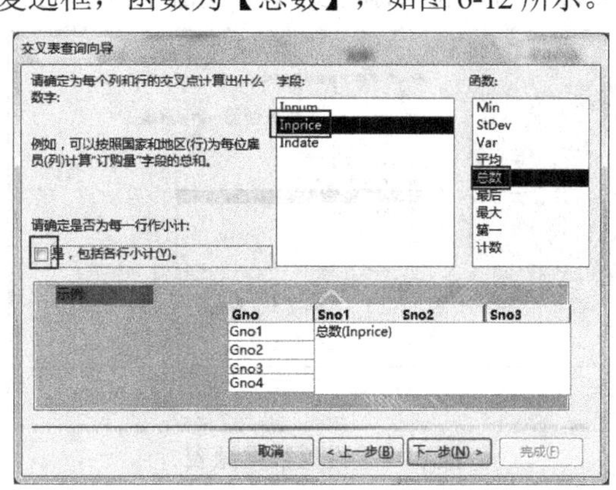

图 6-12　设置每个行与列的交叉点

(7) 单击【下一步】按钮，在打开的对话框中为查询指定标题，可以使用默认名称【InWarehouse_交叉表】。

(8) 单击【完成】按钮，显示交叉表查询结果，如图 6-13 所示。

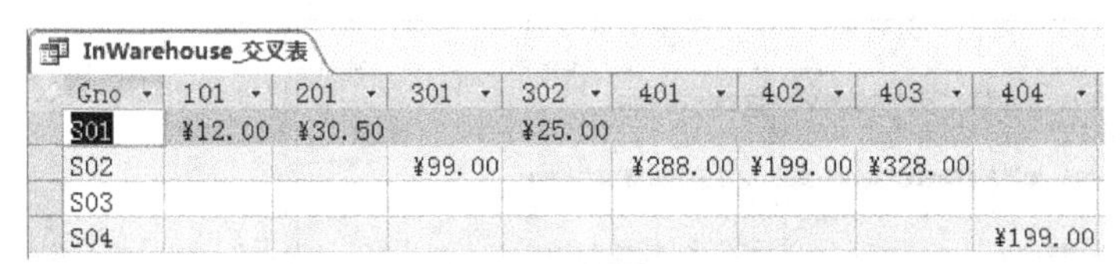

InWarehouse_交叉表

Gno	101	201	301	302	401	402	403	404
S01	¥12.00	¥30.50		¥25.00				
S02			¥99.00		¥288.00	¥199.00	¥328.00	
S03								
S04								¥199.00

图 6-13　交叉表查询结果

6.3.3　查找重复项查询

在数据库管理的应用中，可能会出现同一数据在不同的地方多次被输入到表中的情况，从而造成数据重复。当数据表中的数据很多时，用手工方法很难查找出重复输入的数据。Access 提供的【查找重复项查询向导】功能可用于解决这类问题。

提示：

对于一个设置了主键的表，由于主键值不能重复，因此可以保证记录的唯一性，也就避免了重复值的出现。但是对于非主键字段就不能避免重复值出现。【查找重复项查询向导】查询就是用来检查非主键字段的。

【例 6-4】使用查询向导，基于顾客 Customers 创建查找重复项查询，查找是否有同名的顾客，即查询 Cname 字段是否有重复值。

(1) 启动 Access 2013，打开 Sales.accdb 数据库。

(2) 打开【创建】功能区选项卡，单击【查询】组中的【查询向导】按钮。在打开的【新建查询】对话框中选择【查找重复项查询向导】选项。

(3) 单击【确定】按钮，打开【查找重复项查询向导】对话框，指定要使用的表或查询，本例选择【表：Customers】，如图 6-14 所示。

(4) 单击【下一步】按钮，指定可能包含重复字段的值。本例中选择 Cname 字段，单击 > 按钮，将其添加到【重复值字段】列表中，如图 6-15 所示。

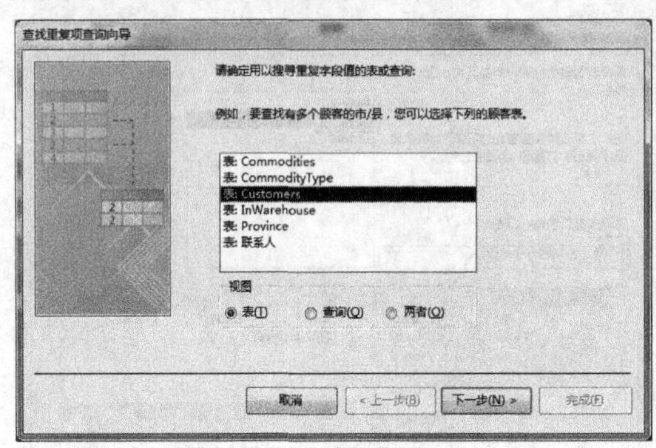

图 6-14　设置数据源表

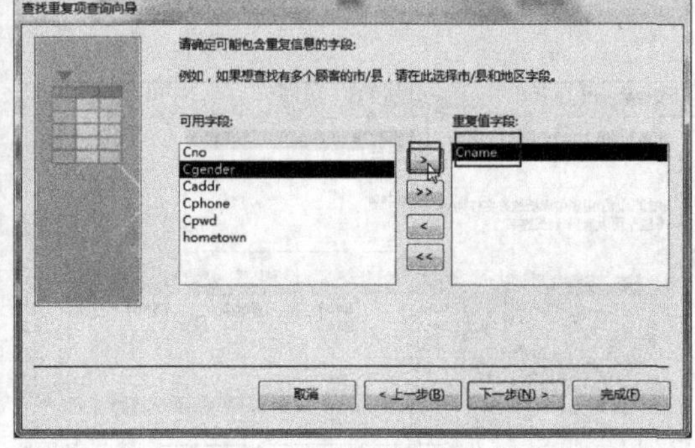

图 6-15　设置重复值字段

(5) 单击【下一步】按钮，选择需要显示的除重复值字段之外的其他字段，在此选择 Cno 和 Caddr 两个字段，如图 6-16 所示。

(6) 单击【下一步】按钮，为查询指定标题。单击【完成】按钮，即可显示查询结果，如图 6-17 所示。

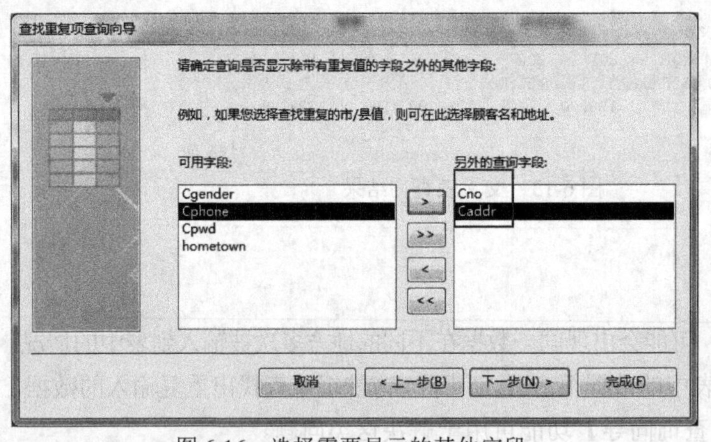

图 6-16　选择需要显示的其他字段

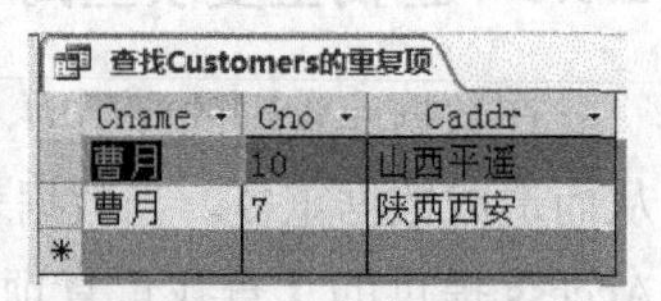

图 6-17　查询重复项结果

6.3.4　查找不匹配项查询

在关系数据库中，当建立了一对多的关系后，通常在【一方】表中的每一条记录与【多方】表中的多条记录相匹配。但是也可能存在【多方】表没有记录与之匹配的情况。查找不匹配项查询的作用就是供用户查找出那些在【多】方表中没有对应记录的【一】方表中的记录。

提示：

要执行查找不匹配查询至少需要两个表，并且这两个表要在同一个数据库里。

【例6-5】使用查询向导，基于CommodityType表和Commodities表创建查询不匹配项查询，找出不存在任何商品的商品类别信息。

(1) 启动Access 2013，打开Sales.accdb数据库。

(2) 切换到【创建】功能区选项卡，单击【查询】组中的【查询向导】按钮。在打开的【新建查询】对话框中选择【查找不匹配项查询向导】选项。

(3) 单击【确定】按钮，打开【查找不匹配项查询向导】对话框，指定查询将列出的表，本例选择【表：CommodityType】，如图6-18所示。

(4) 单击【下一步】按钮，指定包含相关记录的另一个表，本例选择【表：Commodities】，如图6-19所示。

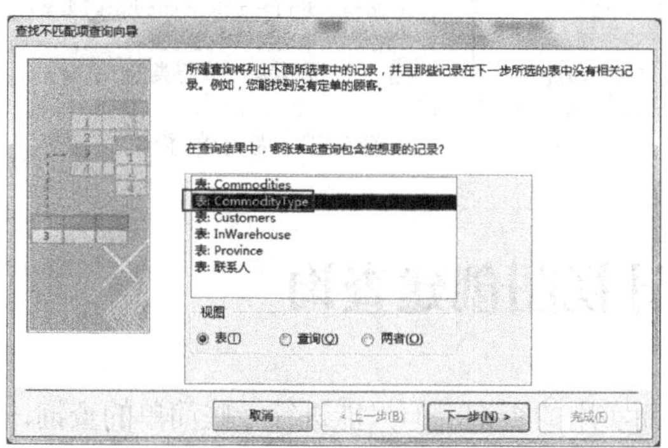

图6-18 指定查询将列出的表

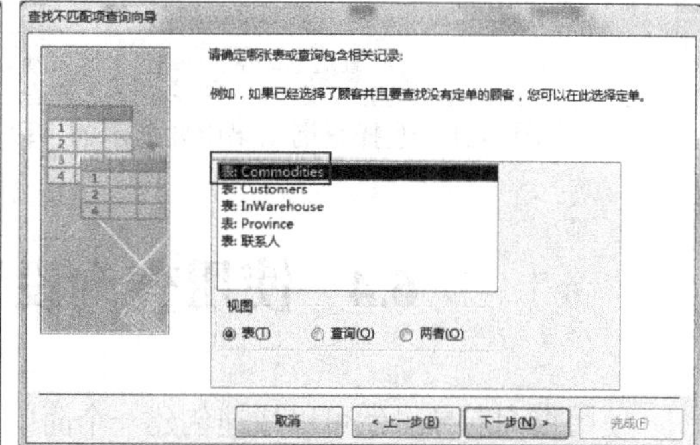

图6-19 指定包含相关记录的另一个表

注意：

在添加参与查询的两个表时，要注意添加的先后顺序。

(5) 单击【下一步】按钮，确定两个表中匹配的字段，即两个表共有的字段，最终的查询结果就是该字段值在一张表中存在而在另一张表中不存在的所有记录。本例选择CommodityType表中的Tno与Commodities表中的Tno，然后单击<=>按钮，使所选字段匹配，如图6-20所示。

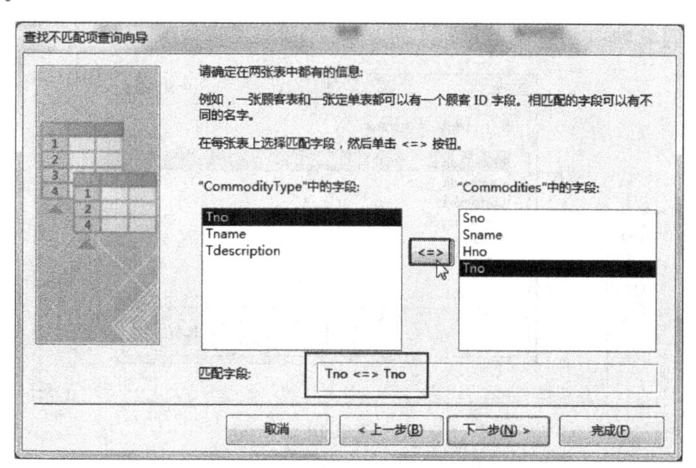

图6-20 确定两张表的匹配字段

(6) 单击【下一步】按钮，选择查询结果中要显示的字段，如图 6-21 所示。

(7) 单击【下一步】按钮，为查询指定标题，单击【完成】按钮，即可显示没有任何商品的商品类型信息，如图 6-22 所示。

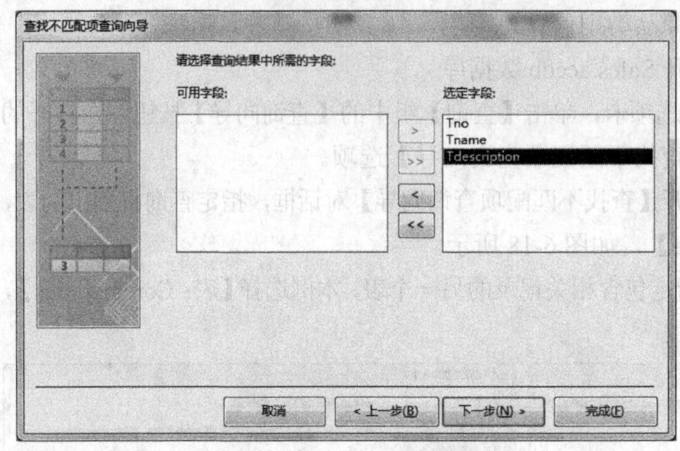

图 6-21　选择查询结果中要显示的字段

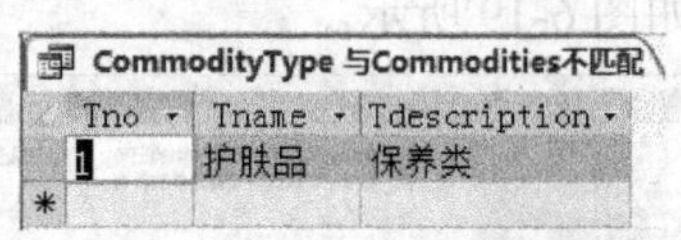

图 6-22　显示的查询结果

6.4　使用查询设计视图创建查询

使用查询向导虽然可以快速创建一个简单而实用的查询，但只能进行一些简单的查询，对于创建指定条件的查询、参数查询或更复杂的查询，查询向导就不能完全胜任了。因此，Access 提供了功能更加强大的查询设计视图。

6.4.1　查询设计视图

查询设计视图是创建、编辑和修改查询的基本工具。使用查询设计视图可以设计查询，也可以对已经生成的查询进行修改。

打开查询设计视图的方法是：单击【创建】功能区选项卡的【查询】组中的【查询设计】按钮，即可打开如图 6-23 所示的查询设计视图。

图 6-23　查询设计视图

查询设计视图分为两个部分，上部分是表/查询显示区，下部分是查询设计区。查询设计区由若干行和若干列组成，其中包括【字段】、【表】、【排序】、【显示】、【条件】、【或】以及若干空行。表/查询显示区用来显示查询所使用的基本表或查询，查询设计区用来指定具体的查询条件。在查询设计视图中，可以使用上下文功能区选项卡【查询工具】，该选项卡下面的【设计】选项卡如图 6-24 所示，主要按钮的功能分别如下所述。

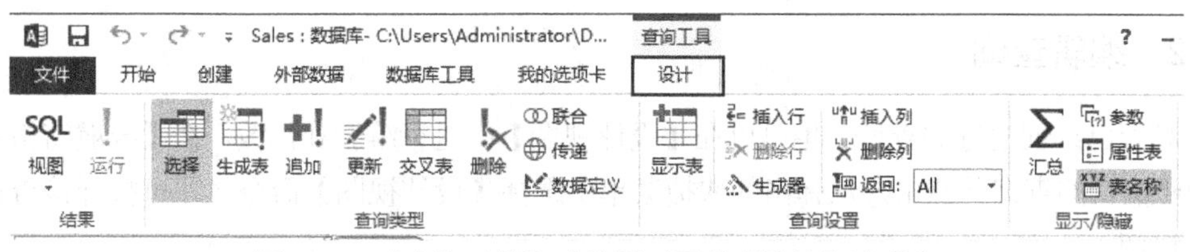

图 6-24　【查询工具】功能区下面的【设计】选项卡

- SQL 视图：在【视图】下拉列表中，除了设计视图之外，多了一个 SQL 视图，本书也将详细介绍。
- 运行：单击【运行】按钮后，Access 2013 将运行查询，查询结果以工作表的形式显示在主窗口中。
- 查询类型：可以选择要创建的查询类型，包括选择查询、生成表查询、追加查询、更新查询、交叉表查询和删除查询等，也可以在这些查询间进行转换。
- 查询设置包括以下几个功能按钮。

♦ 显示表：单击此按钮，将打开【显示表】对话框。该对话框列出了当前数据库中所有的表和查询，可以从中选择查询需要用到的表/查询。

♦ 插入/删除行：在查询设计区中插入/删除行。

♦ 生成器：单击此按钮，将打开【表达式生成器】对话框，用于生成表达式，如图 6-25 所示。

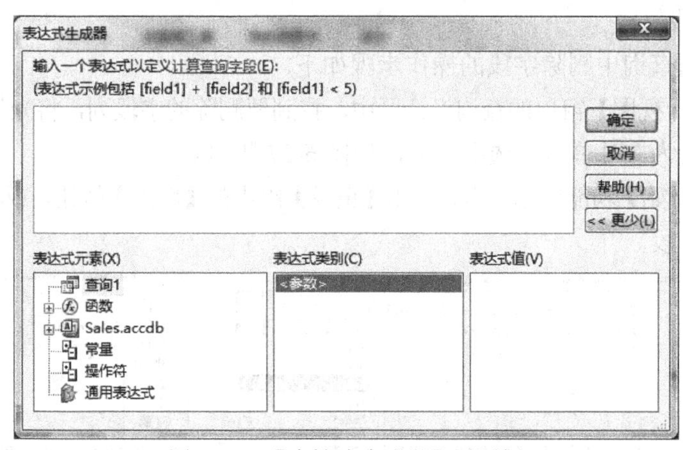

图 6-25　【表达式生成器】对话框

♦ 插入/删除列：在查询设计区中插入/删除列。

♦ 返回：查询的结果仅显示指定下拉列表框内的记录数。如 5 条或 25 条，或者记录总数的 5%或者 ALL。

- 显示/隐藏包括以下几个功能按钮。
  - ♦ 汇总：在查询设计区中增加【总计】行，可以用来进行各种统计计算。
  - ♦ 参数：单击此按钮，将打开【查询参数】对话框。
  - ♦ 属性表：显示当前对象的属性。
  - ♦ 表名称：在查询设计区中增加【表】行，可以用来提示查询字段来自哪个数据表。

6.4.2 编辑查询

对于已经创建好的查询，也可以在【设计视图】中进行编辑和修改，在【导航窗格】中找到要编辑的查询并右击，从弹出的快捷菜单中选择【设计视图】命令，即可打开该查询的设计视图。

1. 编辑查询中的字段

编辑字段主要包括添加字段、删除字段、移动字段和编辑字段的显示格式。

- 添加字段

在已创建的查询中添加字段的方法有如下两种。

(1) 在【设计视图】的表/查询显示区中，双击要添加的字段，则该字段将被添加到设计网格中的第一个空白列中。

(2) 直接在查询设计区中第一个空白列的【字段】行单击，出现下拉按钮，单击该下拉按钮，从弹出的下拉列表中选择所需的字段即可，如图 6-26 所示。

提示：

如果要在某一字段前插入字段，则单击要添加的字段，并按住鼠标左键不放，将其拖放到该字段的位置上；如果一次要添加多个字段，按住 Ctrl 键并单击要添加的字段，然后将它们拖放到设计网格中。

- 删除字段

在已创建的查询中删除字段的操作步骤如下。

(1) 在【设计视图】窗口的查询设计区中，找到要删除的字段列，将光标移动到该列的上方，当光标变为⬇时单击，选中该列，如图 6-27 所示。

(2) 打开【开始】功能区选项卡，单击【记录】组中的【删除】按钮，或者直接按 Delete 键即可删除该字段。

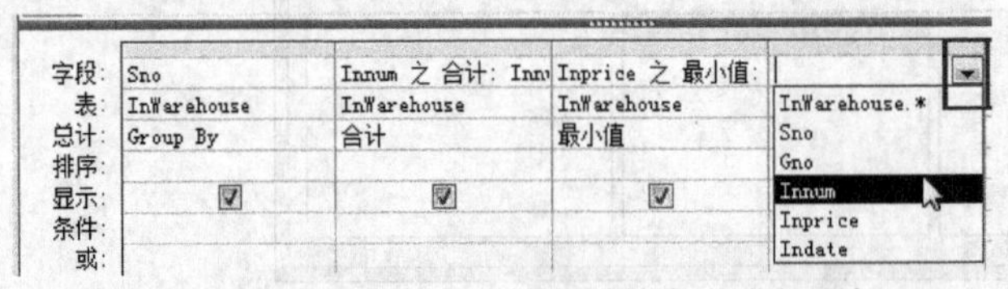

图 6-26　从下拉列表中选择所需的字段进行添加

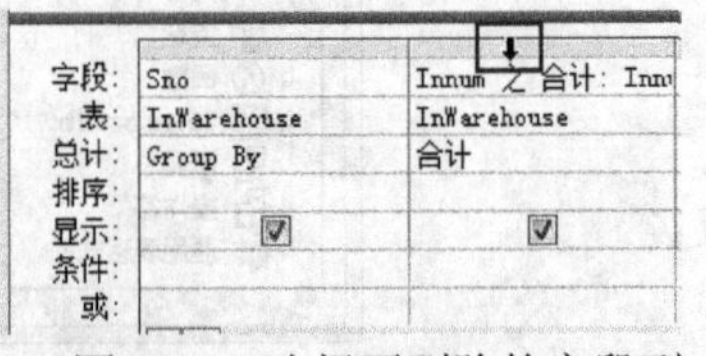

图 6-27　选择要删除的字段列

- 移动字段

在设计查询时，字段的排列顺序非常重要，它影响数据的排序和分组。Access 在排序查询结果时，首先按照设计网格中排列最前的字段排序，然后再按下一个字段排序。用户可以根据排序和分组的需要，移动字段来改变字段的顺序。

移动字段的操作比较简单，在【设计视图】窗口的查询设计区中，选中要移动的字段列，并按住鼠标左键不放，拖动鼠标至新的位置然后释放鼠标即可，如图 6-28 所示。

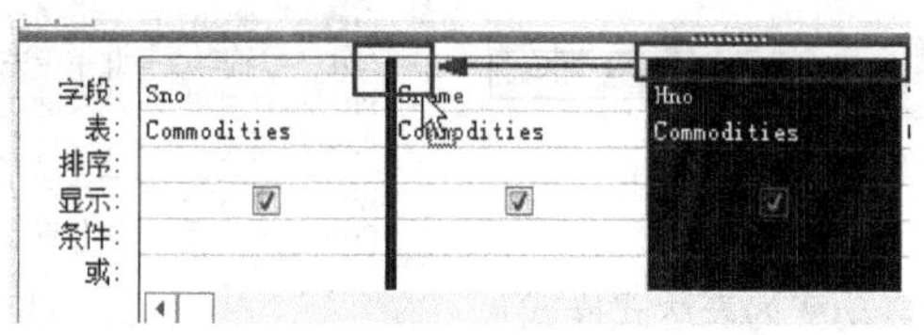

图 6-28 移动字段列的显示顺序

- 编辑字段的显示格式

用户可以在查询中引用某些对象的值、使用 Access 提供的函数计算字段的值等，如在前面的【例 6-2】中，我们对 Innum 列进行了合计运算，对 Inprice 列使用了最小值函数。相应的查询结果中列名分别为【Innum 之 合计】和【Inprice 之 最小值】，字段的值则分别是 Innum 字段的合计和 Inprice 的最小值。下面再来看一个如何修改字段的显示格式的例子。

【例 6-6】在 Sales.accdb 数据库中，基于供货商表 Suppliers 创建查询，在备注字段 Desc 内容前添加文字“主营”。Suppliers 表的结构如表 6-4 所示。

表 6-4 Suppliers 表的字段

字　段	数据类型	说　明
Spno	短文本	供货商编号　非空
Spname	短文本	供货商姓名　非空
Spaddr	短文本	供货商地址　非空
Spphone	短文本	供货商联系电话
Desc	长文本	备注

(1) 启动 Access 2013 应用程序，打开 Sales.accdb 数据库。

(2) 在【创建】选项卡的【查询】组中单击【查询设计】按钮，打开查询设计视图和【显示表】对话框。

(3) 在【显示表】对话框的【表】列表中选择供货商表 Suppliers，单击【添加】按钮，将表添加到查询设计视图窗口中。

(4) 依次双击表中的每个字段，将其添加到【字段】文本框中，如图 6-29 所示。

(5) 在【字段】文本框中，将字段名 Desc 修改为【"主营"+[Desc]】，如图 6-30 所示。

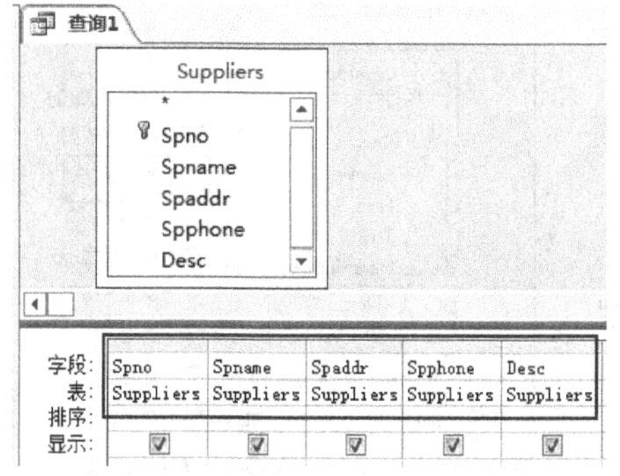

图 6-29 在设计视图中添加字段

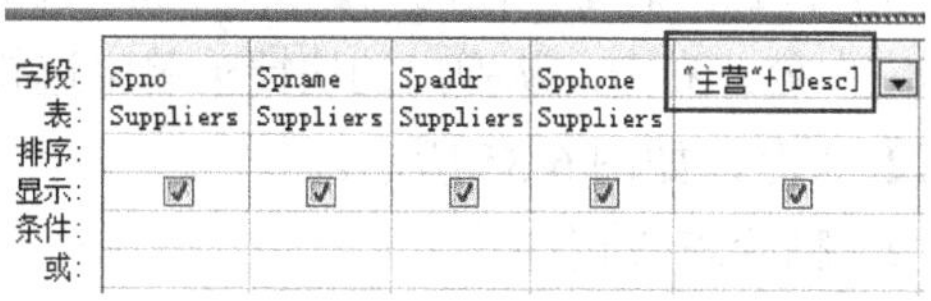

图 6-30 修改字段名

(6) 按 Enter 键，此时该字段名变为【表达式 1: "主营"+[Desc]】，如图 6-31 所示。

(7) 单击【运行】按钮，在 Desc 字段内容前均添加了文字【主营】，如图 6-32 所示。

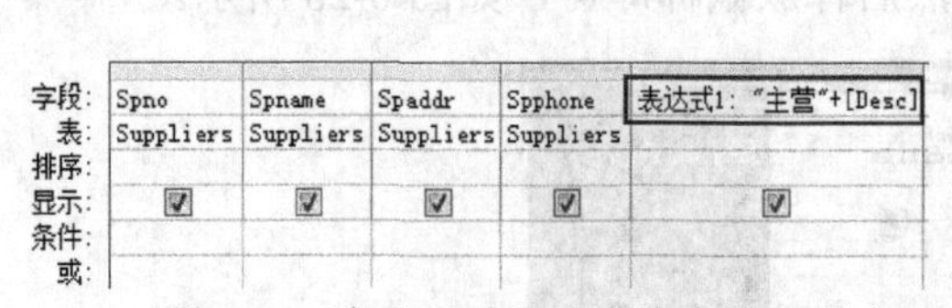

图 6-31　字段名称自动变为表达式样式

查询1

Spn	Spname	Spaddr	Spphone	表达式1
S01	刘旭	北京中关村南	15667899876	主营服装内衣
S02	许文波	北京回龙观	13234567865	主营家居建材
S03	吴春山	辽宁丹东	15367899876	主营文化娱乐
S04	刘佳晴	河北泊头市	14332156789	主营日用百货
S05	李智诺	河北省沧州市	13110233245	主营家居建材

图 6-32　显示查询结果

提示：

从图 6-32 中可以看出，我们编辑后的字段名称显示为“表达式 1”，下面将介绍如何将该字段名更改为“说明”。

(8) 切换到查询设计视图窗口，在字段名称中将文字“表达式 1”修改为“说明”，如图 6-33 所示。

(9) 单击【运行】按钮，查询效果如图 6-34 所示。

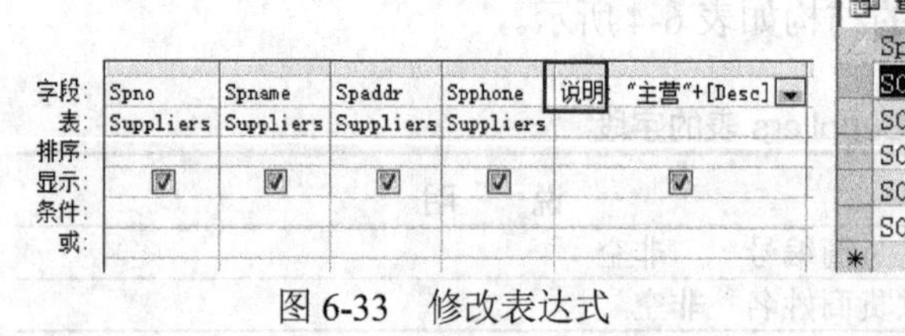

图 6-33　修改表达式

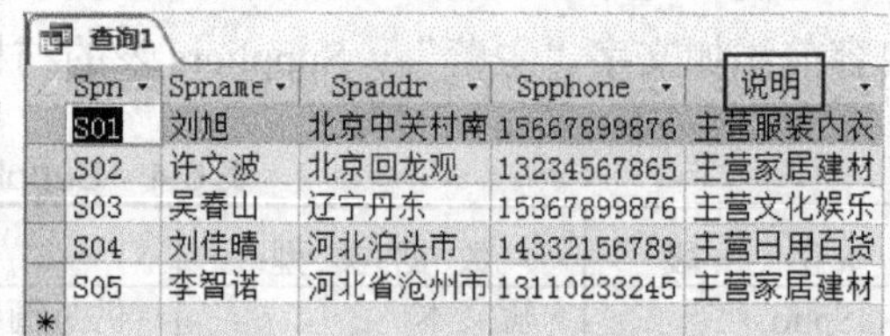

图 6-34　更改字段名后的显示结果

(10) 在自定义快速访问工具栏中单击【保存】按钮，输入查询名称【Suppliers 主营】进行保存。

2. 编辑查询中的数据源

【设计视图】窗口的上半部分是表/查询显示区，这里显示了已经添加并可以使用的表/查询。如果还需要使用其他的表或查询，就需要使用【显示表】对话框添加；类似地，如果在表/查询显示区中列出的表或查询不再使用了，则可以将其从该查询中删除。

● 添加表或查询

添加表或查询的操作比较简单，只需打开【显示表】对话框，从中选择需要提交的表或查询，单击【添加】按钮即可。

打开【显示表】对话框的方法有如下两种。

(1) 打开上下文功能区【查询工具|设计】选项卡，单击【查询设置】组中的【显示表】按钮。

(2) 在查询的【设计视图】窗口的表/查询显示区的空白处，右击，从弹出的快捷菜单中选择【显示表】命令，如图 6-35 所示。

图 6-35　选择快捷菜单【显示表】命令

● 删除表或查询

删除表或查询的操作比较简单，只需在查询的

【设计视图】中选择要删除的表或查询，按Delete键即可。删除了作为数据源的表或查询之后，查询设计区中其相关字段也将删除。

6.4.3　设置查询条件

查询条件是指在创建查询时，为了查询所需要的记录，通过对字段添加限制条件，使查询结果中只包含满足条件的数据，与筛选数据记录时使用的【条件】一样。例如，只想查询“栾鹏”的客户信息，则可以通过指定条件，将记录结果的Cname字段限制为“栾鹏”。

在Access中，为查询设置条件，首先要打开查询的设计视图，在查询的设计视图中单击要设置条件的字段，在字段的【条件】单元格中输入条件表达式，或使用【表达式生成器】输入条件表达式。如果要显示【表达式生成器】，可以在【条件】单元格中右击，从弹出的快捷菜单中选择【生成器】命令，即可打开如图6-25所示的【表达式生成器】对话框。

Access的许多操作中都要使用表达式。表达式中常用的运算符包括算术运算符、比较运算符、逻辑运算符、标识符和特殊运算符。

- 算术运算符，如+、-、*、/等。
- 比较运算符，如>、>=、<、<=、=、<>，通常用于设置字段的范围。
- 逻辑运算符，如AND、OR、NOT。
- 标识符，通常是一个对象的名字，这里一般指的是字段的名字。引用字段名称，需要用[ ]将其名称括起来。
- 特殊运算符，如BETWEEN、IN、LIKE等。

1. 用逻辑运算符组合条件

在Access中，有3个逻辑运算符，分别是And、Or和Not。

在多个【条件】单元格中输入表达式时，Access用And或Or运算符进行组合。如果在同一行的不同单元格中设置了条件，则用And运算符，表示要同时满足所有单元格的条件。如果在多个不同行中设置条件，用Or运算符，表示只要满足任何一个单元格的条件即可。

例如，要查找编号为“10”，姓名为“曹月”的客户信息，可以按如图6-36所示设置条件，查询结果如图6-37所示。

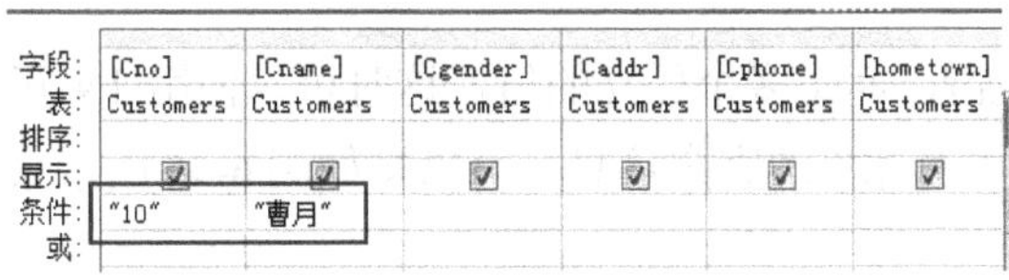

字段:	[Cno]	[Cname]	[Cgender]	[Caddr]	[Cphone]	[hometown]
表:	Customers	Customers	Customers	Customers	Customers	Customers
排序:						
显示:	☑	☑	☑	☑	☑	☑
条件:	"10"	"曹月"				
或:						

图6-36　不同字段同一行的And运算

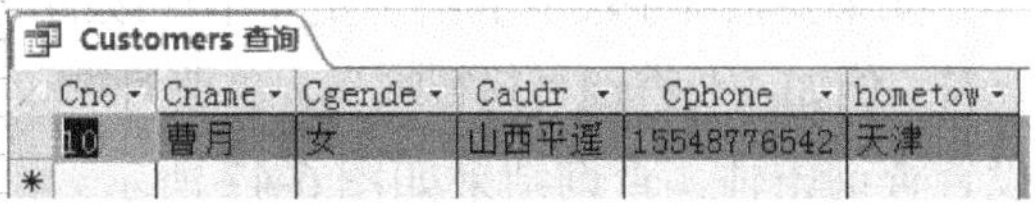

Customers 查询

Cno	Cname	Cgende	Caddr	Cphone	hometow
10	曹月	女	山西平遥	15548776542	天津

图6-37　And运算条件查询结果

如果要查询“曹月”和“葛冰”的客户信息，可以只设置Cname字段，在【条件】行设置为“曹月”，在【或】行设置为“葛冰”，如图6-38所示，查询结果如图6-39所示。

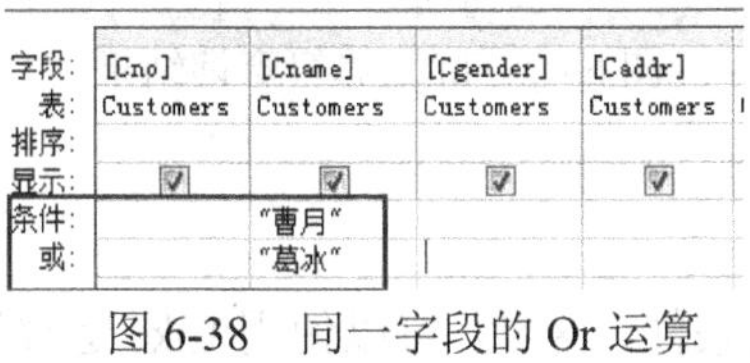

字段:	[Cno]	[Cname]	[Cgender]	[Caddr]
表:	Customers	Customers	Customers	Customers
排序:				
显示:	☑	☑	☑	☑
条件:		"曹月"		
或:		"葛冰"		

图6-38　同一字段的Or运算

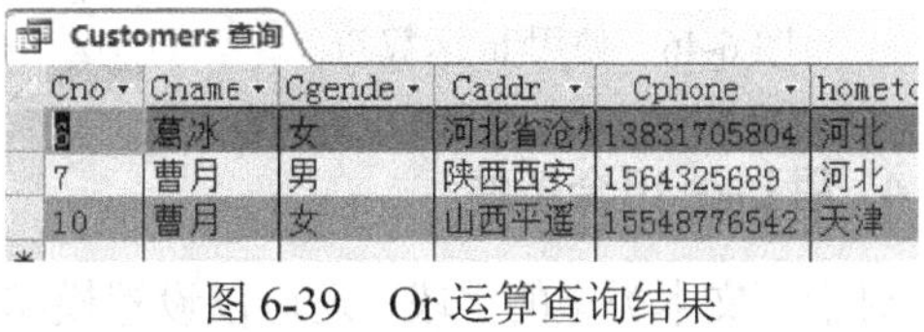

Customers 查询

Cno	Cname	Cgende	Caddr	Cphone	hometo
3	葛冰	女	河北省沧州	13831705804	河北
7	曹月	男	陕西西安	1564325689	河北
10	曹月	女	山西平遥	15548776542	天津

图6-39　Or运算查询结果

当然，或运算也可以应用于不同字段。例如，查询编号<5 或者姓名是“赵智暄”的客户信息，查询条件的设置如图 6-40 所示，查询结果如图 6-41 所示。

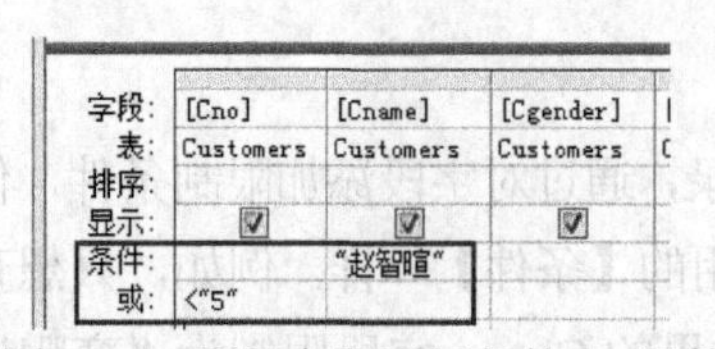

图 6-40　不同字段不同行的 Or 运算　　图 6-41　不同字段 Or 运算查询结果

提示：

这里出现了编号为 10 的客户信息是因为 Cno 字段是“短文本”类型，所以"10"<"5"。

如果要查询编号不是 10，且姓名为“曹月”的客户信息，则需要使用 Not 运算符，如图 6-42 所示，结果如图 6-43 所示。

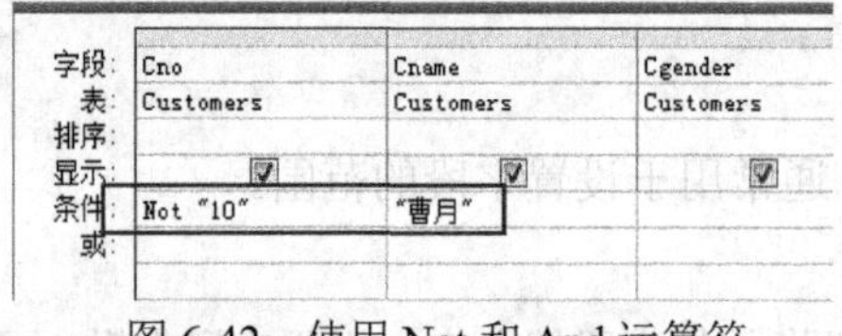

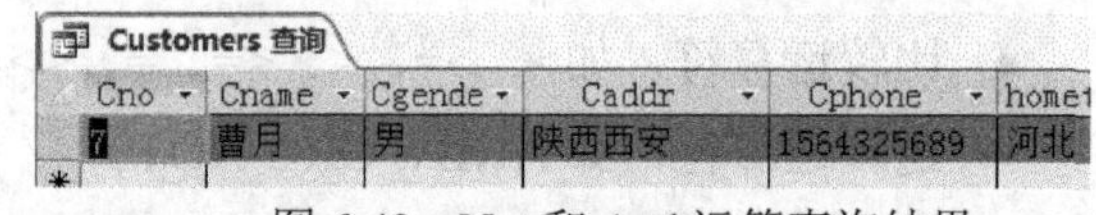

图 6-42　使用 Not 和 And 运算符　　图 6-43　Not 和 And 运算查询结果

2. 用 Between 组合条件

Between 运算符用于指定字段的取值范围，范围之间用 And 连接。例如，查询供货价格在 100~200 之间的记录。可以设置价格字段的条件如图 6-44 所示，查询结果如图 6-45 所示。

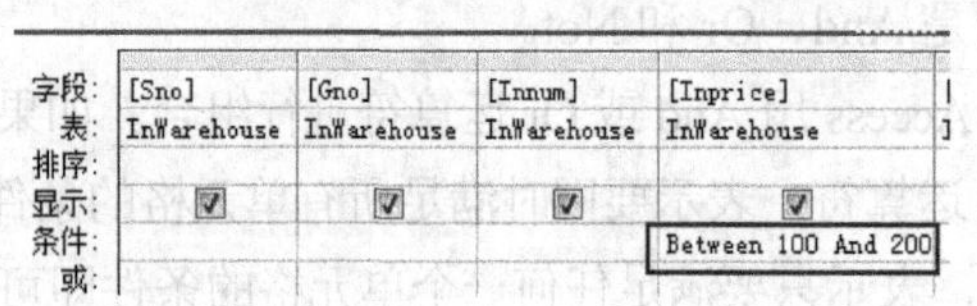

图 6-44　使用 Between 设置字段范围　　图 6-45　Between 条件的查询结果

3. 用 In 组合条件

如果要查询字段的取值不是一个连续的范围，而是多个孤立的值，这时可以使用 IN 运算符。例如，要查询“赵智暄”、“曹月”和“葛冰”的客户信息，可以按如图 6-46 所示来设置查询条件，查询结果如图 6-47 所示。

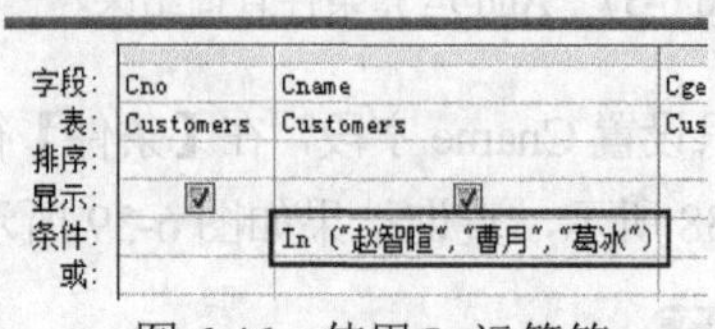

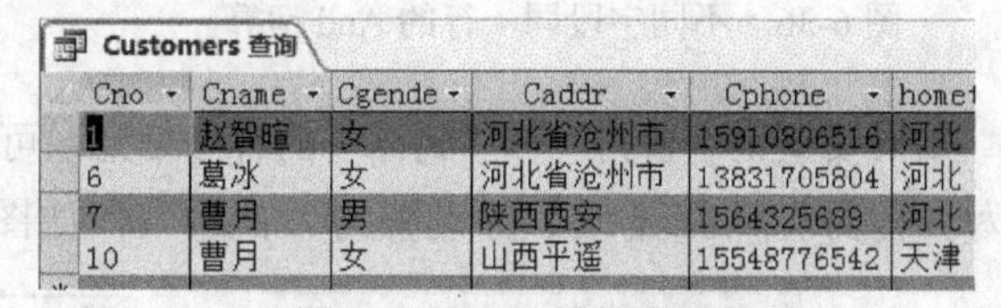

图 6-46　使用 In 运算符　　图 6-47　In 运算符查询结果

4. 用 Like 组合条件

对于短文本类型的字段，还可以设置模糊查询条件，这时，可以使用 Like 运算符，格式如下：

Like 字符模式

在所定义的字符模式中，可以用【?】表示该位置可匹配任意一个字符；用【*】表示该位置可匹配零个或多个字符；用【#】表示该位置可匹配一个数字；用【[ ]】方括号描述一个范围。

例如，要查询所有居住在“北京”的客户信息，可以设置Caddr字段的条件为：

Like "北京*"

5. 使用查询总计

在查询设计中，有一行为【总计】行，是系统提供的用于对查询中的一组记录或全部记录进行的数据计算。【总计】行包括【总计】、【平均值】、【计算】和【最小值】等，共有9种类型，各种类型及其功能如表6-5所示。

表6-5 总计的类型和功能

函数名称	说　明	函数名称	说　明
Sum()	总计	Avg()	平均值
Min()	最小值	Max()	最大值
Var()、Varp()	方差	Count()	计数
StDev()、StDevp()	标准偏差		

在查询中，如果要对记录进行分类统计，可以使用分组统计功能。分组统计时，只需在【设计】视图中将用于分组字段的【总计】行设置成Group By即可。

【例 6-7】对分组记录进行【总计】计算，查询每种商品的入库总数，以及入库的平均成本单价。

(1) 启动Access 2013，打开Sales.accdb数据库。

(2) 打开【创建】功能区选项卡，单击【查询】组中的【查询设计】按钮。打开查询的【设计视图】，同时打开【显示表】对话框。

(3) 在【显示表】对话框中选择InWarehouse表，单击【添加】按钮将其添加到表/查询显示区，单击【关闭】按钮关闭【显示表】对话框。

(4) 打开上下文功能区【查询工具|设计】选项卡，单击【显示/隐藏】组中的【汇总】按钮Σ，Access 2013在查询设计窗格中将显示【总计】行。

(5) 双击Sno字段和Innum字段，将其添加到下方的查询设计窗格中。

(6) 单击Sno字段列对应的【总计】行，然后再单击右边下三角按钮，选择Group By选项，设置Innum字段的【总计】行为【合计】，将Innum字段的【字段】行中文本“Innum之合计”修改为“入库总数”。

(7) 在设计窗格的下一列的【字段】行，输入“平均成本单价: Sum([Inprice]*[Innum])/Sum([Innum])”，如图6-48所示。这个表达式的含义是计算每次入库的总金额([Inprice]*[Innum])，然后求和即为总成本，除以总入库数量，得到该商品的平均成本单价。

(8) 单击【查询工具|设计】选项卡中的【运行】按钮，结果如图 6-49 所示。

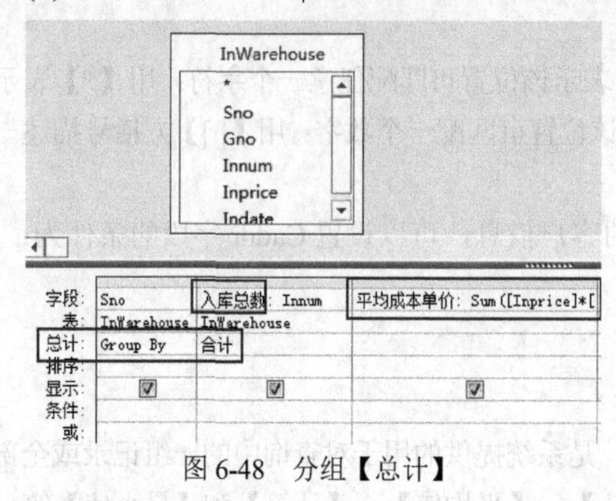

图 6-48　分组【总计】

查询1

Sno	入库总数	平均成本单价
101	20	14
201	50	30.5
301	10	99
302	50	25
401	13	288
402	10	199
403	9	328

图 6-49　分类总计查询结果

6.4.4　参数查询

前面介绍的查询所包含的条件往往都是固定的常数，然而条件固定的常数并不能满足实际工作的需要。在实际使用中，很多情况下要求灵活地输入查询的条件。这时，就需要使用参数查询了。参数查询是一个特殊的查询，在运行时，灵活输入指定的条件，查询出满足条件的信息。例如，到图书馆查阅书籍，往往需要按书名或者作者进行查询。这类查询不是事先在查询设计视图的条件中输入某一书名，而是根据需要在查询运行时输入某一书名或作者名进行查询。

提示：

使用设计视图打开已有的查询时，【查询工具|设计】功能区选项卡的【查询类型】中的按钮会有一个处于高亮选中状态，这表明了当前正打开的查询的类型，在 6.3 节中使用查询向导创建的查询，除交叉表查询以外，其他都是选择查询，接下来的几节将介绍使用查询设计创建其他类型的查询。

参数查询利用对话框提示用户输入参数，待用户输入参数之后，检索符合所输入参数的记录。参数查询在使用中，可以建立单参数的查询，也可以建立多参数的查询。

1. 系统默认的【文本】参数查询

在运行参数查询时，默认情况下，参数文本框中输入的参数类型都被系统认为是【文本】。

【例 6-8】创建参数查询，根据输入参数查询顾客表 Customers 中指定姓名的学生信息。

(1) 启动 Access 2013，打开 Sales.accdb 数据库。

(2) 打开【创建】功能区选项卡，单击【查询】组中的【查询设计】按钮。打开查询的【设计视图】，同时打开【显示表】对话框。

(3) 在【显示表】对话框中选择 Customers 表，单击【添加】按钮将其添加到表/查询显示区，单击【关闭】按钮关闭【显示表】对话框。

(4) 将字段【*】拖入查询设计区中，表示该查询返回表中的所有字段，接着添加一列，设置【字段】为 Cname，并取消选中该字段【显示】行对应的复选框，在【条件】行中输入“[请输入客户姓名：]”，如图 6-50 所示。

提示：

【条件】栏中输入的查询条件要用方括号“[ ]”包含起来，其中括号里的字符为用户在输入查询参数时在提示对话框上要显示的提示文字。

(5) 单击【查询工具|设计】选项卡中的【运行】按钮，将打开【输入参数值】对话框，如图 6-51 所示。

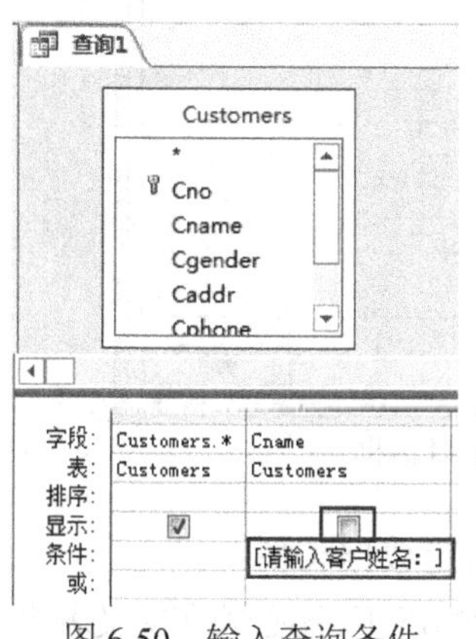

图 6-50　输入查询条件

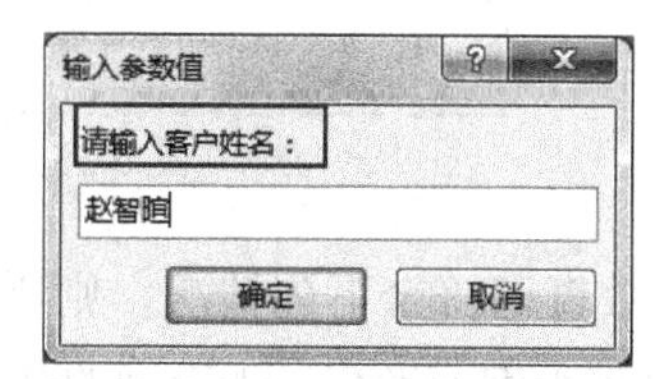

图 6-51　【输入参数值】对话框

(6) 在文本框中输入“赵智暄”，单击【确定】按钮。查询结果如图 6-52 所示。

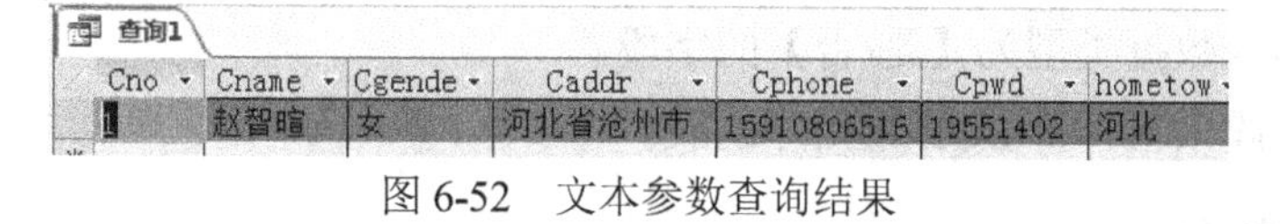

Cno	Cname	Cgende	Caddr	Cphone	Cpwd	hometow
1	赵智暄	女	河北省沧州市	15910806516	19551402	河北

图 6-52　文本参数查询结果

(7) 单击快速访问工具栏中的【保存】按钮，打开【另存为】对话框，在【查询名称】文本框中输入查询名称“按姓名查询顾客”，单击【确定】按钮完成保存。

如果要在参数查询中使用两个或多个参数，可以在【条件】单元格中输入一个表达式，并在方括号内输入相应的提示。例如，在显示日期的字段中，可以显示类似于【请输入起始日期：】和【请输入结束日期：】这样的提示，以指定输入值的范围。

```
BETWEEN [请输入起始日期：] AND [请输入结束日期：]
```

在参数查询中还可以使用带有通配符的参数。在【条件】单元格中输入一个表达式，并在方括号内输入相应的提示。若要提示输入一个或多个搜索字符，然后查找以指定的字符开始或包含这些字符的所有记录，可创建一个使用运算符 LIKE 和通配符(*)的参数进行查询。

例如，下列语句将搜索以指定字符开头的词：

```
LIKE [请输入第一个字符] & "*"
```

2. 其他参数的查询

除了系统默认的参数查询之外，如果需要使用其他类型的参数，可以打开【查询参数】

对话框，在其中可以定义其他的数据类型。打开【查询参数】对话框的方法如下。

(1) 在上下文功能区【查询设计|工具】选项卡中，单击【显示/隐藏】组中的【参数】按钮，即可打开【查询参数】对话框，如图 6-53 所示。

(2) 在打开的【查询参数】对话框中，可以设置参数的数据类型。数据类型的设置必须符合参数中的字段的类型，否则将无法正常执行。

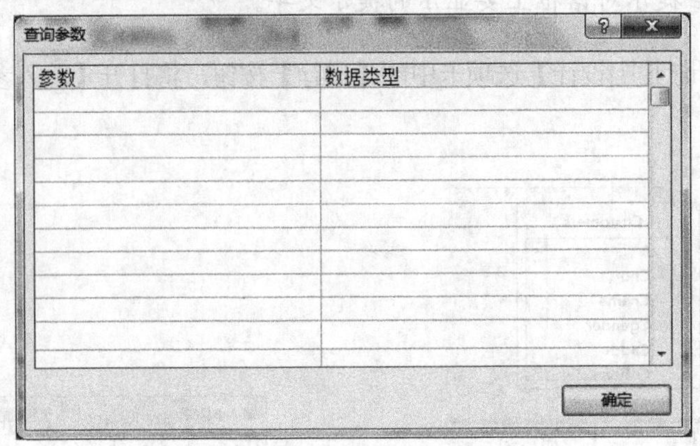

图 6-53　【查询参数】对话框

如果参数查询符合下列情况，则需要为参数指定数据类型。

- 交叉表查询或者交叉表查询的基础查询(这种情况下，还必须在交叉表查询中设置【列标题】属性)。
- 图表的基础查询。
- 提示输入数据类型为【是/否】的字段。
- 提示字段来自外部 SQL 数据库的表。

6.4.5 嵌套查询

在查询设计视图中，将一个查询作为另一个查询的数据源以达到使用多个表创建查询的效果，这样的查询称为嵌套查询。

【例 6-12】以【例 6-1】创建的 Commodities 查询为数据源，创建嵌套查询，查询指定类别的商品。

(1) 启动 Access 2013 应用程序，打开 Sales.accdb 数据库。

(2) 在【创建】选项卡的【查询】组中，单击【查询设计】按钮，打开查询设计窗口和【显示表】对话框。

(3) 在【显示表】对话框中，打开【查询】选项卡，在【查询】列表中选择【Commodities 查询】选项，如图 6-54 所示。单击【添加】按钮将其添加到表/查询显示区，单击【关闭】按钮关闭【显示表】对话框。

(4) 将字段【*】拖入查询设计区中，表示该查询返回表中的所有字段，接着添加一列，设置【字段】为 Tno，并取消选中该字段【显示】行对应的复选框，在【条件】行中输入“[请输入商品类别编号：]”，如图 6-55 所示。

(5) 单击【查询工具|设计】选项卡中的【运行】按钮，将打开【输入参数值】对话框。

(6) 在文本框中输入一个类别编号，单击【确认】按钮，将查询出所有该类别的商品信息。查询结果如图6-56所示。

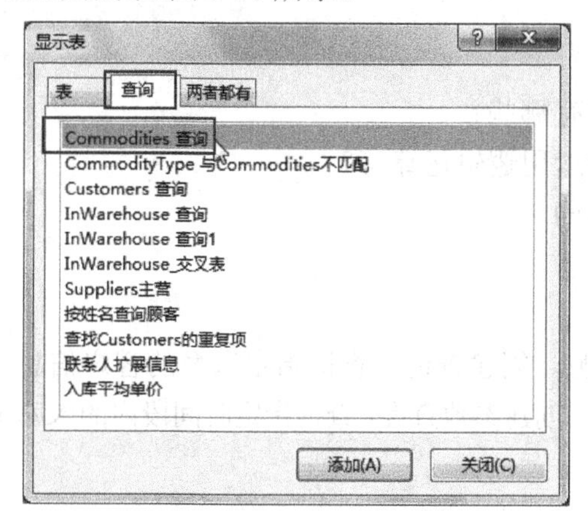

图6-54　选择查询作为数据源

图6-55　设置查询字段和查询条件

(7) 单击快速访问工具栏中的【保存】按钮，打开【另存为】对话框，在【查询名称】文本框中输入查询名称“嵌套查询”，单击【确定】按钮完成保存。

查询1

Sno	Hno	Sname	Tno	Description
501	3	艾斯臣 雪地靴 女靴子真皮	5	女鞋
502	3	JUSTTER 牛皮女雪地靴子 豸	5	女鞋
503	3	莫蕾蔻蕾2013年冬新品坡跟	5	女鞋
504	3	冬季新款欧美保暖雪地靴女	5	女鞋
505	3	奥康 男鞋棉鞋商务皮鞋棉靴	5	男鞋
506	3	奥古仕盾男士休闲鞋 商务皮	5	男鞋
507	3	西瑞男鞋韩版马丁靴男英伦	5	男鞋
508	3	彼岸花包包2013新款潮 女包	5	女包
509	3	金粉世家2013时尚女包品牌	5	女包
510	3	艾奔 男士双肩包 男 背包女	5	男包
511	3	波斯丹顿男包真皮商务休闲	5	男包
512	3	汉客镇店之宝 拉杆箱万向轮	5	旅行箱包
513	3	TravelFriends ito 拉杆箱	5	旅行箱包
514	3	七匹狼皮带男士 真皮休闲牛	5	男士配件
515	3	vgrin 腰封 女士宽腰带 韩	5	女士配件

图6-56　嵌套查询结果

6.5　本章小结

查询对象是 Access 数据库中的第二大对象，本章详细介绍了查询对象的相关知识与操作。首先介绍的是查询的基本概念，包括查询的定义、查询对象与表对象的联系与区别、查询的类型；接着介绍了查询中使用到的 SQL 语言，主要包括 SQL 概述、SELECT 语句的使用以及其他高级查询语句的使用；然后介绍了使用向导创建查询，包括简单查询的创建、交叉表查询、查找重复项查询和查找不匹配项查询等；最后介绍了使用查询设计视图创建查询，包括使用设计视图创建和编辑查询、设置查询条件、参数查询和嵌套查询的创建等。

6.6　思考和练习

6.6.1　思考题

1. 查询与表有什么区别？查询的类型有哪些？
2. 如何设置查询条件？如何在条件中运用逻辑运算符？
3. 试简述查询与查找、筛选的功能异同。

6.6.2　练习题

1. 以 Sales 数据库中的数据表为数据源，创建查询，查询指定家乡的客户信息。
2. 以 Sales 数据库中的数据表为数据源，创建参数查询，查询指定时间段内的入库记录。

第7章　操作查询与SQL查询

操作查询是Access查询中的重要组成部分，利用它可以对数据库中的数据进行简单的检索、显示和统计，还可以根据需要对数据库进行修改。SQL查询是用户可以使用SQL语句创建的查询。本章将介绍如何创建操作查询和SQL查询。

本章的学习目标：

- 掌握更新查询、生成表查询、追加查询、删除查询的创建
- 掌握常见SQL语句在Access查询中的应用
- 掌握联合查询、传递查询的创建与使用
- 了解数据定义查询的创建与使用

7.1　操作查询

操作查询，顾名思义，就是操作类的查询，主要用于对数据库数据进行操作，它能够一次操作完成多条数据记录的修改。

操作查询主要包含以下几种类型。

- 更新查询：可以对一个或多个表中的一组记录做更改。使用更新查询时，可以更改已有表中的数据。
- 生成表查询：可以根据一个或多个表中的全部或部分数据新建表。生成表查询有助于创建新表以导出到其他Access数据库或包含所有旧记录的历史表。
- 追加查询：将一个或多个表中的一组记录添加到一个或多个表的末尾。
- 删除查询：对一个或多个表中满足条件的一组记录进行删除。使用删除查询时，通常会删除整个记录，而不只是记录中所选择的字段。

7.1.1　更新查询

更新查询是对一个或者多个数据表中的一组记录做全局更改，使得用户可以有条件地成批更新数据库中的记录。

【例7-1】在入库表InWarehouse中，将供货商S01的供货记录的入库单价全部更新为原价格的90%。更新前的入库表InWarehouse效果如图7-1所示。

(1) 启动Access 2013应用程序，打开Sales.accdb数据库。

(2) 在【创建】选项卡的【查询】组中单击【查询设计】按钮，打开查询设计视图窗口。

(3) 在打开的【显示表】对话框中，将入库表InWarehouse添加到设计视图窗口中，并将表中的Gno和Inprice字段添加到【字段】文本框中，如图7-2所示。

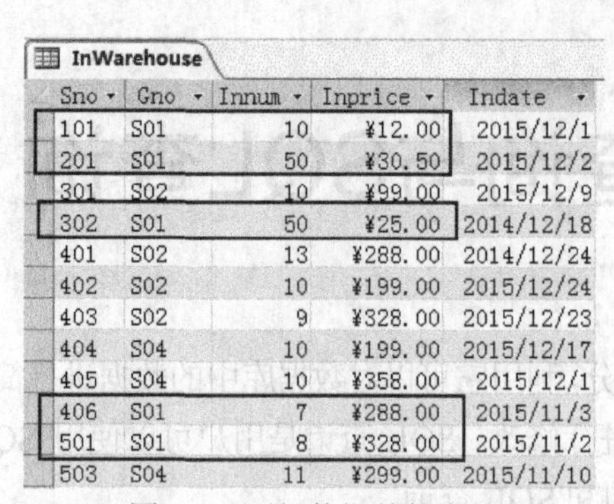

Sno	Gno	Innum	Inprice	Indate
101	S01	10	¥12.00	2015/12/1
201	S01	50	¥30.50	2015/12/2
301	S02	10	¥99.00	2015/12/9
302	S01	50	¥25.00	2014/12/18
401	S02	13	¥288.00	2014/12/24
402	S02	10	¥199.00	2015/12/24
403	S02	9	¥328.00	2015/12/23
404	S04	10	¥199.00	2015/12/17
405	S04	10	¥358.00	2015/12/1
406	S01	7	¥288.00	2015/11/3
501	S01	8	¥328.00	2015/11/2
503	S04	11	¥299.00	2015/11/10

图 7-1　更新数据前的表效果

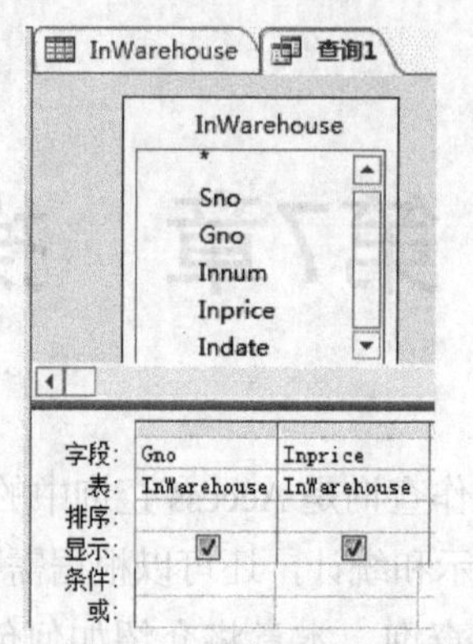

图 7-2　查询设计视图窗口

(4) 在【设计】选项卡的【查询类型】组中单击【更新】按钮，此时查询设计视图窗口中的【显示】行更改为【更新到】，如图 7-3 所示。

(5) 在供货商字段 Gno 对应的【条件】文本框中输入表达式“S01”，在入库单价字段 Inprice 对应的【更新到】文本框中输入[Inprice]*0.9，如图 7-4 所示。

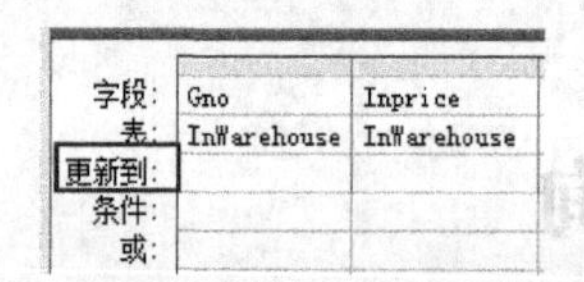

图 7-3　窗口中显示更改的属性行

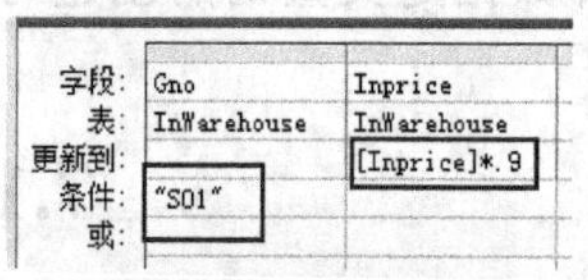

图 7-4　设置更新条件

(6) 单击【运行】按钮，启用操作查询，此时弹出如图 7-5 所示的 Microsoft Access 提示对话框，单击【是】按钮。

(7) 打开入库表 InWarehouse，切换到数据表视图，可以查看到供货商为 S01 的商品入库单价都更新成了原来的 90%，如图 7-6 所示。

(8) 按 Ctrl+S 键，保存查询为“更新查询”。

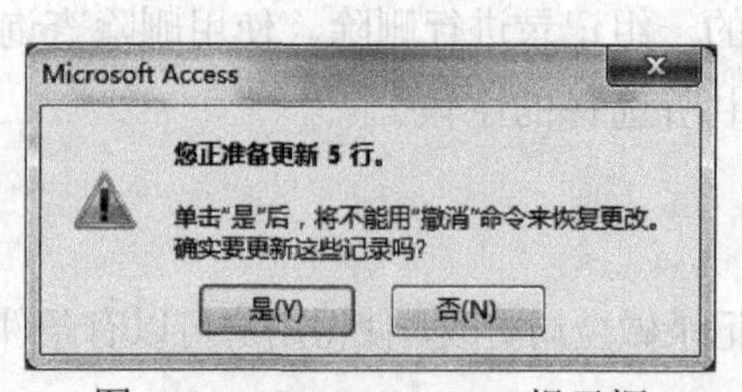

图 7-5　Microsoft Access 提示框

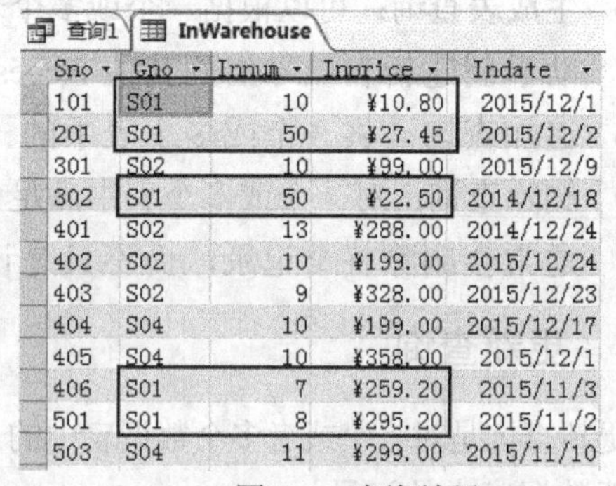

Sno	Gno	Innum	Inprice	Indate
101	S01	10	¥10.80	2015/12/1
201	S01	50	¥27.45	2015/12/2
301	S02	10	¥99.00	2015/12/9
302	S01	50	¥22.50	2014/12/18
401	S02	13	¥288.00	2014/12/24
402	S02	10	¥199.00	2015/12/24
403	S02	9	¥328.00	2015/12/23
404	S04	10	¥199.00	2015/12/17
405	S04	10	¥358.00	2015/12/1
406	S01	7	¥259.20	2015/11/3
501	S01	8	¥295.20	2015/11/2
503	S04	11	¥299.00	2015/11/10

图 7-6　查询结果

提示：

在查询设计视图窗口中添加查询条件时，应使用英文状态下的运算符和标点符号。

7.1.2　生成表查询

在 Access 的许多场合中，查询可以与表一样使用。查询也有设计视图和数据表视图，但是不同于表。例如查询不能导出到其他数据库。

生成表查询可以根据一个或多个表或查询中的全部或部分数据来新建数据表。这种由表产生查询，再由查询生成表的方法，使得数据的组织更灵活，使用更方便。

【例 7-2】 在 Sales.accdb 数据库的顾客表 Customers 中，查询出所有的女客户信息，并生成新表 FemaleCust。

(1) 启动 Access 2013，打开 Sales.accdb 数据库。

(2) 单击【创建】选项卡的【查询】组中的【查询设计】按钮。打开查询的【设计视图】，同时打开【显示表】对话框。

(3) 在【显示表】对话框中选择顾客表Customers，单击【添加】按钮将其添加到表/查询显示区，单击【关闭】按钮关闭【显示表】对话框。

(4) 将 Customers 表中的【*】字段添加到查询设计区中，这是查询结果要显示的字段信息，再将 Cgender 字段添加到查询设计区中，并取消该字段【显示】行的复选框，在该字段的【条件】行中输入条件“女”，如图 7-7 所示。

(5) 切换到上下文功能区【查询工具|设计】选项卡，单击【查询类型】组中的【生成表】按钮，打开【生成表】对话框，如图 7-8 所示。在【表名称】文本框中输入要新建的数据表名称 FemaleCust，并选中【当前数据库】单选按钮。

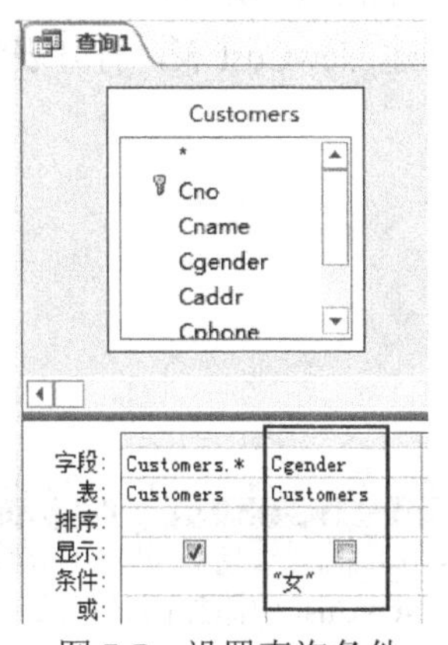

图 7-7　设置查询条件

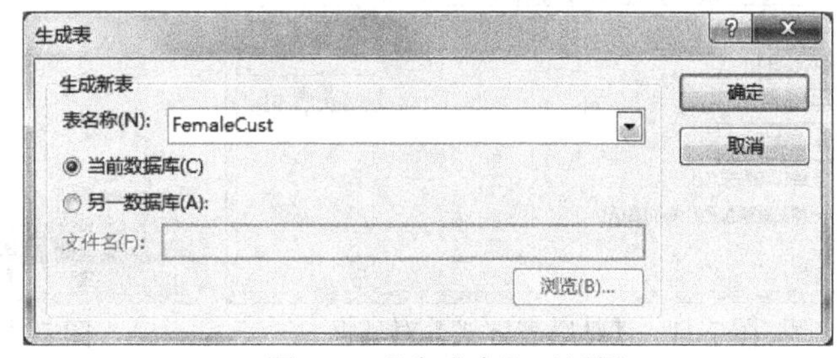

图 7-8　【生成表】对话框

(6) 单击【确定】按钮，完成表名称的设置。

(7) 按 Ctrl+S 键，保存查询为“女顾客”。

(8) 单击【运行】按钮，打开如图 7-9 所示的提示框，单击【是】按钮即创建新表，单击【否】按钮则取消创建新表。

(9) 单击【是】按钮，此时导航窗格的列表中出现 FemaleCust 数据表，打开该表，如图 7-10 所示。

注意：

生成表查询把数据复制到目标表中，源表和查询都不受影响。生成表中的数据不能与源表动态同步。如果源表中的数据发生更改，必须再次运行生成表查询才能更新数据。

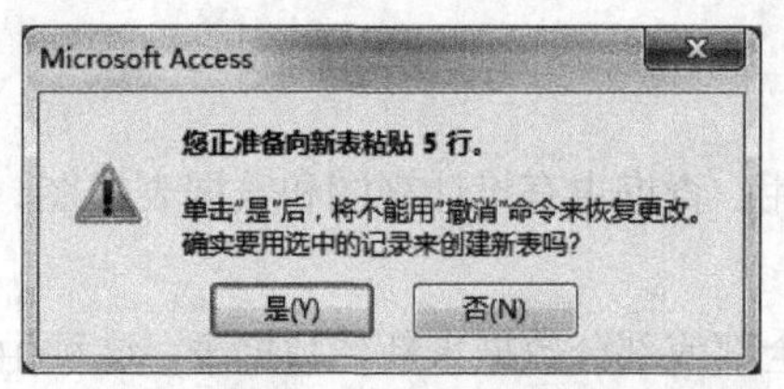

图 7-9　Microsoft Office Access 提示框

女顾客　FemaleCust

Cno	Cname	Cgender	Caddr	Cphone
1	赵智暄	女	河北省沧州市	15910806516
2	林英	女	北京市大兴区	18691464543
4	胡杨	女	北京回龙观北	13582717406
6	葛冰	女	河北省沧州市	13831705804
10	曹月	女	山西平遥	15548776542

图 7-10　新生成表的数据

7.1.3　追加查询

追加查询用于将其他表中的数据添加到某一个指定的表中，这个指定的表可以是同一数据库的某个表，也可以是其他数据库中的表。当两个表之间的字段定义不同时，追加查询只添加相互匹配的字段内容，不匹配的字段将被忽略。追加查询以查询设计视图中添加的表为数据源，以在【追加】对话框中选定的表为目标表。

【例 7-3】创建追加查询，将数据表 NewCust 中的数据记录追加到数据表 Customers 中。在创建追加查询之前，首先创建数据表 NewCust 并在其中输入几条记录，该表的结构和 Customers 表的结构完全相同。

(1) 启动 Access 2013，打开 Sales.accdb 数据库。

(2) 在【导航窗格】中选择 Customers 表，单击【开始】选项卡中的【复制】按钮，然后再单击【粘贴】按钮，将打开【粘贴表方式】对话框。在【表名称】文本框中输入新表的名称 NewCust，在【粘贴选项】中选中【仅结构】单选按钮，如图 7-11 所示。

(3) 单击【确定】按钮，关闭【粘贴表方式】对话框，即可创建 NewCust 表，打开表的数据表视图，在表 NewCust 中添加两条记录，如图 7-12 所示。

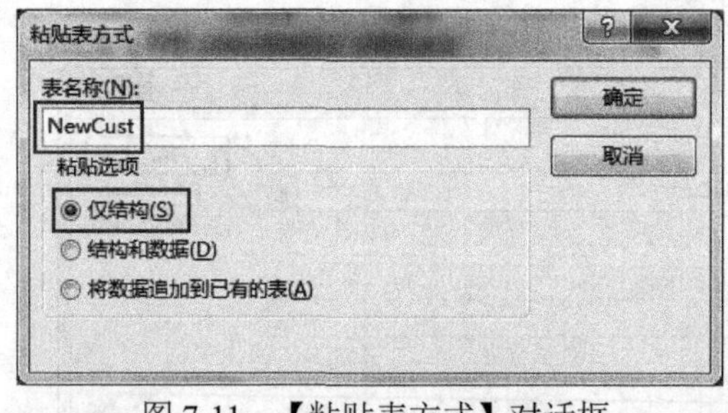

图 7-11　【粘贴表方式】对话框

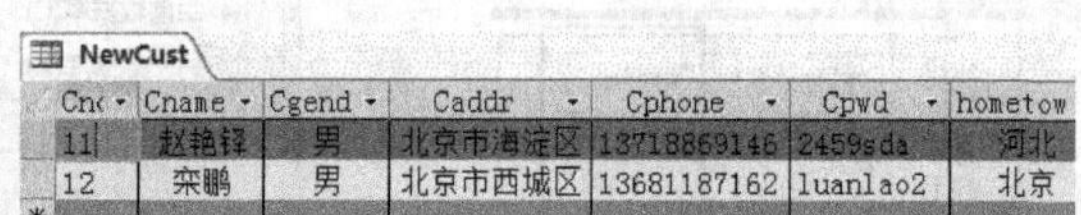

NewCust

Cno	Cname	Cgend	Caddr	Cphone	Cpwd	hometow
11	赵艳铎	男	北京市海淀区	13718869146	2459sda	河北
12	栾鹏	男	北京市西城区	13681187162	luanlao2	北京

图 7-12　在表 NewCust 中添加两条记录

(4) 接下来的步骤将创建追加查询。单击【创建】选项卡的【查询】组中的【查询设计】按钮。打开查询的【设计视图】，同时打开【显示表】对话框。

(5) 在【显示表】对话框中选择 NewCust 表，单击【添加】按钮将其添加到表/查询显示区，单击【关闭】按钮关闭【显示表】对话框。

(6) 切换到上下文功能区【查询工具|设计】选项卡，单击工具栏中的【追加】按钮，打开【追加】对话框，如图 7-13 所示。从【表名称】下拉列表框中选择要追加到的数据表 Customers，选中【当前数据库】单选按钮。

(7) 设置完成后，单击【确定】按钮。在查询设计区中增加了【追加到】行，在【字段】单元格中选择 NewCust.*，在【追加到】单元格中会自动选择相应的字段名，如图 7-14 所示。

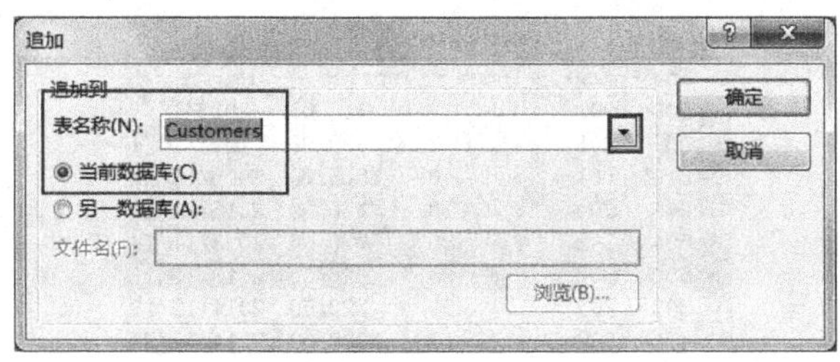

图 7-13　【追加】对话框

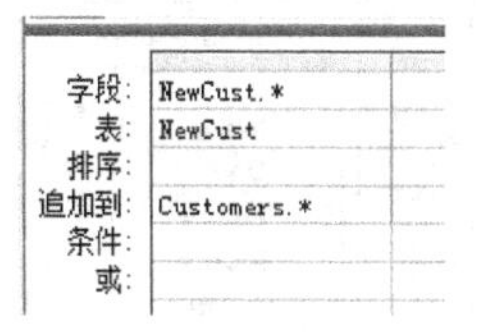

图 7-14　选择追加到 Customers 表的字段

(8) 单击【查询设计|工具】选项卡中的【运行】按钮，弹出一个提示对话框，如图 7-15 所示，提示用户若执行追加动作后，将不能使用【撤销】命令恢复数据表。

(9) 单击【是】按钮，系统将把数据表 NewCust 中的记录追加到数据表 Customers 中。打开 Customers 表的数据表视图，可以看到所追加的记录，如图 7-16 所示。

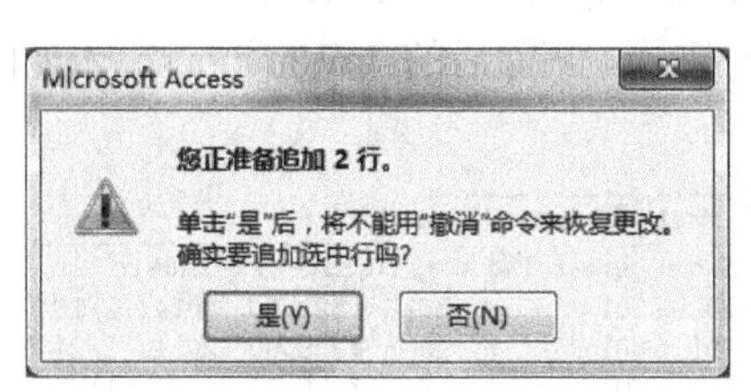

图 7-15　提示对话框

Cno	Cname	Cgende	Caddr	Cphone	Cpwd	hometow
1	赵智暄	女	河北省沧州市	15910806516	19551402	河北
10	曹月	女	山西平遥	15548776542	caoyuebi	天津
11	赵艳铎	男	北京市海淀区	13718869146	2459sda	河北
12	栾鹏	男	北京市西城区	13681187162	luanlao2	北京
2	林英	女	北京市大兴区	18691464543	12345678	上海
3	陈浩	男	浙江省杭州市	15532795819	qazwsxedc	上海
4	胡杨	女	京回龙观北清	13582717406	rfvtgbyhn	浙江
5	许书伟	男	河北省邯郸市	13222113344	13542yhn	河北
6	葛冰	女	河北省沧州市	13831705804	13542yhn	河北
7	曹月	男	陕西西安	1564325689	4564rfvx	河北
8	刘勇	男	湖北武汉	13211456678	fghufffj	湖北
9	马俊	男	吉林省四平市	13666547788	fhbfklflk	河北
*						

图 7-16　显示 Customers 表中的追加记录

注意：

也可以在查询设计区中为【追加查询】指定【条件】，这样将只追加符合条件的记录。

7.1.4　删除查询

删除查询是将符合删除条件的记录删除。删除查询可以删除一个表内的记录，也可以在多个表内利用表间关系删除相互关联的表间记录。

【例 7-4】创建一个删除查询，删除入库表 InWarehouse 中 2014 年以前的入库记录。

(1) 启动 Access 2013，打开 Sales.accdb 数据库。

(2) 单击【创建】选项卡的【查询】组中的【查询设计】按钮。打开查询的【设计视图】，同时打开【显示表】对话框。

(3) 在【显示表】对话框中选择 InWarehouse 表，单击【添加】按钮将其添加到表/查询显示区，单击【关闭】按钮关闭【显示表】对话框。

(4) 切换到功能区的【查询工具|设计】选项卡，单击工具栏中的【删除】按钮，查询设计区中的【显示】行变成了【删除】行，在【字段】行选择 Indate，在【删除】行中自动选择 Where，在【条件】行中输入“<#2014/1/1#”， 如图 7-17 所示。

(5) 打开 InWarehouse 表的数据表视图，按 Indate 字段升序排序，可以看到此时表中有 6 条记录入库时间是 2014 年以前的，如图 7-18 所示。

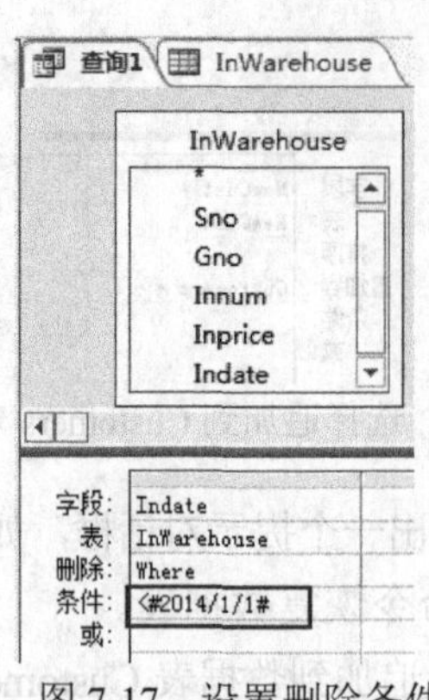

图 7-17　设置删除条件

Sno	Gno	Innum	Inprice	Indate
505	S03	14	¥15.00	2013/10/1
509	S03	7	¥1,999.00	2013/10/4
510	S03	10	¥568.00	2013/10/22
903	S04	10	¥76.00	2013/11/10
504	S02	20	¥20.00	2013/11/17
508	S02	38	¥25.00	2013/12/22
302	S01	50	¥22.50	2014/12/18
401	S02	13	¥288.00	2014/12/24
501	S01	8	¥295.20	2015/11/2
406	S01	7	¥259.20	2015/11/3
503	S04	11	¥299.00	2015/11/10
101	S01	10	¥10.80	2015/12/1
405	S04	10	¥358.00	2015/12/1
201	S01	50	¥27.45	2015/12/2
301	S02	10	¥99.00	2015/12/9

图 7-18　删除前 InWarehouse 表中的数据

(6) 单击功能区选项卡中的【运行】按钮，执行删除查询。系统将自动搜索符合条件的记录，搜索到后，将弹出一个提示对话框，如图 7-19 所示，提示用户表中有多少条符合删除条件的记录，并提示进行删除后将无法使用【撤销】命令恢复表中的数据。

(7) 单击【是】按钮，系统将删除表中符合条件的记录。删除后的 InWarehouse 表如图 7-20 所示。

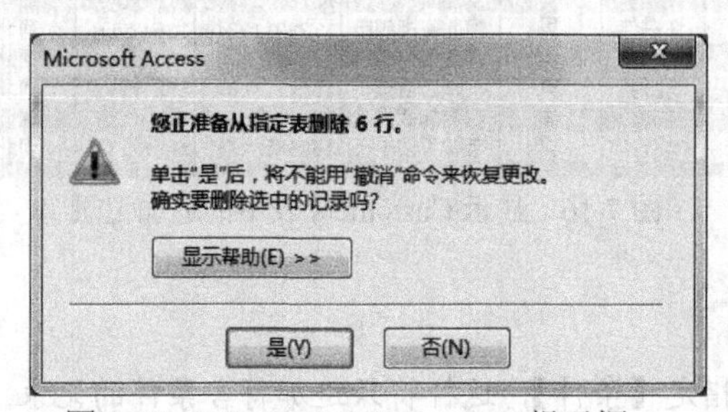

图 7-19　Microsoft Office Access 提示框

Sno	Gno	Innum	Inprice	Indate
302	S01	50	¥22.50	2014/12/18
401	S02	13	¥288.00	2014/12/24
501	S01	8	¥295.20	2015/11/2
406	S01	7	¥259.20	2015/11/3
503	S04	11	¥299.00	2015/11/10
405	S04	10	¥358.00	2015/12/1
101	S01	10	¥10.80	2015/12/1
201	S01	50	¥27.45	2015/12/2
301	S02	10	¥99.00	2015/12/9

图 7-20　运行删除查询后的数据表视图

提示：

如果在执行删除查询的过程中，"追加年龄小于 30 岁的顾客表"数据表始终处于打开状态，当操作完步骤(6)时，数据表中被删除数据的单元格显示为"#已删除的#"状态。

7.2　SQL 查询

从以上几节的介绍可见，Access 的交互查询不仅功能多样，而且操作简便。这些交互查询功能都有相应的 SQL 语句与之对应，当在查询设计视图中创建查询时，Access 将自动在后台生成等效的 SQL 语句。当查询设计完成后，即可通过【SQL 视图】查看对应的 SQL 语句。

然而对于某些 SQL 特定查询，如传递查询、联合查询和数据定义查询，则不能通过查询设计视图中创建，必须直接在 SQL 视图中编写 SQL 语句。

7.2.1 SQL 视图

SQL 视图是用于显示和编辑 SQL 查询的视图窗口，主要用于以下两种场合。

1. 查看或修改已创建的查询

当已经创建了一个查询时，如果要查看或修改该查询对应的 SQL 语句，可以先在查询的设计视图中打开该查询，然后单击【设计】选项卡的【视图】按钮的下拉箭头，在弹出的下拉菜单中选择【SQL 视图】命令，如图 7-21 所示，在此可以直接查看或修改查询对应的 SQL 语句。

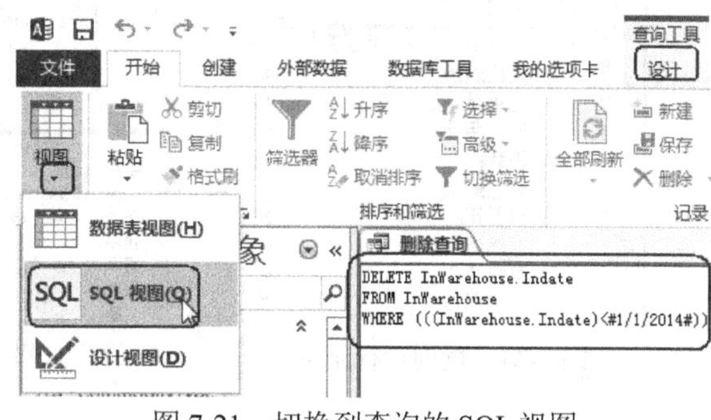

图 7-21 切换到查询的 SQL 视图

2. 通过 SQL 语句直接创建查询

通过SQL语句直接创建查询，首先可以按照常规方法新建一个设计查询，打开查询的设计视图窗口，然后切换到SQL视图。在该窗口中，即可通过输入SQL语句来创建查询。

7.2.2 SELECT 语句

SQL查询是使用SQL语句创建的查询。在SQL视图窗口中，用户可以直接编写SQL语句来实现查询功能。上一章已经详细介绍了SELECT语句的基本用法，下面通过一个例子介绍如何创建SQL查询。

【例 7-5】使用 SELECT 语句创建 SQL 查询，按商品类别分类统计各类商品的数目。

(1) 启动 Access 2013 应用程序，打开 Sales.accdb 数据库。

(2) 单击【创建】选项卡的【查询】组中的【查询设计】按钮。打开查询的【设计视图】，同时打开【显示表】对话框。

(3) 关闭【显示表】对话框。单击【查询设计|工具】选项卡中的【视图】下拉按钮，切换到查询的【SQL 视图】，在【SQL 视图】中，有一条默认的 SELECT; 语句，如图 7-22 所示。

(4) 可以在该对话框中直接输入查询所使用的 SQL 语句。本例输入如图 7-23 所示的 SQL 语句。

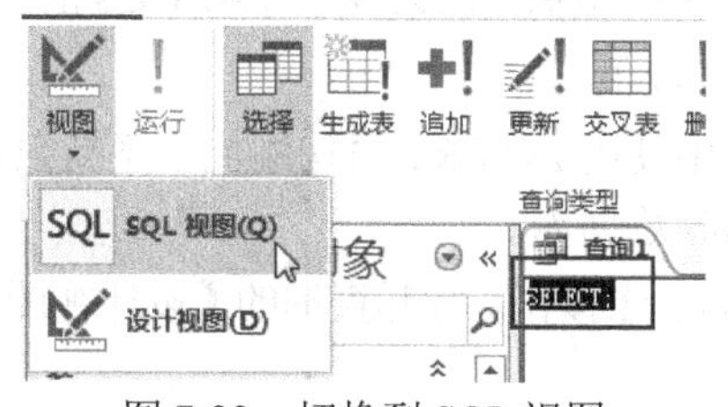

图 7-22 切换到 SQL 视图

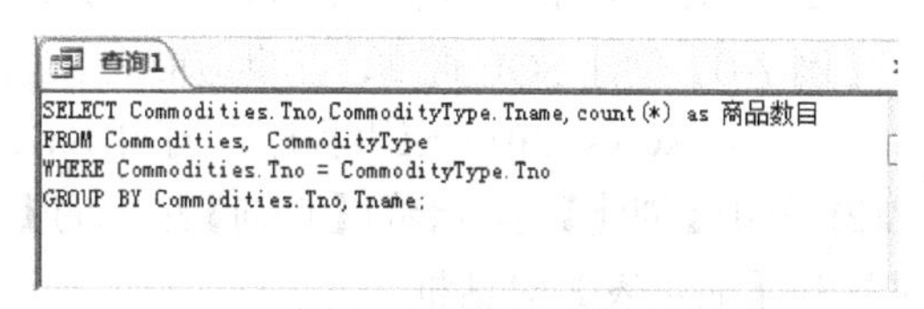

图 7-23 输入 SQL 语句

(5) 确定输入无误后，将查询保存为“SQL 查询商品数目”，单击选项卡中的【运行】按钮，运行查询，结果如图 7-24 所示。

(6) 切换到设计视图，此时，显示与 SQL 语句对应的设计视图窗口，如图 7-25 所示。

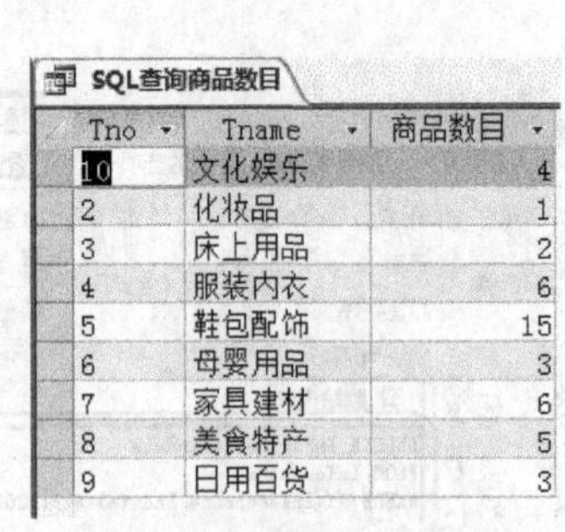

SQL查询商品数目

Tno	Tname	商品数目
10	文化娱乐	4
2	化妆品	1
3	床上用品	2
4	服装内衣	6
5	鞋包配饰	15
6	母婴用品	3
7	家具建材	6
8	美食特产	5
9	日用百货	3

图 7-24　查询运行结果

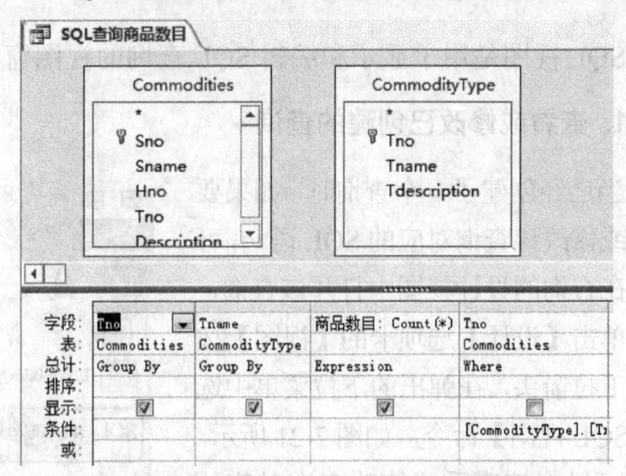

图 7-25　输入语句后的设计视图窗口

提示：

本例中的查询也可以直接通过设计视图来完成。

7.2.3　INSERT 语句

使用 SQL 语言中的 INSERT 语句可以向数据表中追加新的数据记录。

INSERT 语句最简单的语法格式如下。

```
INSERT　INTO 表名
VALUES (第一个字段值,...,最后一个字段值)
```

其中，VALUES 后面的字段值必须与数据表中相应字段所规定的字段的数据类型相符，如果对某些字段赋值，可以用空值 NULL 替代，否则将会产生错误。

如果需要插入的是表的某些字段的值，可以在 SQL 语句中使用另一种 INSERT 语句进行操作，其语法格式如下。

```
INSERT INTO 表名(字段 1,…,字段 N,…)
VALUES (第一个字段值,...,第 N 个字段值,…)
```

当用这种形式向数据表中添加新记录时，在关键字 INSERT INTO 后面输入所要添加的数据表名称，然后在括号中列出将要添加新值的字段名称，最后，在关键字 VALUES 的后面按照前面输入的列的顺序对应地输入所有要添加的字段值。

【例 7-6】创建 SQL 查询，在供应商表 Suppliers 中使用 INSERT 语句添加一条新记录。

(1) 启动 Access 2013 应用程序，打开 Sales.accdb 数据库。

(2) 单击【创建】选项卡的【查询】组中的【查询设计】按钮。打开查询的【设计视图】，同时打开【显示表】对话框。

(3) 关闭【显示表】对话框。切换到查询的 SQL 视图，在 SQL 视图窗口中输入如图 7-26 所示的 INSERT 语句。

(4) 确定输入无误后，将查询保存为“SQL 查询新增供货商”，单击选项卡中的【运行】

按钮，运行查询，弹出 Access 提示对话框，单击【是】按钮。

(5) 打开供应商数据表，可以看到，新记录添加到表中，如图 7-27 所示。

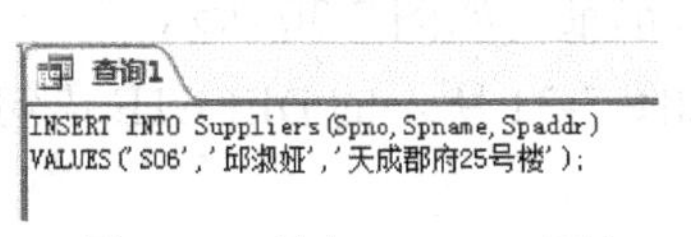

查询1

```
INSERT INTO Suppliers(Spno,Spname,Spaddr)
VALUES('S06','邱淑娅','天成郡府25号楼');
```

图 7-26　输入 INSERT 语句

Suppliers

Spno	Spname	Spaddr	Spphone	Desc
S01	刘旭	北京中关村南大	15667899876	服装内衣
S02	许文波	北京回龙观	13234567865	家居建材
S03	吴春山	辽宁丹东	15367899876	文化娱乐
S04	刘佳晴	河北泊头市	14332156789	日用百货
S05	李智诺	河北省沧州市	13110233245	家居建材
S06	邱淑娅	天成郡府25号楼		

图 7-27　新增供货商后的数据表

7.2.4　UPDATE 语句

UPDATE 语句用来修改数据表中已经存在的数据记录。其基本语法格式如下：

```
UPDATE 表名
SET 字段 1 = 值 1,…, 字段 N = 值 N,
[WHERE<条件>]
```

这个语法格式的含义是更新数据表中符合 WHERE 条件的字段或字段集合的值。

【例 7-7】 创建 SQL 查询，使用 UPDATE 语句，将供货商 S06 的 Spphone 字段更新为 13161665684，Desc 字段修改为“五金电料”。

(1) 启动 Access 2013 应用程序，打开 Sales.accdb 数据库。

(2) 创建查询，切换到 SQL 视图，在窗口中输入如图 7-28 所示的 UPDATE 语句。

(3) 确定输入无误后，将查询保存为“SQL 查询修改 S06”，单击【运行】按钮，打开 Access 提示框，提示用户正在准备更新的记录数，单击【是】按钮。

(4) 打开供货商表 Suppliers，可以查看 S06 供货商的信息已经被更新，如图 7-29 所示。

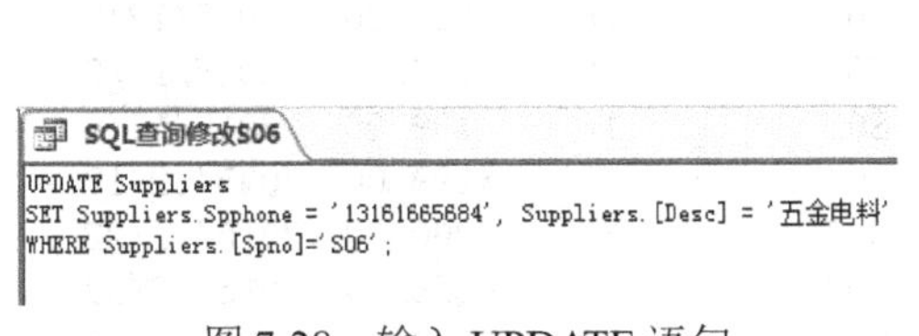

SQL查询修改S06

```
UPDATE Suppliers
SET Suppliers.Spphone = '13161665684', Suppliers.[Desc] = '五金电料'
WHERE Suppliers.[Spno]='S06';
```

图 7-28　输入 UPDATE 语句

SQL查询修改S06　Suppliers

Spno	Spname	Spaddr	Spphone	Desc
S01	刘旭	北京中关村南大	15667899876	服装内衣
S02	许文波	北京回龙观	13234567865	家居建材
S03	吴春山	辽宁丹东	15367899876	文化娱乐
S04	刘佳晴	河北泊头市	14332156789	日用百货
S05	李智诺	河北省沧州市	13110233245	家居建材
S06	邱淑娅	天成郡府25号楼	13161665684	五金电料

图 7-29　更新后的数据记录

7.2.5　DELETE 语句

DELETE 语句用来删除数据表中的记录，基本语法格式如下。

```
DELETE
FROM 表名
[WHERE<条件>]
```

该语句的意思是删除数据表中符合 WHERE 条件的记录。与 UPDATE 语句类似，DELETE 语句中的 WHERE 选项是可选的，如果不限定 WHERE 条件，DELETE 语句将删除数据表中的所有记录。

【例 7-8】在入库表中添加若干条入库记录，Indate 为今天的日期，但由于某种原因，需要将今天入库的所有记录都删除，下面我们通过 SQL 查询来完成。

(1) 启动 Access 2013 应用程序，打开 Sales.accdb 数据库。

(2) 打开入库表 InWarehouse，可以看到最新的入库记录，如图 7-30 所示。

(3) 创建查询，切换到 SQL 视图，在窗口中输入如图 7-31 所示的 DELETE 语句。

InWarehouse

Sno	Gno	Innum	Inprice	Indate
302	S01	50	¥22.50	2014/12/18
401	S02	13	¥288.00	2014/12/24
501	S01	8	¥295.20	2015/11/2
406	S01	7	¥259.20	2015/11/3
503	S04	11	¥299.00	2015/11/10
405	S04	10	¥358.00	2015/12/1
101	S01	10	¥10.80	2015/12/1
201	S01	50	¥27.45	2015/12/2
301	S02	10	¥99.00	2015/12/9
404	S04	10	¥199.00	2015/12/17
507	S03	30	¥200.00	2015/12/22
403	S02	9	¥328.00	2015/12/23
402	S02	10	¥199.00	2015/12/24
101	S02	10	¥16.00	2016/1/29
302	S05	120	¥45.00	2016/1/31
201	S06	100	¥95.00	2016/1/31

图 7-30　Saddr 为空的记录

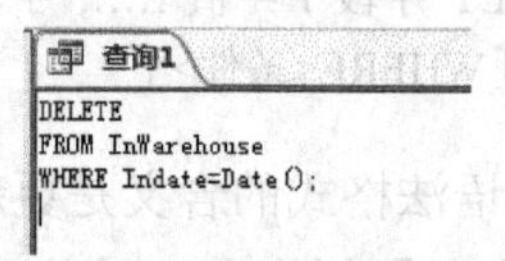

图 7-31　输入 DELETE 语句

(4) 确定输入无误后，将查询保存为“SQL 查询删除当天入库”，单击【运行】按钮，打开 Access 提示框，提示用户正在准备删除的记录数，单击【是】按钮。

(5) 再次打开入库表 InWarehouse，可以看到，今天的入库记录已经被删除了，如图 7-32 所示。

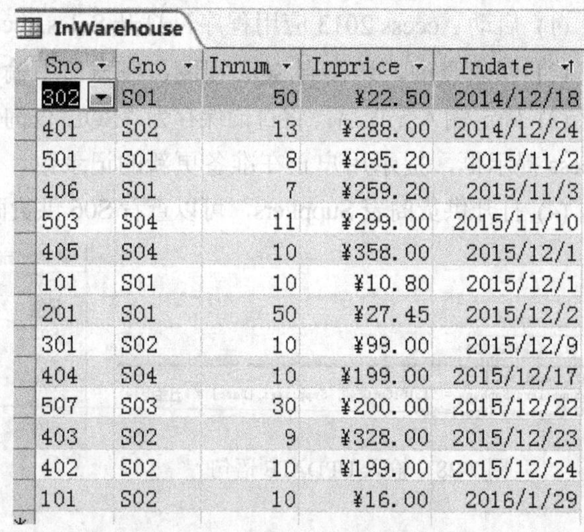

InWarehouse

Sno	Gno	Innum	Inprice	Indate
302	S01	50	¥22.50	2014/12/18
401	S02	13	¥288.00	2014/12/24
501	S01	8	¥295.20	2015/11/2
406	S01	7	¥259.20	2015/11/3
503	S04	11	¥299.00	2015/11/10
405	S04	10	¥358.00	2015/12/1
101	S01	10	¥10.80	2015/12/1
201	S01	50	¥27.45	2015/12/2
301	S02	10	¥99.00	2015/12/9
404	S04	10	¥199.00	2015/12/17
507	S03	30	¥200.00	2015/12/22
403	S02	9	¥328.00	2015/12/23
402	S02	10	¥199.00	2015/12/24
101	S02	10	¥16.00	2016/1/29

图 7-32　删除记录后表的效果

7.2.6 SELECT…INTO 语句

SELECT…INTO 语句用于从一个查询结果中创建新表，基本语法格式如下。

```
SELECT 字段 1,字段 2,…
INTO 新表
FROM 表
[WHERE <条件>]
```

该语句主要是将表中符合条件的记录插入到新表中。新表的字段由 SELECT 后面的字段 1、字段 2 等指定。

【例 7-9】将商品表中商品字段 Tno 为 9 的记录重新生成新表，新表名称为“日用百货”。

(1) 启动 Access 2013 应用程序，打开 Sales.accdb 数据库。

(2) 创建查询，切换到 SQL 视图窗口，在窗口中输入如图 7-33 所示的 SELECT…INTO 语句。

(3) 确定输入无误后，将查询保存为“SQL 查询-生成日用百货”，单击【运行】按钮，打开 Access 提示框，单击【是】按钮，如图 7-34 所示。

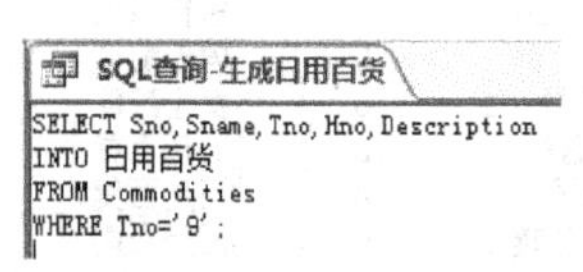

图 7-33 输入的 SELECT…INTO 语句

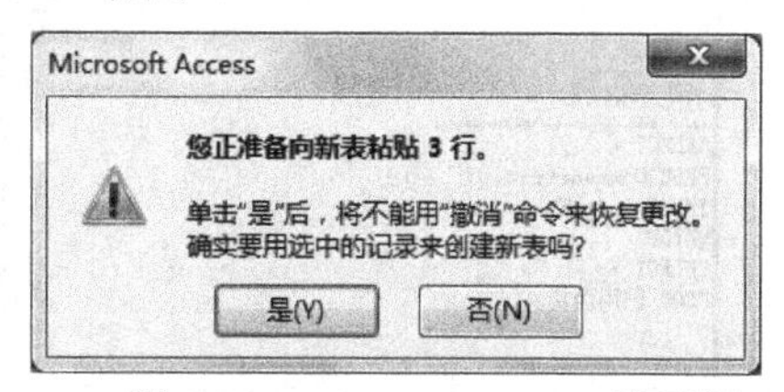

图 7-34 Microsoft Access 提示框

(4) 此时，导航窗格中出现新表“日用百货”，打开该表的数据表视图，如图 7-35 所示。

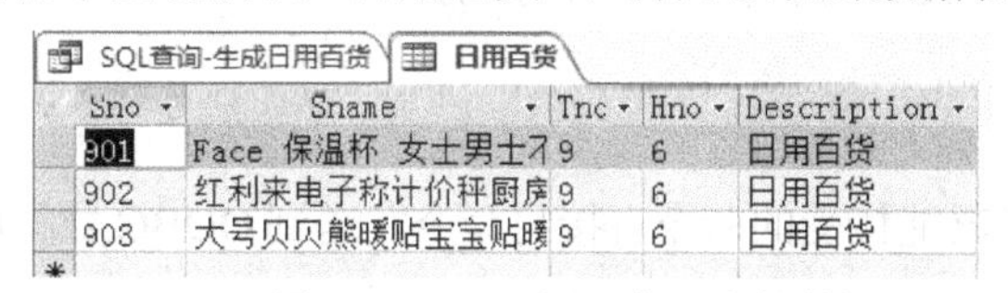

Sno	Sname	Tno	Hno	Description
901	Face 保温杯 女士男士7	9	6	日用百货
902	红利来电子称计价秤厨房	9	6	日用百货
903	大号贝贝熊暖贴宝宝贴暖	9	6	日用百货

图 7-35 “日用百货”表的数据

7.3 SQL 特定查询

不是所有的 SQL 查询都能转化成查询设计视图，通常将这一类查询称为 SQL 特定查询。如联合查询、传递查询和数据定义查询等不能在设计视图中创建，只能在 SQL 视图中输入 SQL 语句来创建。

7.3.1 联合查询

联合查询使用 UNION 语句来合并两个或更多选择查询(表)的结果。

【例 7-10】在 Sales.accdb 数据库中利用联合查询查找商品表 Commodities 中类别为 5 的商品信息，并联合查询日用百货表中的所有记录。

(1) 启动 Access 2013 应用程序，打开 Sales.accdb 数据库。

(2) 创建查询，单击【设计】选项卡的【查询类型】组中的【联合】按钮联合，打开联合查询视图窗口。

(3) 在窗口中输入如图 7-36 所示的语句。

(4) 单击【运行】按钮，打开数据表视图窗口，如图 7-37 所示。

查询1

```
SELECT *
FROM Commodities
WHERE Tno='5'
UNION
SELECT *
FROM 日用百货;
```

图 7-36　输入联合查询语句

查询1

Sno	Sname	Hno	Tno	Descripti
501	艾斯臣 雪地	3	5	女鞋
502	JUSTTER 牛皮	3	5	女鞋
503	莫蕾蔻蕾201	3	5	女鞋
504	冬季新款欧美	3	5	女鞋
505	奥康 男鞋棉	3	5	男鞋
506	奥古仕盾男士	3	5	男鞋
507	西瑞男鞋韩版	3	5	男鞋
508	彼岸花包包2	3	5	女包
509	金粉世家201	3	5	女包
510	艾奔 男士双	3	5	男包
511	波斯丹顿男包	3	5	男包
512	汉客镇店之宝	3	5	旅行箱包
513	TravelFrien	3	5	旅行箱包
514	七匹狼皮带男	3	5	男士配件
515	vgrin 腰封	3	5	女士配件
901	Face 保温杯	9	6	日用百货
902	红利来电子称	9	6	日用百货
903	大号贝贝熊暖	9	6	日用百货

图 7-37　联合查询的结果

(5) 关闭查询窗口，保存查询为“联合查询”。

7.3.2　传递查询

传递查询使用服务器能接受的命令直接将命令发送到 ODBC 数据库，如 Microsoft SQL Server。

传递查询与一般的Access查询类似，但是在传递查询的使用中只使用事务SQL，所以在Access中不能图形化地建立传递查询，而只能手工输入所有的SQL语句。在Access中，传递查询专门用于远程数据处理。

传递查询由两部分组成：以 SQL 写成的命令字符串和 ODBC 连接字符串。

- SQL 字符串包含一个或多个事务 SQL 语句，或者包含一个 SQL 程序流程控制语句的复杂过程，还可调用存在于 SQL Server 上的存储过程。
- ODBC 连接字符串用来标识命令字符串将要发送的数据源，连接字符串也可包括指定 SQL Server 的用户登录信息。

7.3.3　数据定义查询

SELECT 语句是 SQL 语言的核心。除此之外，SQL 还能提供用来定义和维护表结构的“数据定义”语句和用于维护数据的“数据操作”语句。

数据定义查询可以创建、删除或修改表，也可以在数据表中创建索引。用于数据定义查询的 SQL 语句包括 CREATE TABLE、CREATE INDEX、ALTER TABLE 和 DROP，可分别用来创建表、创建索引、修改表结构和删除表。

1. 创建数据表

使用 CREATE TABLE 语句可以定义一个新表及其字段和字段约束。如果对字段指定了 NOT NULL，那么新记录必须包含该字段的有效数据。

【例 7-11】使用 CREATE TABLE 语句创建管理员信息表 Managers，要求数据表中包括管理员编号 Mno、姓名 Mname、密码 Mpdw 字段，字段的类型均为“短文本”型，并设置管理员编号 Mno 字段为该表的主键。

(1) 启动 Access 2013 应用程序，打开 Sales.accdb 数据库。

(2) 新建查询，关闭打开的【显示表】对话框，单击【设计】选项卡的【查询类型】组中【数据定义】按钮，打开数据定义查询视图窗口。

(3) 在窗口中输入如图 7-38 所示的语句。单击【运行】按钮，此时管理员信息表 Managers 显示在导航窗格中。

(4) 双击打开管理员信息表 Managers，如图 7-39 所示。

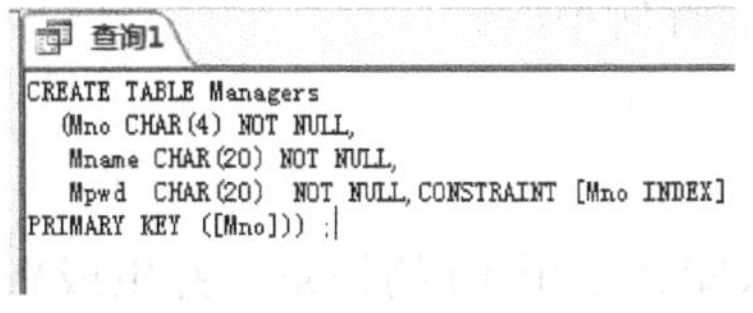

图 7-38　CREATE TABLE 语句

图 7-39　显示创建的数据表

(5) 关闭查询窗口，保存查询为“创建管理员表 Managers”。

2. 修改表结构

如果要添加或修改字段，可以使用 ALTER TABLE 语句来实现。

【例 7-12】通过数据定义查询，在管理员信息表 Managers 中添加联系电话字段 Mphone，字段类型为短文本。

(1) 启动 Access 2013 应用程序，打开 Sales.accdb 数据库。

(2) 新建查询，关闭打开的【显示表】对话框，单击【设计】选项卡的【查询类型】组中【数据定义】按钮，打开数据定义查询视图窗口。

(3) 在窗口中输入如图 7-40 所示的语句，单击【运行】按钮。

(4) 此时，管理员信息表的结构如图 7-41 所示。

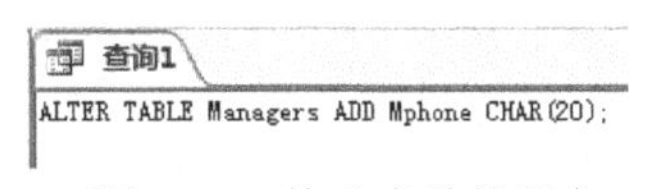

图 7-40　修改表结构语句

图 7-41　修改后的表结构

7.4　本章小结

查询对象是 Access 数据库中的第二大对象。上一章介绍了查询对象的相关知识与操作，本章重点介绍的是操作查询和 SQL 查询。首先介绍的是操作查询，包括更新查询、生成表查询、追加查询和删除查询；接着介绍 SQL 查询，包括 SQL 视图的知识、SELECT 语句查询、INSERT 语句查询、UPDATE 语句查询、DELETE 语句查询以及 SELECT……INTO 语句查询；最后介绍了 SQL 特定查询，包括联合查询、传递查询和数据定义查询。

7.5　思考与练习

7.5.1　思考题

1. 常见的操作查询有几种？这些操作查询有什么功能？
2. 常见的 SQL 查询有哪些？所使用的 SQL 语句语法格式如何？
3. SQL 特定查询有哪些？与一般的 SQL 查询有何不同？

7.5.2　练习题

1. 在 Sales.accdb 数据库中创建查询，查询入库量小于 10 的记录，并生成新表。

2. 使用 SQL 查询创建“账户信息”数据表，表中的字段有“账户编号”、“客户编号”、“账户金额”、“账户类型”和“备注”字段。

第8章 窗 体

窗体又称为表单，是Access数据库的第三大对象，它提供给用户一个友好的交互界面。用户通过窗体可以方便地输入数据，显示数据，编辑数据，以及查询、排序、筛选数据。一个数据库系统开发完成后，对数据库的所有操作都是在窗体界面中进行的。因此，窗体设计的好坏直接影响Access应用程序的友好性和可操作性。本章将介绍与窗体相关的知识，包括窗体的基本概念、窗体类型、窗体视图、创建各种窗体的一般方法、窗体的节、窗体的属性设置、控件以及主/子窗体的创建等知识。

本章的学习目标：

- 了解窗体的功能、类型以及窗体视图和节
- 掌握创建窗体的各种方法
- 掌握控件的使用方法
- 掌握创建主/子窗体的方法
- 掌握通过窗体筛选数据的操作方法

8.1 窗体概述

窗体是联系数据库与用户的桥梁。窗体是Access 2013中最灵活的部分，通过使用窗体，可以方便地输入、编辑、显示、查询以及排序或筛选数据，从而使数据库更丰富，更具有灵活的变化性。

8.1.1 窗体的功能

窗体是用于输入和显示数据的数据库对象，也可以用作切换面板来打开数据库中的其他窗体和报表，或者用作自定义对话框来接受输入及根据输入执行操作。

提示：

多数窗体都与数据库中的一个或多个表/查询绑定。窗体的记录源于数据表/查询中的某个指定的字段或所有字段。

在窗体中，可以显示标题、日期、页码、图形和文本等元素，还可以显示来自报表中表达式的计算结果。窗体本身并不存储数据，但应用窗体可以使数据库中数据的输入、修改和查看变得直观、容易。窗体中包含了各种控件，通过这些控件可以打开报表或其他窗体、执行宏或VBA编写的代码程序。在一个数据库应用系统开发完成后，对数据库的所有操作都可以通过窗体来集成。

利用窗体，可以将 Access 2013 数据库组织起来，构成一个完整的应用系统。总的来说，窗体具有以下几种功能。

- 数据的显示与编辑。窗体的最基本功能就是显示与编辑数据，可以显示来自多个数据表或者查询中的数据。此外，用户可以利用窗体对数据库中的相关数据进行添加、删除和修改，并可以设置数据的属性。用窗体来显示并浏览数据比用表/查询的数据表格式显示数据更加赏心悦目和直观。
- 数据输入。用户可以根据需要设计窗体，作为数据库中数据输入的接口，这种方式可以节省数据录入的时间并提高数据输入的准确度。通过窗体可以创建自定义的窗口来接受用户的输入，并根据输入的信息执行相应的操作。窗体的数据输入功能正是它与报表的主要区别。
- 应用程序流程控制。与 Visual Basic 中的窗体类似，Access 中的窗体也可以与函数、子程序相结合。在每个窗体中，用户可以使用 VBA 编写代码，并利用代码执行相应的功能。
- 通过窗体的控件，可以在窗体及其数据源对象之间(如数据表、查询)创建链接，从而将整个数据库组织起来。
- 信息显示和数据打印。在窗体中可以显示一些警告或解释的信息。此外，窗体也可以用来打印数据库中的数据。

总之，窗体是数据库和用户直接交流的界面，创建具有良好人机界面的窗体，可以大大增强数据的可读性，提高管理数据的效率。

8.1.2　窗体的类型

Access 2013 提供了不同分类的窗体，下面按不同的分类方式介绍窗体划分的情况。

1. 按功能分类

根据功能的不同，可以将窗体分成数据操作窗体、控制窗体、信息显示窗体以及信息交互窗体。数据操作窗体是用来对表或者查询包含的数据进行显示、浏览以及修改等操作的窗体；控制窗体是指用来控制程序运行的窗体，它一般使用很多空间来完成用户的操作请求；信息显示窗体一般可作为控制窗体的调用对象，它以数值或者图表的形式显示信息；信息交互窗体是用来给用户提示信息或者警告信息的窗体，一般是在系统设计过程中预先编写好的。

2. 按数据源个数分类

窗体的来源可以是数据表，其个数也没有限定。因此根据数据源的个数，窗体可以分为基于单表的窗体以及基于多表的窗体。

3. 按显示方式分类

窗体可以实现表对象、查询对象中数据的浏览、显示功能，根据显示数据记录的个数，可以分为简单窗体和多个项目窗体。简单窗体中每一次只能显示一条记录的有关数据，而多个项目窗体可以根据需要将全部的记录显示出来。

4. 按选项卡个数分类

按照选项卡的个数，可以将窗体分为单选项卡窗体和多选项卡窗体。

8.2　创建窗体

Access 2013 为创建窗体提供了丰富的方法。在功能区【创建】选项卡的【窗体】组提供了多种创建窗体的功能按钮，其中包括【窗体】、【窗体设计】和【空白窗体】3 个主要按钮，以及【窗体向导】、【导航】和【其他窗体】3 个辅助按钮，如图 8-1 所示。

单击【导航】和【其他窗体】按钮还可以展开下拉列表，列表中提供了创建特定窗体的方式，如图 8-2 和图 8-3 所示。

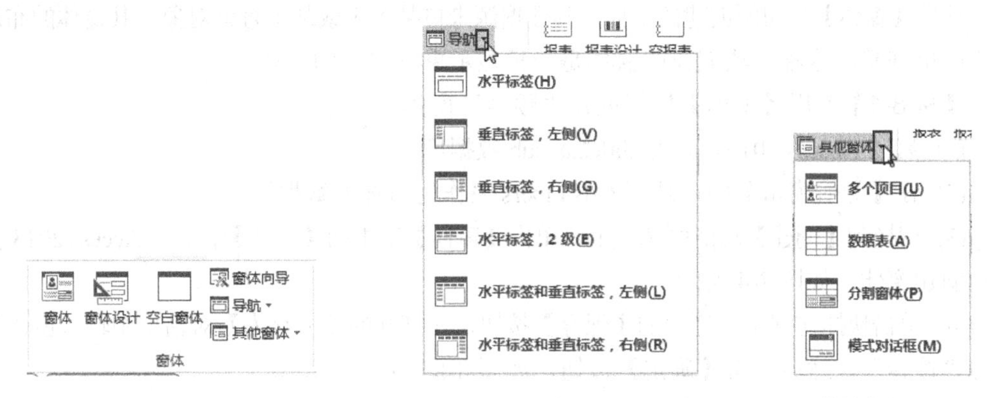

图 8-1　【创建】选项卡中的【窗体】组　　图 8-2　【导航】下拉列表　　图 8-3　【其他窗体】下拉列表

各个按钮的功能如下。

- 窗体：快速创建窗体的工具，只需要单击一次鼠标便可以创建窗体。使用这个工具创建窗体，来自数据源的所有字段都被放置在窗体上。
- 窗体设计：利用窗体设计视图设计窗体。
- 空白窗体：这也是一种快捷的窗体构建方式，以局部视图的方式设计和修改窗体，尤其是当计划只在窗体上放置很少几个字段时，使用这种方法最佳。
- 窗体向导：一种辅助用户创建窗体的工具。
- 导航：用于创建具有导航按钮即网页形式的窗体。在网络世界把它称为表单。它又可细分为 6 种不同的布局格式。虽然布局格式不同，但是创建的方式是相同的，导航工具更适合于创建 Web 形式的数据库窗体。
- 其他窗体：包括 4 种创建窗体的方式，分别如下。
    - 多个项目：使用【窗体】工具创建窗体时，所创建的窗体一次只显示一条记录。而使用多个项目则可创建显示多条记录的窗体。
    - 数据表：生成数据表形式的窗体。
    - 分割窗体：可以同时提供数据的两种视图，即窗体视图和数据表视图。分割窗体不同于窗体/子窗体的组合(子窗体将在后面介绍)，它的两个视图连接到同一数据源，并且总是相互保持同步。如果在窗体的某个视图中选择了一个字段，则在窗体的另一个视图中选择相同的字段。

- 模式对话框：生成的窗体总是保持在系统的最上面，若不关闭该窗体，则不能进行其他操作，登录窗体就属于这种窗体。

8.2.1　快速创建窗体

Access 2013 提供了 4 种基于表/查询快速创建窗体的方法，分别可以创建显示单条记录的窗体、显示多条记录的【多个项目】窗体、同时显示单条和多条记录的【分割】窗体以及每条记录以行和列格式显示的【数据表】窗体。

1. 使用【窗体】按钮创建窗体

使用【窗体】按钮所创建的窗体，其数据源来自某个表或某个查询对象，其窗体的布局结构简单规整。这种方法创建的窗体是一种显示单条记录的窗体。

【例 8-1】使用【窗体】按钮创建“顾客”窗体。

(1) 启动 Access 2013，打开 Sales.accdb 数据库。

(2) 在【导航窗格】中，选择 Customers 表作为窗体的数据源。

(3) 切换到【创建】功能区选项卡，单击【窗体】组中的【窗体】按钮，Access 2013 会自动创建窗体，如图 8-4 所示。

(4) 单击快捷访问工具栏中的【保存】按钮，在打开的【另存为】对话框中输入窗体的名称“顾客”，然后单击【确定】按钮，如图 8-5 所示。

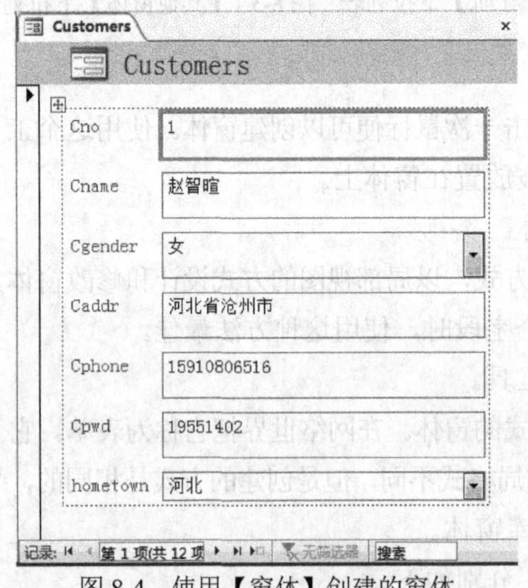

图 8-4　使用【窗体】创建的窗体

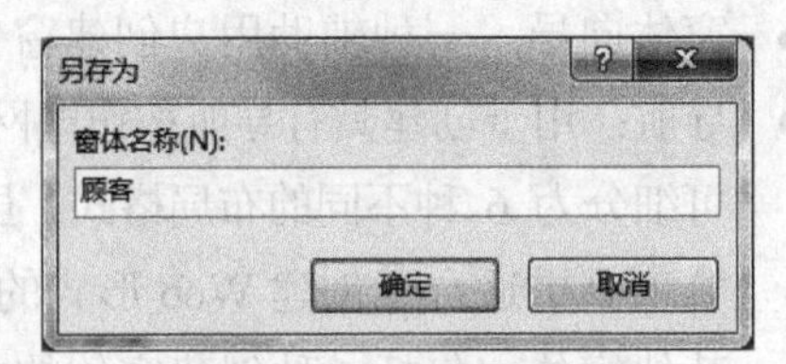

图 8-5　【另存为】对话框

2. 创建【多个项目】窗体

【多个项目】窗体即在窗体上显示多条记录的一种窗体布局形式。

【例 8-2】使用【多个项目】选项创建【供货商】窗体。

(1) 启动 Access 2013，打开 Sales.accdb 数据库。

(2) 在【导航窗格】中，选择供货商表 Suppliers 作为窗体的数据源。

(3) 在功能区的【创建】选项卡的【窗体】组中，单击【其他窗体】按钮，在打开的下拉列表中，选择【多个项目】命令。Access 2013 会自动创建包含多个项目的窗体，并打开其布局视图，如图 8-6 所示。

(4) 单击快捷访问工具栏中的【保存】按钮，在打开的【另存为】对话框中，输入窗体的名称“供货商”，然后单击【确定】按钮。

Suppliers

Spno	Spname	Spaddr	Spphone
S01	刘旭	北京中关村南大街101号	15667899876
S02	许文波	北京回龙观	13234567865
S03	吴春山	辽宁丹东	15367899876
S04	刘佳晴	河北泊头市	14332156789
S05	李智诺	河北省沧州市	13110233245
S06	邱淑娅	天成郡府25号楼	13161665684

记录: 第 1 项(共 6 项)　无筛选器　搜索

图 8-6　创建【多个项目】窗体

3. 创建【分割】窗体

【分割】窗体是用于创建一种具有两种布局形式的窗体。窗体的上半部是单一记录的数据表布局方式，窗体的下半部是多个记录的数据表布局方式。这种分割窗体为用户浏览记录带来了方便，既可以宏观上浏览多条记录，又可以微观上浏览一条记录明细。

【例 8-3】使用【分割窗体】选项创建【商品】窗体。

(1) 启动 Access 2013，打开 Scales.accdb 数据库。

(2) 在【导航窗格】中，选择商品表 Commodities 作为窗体的数据源。

(3) 在功能区的【创建】选项卡的【窗体】组中，单击【其他窗体】按钮，在打开的下拉列表中，选择【分割窗体】命令。Access 2013 会自动创建包含上下两部分的分割窗体，并打开其布局视图，如图 8-7 所示。

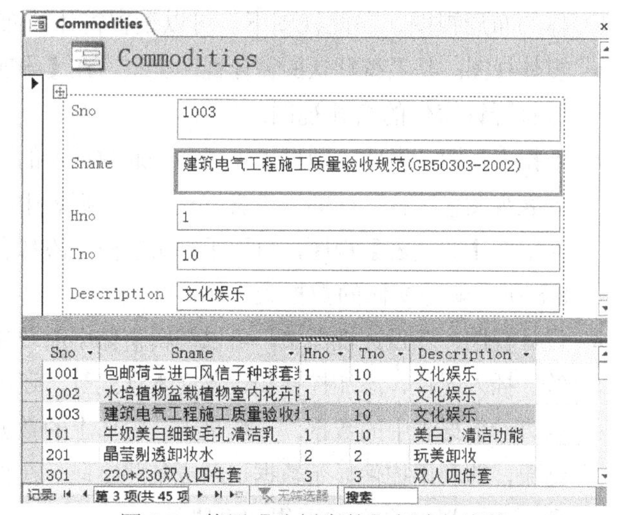

图 8-7　使用【分割窗体】创建的窗体

(4) 在窗体的下半部分中，单击下方的导航条，可以改变上半部的记录显示信息。

(5) 单击快捷访问工具栏中的【保存】按钮，在打开的【另存为】对话框中，输入窗体的名称“商品”，然后单击【确定】按钮。

4. 创建【数据表】窗体

数据表窗体的特点是每条记录的字段以行和列的格式显示，即每条记录显示为一行，每个字段显示一列，字段的名称显示在每一列的顶端。

【例 8-4】使用【数据表】选项创建【女客户】窗体。

(1) 启动 Access 2013，打开 Sales.accdb 数据库。

(2) 在【导航窗格】中，选择女客户表 FemaleCust 作为窗体的数据源。

(3) 在功能区的【创建】选项卡的【窗体】组中，单击【其他窗体】按钮，在打开的下拉列表中选择【数据表】命令。Access 2013 会自动创建包含上下两部分的分割窗体，并打开其数据表视图，如图 8-8 所示。

(4) 单击快捷访问工具栏中的【保存】按钮，在打开的【另存为】对话框中输入窗体的名称“女客户”，然后单击【确定】按钮。

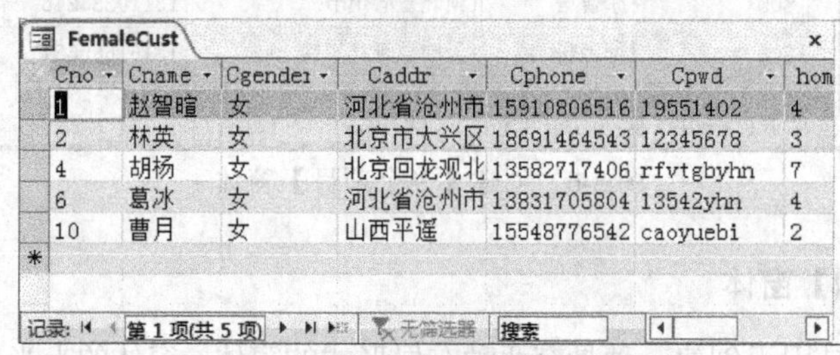

图 8-8　使用【数据表】创建的窗体

8.2.2　窗体的视图

为了能够以各种不同的角度与层面来查看窗体的数据源，Access 为窗体提供了多种视图，不同的视图以不同的布局形式来显示数据源。在 Access 2013 中，窗体有如下视图。

- 布局视图：在 8.2.1 节中，【例 8-1】至【例 8-3】创建完窗体后，默认打开的就是窗体的布局视图，在此视图下，可以设置窗体的布局。
- 窗体视图：是系统默认的窗体视图类型，在【导航窗格】中双击某个窗体对象，即可打开该窗体的窗体视图。
- 数据表视图：窗体的数据表视图和普通数据表的数据视图几乎完全相同。窗体的数据表视图采用行、列的二维表方式显示数据表中的数据记录，它的显示效果类似表对象的【数据表】视图，可用于编辑字段、添加和删除数据以及查找数据等，如图 8-8 所示就是窗体的数据表视图。
- 设计视图：在设计视图中，可以编辑窗体中需要显示的任何元素，包括添加文本标签、插入图片、添加控件和设置文本样式等，还可以将控件和数据记录进行绑定，以查看数据表中的数据。一般来说，窗体上的数据大多是将数据和控件互相绑定的结果，即利用控件显示数据记录或某些字段。在设计视图中还可以编辑窗体的页眉和页脚，以及页面的页眉和页脚等。

切换视图的方法是单击功能区选项卡的【视图】按钮，打开下拉列表，从中选择相应的命令即可切换到该视图，如图 8-9 所示；除此之外，在状态栏的右下角也有不同视图的切换按钮，如图 8-10 所示。

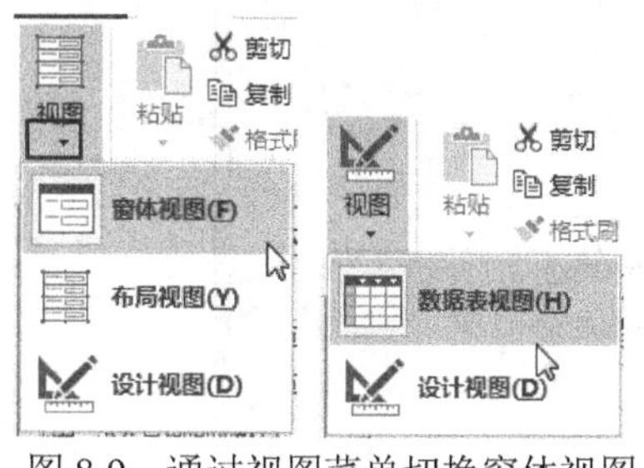

图 8-9　通过视图菜单切换窗体视图

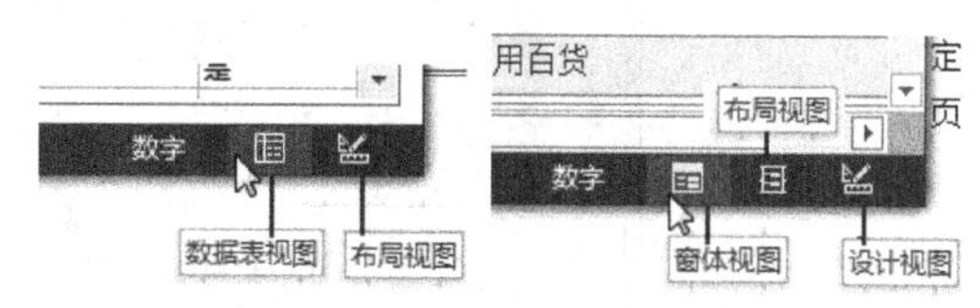

图 8-10　通过状态栏按钮切换窗体视图

提示：

从上面的切换视图方式可以看出，【数据表】窗体只能在数据表视图和设计视图之间切换，而其他的窗体都有 3 个视图：窗体视图、布局视图和设计视图。

8.2.3　使用窗体向导创建窗体

虽然通过使用【窗体】按钮创建窗体方便快捷，但是无论在内容和外观上都受到很大的限制，不能满足用户较高的要求。为此，可以使用窗体向导来创建内容更为丰富的窗体。

【例 8-5】使用窗体向导创建【商品类别】窗体。

(1) 启动 Access 2013，打开 Sales.accdb 数据库。在【导航窗格】中，选择商品类别表 CommodityType 作为窗体的数据源。

(2) 在功能区的【创建】选项卡的【窗体】组中，单击【窗体向导】按钮，打开【窗体向导】对话框，向导的第一步是确定窗体上使用哪些字段，在【表和查询】下拉列表中，已经默认选中了 CommodityType 表。

(3) 本例选择 CommodityType 表的所有字段，单击 >> 按钮，把该表中的全部字段添加到【选定字段】列表中，如图 8-11 所示。

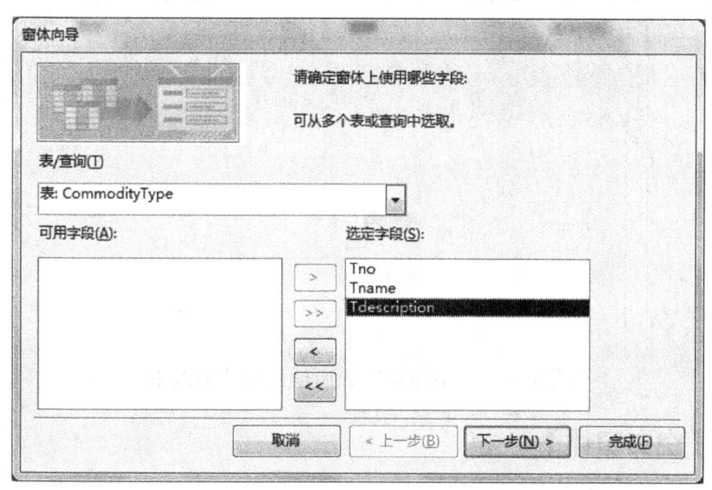

图 8-11　确定窗体上使用哪些字段

(4) 单击【下一步】按钮，确定窗体的布局，默认选择【纵栏表】选项，如图 8-12 所示。

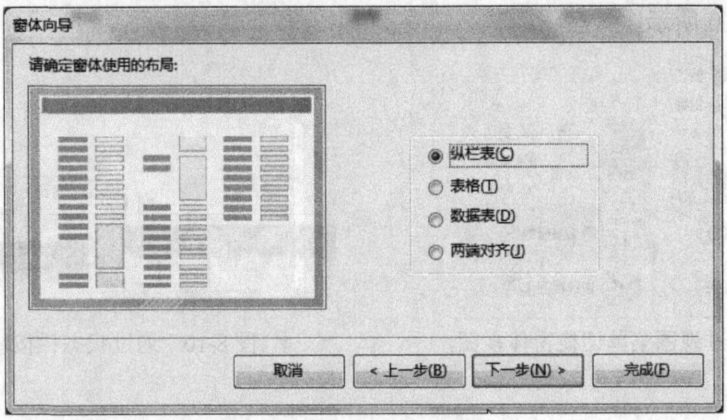

图 8-12　确定窗体使用的布局

(5) 单击【下一步】按钮，为窗体指定标题，在此对话框中输入窗体标题“商品类别”，保持默认设置【打开窗体查看或输入信息】不变，如图 8-13 所示。

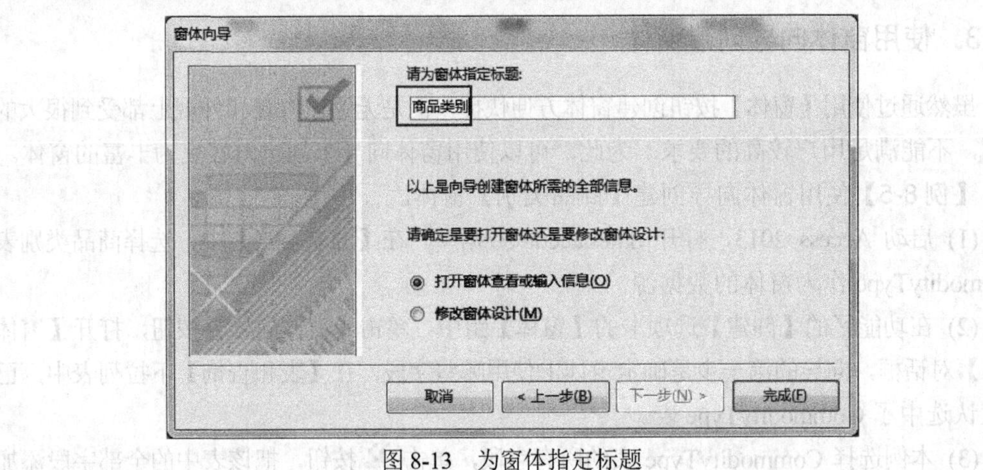

图 8-13　为窗体指定标题

(6) 单击【完成】按钮，这时打开窗体视图，显示所创建的窗体，如图 8-14 所示。

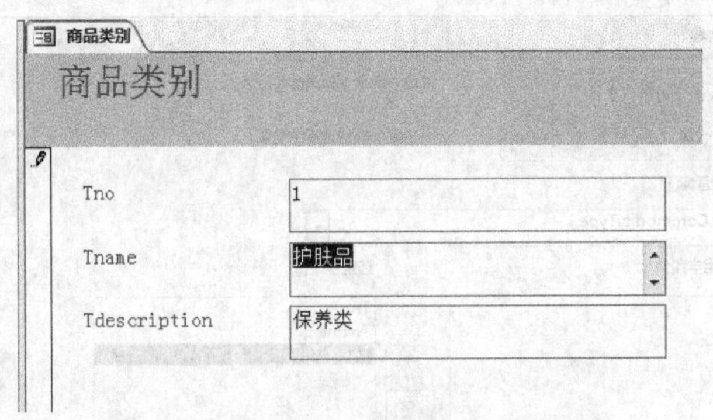

图 8-14　使用窗体向导所创建窗体的效果

8.2.4　创建【空白窗体】

使用【空白窗体】按钮创建窗体是在布局视图中创建数据表式窗体，这种“空白”就像一张白纸。在所创建的【空白窗体】中，可以根据需要从【字段列表】中将字段拖到窗体上，从而完成创建窗体的工作。

【例 8-6】以入库表 InWarehouse 为数据源，通过【空白窗体】按钮创建【入库】窗体。

(1) 启动 Access 2013，打开 Sales.accdb 数据库。

(2) 在功能区的【创建】选项卡的【窗体】组中，单击【空白窗体】按钮，打开一个空白窗体的布局视图，同时打开【字段列表】窗格，显示数据库中所有的表。

(3) 单击供货商表 InWarehouse 前的【+】号，展开该表所包含的字段，如图 8-15 所示。

(4) 依次双击 Sno、Gno、Innum、Inprice 和 Indate 字段，这些字段则被添加到空白窗体中，并显示出表中的第一条记录。同时，【字段列表】的布局从一个窗格变为两个小窗格，分别是【可用于此视图的字段】和【其他表中的可用字段】，如图 8-16 所示。

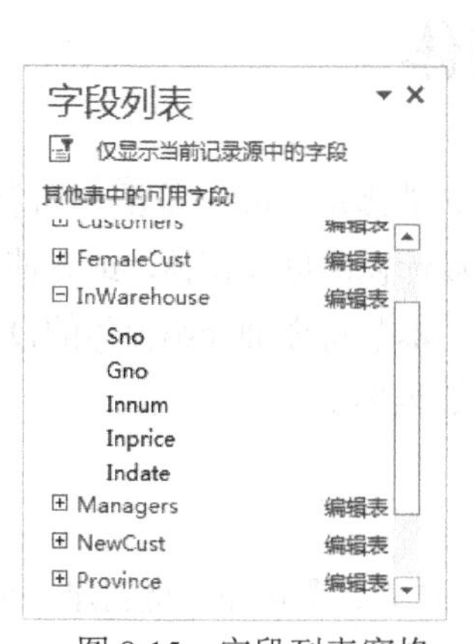

图 8-15　字段列表窗格

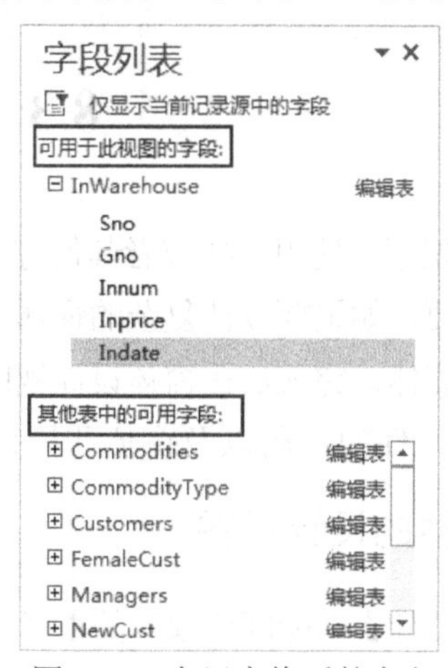

图 8-16　布局变换后的字段列表

知识点：

如果选择的表与其他表之间有关系，则【字段列表】中还会出现一个【相关表中的可用字段】窗格。如果选择相关表字段，由于表之间已经建立了关系，因此将会自动创建出主窗体、子窗体结构的窗体。

(5) 展开供货商表 Suppliers，双击 Spname 字段，该字段添加到空白窗体中，若两个表之前没有建立关系，此时将弹出【指定关系】对话框，需要选择一个字段关联 Suppliers 和 InWarehouse 表，这里指定 Spno 字段与 InWarehouse 表中的 Sno 字段关联，并选择两个表之间一对多的关系，如图 8-17 所示。

(6) 单击快捷访问工具栏中的【保存】按钮，在打开的【另存为】对话框中，输入窗体的名称“入库”，然后单击【确定】按钮，创建的窗体如图 8-18 所示。

空白窗体是一种所见即所得的创建窗体方式，即当向空白窗体添加了字段后，立即显示出具体记录信息，因此非常直观，不用视图转换。设计者可以立即看到创建后的结果。在当前的窗体视图中，还可以删除字段。

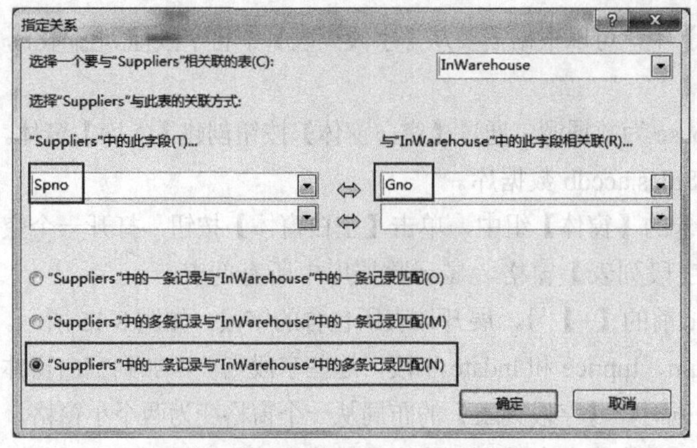

图 8-17　【指定关系】对话框

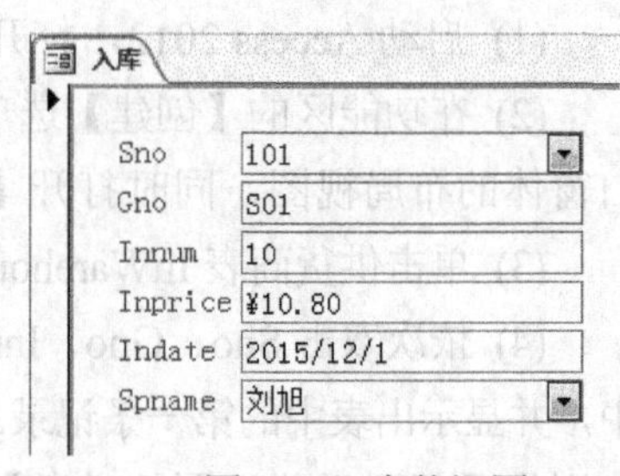

图 8-18　窗体视图

8.3　设计窗体

很多情况下，使用向导或者其他方法创建的窗体只能满足一般的需要，不能满足创建复杂窗体的需要。如果要设计复杂的窗体，则需要使用设计视图创建窗体，或者使用向导及其他方法创建窗体，完成后在窗体设计视图中进行修改。本节将详细介绍窗体的设计视图，主要包括常用控件的使用以及窗体和控件的属性设置等内容。

8.3.1　窗体的设计视图

单击【创建】功能区选项卡的【窗体】组中的【窗体设计】按钮，将创建一个空白窗体，并打开窗体的设计视图，如图 8-19 所示。

窗体设计视图窗口由多个部分组成，每个部分称为“节”。所有的窗体都有主体节，默认情况下，设计视图只有主体节。如果需要添加其他节，在窗体中右击，从弹出的快捷菜单中，选择【页面页眉/页脚】或【窗体页眉/页脚】等命令即可，如图 8-20 所示。这样这几个节就被添加到窗体中了。添加了窗体的其他节后，如果不需要可以取消显示，再次打开快捷菜单选择相应的命令，相应的节就隐藏起来了。

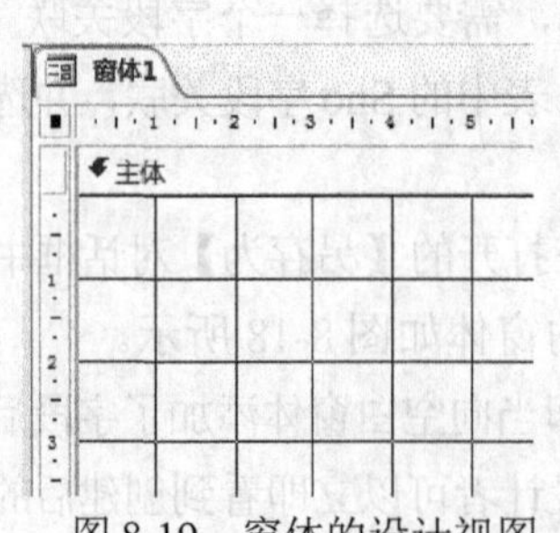

图 8-19　窗体的设计视图

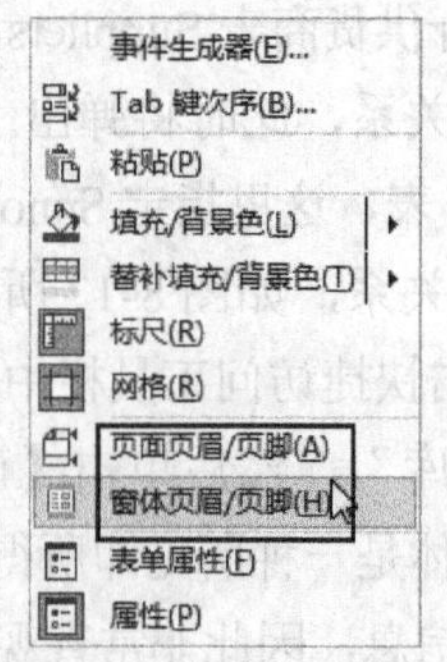

图 8-20　窗体设计视图快捷菜单

窗体页眉/页脚是窗体中经常使用的节，而页面页眉/页脚节在窗体中使用相对较少。窗体中各节的作用分别如下。

- 主体：主要用于显示数据记录，可以在屏幕或页面上显示一条记录，也可以根据屏幕和页面的大小显示多条记录。
- 窗体页眉：窗体页眉中显示的信息对每条记录而言都是一样的，如显示窗体的标题。在【窗体视图】中，窗体页眉出现在屏幕的顶部，而在打印窗体时，窗体页面出现在第一页的顶部。
- 页面页眉：在每张要打印页的顶部，主要用于显示标题或列标题等信息，页面页眉只出现在打印的窗体中。
- 页面页脚：在每张打印页的底部显示日期或页面等信息。页面页脚只出现在打印的窗体中。
- 窗体页脚：其显示的信息对每条记录都是一样的，其中包括命令按钮或窗体的使用说明等。在【窗体视图】中，窗体页脚出现在屏幕的最下方。在打印窗体时，窗体页脚出现在最后一页的最后部分。

窗体各个节的分界横条被称为节选择器，使用它可以选定节，上下拖动它可以调节节的高度，如图 8-21 所示。窗体的左上角标尺最左侧的小方块是【窗体选择器】按钮。双击它，可以打开窗体的【属性表】窗口。或者从如图 8-20 所示的快捷菜单中选择【属性】命令，也可以打开【属性表】窗口，如图 8-22 所示。

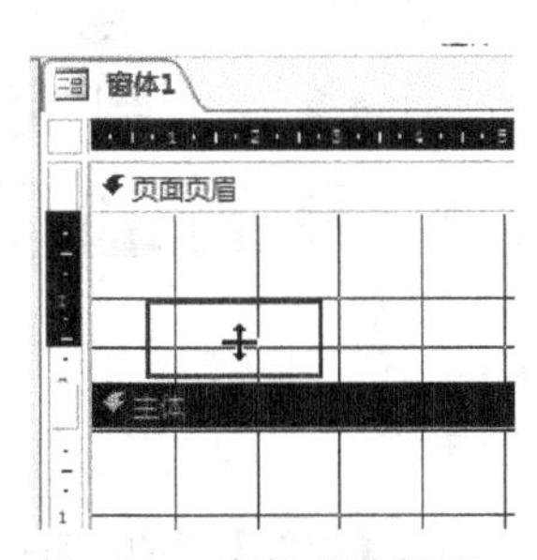

图 8-21　窗体节选择器

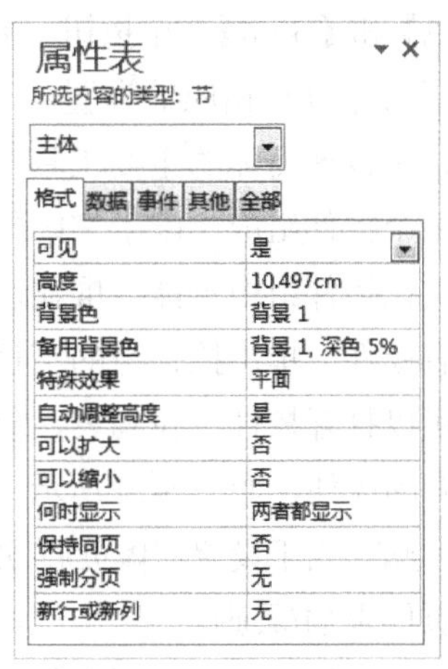

图 8-22　【属性表】窗口

在【属性表】窗口中包含 5 个选项卡，分别如下。

- 格式：用来设置窗体的显示方式，如视图类型、窗体的位置和大小、图片、分割线和边框样式等。
- 数据：设置窗体对象的数据源、数据规则以及输入掩码等。
- 事件：设置窗体对象针对不同的事件可以执行相应的通过宏、表达式、代码控制的自定义操作。
- 其他：设置窗体对象的其他属性。
- 全部：包括以上所有属性。

8.3.2 【窗体设计工具】功能区选项卡

打开窗体的设计视图后，出现了【窗体设计工具】上下文功能区选项卡，这个选项卡由【设计】、【排列】和【格式】3 个子选项卡组成。

1. 【设计】选项卡

【设计】选项卡包括【视图】、【主题】、【控件】、【页眉/页脚】和【工具】5 个组，这些组提供了窗体的设计工具，如图 8-23 所示。

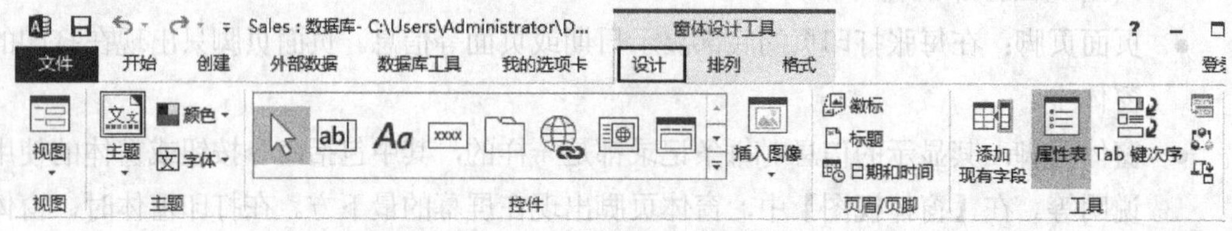

图 8-23　【设计】选项卡

- 视图：只有一个视图按钮，它是带有下拉列表的按钮。单击该按钮展开下拉列表，选择视图，可以在窗体的不同视图之间进行切换。
- 主题：可以把 PowerPoint 所使用的主题概念应用到 Access 中，在这里特指 Access 数据库系统的视觉外观。主题决定整个系统的视觉样式。主题组中包括【主题】、【颜色】和【字体】3 个按钮，单击每个按钮都可以打开相应的下拉列表，在列表中可选择命令进行相应的设置。
- 控件：是设计窗体的主要工具，它由多个控件组成。限于空间的大小，在控件组中不能一屏显示出所有控件。单击控件组的下拉箭头可以打开控件下拉列表，显示所有的控件，如图 8-24 所示。

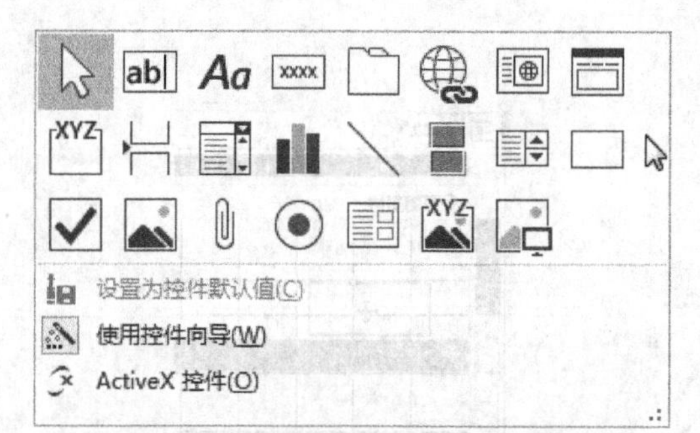

图 8-24　【控件】组的所有控件

- 页眉/页脚：用于设置窗体页眉/页脚和页面页眉/页脚。
- 工具：在窗体的设计过程中起辅助作用，如显示窗体或者窗体视图上某个对象的属性对话框、显示当前窗体的代码等。

2. 【排列】选项卡

【排列】选项卡中包括【表】、【行和列】、【合并/拆分】、【移动】、【位置】和【调整大小和排序】6 个组，主要用来对齐和排列控件，如图 8-25 所示。

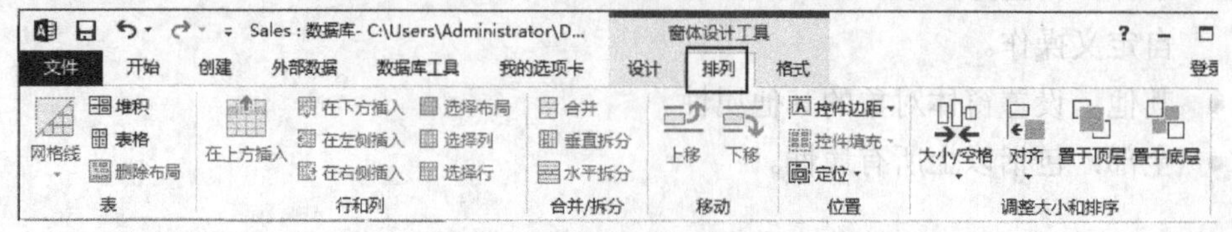

图 8-25　【排列】选项卡

- 表：包括【网格线】、【堆积】、【表格】和【删除布局】4 个按钮。
- 行/列：该组命令按钮的功能类似于 Word 表格中插入行、列的命令按钮。
- 合并/拆分：将所选的控件拆分和合并。拆分和合并是 Access 新增加的功能，使用这个功能可以像在 Word 里拆分单元格那样拆分控件。
- 移动：使用这个功能可以快速移动控件在窗体之间的相对位置。
- 位置：该组用于调整控件位置，主要包含【控件边距】、【控件填充】和【定位】3 个按钮。
- 调整大小和排序：其中【大小/空格】和【对齐】两个控件用于调整控件的排列。【置于顶层】和【置于底层】是 Access 2013 新增的功能，在设计窗体时使用该功能可调整图像所在的图层位置。

3. 【格式】选项卡

【格式】选项卡包括【所选内容】、【字体】、【数字】、【背景】和【控件格式】5 个组，用来设置控件的各种格式，如图 8-26 所示。

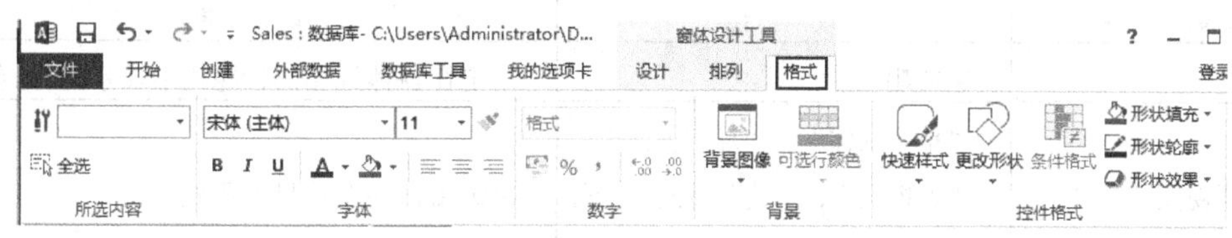

图 8-26　【格式】选项卡

- 所选内容：用于选择窗体中的控件。
- 字体：该组命令按钮用于设置所选择的窗体对象的字体信息。
- 数字：用于设置字段的数字类型。
- 背景：用于设置背景图像或者背景颜色。
- 控件格式：用于设置控件的格式，包括形状、填充和轮廓等。

8.3.3　【属性表】窗格

窗体及窗体中的每一个控件都具有各自的属性，这些属性决定了窗体及控件的外观、它所包含的数据以及对鼠标或键盘事件的响应。

在窗体设计视图中，窗体和控件的属性可以在【属性表】窗格中设定。单击【窗体设计工具|设计】选项卡的【工具】选项组中的【属性表】按钮，或双击窗体的空白处，即可打开【属性表】窗格，如图 8-27 所示为窗体的【属性表】窗格。

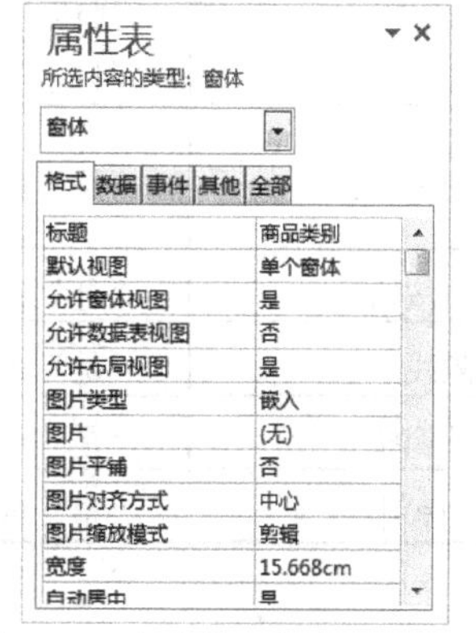

图 8-27　窗体的【属性表】窗格

【属性表】窗格包含 5 个选项卡，分别是【格式】、【数据】、【事件】、【其他】和【全部】选项卡。其中，【格式】选项卡包含了窗体或控件的外观属性；【数据】选项卡包含了与数据源、数据操作相关的属性；【事件】选项卡包含了窗体或当前控件能够响应的事件；【其他】

选项卡包含了【名称】、【制表位】等其他属性。在选项卡页面中，左侧是属性名称，右侧是属性值。

在【属性表】窗格中，设置某一属性时，先单击要设置的属性，然后在其后面的属性框中输入一个设置值或表达式。如果属性框有下拉箭头，也可以单击该箭头，并从列表中选择一个数值。如果属性框右侧显示生成器按钮[…]，单击该按钮，将打开一个生成器或显示一个可以选择生成器的对话框，通过该生成器可以设置其属性。下面介绍一些常用的属性。

1. 格式属性

【格式】属性主要用于设置窗体和控件的外观或显示格式。

(1) 窗体的【格式】属性

窗体的【格式】属性包括默认视图、滚动条、记录选择器、导航按钮、分隔线、自动居中、边框样式等。常用的选项的取值和功能如表 8-1 所示。

表 8-1　窗体的【格式】属性

属　性	取　值	功　能
标题	字符串	指定在窗体视图的标题栏中显示的标题
默认视图	“单个窗体”、“连续窗体”、“数据表”、“数据透视表”或“数据透视图”	决定窗体的默认显示形式
允许窗体视图	“是”或“否”	是否允许使用窗体视图显示当前窗体。如果设置为“否”，则不允许通过“视图”按钮将当前窗体切换到窗体视图
允许数据表视图	“是”或“否”	是否允许使用数据表视图显示当前窗体。如果设置为“否”，则不允许通过“视图”按钮将当前窗体切换到数据表视图
允许布局视图	“是”或“否”	是否允许使用布局视图显示当前窗体。设置为“否”，则不允许通过“视图”按钮将当前窗体切换到布局视图
滚动条	“两者均有”、“两者均无”、“只水平”或“只垂直”	是否显示窗体的水平或垂直滚动条
记录选择器	“是”或“否”	是否显示记录选择器，即当前选中数据记录最左端的标志
导航按钮	“是”或“否”	是否显示数据表最底部的记录浏览工具栏
分隔线	“是”或“否”	是否显示窗体各节间的分割线
自动调整	“是”或“否”	是否可在窗体设计视图中调整窗体的大小
自动居中	“是”或“否”	窗体显示时是否自动居中于 Windows 窗口

(续表)

属　性	取　值	功　能
边框样式	“无”、“细边框”、“可调整边框”和“对话框边框”	窗体的边框样式类型
控制框	“是”或“否”	窗体显示时是否显示窗体的控制框，即窗体右上角的控制按钮
最大最小化按钮	“无”、“最小化按钮”、“最大化按钮”或“两者都有”	是否在窗体上显示最大化或最小化按钮
关闭按钮	“是”或“否”	是否在窗体右上角上显示关闭按钮
问号按钮	“是”或“否”	是否在窗体右上角显示问号按钮
宽度	数值	设置窗体的宽度
图片	路径字符串	是否给窗体添加背景图片
图片类型	“嵌入”或“链接”	在窗体中使用图片的方式
图片缩放模式	“剪裁”、“拉伸”或“缩放”	图片的缩放模式
图片对齐方式	“左上”、“右上”、“中心”、“左下”、“右下”或“窗体中心”	图片的对齐方式
图片平铺	“是”或“否”	是否允许图片以平铺的方式显示
子数据表展开	“是”或“否”	是否展开子数据表
方向	“从左到右”或“从右到左”	窗体上内容的显示方式为“从左到右”还是“从右到左”
可移动的	“是”或“否”	窗体在显示时是否可以通过拖动窗体的标题栏移动窗体

(2) 控件的【格式】属性

控件的格式属性包括标题、字体、名称、字号、字体粗细、前景色、背景色、特殊效果等。

控件中的【标题】属性用于设置控件中显示的文字；【前景色】和【背景色】属性分别用于设置控件的底色和文字的颜色；【特殊效果】属性用于设定控件的显示效果，如“平面”、“凸起”、“凹陷”、“蚀刻”、“阴影”、“凿痕”等；“字体名称”、“字体大小”、“字体粗细”、“倾斜字体”等属性，可以根据需要进行设置。

2. 数据属性

【数据】属性决定了一个控件或窗体中的数据来自于何处，以及操作数据的规则，而这些数据均为绑定在控件上的数据。

窗体的【数据】包括记录源、排序依据、允许编辑等。各属性的功能如表8-2所示。

表 8-2　窗体的【数据】属性

属　性	功　能
记录源	与当前窗体绑定的数据源
筛选	数据筛选的条件
排序依据	数据显示的顺序
允许筛选	是否允许进行筛选动作
允许编辑	是否允许对数据源表的记录进行编辑操作
允许删除	是否允许对数据源表的记录进行删除操作
允许添加	是否允许对数据源表进行追加记录的操作
数据输入	是否允许更新数据源表中的数据
记录集类型	窗体数据源的类型
记录锁定	设置不锁定记录，或是锁定所有的记录，或是锁定已编辑的记录
抓取默认值	设置抓取默认值

控件的【数据】属性包括控件来源、输入掩码、有效性规则、有效性文本、默认值、是否有效、是否锁定等，各属性的功能描述如表 8-3 所示。

表 8-3　控件的【数据】属性

属　性	功　能
控件来源	告诉系统如何检索或保存在窗体中要显示的数据。如果控件来源中包含一个字段名，那么在控件中显示的就是数据表中该字段值，对窗体中的数据进行的任何修改都将被写入字段中；如果设置该属性值为空，除非编写了一个程序，否则在窗体控件中显示的数据将不会被写入数据库表的字段中。如果该属性含有一个计算表达式，那么该控件会显示计算的结果
输入掩码	用于设定控件的输入格式，仅对文本型或日期型数据有效
默认值	设定计算型控件或未绑定型控件的初始值，可使用表达式生成器向导来确定默认值
有效性规则	用于设定在控件中输入数据的合法性检查表达式，可以使用表达式生成器向导来建立合法性检查表达式。在窗体运行时，当在该控件中输入的数据违背了有效性规则时，为了明确给出提示，可以显示“有效性文本”中填写的文字信息
有效性文本	用于指定违背了有效性规则时显示的提示信息
是否锁定	用于指定该控件是否允许在“窗体”视图中接收编辑控件中显示数据的操作
是否有效	用于决定鼠标是否能够单击该控件。设置为“否”，则此控件虽然一直在“窗体”视图中显示，但不能用 Tab 键选中或用鼠标单击，同时在窗体中控件显示为灰色

3. 事件属性

【事件】属性通常是设置在满足某个数据库行为时，触发某个特定的操作，事件属性的值通常是一个事件处理过程，可以是宏，也可以是 VBA 代码。常用的事件属性有：更新前、更新后、删除、确认删除前、调整大小、关闭、加载、获得焦点、失去焦点、单击、双击等。

4. 其他属性

【其他】属性标示了控件的附加特征。控件的【其他】属性包括名称、状态栏文字、自动 Tab 键、控件提示文本等。

窗体中的每一个对象都有一个名称，若在程序中指定或使用某一个对象，可以使用这个名称，这个名称是由“名称”属性来定义的，控件的名称必须是唯一的。

窗体的【其他】属性包括独占方式、弹出方式、模式等。如果将“独占方式”属性设置为“是”，则在该窗体打开后，将无法打开其他窗体或其他对象。

8.3.4 使用控件

控件是窗体或报表的组成部分，可用于输入、编辑或显示数据。例如，对于报表而言，文本框是一个用于显示数据的常见控件；对于窗体而言，文本框是一个用于输入和显示数据的常见控件。其他常见控件包括命令按钮、复选框和组合框(下拉列表)。

1. 控件概述

窗体是由窗体主体和各种控件组合而成的。在窗体的【设计视图】中，可以对这些控件进行创建，并设置其属性。

控件就是各种用于显示、修改数据，执行操作和修饰窗体的对象，它是构成用户界面的主要元素。可以简单地把控件理解为窗体中的各种对象。灵活地运用窗体控件，可以创建出功能强大、界面美观的窗体。

通常，窗体控件可以分为绑定控件、未绑定控件或计算控件 3 类。

- 绑定控件：数据源是表或查询中的字段的控件称为绑定控件。使用绑定控件可以显示数据库中字段的值。值可以是文本、日期、数字、是/否值、图片或图形。例如，显示客户姓名的文本框可能会从 Customers 表中的 Cname 字段获取此信息。
- 未绑定控件：不具有数据源的控件称为未绑定控件。可以使用未绑定控件显示信息、图片、线条或矩形。例如，显示窗体标题的标签就是未绑定控件。未绑定控件可用于美化窗体。
- 计算控件：数据源是表达式的控件称为计算控件。通过定义表达式来指定要用作控件的数据源的值。表达式可以是运算符(如=和+)、控件名称、字段名称、返回单个值的函数以及常数值的组合。表达式所使用的数据可以来自窗体或报表的基础表或查询中的字段，也可以来自窗体上的其他控件。

2. 常用控件

在窗体的设计视图窗口中，单击功能区【窗体设计工具|/设计】选项卡下【控件】组的下拉箭头，打开如图 8-24 所示的控件下拉列表，其中的常用控件有文本框、标签、选项组、选项按钮、复选框、列表框、按钮、选项卡、图像、线条、矩形和子窗体/子报表等。

将鼠标指针指向【控件】组中的各个控件时，控件下方会出现相应的控件提示。常用控件及功能如表 8-4 所示。

表 8-4　常用控件及其功能

工具按钮名称	图标	功　　能
选择对象		用于选择控件、节或窗体
文本框	ab|	用于显示、输入或编辑窗体或报表的基础记录源数据，显示计算结果，或接受用户输入数据的控件
标签	Aa	用于显示描述性文本的控件，如窗体或报表上的标题或指示文字。标签不显示字段或表达式的数值，它没有数据来源。当从一条记录移到另一条记录时，标签的值不会改变。可以将标签附加到其他控件上，也可以创建独立的标签，但独立创建的标签在【数据表】视图中并不显示
命令按钮	XXXX	用于在窗体或报表上创建命令按钮
选项卡控件		用于创建一个多页的选项卡窗体或选项卡对话框
超链接		用于创建指向网页、图片、电子邮件地址或程序的链接
Web 浏览器控件		用于创建一个区域，该区域可以显示指定网页、图片、电子邮件地址或程序的链接目标内容
导航控件		Access 2013 提供的一个新控件，能够向数据库应用程序快速添加基本导航功能，如果要创建 Web 数据库，此控件非常有用
选项组	XYZ	与复选框、选项按钮或切换按钮搭配使用，可以显示一组可选值。如果选项组绑定了某个字段，则只有组框架本身绑定此字段，而不是组框架内的复选框、选项按钮或切换按钮。选项组可以设置为表达式或未绑定选项组，也可以在自定义对话框中使用未绑定选项组来接受用户的输入，然后根据输入的内容来执行相应的操作
切换按钮		具有弹起和按下两种状态，可用作【是/否】型字段的绑定控件
选项按钮		具有选中和不选中两种状态，作为互相排斥的一组选项中的一项
复选框		具有选中和不选中两种状态，作为可同时选中的一组选项中的一项
组合框		该控件组合了文本框和列表框的特性，组合框的列表是由多行数据组成，但平时只显示一行，需要选择其他数据时，可以单击右侧的向下箭头按钮，使用组合框，既可以进行选择，也可以输入数据，这也是组合框和列表框的区别
列表框		显示可滚动的数据列表；在窗体视图中，可以从列表框中选择值输入到新记录中，或者更改现有记录中的值
图像		用于在窗体或报表上显示静态图片，图像控件包括图片、图片类型、超链接地址、可见性、位置及大小等属性，设置时用户可以根据需求进行调整
未绑定对象框		用于在窗体或报表上显示非结合型 OLE 对象
绑定对象框	XYZ	用于在窗体或报表上显示结合型 OLE 对象
分页符		在窗体中开始一个新的屏幕，或在打印窗体或报表时开始一个新页
子窗体/子报表		用于在窗体或报表中显示来自多个表的数据
直线		用于在窗体或报表中画直线
矩形		用于在窗体或报表中画一个矩形框
图表		用于在窗体中创建图表
附件		用于显示、上传附件

(续表)

工具按钮名称	图标	功　　能
控件向导		用于打开或关闭控件向导；使用控件向导可以创建列表框、组合框、选项组、命令按钮、图表、子报表或子窗体
ActiveX 控件		用于创建通过 Web 浏览器在 Internet 中工作的应用程序

3. 创建控件

如果需要自行创建控件，可以在【窗体设计工具|设计】选项卡的【控件】组中选中需要的控件，然后把光标移到窗体中，按住鼠标左键并拖动，拖动到适当位置后释放鼠标即可创建所需的控件。一些控件(如按钮、文本框等)在创建时将会启动控件向导，可以在向导的引导下逐步完成设计。

4. 删除控件

当需要删除单个控件时，可以直接在需要删除的控件上右击，在弹出的快捷菜单中选择【删除】命令；或者在选中需要删除的控件后按 Delete 键。

如果需要一次删除多个控件，可以按住 Ctrl 键，依次单击选中需要删除的控件，然后再使用以上介绍的方法删除这些控件。

知识点：

如果要删除的控件带有附加标签，Access 会将该控件连同标签一起删除。如果只想删除附加标签，则单击选中标签，然后按 Delete 键删除。

8.3.5　编辑控件

创建控件后，需要对控件进行编辑，例如选择控件、移动控件、对齐控件、调整控件的间距与大小、设置控件属性等。

1. 选择控件

要选择某个控件，直接单击该控件即可。要选择多个控件，可以按住 Shift 键，然后逐一单击需要选择的控件。注意：如果单击选择了某个标签控件或文本框控件，然后再单击该控件，该控件立即变成可编辑状态。

按住鼠标左键并拖动，拖出一个矩形框，然后释放鼠标，那么，位于该区域内的控件将全部被选中，如图 8-28 所示。

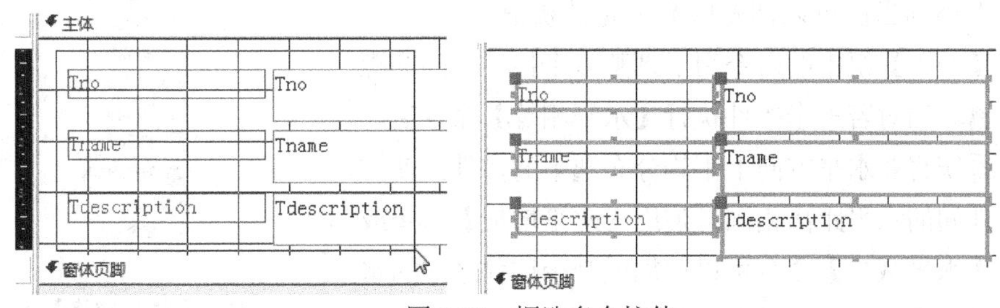

图 8-28　框选多个控件

2. 移动控件

如果要移动某个控件，首先选中该控件，然后按键盘上的方向键移动即可；也可以将鼠标光标指向被选中的控件，当光标变成黑色的四向箭头✥时，按住鼠标左键并拖动，也可移动该控件。

如果要移动多个控件，首先按住 Shift 键，同时选中需要移动的多个控件，将鼠标光标指向被选中的控件，当光标变成黑色的四向箭头✥时，按住鼠标左键并拖动，即可移动被选中的一组控件，如图 8-29 所示。

3. 控件的对齐和间距

当窗体上的控件很多时，需要对控件之间的间距和对齐方式进行调整。

要以窗体的某一边界或网格作为基准对齐多个控件时，首先选中需要对齐的控件，然后在【窗体设计工具|排列】选项卡下的【调整大小和排序】组中，单击【对齐】选项的下拉箭头，展开相应的下拉菜单，如图 8-30 所示，从中选择对齐命令。

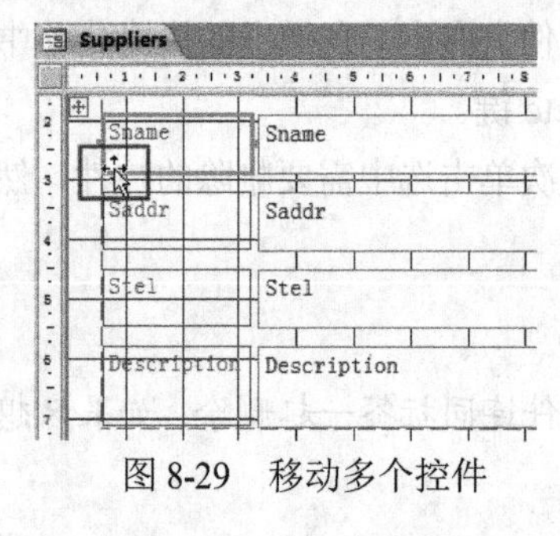

图 8-29　移动多个控件

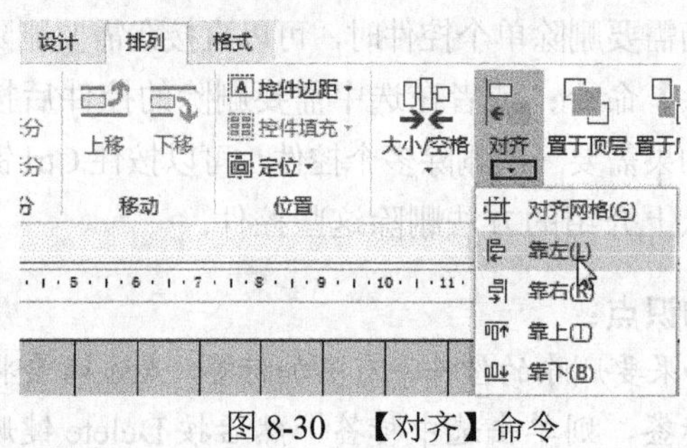

图 8-30　【对齐】命令

在【窗体设计工具|排列】选项卡下的【调整大小和排序】组中，使用【大小/空格】选项下的下拉菜单可以调整控件的大小和控件之间水平与垂直距离，该下拉菜单中的命令分为 4 组，分别是大小、间距、网格和分组，如图 8-31 所示。

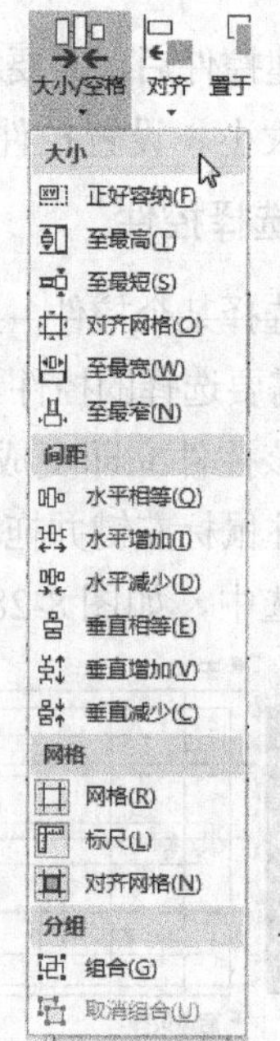

图 8-31　【大小/空格】下拉菜单

- 【大小】组中的命令用于调整空间的大小，包括【正好容纳】、【至最高】、【至最短】、【对齐网格】、【至最宽】和【至最窄】等选项。使用【正好容纳】命令，可以调整控件的大小恰好和控件内容相匹配；使用【至最高】、【至最短】、【至最宽】和【至最窄】命令，可以调整控件的大小到当前可以调整的高或宽的极值。
- 【间距】组中的命令用于调整多个控件之间的距离。当对若干个控件执行【水平相等】命令后，系统将在水平方向上平均分布选中的控件，使控件间的水平距离相同；使用【水平增加】命令或【水平减少】命令可以增加或减少控件之间的水平距离；当对若干个控件执行【垂直相等】命令后，系统将在垂直方向上平均分布选中的控件，使控件间的垂直距离相同；使用【垂直增加】命令或【垂直减少】命令可以增加或减少控件之间的垂直距离。

- 【网格】组中的命令用于控制标尺和网格的显示与隐藏，默认是显示标尺和网格的，标尺和网格只是辅助工具，帮助在设计窗体时调整控件的布局，窗体在实际运行时不会显示标尺和网格。
- 【分组】组中的命令用于将多个控件结合起来作为一个对象来进行移动和设置格式。

4. 设置控件属性

控件属性的设置是指对控件的外观、事件等进行设置。控件外观包括标题、背景颜色、前景颜色、特殊效果、字体名称、字体大小和字体粗细等；控件事件包括单击、双击和按下鼠标等，单击事件是指当鼠标单击控件时发生的事件。

要设置控件的属性，首先将鼠标指针指向控件，然后右击鼠标，在弹出的快捷菜单中选择【属性】命令，打开该控件的【属性表】窗格；或者直接双击该控件打开【属性表】窗格。

控件的【属性表】窗格与窗体的【属性表】窗格类似，在此不再赘述。

8.4　创建主/子窗体

在许多应用中，通常都会有两张数据表相互关联的情况，例如，商品类别表与商品表就是一对多的关系。创建窗体时，如果希望将这两张表同时显示出来，以便信息一目了然，这就可以通过主/子窗体来实现。

子窗体是指插入在另一窗体中的窗体，作为容器的窗体称为主窗体，主/子窗体也被称为阶梯式窗体。在显示一对多关系的表或者查询中的数据时，使用主/子窗体是非常有效的。子窗体中将显示与主窗体当前记录相关的记录，并与主窗体的记录保持同步更新和变化。

提示：

在创建主/子窗体之前，要确定作为主窗体的数据源与作为子窗体的数据源之间存在着“一对多”关系。

在 Access 2013 中，创建主/子窗体有如下几种方法：

- 利用【窗体向导】创建主/子窗体。
- 利用子窗体控件来创建子窗体。
- 利用直接拖动数据表、查询或窗体的方法建立主/子窗体。

8.4.1　利用向导创建主/子窗体

在 8.2 节介绍创建窗体的各种方法时，介绍了利用【窗体向导】创建窗体的方法。这里介绍使用【窗体向导】创建主/子窗体的方法。

【例 8-7】以商品表 Commodities 和商品类别表 CommodityType 为数据源，通过【窗体向导】创建主/子窗体。

(1) 启动 Access 2013，打开 Sales.accdb 数据库。

(2) 打开【创建】选项卡，单击【窗体】组中的【窗体向导】按钮，启动窗体向导。

(3) 在【表/查询】下拉列表中选择表 CommodityType，然后将其所有字段添加到【选定字段】列表框中；然后选择表 Commodities，同样将该表的所有字段添加到【选定字段】列表框中，如图 8-32 所示。

图 8-32　确定窗体上使用的字段

(4) 单击【下一步】按钮，确定查看数据的方式，在下拉列表框中选择“通过 CommodityType”选项，选中【带有子窗体的窗体】单选按钮，如图 8-33 所示。

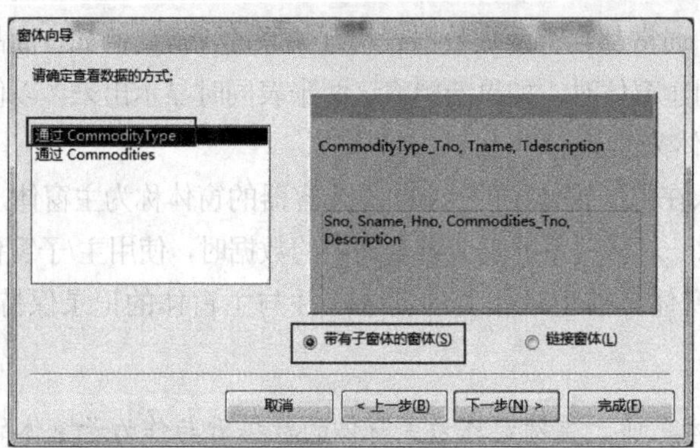

图 8-33　确定查看数据的方式

(5) 单击【下一步】按钮，确定子窗体使用的布局，选中【数据表】单选按钮，如图 8-34 所示。

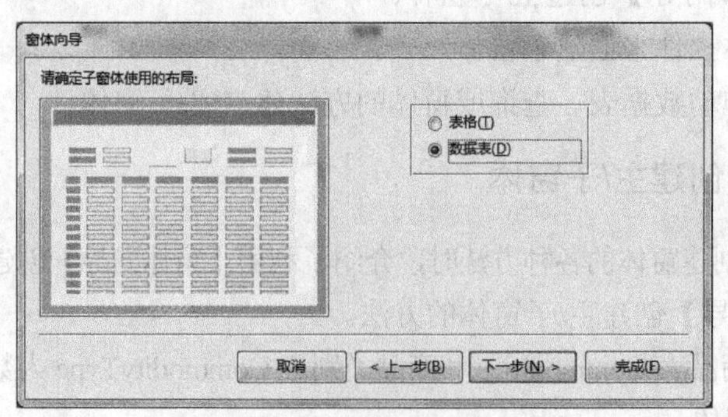

图 8-34　确定子窗体使用的布局

(6) 单击【下一步】按钮，分别为主子窗体指定标题，系统默认分别命名为“CommodityType”和“Commodities 子窗体”，保持默认设置即可。

(7) 单击【完成】按钮，将生成主子窗体，打开窗体视图，效果如图 8-35 所示。当在主窗体中移动到某一条商品类别时，子窗体就会显示出属于该商品类别的所有商品信息。

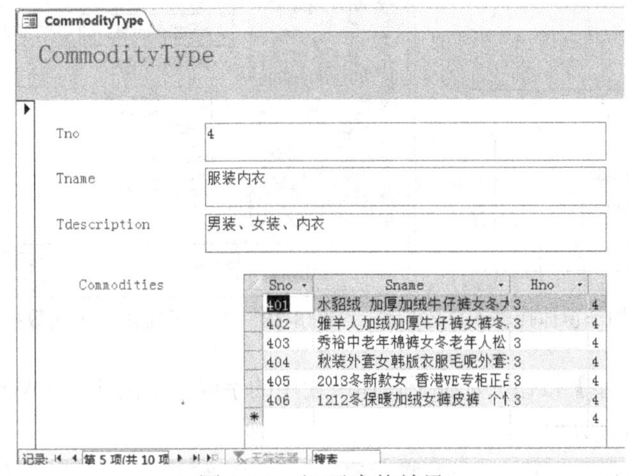

图 8-35　主/子窗体效果

创建链接式的【主/子窗体】的方法与创建嵌入式的【主/子窗体】方法基本相同，只是在第(4)步选中【链接窗体】单选按钮即可。

8.4.2　利用子窗体控件创建主/子窗体

利用窗体提供的子窗体控件，用户可以轻松地创建子窗体。下面利用子窗体控件来创建主/子窗体。

【例 8-8】以供货商表 Suppliers 和商品入库表 InWarehouse 为数据源，通过子窗体控件来创建主/子窗体，主窗体显示供货商信息，子窗体显示该供货商的商品入库信息。

(1) 启动 Access 2013，打开 Sales.accdb 数据库。

(2) 新建一个空白窗体，并切换到窗体的设计视图。

(3) 单击【工具】组中的【添加现有字段】按钮，打开【字段列表】窗格。将供货商表 Suppliers 中的字段拖到空白窗体中，如图 8-36 所示。

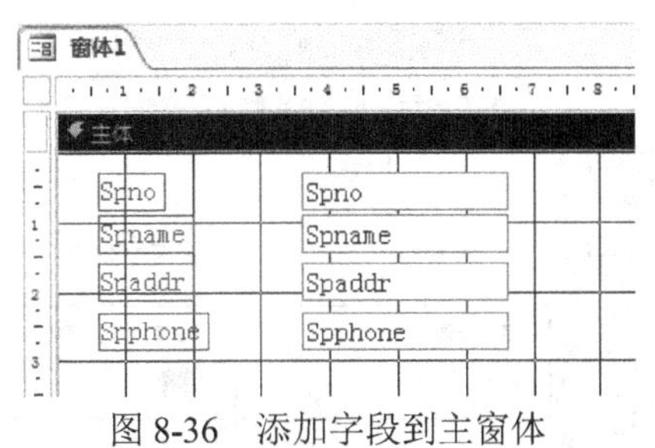

图 8-36　添加字段到主窗体

(4) 单击【控件】组中的【子窗体/子报表】控件，此时光标变成⁺▥，在窗体的主体区域需要添加子窗体的地方单击鼠标，如图 8-37 所示。

(5) 系统将自动打开【子窗体向导】对话框，可以选择现有的窗体作为子窗体，也可以选择【使用现有的表和查询】单选按钮开始创建子窗体，如图 8-38 所示。

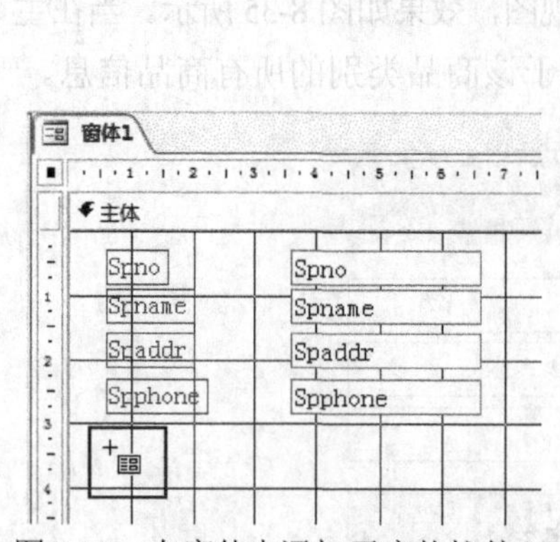

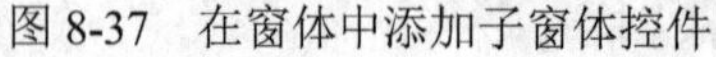

图 8-37　在窗体中添加子窗体控件

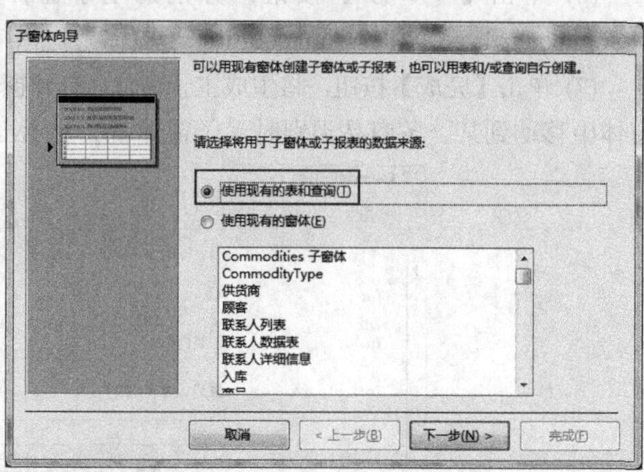

图 8-38　确定子窗体使用的数据来源

(6) 单击【下一步】按钮，选择子窗体中使用的字段，本例选择 InWarehouse 表中的所有字段，如图 8-39 所示。

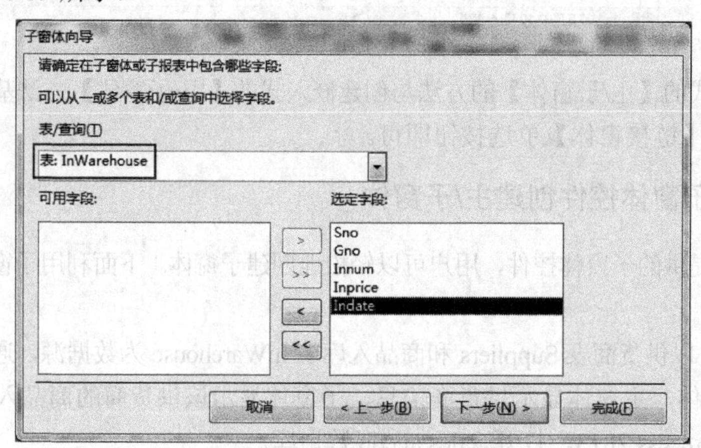

图 8-39　确定子窗体中的字段

(7) 单击【下一步】按钮，指定将主窗体链接到该子窗体的字段，本例选择主窗体中的 Spno 字段和子窗体中的 Gno 字段关联，如图 8-40 所示。

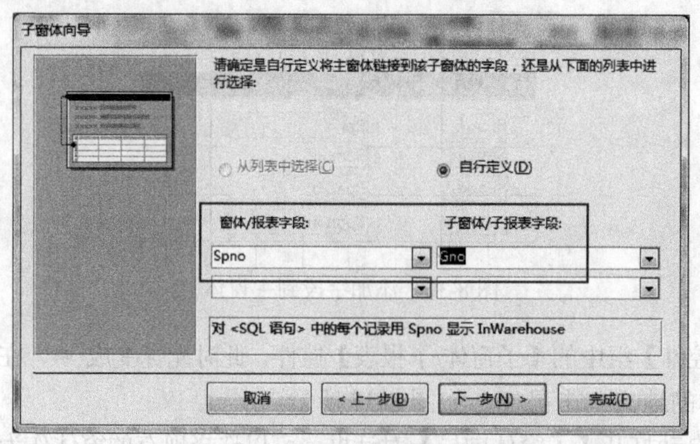

图 8-40　将主窗体链接到该子窗体的字段

(8) 单击【下一步】按钮，确定子窗体的名称为“InWarehouse-子窗体”，如图 8-41 所示。

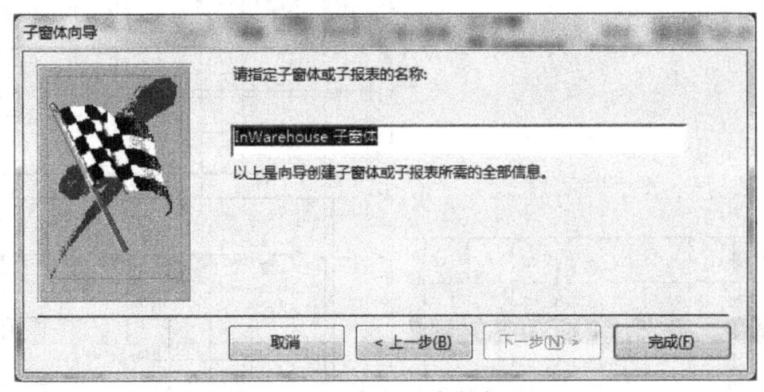

图 8-41　确定子窗体标题

(9) 单击【完成】按钮，打开主/子窗体的设计视图，如图 8-42 所示。在【设计视图】中可以调整控件的位置、大小、间距和外观等属性，设计好之后单击【快速访问工具栏】中的【保存】按钮保存主窗体。

(10) 切换到窗体的窗体视图，效果如图 8-43 所示。

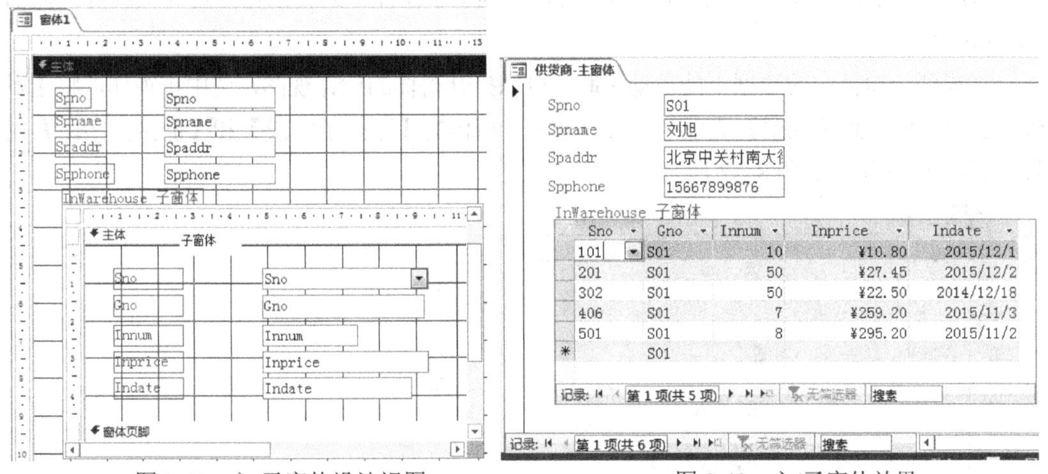

图 8-42　主/子窗体设计视图　　　　图 8-43　主/子窗体效果

8.4.3　通过鼠标拖动创建主/子窗体

其实，创建主/子窗体最简单的方法，只需要拖动鼠标就可以创建。前提是已经拥有了两个现成的窗体，并希望将一个窗体用作另一个窗体的子窗体。下面就来介绍这种方法。

【例 8-9】下面以创建好的“商品类别”和“商品”窗体为例，建立一个主/子窗体。

(1) 启动 Access 2013，打开 Sales.accdb 数据库。

(2) 打开“商品类别”窗体的设计视图，如图 8-44 所示。

(3) 在导航窗格中选定“商品”窗体，并按住鼠标左键，将其拖到“商品类别”窗体上，当光标变成时，可以松开鼠标。Access 将向主窗体中添加子窗体控件，并将该控件绑定到从导航窗格拖出的窗体上，如图 8-45 所示。

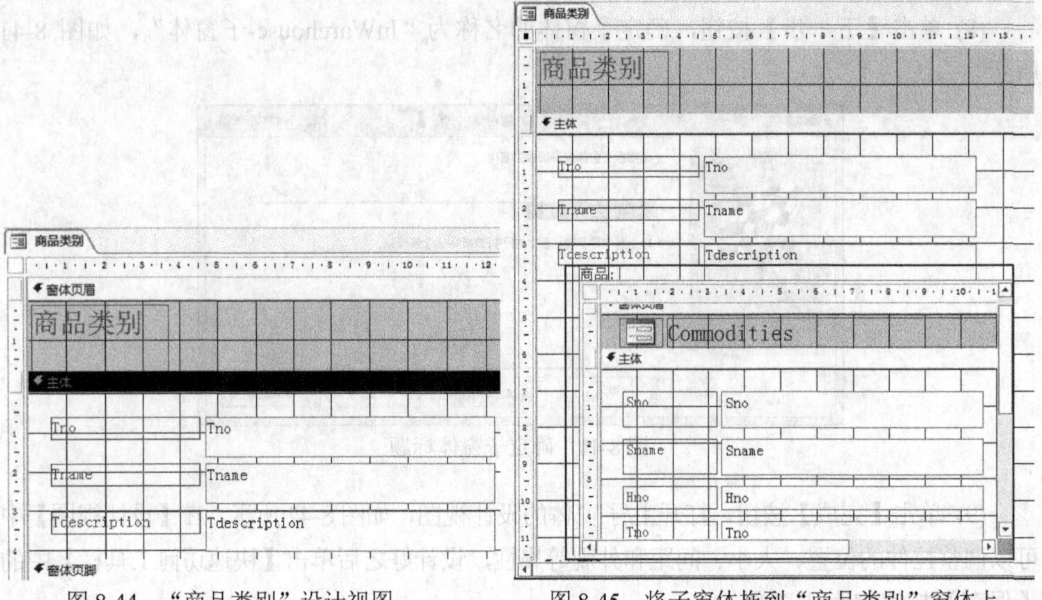

图 8-44　“商品类别”设计视图　　　图 8-45　将子窗体拖到“商品类别”窗体上

(4) 保存并切换到窗体的窗体视图，可以看到主子窗体中的记录已经自动关联好了，如图 8-46 所示。

如果两个窗体中的数据不能自动关联，可以打开窗体的设计视图，选中子窗体，将【属性表】窗格切换到【数据】选项卡，可以通过子窗体的【链接子字段】和【链接主字段】属性进行关联设置，如图 8-47 所示。

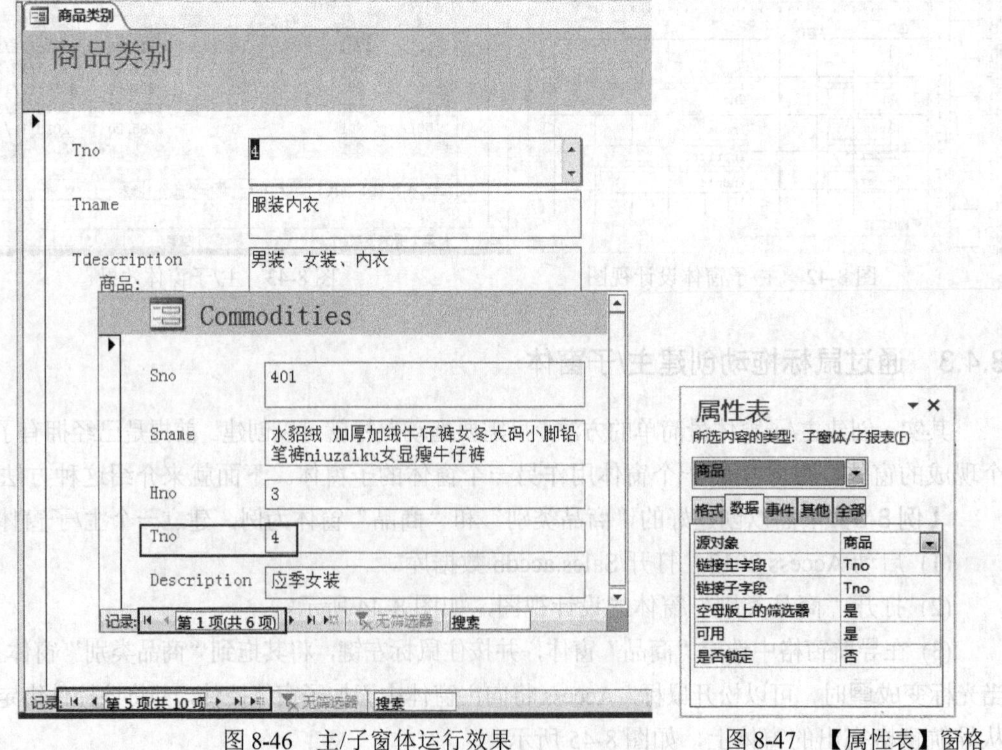

图 8-46　主/子窗体运行效果　　　图 8-47　【属性表】窗格

除了以上介绍的创建主/子窗体的方法外，还可以将这些方法综合起来，创建两级子窗体或者是包含嵌套子窗体的窗体，这里不再做过多介绍，感兴趣的读者可阅读其他参考书自行研究。

8.5　在窗体中筛选记录

前面我们学习过在表中对记录进行筛选和排序，在窗体中也可以使用筛选来查看或编辑记录的子集。筛选记录的方法主要有：按选定内容筛选、按窗体筛选以及高级筛选/排序。需要注意的是，必须在窗体视图或数据表视图中运用。

8.5.1　按选定内容筛选

与在表中进行筛选一样，在窗体中也可以按选定内容进行筛选，主要方法有以下几种。

1. 通过筛选器进行筛选

如果要按选定的内容筛选，操作步骤如下。

(1) 打开供货商窗体的窗体视图。

(2) 在窗体中，将光标定位到要筛选的字段单元格中，打开【开始】选项卡，在【排序和筛选】组单击【筛选器】按钮，在当前字段上将弹出一个下拉列表。

(3) 在下拉列表框中选择要查看的记录值，如图 8-48 所示。

图 8-48　按选定内容筛选

筛选结果如图 8-49 所示。

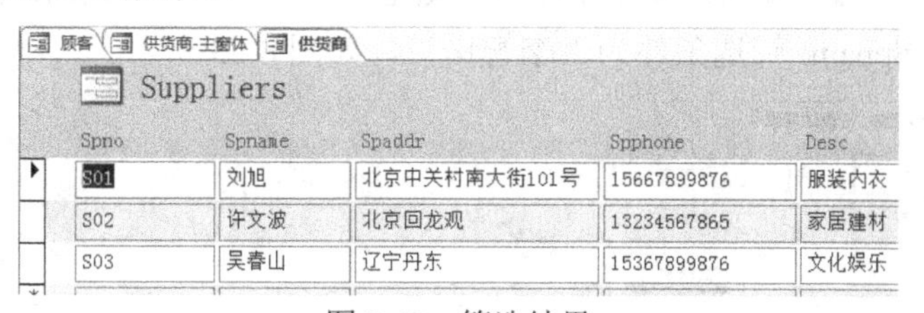

Spno	Spname	Spaddr	Spphone	Desc
S01	刘旭	北京中关村南大街101号	15667899876	服装内衣
S02	许文波	北京回龙观	13234567865	家居建材
S03	吴春山	辽宁丹东	15367899876	文化娱乐

图 8-49　筛选结果

2. 通过【选择】功能按钮进行筛选

通过【选择】功能按钮进行筛选，操作步骤如下。

(1) 在窗体中，将光标定位到要筛选的字段单元格中，例如在 Spname 字段值为“李智诺”的单元格中，如图 8-50 所示。

(2) 在【开始】选项卡的【排序和筛选】组中单击【选择】按钮，从弹出的下拉列表中可以选择与“李智诺”相关的筛选条件，如图 8-51 所示。

(3) 通过选择不同的命令，即可筛选出满足条件的记录。

如果要取消筛选，可以在该字段的任意单元格中右击鼠标，从弹出的快捷菜单中选择【从‘Spname’清除筛选器】命令即可，如图 8-52 所示。

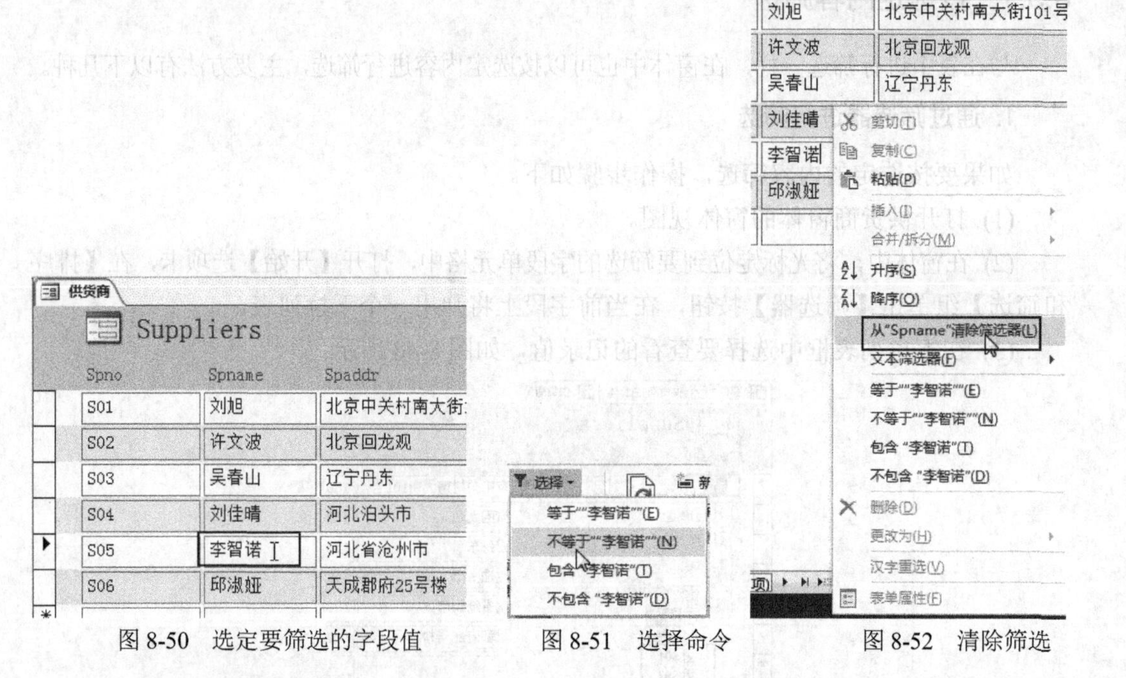

图 8-50　选定要筛选的字段值　　　图 8-51　选择命令　　　图 8-52　清除筛选

8.5.2　按窗体筛选

按窗体筛选的操作步骤如下。

(1) 还是以【供货商】窗体为例，打开该窗体，单击【开始】选项卡【排序与筛选】选项组中的高级按钮，选择 【按窗体筛选】命令。

(2) Access 打开【供货商：按窗体筛选】设置界面，可以根据需要在任意字段设置筛选条件，本例设置 Spname 筛选条件为“李智诺”，如图 8-53 所示。

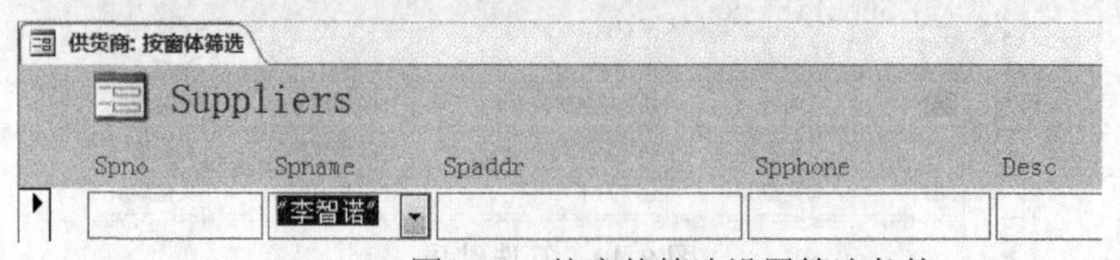

图 8-53　按窗体筛选设置筛选条件

(3) 在【开始】选项卡下的【排序和筛选】组中，单击【切换筛选】按钮。Access 筛选出符合条件的记录，如图 8-54 所示。

图 8-54　筛选记录

8.5.3　高级筛选/排序

进行高级筛选/排序的操作步骤如下。

(1) 仍以供货商窗体为例，打开该窗体，单击【开始】选项卡【排序与筛选】选项组中的【高级】按钮，选择【高级筛选/排序】命令。

(2) 打开筛选设置窗口，如图 8-55 所示，该窗口与查询设计窗口类似，在该窗口中可以指定筛选的字段和条件，也可以按指定的字段对筛选结果进行排序。

(3) 设置好筛选条件后，单击【开始】选项卡【排序与筛选】选项组中的【切换筛选】按钮，或者是选择【高级】按钮下的【应用筛选/排序】命令，即可按所指定的顺序显示筛选记录。

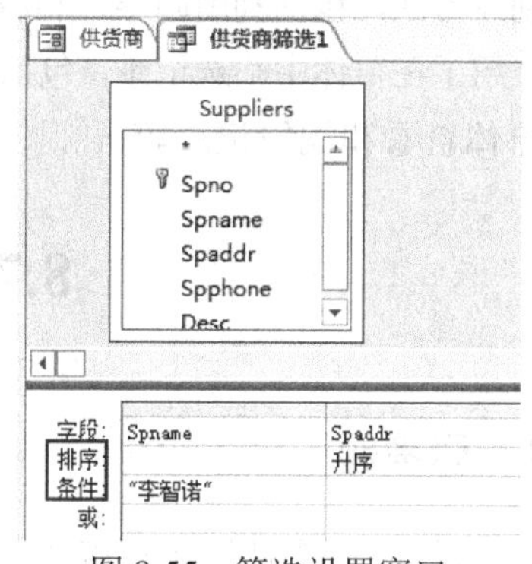

图 8-55　筛选设置窗口

8.5.4　查看、添加、删除记录

对数据进行查看、添加和删除是一般窗体具备的最基本的功能。

1. 查看窗体数据

打开窗体，即可对窗体中的数据进行查看。一般根据不同的要求，可以创建不同的窗体来查看数据记录。如用户可以创建普通窗体、模式对话框或者数据表窗体等。

对数据进行查看时，可以借助 Access 系统提供的导航栏，利用导航栏可以查看上一条数据、下一条数据。

在窗体的【属性表】窗格中可以设置该导航栏显示与否，如图 8-56 所示。

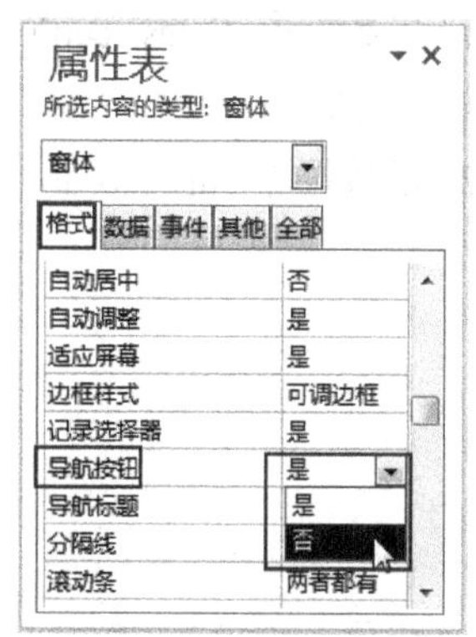

图 8-56　设置导航栏显示与否

2. 添加删除窗体数据

如果在窗体的【属性表】窗格中设置了可以对窗体中的数据进行编辑，那么用户就可以在窗体中进行数据的添加和删除操作。

如果要添加记录，在工具栏上单击【新记录】按钮，窗体上将显示一个让用户输入数据的空白记录，可以在相应的控件中输入每一个字段的值。

如果要删除记录，选中要删除的记录值，然后直接单击【删除记录】按钮或者按下 Delete 键即可。

8.6　本章小结

窗体对象是 Access 数据库的第三大对象。本章主要介绍了窗体的相关知识。首先介绍了窗体的概念及相关知识，包括窗体的功能、窗体的类型；接着介绍窗体的创建方法，包括快速创建窗体、窗体的视图、使用窗体向导创建窗体以及创建空白窗体；然后介绍了窗体的设计，包括窗体的设计视图、控件的使用、窗体和控件的属性设置等；接下来介绍的是主/子窗体的创建方法，包括利用向导、利用子窗体控件以及通过鼠标拖动 3 种方法创建主/子窗体；最后介绍了在窗体中筛选记录，包括按选定内容筛选、按窗体筛选、高级筛选/排序操作以及利用窗体查看和编辑记录等。

8.7　思考和练习

8.7.1　思考题

1. 窗体的功能是什么？窗体有几种类型？
2. 在 Access 中，窗体有几种视图？
3. 创建窗体的方法主要有哪些？简述方法和步骤。
4. 创建主/子窗体的方法有哪些？简述方法和步骤。
5. 简述在窗体环境中如何进行记录的筛选与排序。

8.7.2　练习题

1. 以数据库 Sales.accdb 中的各个数据表为数据源，分别练习快速创建窗体、使用向导创建窗体等方法。

2. 以数据库 Sales.accdb 中的数据表 InWarehouse、Commodities 为数据源创建主/子窗体。

第9章　报　　表

报表是专门为打印而设计的特殊窗体。在 Access 2013 中使用报表对象来实现打印格式数据功能。将数据库中的表和查询的数据进行组合，形成报表，还可以在报表中添加分组和汇总等信息。本章将介绍报表相关的知识，包括报表的创建、设计、编辑、打印、子报表的创建以及如何在报表中添加分组和汇总等高级应用。

本章的学习目标：

- 了解报表与窗体的区别
- 了解报表的结构与分类
- 掌握快速创建报表的方法
- 掌握子报表的创建方法
- 掌握报表的页面设置和打印预览
- 掌握报表数据的分组与排序
- 掌握报表中数据的汇总统计

9.1　报表概述

报表的主要功能是显示表或查询中的数据记录，并将其打印出来。在使用报表之前，应该对报表的结构和类型进行必要的了解。

报表的具体功能包括以下几个方面。

- 在大量数据中进行比较、小计、分组和汇总，并通过对记录的统计来分析数据等。
- 报表可以设计成美观的目录、表格、发票、购物订单和标签等形式。
- 生成带有数据透视图或透视表的报表，可以增强数据的可读性。

9.1.1　报表与窗体的区别

报表与窗体一样，也是属于 Access 数据库系统中的一种对象，都可以显示数据表中的数据记录，其创建方式也基本相同，在运行时的效果也相差不多，如图 9-1 所示。除了输入数据，窗体的其他所有特点都适用于报表，各种窗体控件也适用于报表。窗体中的计算字段可根据记录数量执行统计操作，报表则可进一步按照分组、每页或全部记录执行统计。

提示：

可以将窗体另存为报表，然后在报表的设计视图中修改和添加自定义控件。

Customers

Cno	Cname	Cgender	Caddr	Cphone	Cpwd
1	赵智暄	女	河北省沧州市	15910806516	1955140
2	林英	女	北京市大兴区	18691464543	1234567
3	陈浩	男	浙江省杭州市	15532795819	qazwsxe
4	胡杨	女	北京回龙观北清路	13582717406	rfvtgby
5	许书伟	男	河北省邯郸市	13222113344	13542yh
6	葛冰	女	河北省沧州市	13831705804	13542yh
7	曹月	男	陕西西安	1564325689	4564rfv
8	刘勇	男	湖北武汉	13211456678	fghufff
9	马俊	男	吉林省四平市	13666547788	fhbfklf
10	曹月	女	山西平遥	15548776542	caoyueb
11	赵艳铎	男	北京市海淀区	13718869146	2459sda
12	栾鹏	男	北京市西城区	13681187162	luanlao

供货商

Suppliers

Spno	Spname	Spaddr	Spphone
S01	刘旭	北京中关村南大街101号	15667899876
S02	许文波	北京回龙观	13234567865
S03	吴春山	辽宁丹东	15367899876
S04	刘佳晴	河北泊头市	14332156789
S05	李智诺	河北省沧州市	13110233245
S06	邱淑娅	天成郡府25号楼	13161665684

图 9-1　报表(上)与窗体(下)在运行时的效果

虽然报表与窗体有很多相似之处，但它们之间也存在很大的区别。从报表和窗体的性质来看，窗体可以看作是一种容器，可以容纳各种控件；而报表则可以视为一种特殊的控件，可以在窗体中按特殊的方式显示数据表中的数据。除此之外，报表与窗体的主要区别如下：

- 报表是主要用于打印到纸张上的数据布局，而窗体是主要用于在屏幕上显示表中数据。
- 报表只能显示数据，不能提供交互操作，而窗体能。
- 报表注重对当前数据源数据的表达，而窗体注重整个数据的联系和操作的方便性。

9.1.2　报表的视图

在 Access 中，报表共有 4 种视图：报表视图、打印预览视图、布局视图和设计视图。

报表视图是报表设计完成后，最终被打印的视图。在报表视图中可以对报表应用高级筛选，以筛选所需要的信息。

在打印预览视图中，可以查看显示在报表上的每页数据，也可以查看报表的版面设置。在打印预览视图中，鼠标指针通常以放大镜方式显示，单击鼠标就可以改变版本的显示大小。

在布局视图中，可以在显示数据的情况下，调整报表版式。可以根据实际报表数据调整列宽，将列重新排列并添加分组级别和汇总。报表的布局视图与窗体的布局视图的功能和操作方法十分相似。

设计视图用于编辑和修改报表。在报表的设计视图中，报表的组成部分被表示成许多带状区域，和窗体中的带状区域一样，可以改变各部分的长度和宽度。报表所包含的每一个区域只会在设计视图中显示一次，但是，在打印报表时，某些区域可能会被重复打印多次。与在窗体中一样，报表也是通过使用控件来显示信息的。

切换报表视图的方法与切换窗体视图的方法相同，只需单击功能区选项卡中的【视图】下拉按钮，从弹出的下拉菜单中选择相应的视图命令即可。

9.1.3 报表的结构

在 Access 中，报表的结构与窗体的结构相似，也是由报表页眉、页面页眉、主体、页面页脚和报表页脚 5 部分组成(在报表的设计视图中才能看到)，如图 9-2 所示。

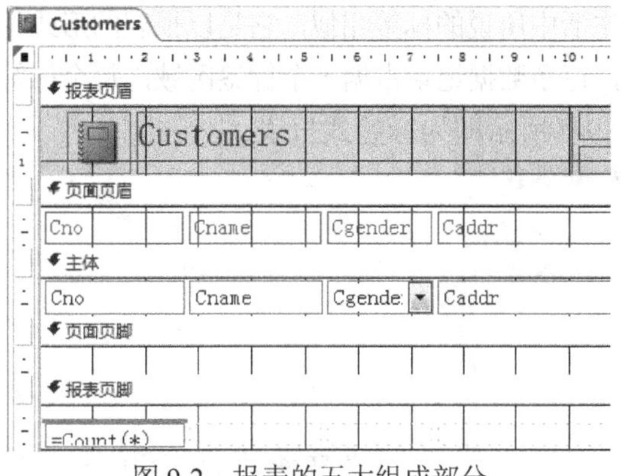

图 9-2 报表的五大组成部分

- 报表页眉：位于报表的最顶端，主要用于显示报表的标题、Logo 图片或说明性文字，每个报表只有一个报表页眉。
- 页面页眉：主要用来显示该报表展现的字段标题，打印在报表每页的顶端。如果报表页眉独立在不同的页面中，则页面页眉总是打印在报表页眉的下面。
- 主体：这是报表最主要的部分，与窗体的主体部分相同，用于显示和处理记录，打印表或查询中的数据记录。
- 页面页脚：通常用来显示报表的日期、页码、总页数及制作人等信息。与页面页眉相对，页面页脚打印在报表每一页的下端。
- 报表页脚：可以用来显示整个报表的统计数据，只出现在报表最后一页的页面页脚的下方，每个报表只有一个报表页脚。

提示：

可以建立多层次的组页眉和组页脚，但不可分出太多层，一般不超过 6 层。

9.1.4 报表的分类

在 Access 中，报表可分为表格式报表、纵栏式报表和标签式报表 3 种基本类型，下面分别对这 3 种报表类型进行简单介绍。

1. 表格式报表

表格式报表又称为分组/汇总报表，此类报表类似于用行和列显示数据的表格，一个记录的所有字段显示在一行。可对一个或多个字段数据进行分组，在每个分组中执行汇总计算。有些分组/汇总表也具有汇总和计算的功能。如图 9-1 中的报表就是一个表格式报表。

2. 纵栏式报表

纵栏式报表又称为窗体式报表，它以列的方式显示记录源的每个记录，记录中的每个字段占一行。纵栏式报表像数据输入窗体一样可以显示许多数据但不能用来进行数据的输入。如图 9-3 所示为一个纵栏式报表。

3. 标签式报表

标签式报表与日常生活中所说的标签相似，它是以报表的形式将用户所选择的数据以标签方式进行排列和打印，每条数据记录占据一个标签区域，每个标签区域都包含用户所选择的所有字段数据。如图 9-4 所示即为标签式报表。

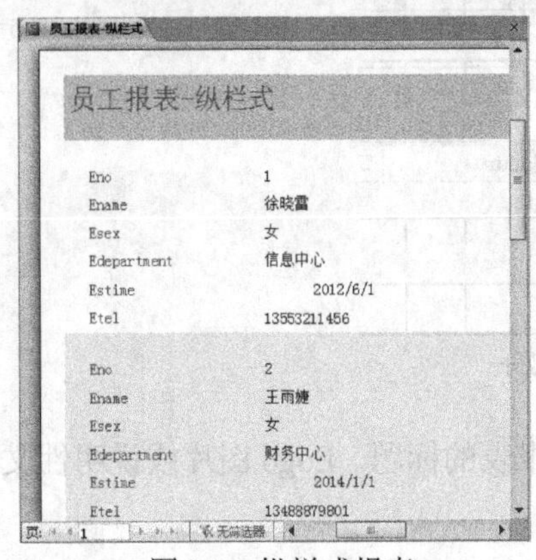

图 9-3　纵栏式报表

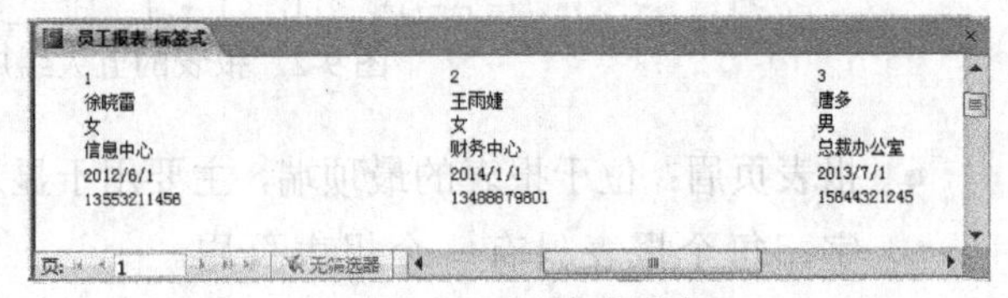

图 9-4　标签式报表

9.2　创建报表

在 Access 中提供了多种创建报表的方法，可以通过简单报表工具、报表向导、空报表工具、设计视图(也称为报表设计)和标签向导等来创建报表。

创建一个好的报表要完成以下 8 个步骤。

(1) 设计报表。

(2) 组织数据。

(3) 创建新的报表并绑定表或查询。

(4) 定义页的版面属性。

(5) 使用文本控件在报表上放置字段。

(6) 在必要时添加其他标签和文本控件。

(7) 修改文本、文本控件以及标签控件的外观、大小和位置。

(8) 保存报表。

9.2.1　一键生成报表

在 Access 2013 中，如果要根据表和查询快速生成一个表格式的报表非常简单，只需在导航窗格中选择要创建报表的表或查询，在【创建】选项卡的【报表】组中单击【报表】按钮即可。

提示：

通过单击【报表】按钮虽然可以快速生成报表，但生成的报表中将包含数据源表和查询中的所有字段，并且各字段默认占据的列宽都相同，这就使得有部分字段内容显示不全，或者部分字段的列宽有过多的空余，这时需要在设计视图中手动对各列的列宽进行调整，以达到较好的打印效果。

9.2.2　使用向导创建报表

报表向导是一种创建报表比较灵活和方便的方法，利用向导，用户只需选择报表的样式和布局，选择报表上显示哪些字段，即可创建报表。在报表向导中，还可以指定数据的分组和排序方式，指定报表包含的字段和内容等。如果事先指定了表与查询之间的关系，还可以使用来自多个表或查询的字段进行创建。

【例 9-1】使用报表向导，以 Sales.accdb 数据库中的商品表 Commodities 为数据源，创建一个报表。

(1) 启动 Access 2013，打开 Sales.accdb 数据库。

(2) 在导航窗格中选择商品表 Commodities，在【创建】选项卡的【报表】组中单击【报表向导】按钮报表向导，启动向导，打开【报表向导】对话框。

(3) 向导的第 1 步是确定报表的数据来源以及字段内容。在【表/查询】下拉列表中选择【表：Commodities】，然后将表中的所有字段添加到【选定字段】列表中，如图 9-5 所示。

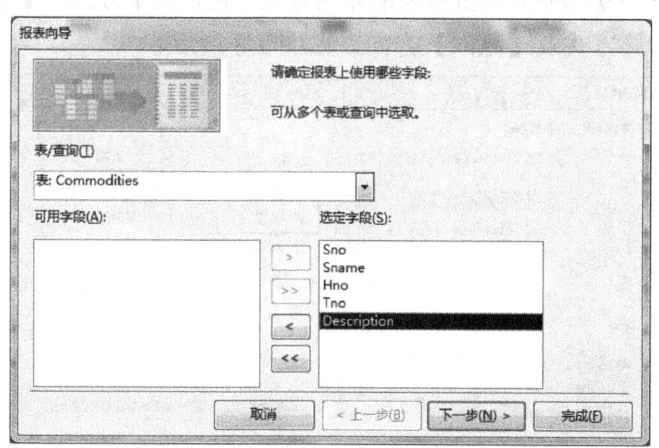

图 9-5　添加字段

(4) 单击【下一步】按钮，确定是否添加分组，由于该表已经与商品类别表建立了“一对多”的关系，所以默认会以 Tno 字段进行分组，如图 9-6 所示，可以单击【分组选项】按钮设置其分组间隔。

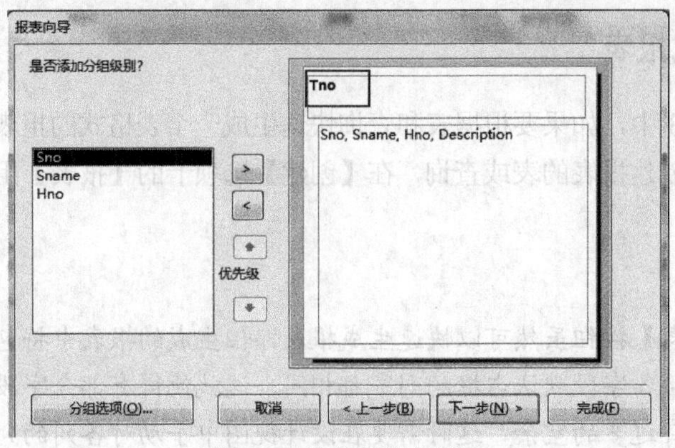

图 9-6　选择分组级别

(5) 单击【下一步】按钮，设置记录的排序次序，这里选择 Sno 字段为排序依据，如图 9-7 所示。

图 9-7　确定记录所用的排序次序

(6) 单击【下一步】按钮，设置报表的布局方式，包括两个方面：【布局】和【方向】。这里选择【块】布局方式及【纵向】方向，如图 9-8 所示。

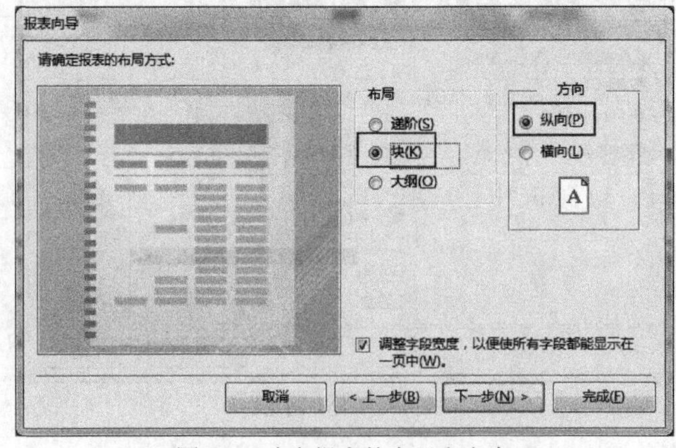

图 9-8　确定报表的布局和方向

(7) 单击【下一步】按钮，为报表指定标题 Commodities。

(8) 单击【完成】按钮，完成报表的创建，并打开报表的【打印预览】视图，效果如图 8-11 所示。

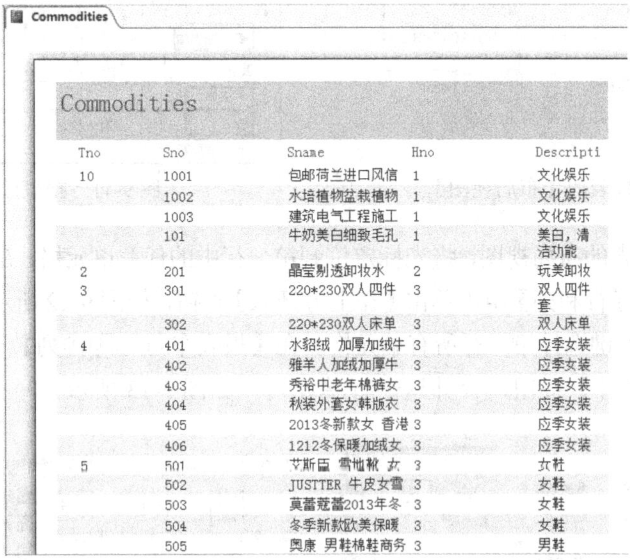

Commodities

Commodities

Tno	Sno	Sname	Hno	Descripti
10	1001	包邮荷兰进口风信	1	文化娱乐
	1002	水培植物盆栽植物	1	文化娱乐
	1003	建筑电气工程施工	1	文化娱乐
	101	牛奶美白细致毛孔	1	美白，清洁功能
2	201	晶莹剔透卸妆水	2	玩美卸妆
3	301	220*230双人四件	3	双人四件套
	302	220*230双人床单	3	双人床单
4	401	水貂绒 加厚加绒牛	3	应季女装
	402	雅羊人加绒加厚牛	3	应季女装
	403	秀裕中老年棉裤女	3	应季女装
	404	秋装外套女韩版衣	3	应季女装
	405	2013冬新款女 香港	3	应季女装
	406	1212冬保暖加绒女	3	应季女装
5	501	艾斯臣 雪地靴 女	3	女鞋
	502	JUSTTER 牛皮女雪	3	女鞋
	503	莫蕾蔻蕾2013年冬	3	女鞋
	504	冬季新款欧美保暖	3	女鞋
	505	奥康 男鞋棉鞋商务	3	男鞋

图 9-9　报表预览效果

9.2.3　使用空报表创建报表

无论是一键生成的报表，还是通过向导工具生成的报表，在布局样式上都可能没有完全符合用户的需要，这时就需要对报表的设计进行各种自定义操作。

当要创建一个布局非常灵活的报表时，可以先创建一个空白报表，然后根据自己的需要在布局视图中向报表添加需要的字段或其他报表元素，并对其位置和大小等进行设置，从而达到理想的效果。

【例 9-2】以 Sales.accdb 数据库中的管理员表 Managers 为数据源，通过空报表创建并设计报表。

(1) 启动 Access 2013，打开 Sales.accdb 数据库。

(2) 单击【创建】功能区选项卡的【报表】组中的【空报表】按钮，新建空白报表，并打开报表的布局视图。

(3) 单击快速访问工具栏中的【保存】按钮，将报表保存为“管理员”。

(4) 单击【报表布局工具|设计】选项卡的【工具】组中的【添加现有字段】按钮，打开【字段列表】窗口，单击【显示所有表】链接，显示当前数据库中的所有表。

(5) 展开 Managers 表，双击 Mno、Mname 和 Mphone 字段，这些字段将被添加到报表的布局视图中，如图 9-10 所示。

提示：

切换到报表的【设计视图】，可以看出，在【布局视图】中添加的字段，其实是在报表的【页面页眉】节中添加标签作为报表的列标题，在【主体】节中添加文本框控件，并绑定到相应的字段，如图 9-11 所示。

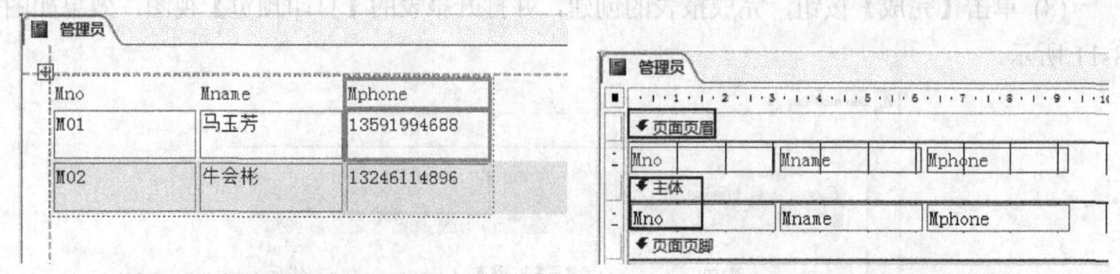

图 9-10　报表的【布局视图】　　　　图 9-11　报表的设计视图

(6) 切换回报表的布局视图，将光标定位到第一行中的任意单元格，在【报表布局工具 | 排列】选项卡中的【行和列】组中单击【在上方插入】按钮，如图 9-12 所示，插入一行空列。

(7) 按住 Shift 键选择第一行所有单元格，在【报表布局工具|排列】选项卡的【合并/拆分】组中单击【合并】按钮，合并这一行单元格，如图 9-13 所示。

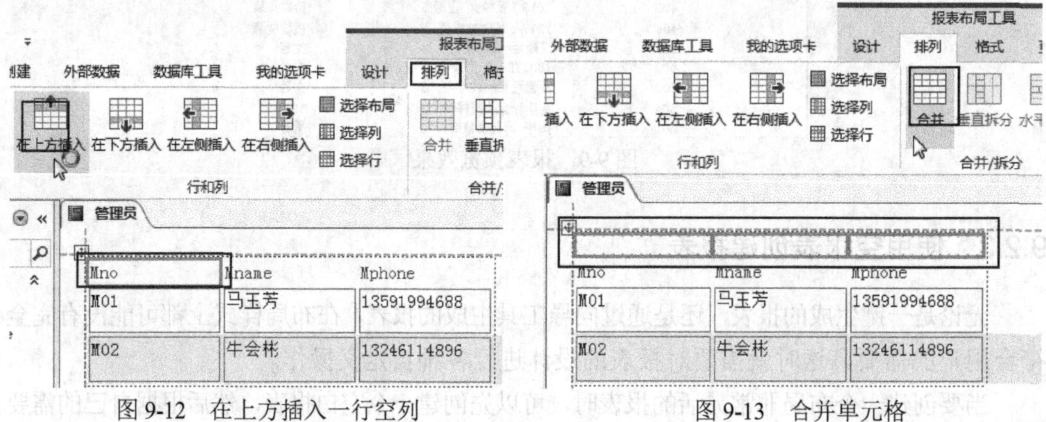

图 9-12　在上方插入一行空列　　　　图 9-13　合并单元格

(8) 在合并后的单元格中输入文本“管理员信息表”，选中文本，在【报表布局工具|格式】选项卡的【字体】组中设置文本的字体格式：大小为 16，红色，居中显示，效果如图 9-14 所示。

(9) 保存所做的修改，切换到报表视图，即可预览报表的运行效果，如图 9-15 所示。

图 9-14　在合并的单元格添加文本

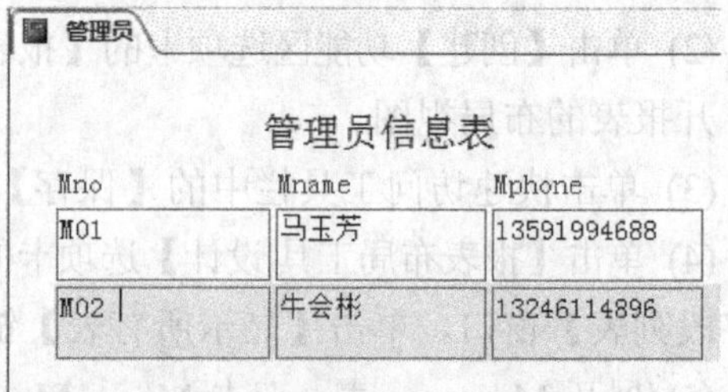

图 9-15　报表运行效果

9.2.4　使用设计视图创建报表

在报表的布局窗口中虽然可以对报表进行设计，但各字段的排列位置却不够灵活，并且很容易将主体的内容放到页眉中，而在报表的设计视图中对报表进行设计，则不会出现这种情况。

【例 9-3】以 Sales.accdb 数据库中的 Commodities 表为数据源，使用设计视图创建报表。

(1) 启动 Access 2013，打开 Sales.accdb 数据库。

(2) 在功能区的【创建】选项卡的【报表】组中，单击【报表设计】按钮，新建一个空白报表并打开报表的设计视图。

(3) 在【报表设计工具 | 设计】选项卡的【控件】组中选择【标签】选项，在报表的页面页眉部分添加一个标签，标签中的文本为“商品信息报表”，并设置标签的字体格式，如果 9-16 所示。

(4) 调整页面页眉部分的高度，然后打开【字段列表】窗格，将商品表 Commodities 中的商品编号 Sno 字段拖动到报表的主体部分中，如图 9-17 所示。

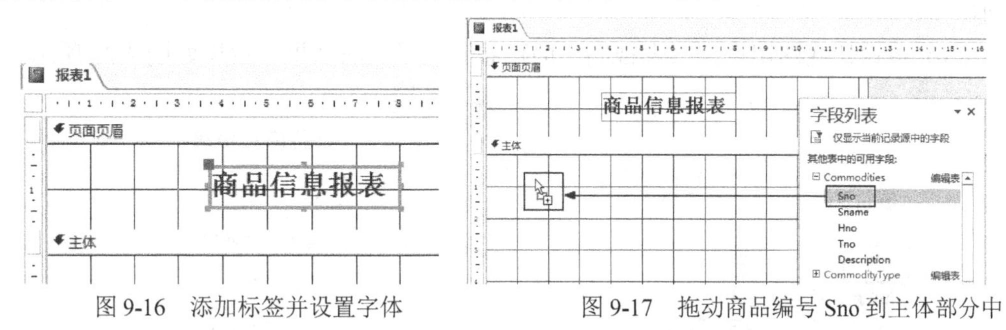

图 9-16 添加标签并设置字体　　图 9-17 拖动商品编号 Sno 到主体部分中

(5) 用相同的方法将其他需要在报表中显示的字段添加到报表的主体部分中，并调整好各字段的大小和位置，如图 9-18 所示。

(6) 将鼠标光标移动到主体部分最下端和页面页脚部分最下端，当鼠标光标变成双箭头时，按住鼠标左键并拖动以调整各部分的大小，如图 9-19 所示。

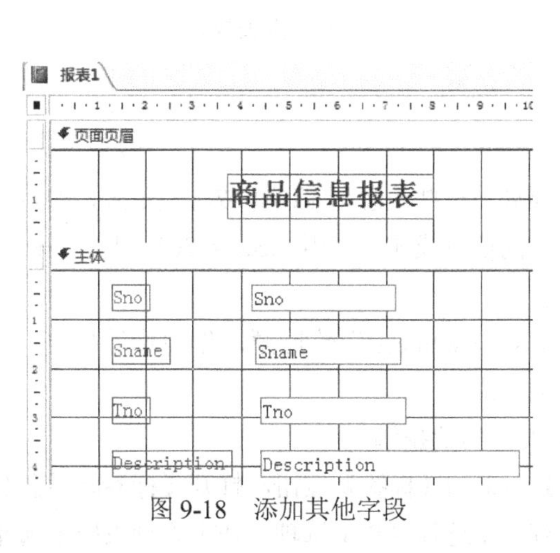

图 9-18 添加其他字段

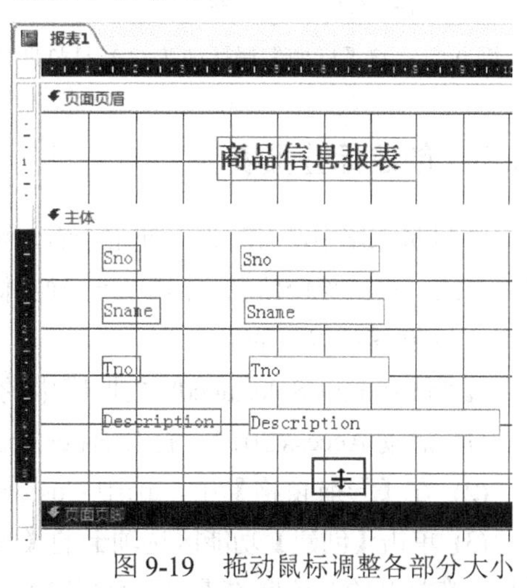

图 9-19 拖动鼠标调整各部分大小

(7) 在页面页脚部分添加一个标签控件和一个文本框控件，分别用于显示报表的制作人和制作时间。

(8) 选中页面页脚部分的文本框控件，在【属性表】对话框中单击【数据】选项卡，设置其【控件来源】属性为“=Date()”，如图 9-20 所示。

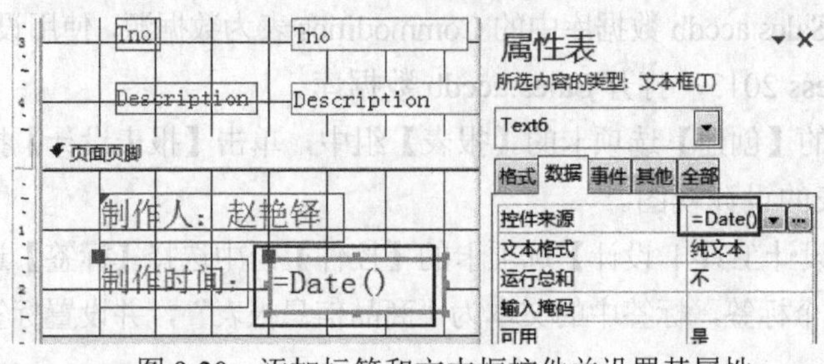

图 9-20　添加标签和文本框控件并设置其属性

(9) 打开报表的【属性表】窗格，将报表的【标题】属性改为“商品打印”，如图 9-21 所示。

(10) 将设计视图切换到报表视图，即可看到该报表的结果，效果如图 9-22 所示。

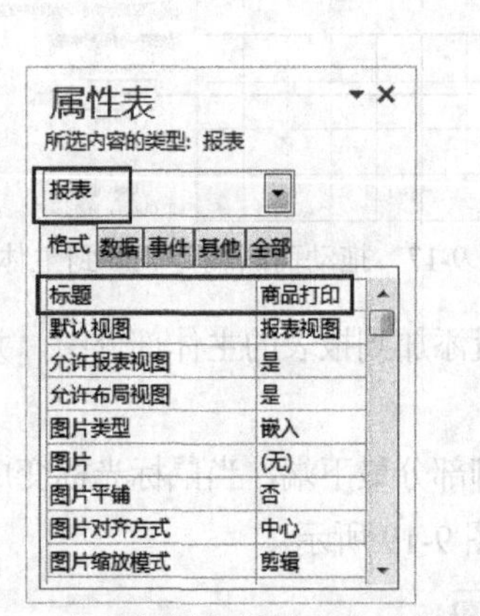

图 9-21　将【标题】属性改为“商品打印”

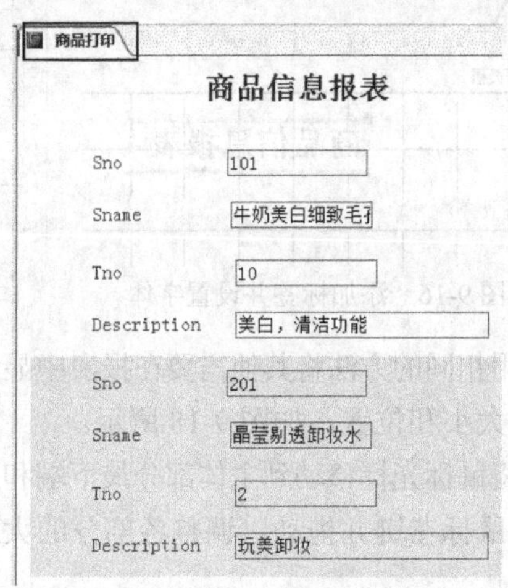

图 9-22　报表效果

9.2.5　创建标签报表

在日常工作中，有时为了便于查看，可能需要将一些信息记录制作成标签形式，如客户联系方式、员工身份信息。标签是一种类似名片的信息载体，使用 Access 2013 提供的标签向导可以创建标签报表。

【例 9-4】以 Sales.accdb 数据库中的顾客表 Customers 为数据源，创建标签报表。

(1) 启动 Access 2013，打开 Sales.accdb 数据库。

(2) 在【导航窗格】中，选中 Customers 表作为数据源。

(3) 单击【创建】功能区选项卡的【报表】组中的【标签】按钮，打开【标签向导】对话框。在打开的对话框的【按厂商筛选】下拉列表中选择 APLI 选项，在上方列表框中选择【APLI 1232】选项，如图 9-23 所示。

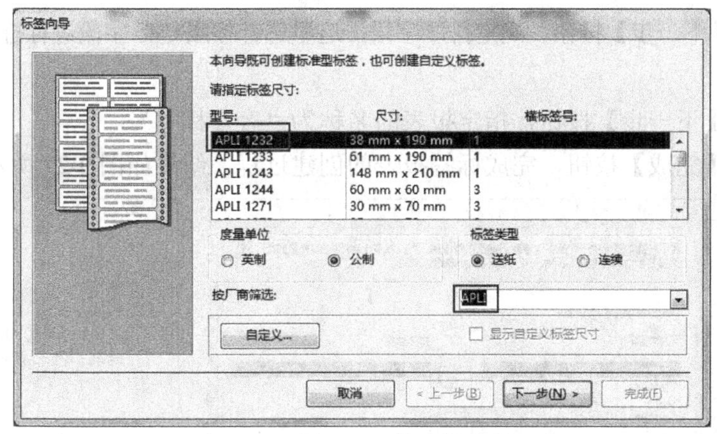

图 9-23　指定标签的尺寸

(4) 单击【下一步】按钮，设置文本的字体和颜色，本例选择字体为【楷体】，设置【字号】为12，颜色为红色，如图9-24所示。

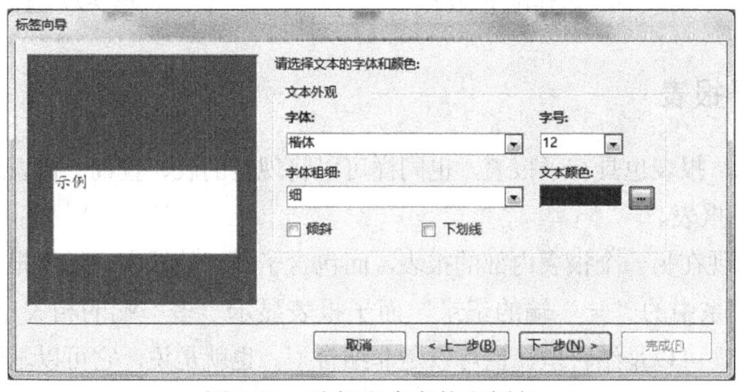

图 9-24　选择文本字体和颜色

(5) 单击【下一步】按钮，确定标签的显示内容，首先选择Cno字段，然后单击 按钮将其添加到【原型标签】列表中，接着，将光标定位到{Cno}之前，输入文本“编号：”。

(6) 将【原型标签】列表中的光标定位到【编号：{Cno}】下面的空白行，从【可用字段】中选择Cname字段，按第(5)步的操作将其添加到【原型标签】列表中，并在其签名中输入文本“姓名：”，接着添加Cphone和Caddr字段，结果如图9-25所示。

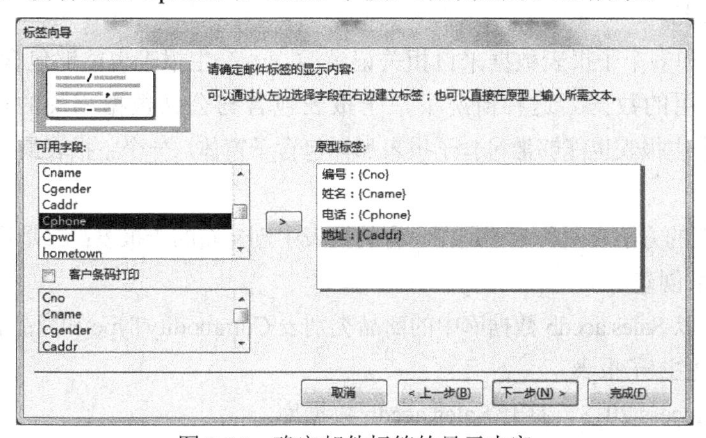

图 9-25　确定邮件标签的显示内容

(7) 单击【下一步】按钮，确定排序字段，这里选择按照 Cno 字段进行排序，如图 9-26 所示。

(8) 单击【下一步】按钮，指定报表的名称为“客户标签”。

(9) 单击【完成】按钮，完成标签报表的创建过程，结果如图 9-27 所示。

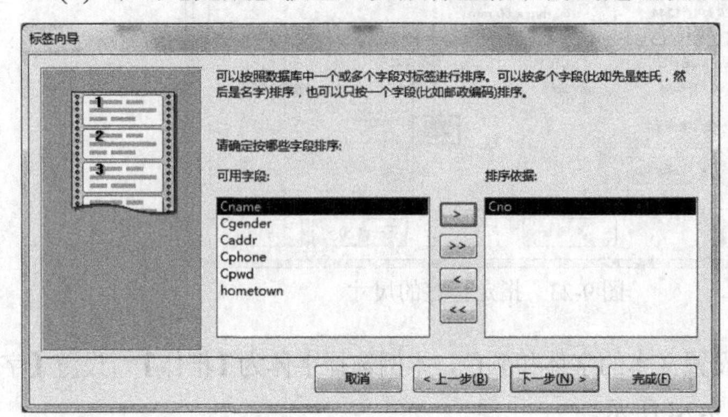

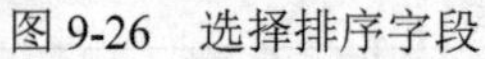
图 9-26　选择排序字段

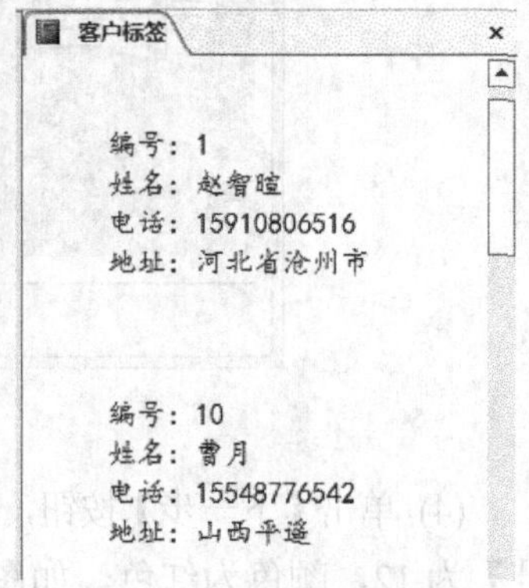

图 9-27　标签报表效果

9.2.6　创建子报表

与窗体相似，报表也具有子报表，也同样可以将现有的表、查询、报表或窗体添加到主报表中，形成子报表。

子报表是出现在另一个报表内部的报表，而包含子报表的报表叫做主报表。主报表中包含的是一对多关系中的“一”端的记录，而子报表显示“多”端的相关记录。

一个主报表，可以是结合型，也可以是非结合型。也就是说，它可以基于表格、查询或 SQL 语句，也可以不基于它们。通常，主报表与子报表的数据来源有以下几种关系。

- 一个主报表内的多个子报表的数据来自不相关的记录源。在这种情况下，非结合型的主报表只是作为合并不相关的子报表的“容器”使用。
- 主报表和子报表数据来自相同数据源。当希望插入包含与主报表数据相关信息的子报表时，应该把主报表与一个表或查询或 SQL 语句结合。例如，对于某个公司的财务报表，可以使用主报表显示每年的财务情况，而使用子报表显示每季度的财务情况。
- 主报表和多个子报表数据来自相关记录源。一个主报表也能够包含两个或多个子报表共用的数据。这种情况下，子报表包含与公共数据相关的详细记录。

此外，一个主报表也能够像包含子报表那样包含子窗体，一个主报表最多能够包含两级子窗体和子报表。

创建子报表的方法有两种：一是在已有的报表中创建新的子报表；二是将已有报表添加到其他报表中来创建。

【例 9-5】以 Sales.accdb 数据库中的商品类别表 CommodityType 和商品表 Commodities 为数据源，创建主/子报表。

(1) 启动 Access 2013，打开 Sales.accdb 数据库。

(2) 在【导航窗格】中选中 CommodityType 表作为数据源。

(3) 在【创建】功能区选项卡的【报表】组中，单击【报表】按钮，创建基本报表，并打开报表的【布局视图】如图 9-28 所示。

CommodityType

CommodityType　　2016年2月17日 18:54:14

Tno	Tname	Tdescription
1	护肤品	保养类
2	化妆品	化妆类
3	床上用品	床单、被罩、枕巾、毯、被等
4	服装内衣	男装、女装、内衣
5	鞋包配饰	男鞋、女鞋、男包、女包、旅行箱包、女士配饰、男士配饰
6	母婴用品	妇女婴儿用品
7	家具建材	厨卫卫浴、灯具照明、家用沙发、家用床、家居建材等

图 9-28　商品类别报表的布局视图

(4) 切换到报表的【设计视图】，将【主体】区域调大一些，然后单击【报表设计工具|设计】选项卡下【控件】组中的【子窗体|子报表】按钮，在报表主体位置单击并拖动鼠标，将画出一个矩形区域，同时打开【子报表向导】对话框。

(5) 在向导的第一步中，选中【使用现有的表和查询】单选按钮，如图 9-29 所示。

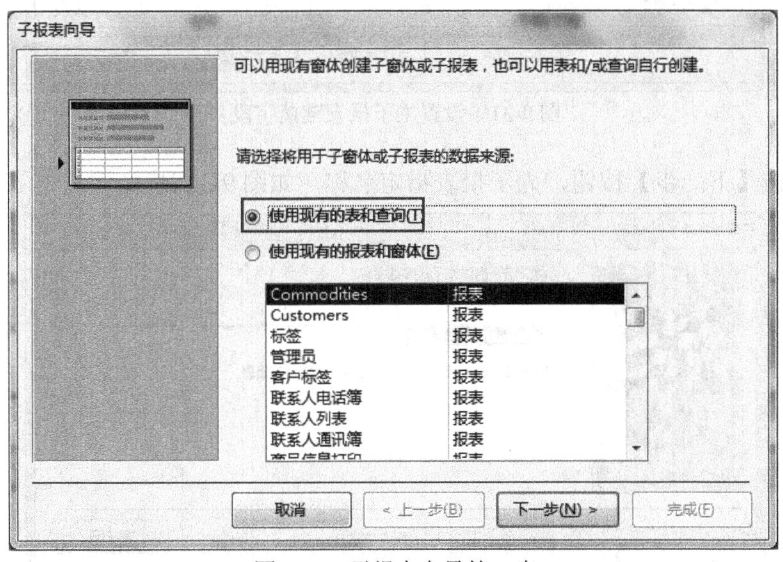

图 9-29　子报表向导第一步

(6) 单击【下一步】按钮，选择子报表中包含的字段，在【表/查询】下拉列表中选择【表：Commodities】选项，将除 Tno 以外的字段添加到【选定字段】列表框中，如图 9-30 所示。

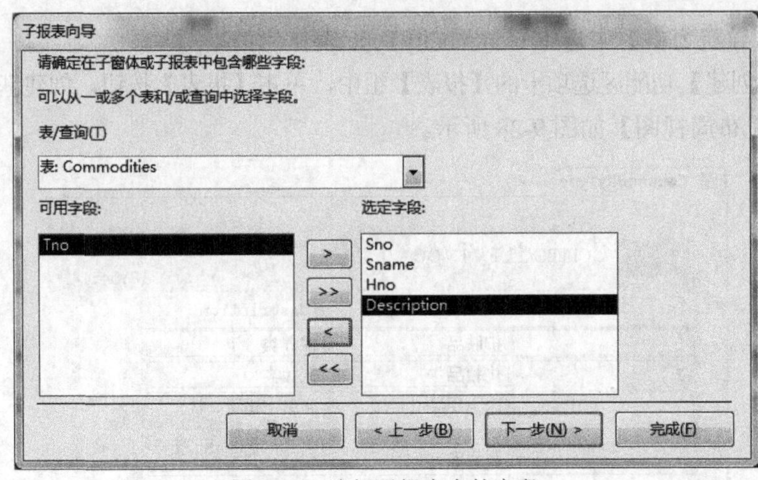

图 9-30　选择子报表中的字段

(7) 单击【下一步】按钮，设置主子报表链接的字段，本例选择默认设置，可以看出两个表通过 Tno 字段进行链接，如图 9-31 所示。

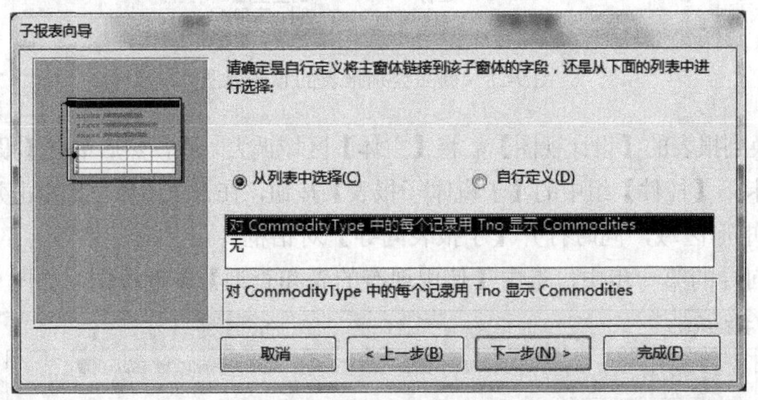

图 9-31　设置主子报表链接字段

(8) 单击【下一步】按钮，为子报表指定名称，如图 9-32 所示。

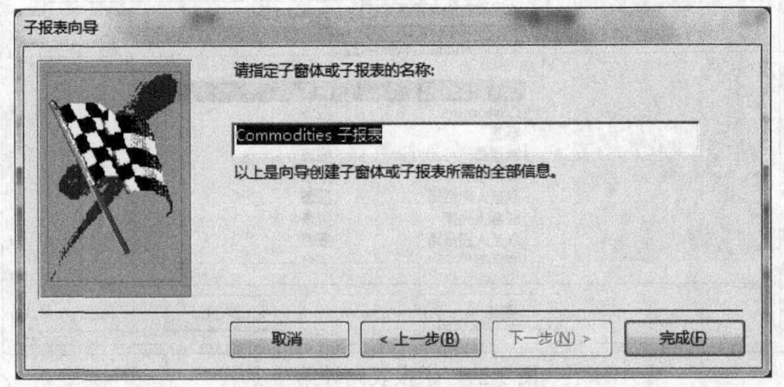

图 9-32　指定子报表的名称

(9) 单击【完成】按钮，完成子报表的创建，在【设计视图】中适当调整子报表的大小和位置，并删除子报表的名称标签和【页面页眉/页脚】，此时的设计视图如图 9-33 所示。

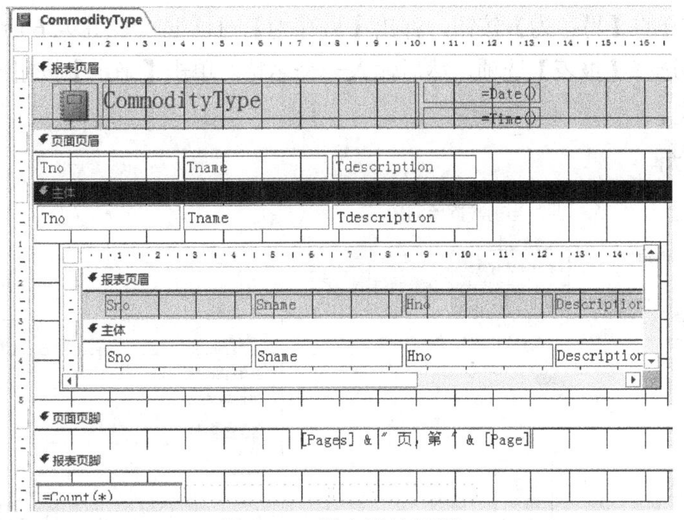

图 9-33　报表设计视图

(10) 切换到报表视图或打印视图，即可查看到子报表的效果，如图 9-34 所示。

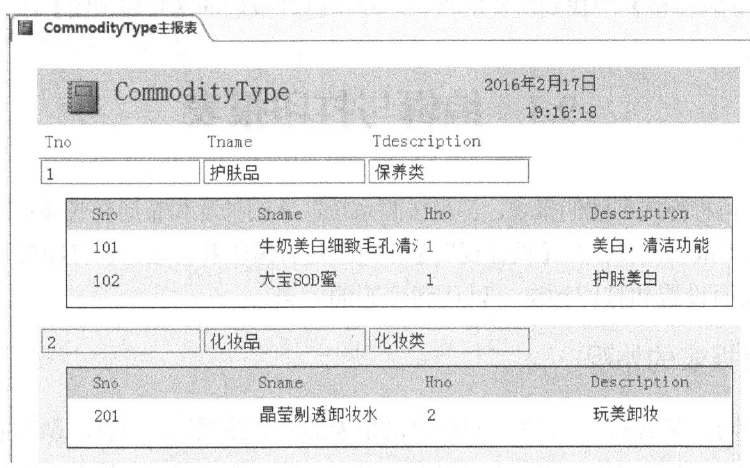

图 9-34　子报表效果

9.2.7　将窗体另存为报表

本章一开始就介绍过，窗体和报表有很多相似的地方，窗体的很多特点都适用于报表，各种窗体控件也适用于报表。在 Access 2013 中，可以通过将窗体另存为报表来快速创建报表。

【例 9-6】将【例 8-2 中】中创建的【供货商】窗体另存为报表。

(1) 启动 Access 2013，打开 Sales.accdb 数据库。

(2) 在【导航窗格】中，双击【供货商】窗体以打开该对象。

(3) 切换到【文件】功能区选项卡，打开【另存为】窗格，在【文件类型】中选择【对象另存为】选项，然后继续选择右侧的【将对象另存为】选项，如图 9-35 所示。

(4) 单击下方的【另存为】按钮，弹出【另存为】对话框，如图 9-36 所示，在【保存类型】下拉列表中选择【报表】选项，然后输入一个名称，单击【确定】按钮即可将【供货商】窗体另存为报表。

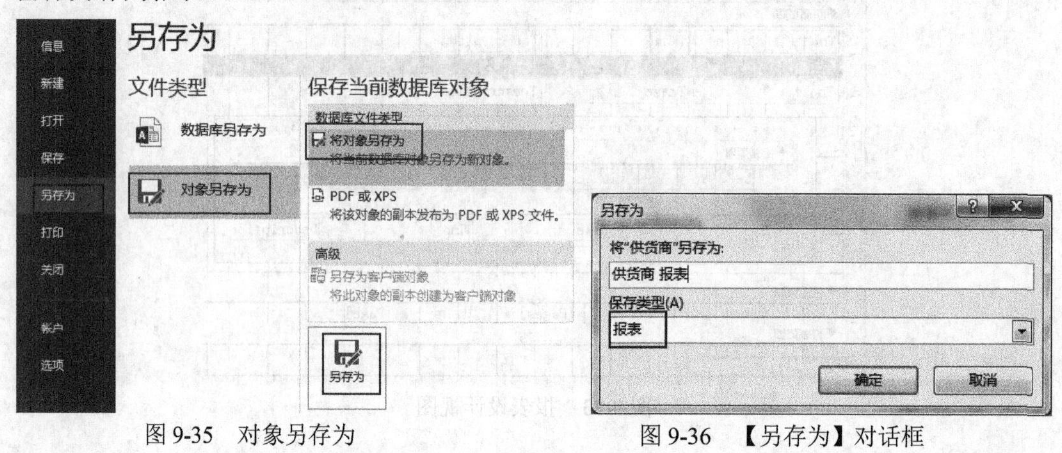

图 9-35　对象另存为　　　　图 9-36　【另存为】对话框

(5) 在【导航窗格】中找到新建的报表，双击打开报表的【布局视图】，查看其效果。

9.3　编辑与打印报表

无论通过何种方式创建的报表，都是按照系统默认的外观和布局样式显示的，如果想得到较为个性化的报表，可以在【设计视图】中对其进行编辑和修改。在打印报表之前，还可以进行一些页面设置和打印预览，以达到理想的效果。

9.3.1　设置报表的外观

与窗体相同，在 Access 2013 中也可以对报表的外观格式进行设置。设置报表的外观主要是设置报表中文本的字体格式，也可以通过设置各控件的格式或为报表添加图片背景等来改变报表的外观。

【例 9-7】为【例 9-1】中创建的商品报表 Commodities 设置 Logo，并更改表格样式。

(1) 启动 Access 2013，打开 Sales.accdb 数据库。

(2) 在导航窗格中找到商品报表 Commodities，右击，从弹出的快捷菜单中选择【设计视图】命令，打开该报表的设计视图。

(3) 切换到功能区的【报表设计工具|设计】选项卡，单击【页眉/页脚】组中的【徽标】按钮 徽标，打开【插入图片】对话框，选择要使用的徽标图片，如图 9-37 所示。

(4) 单击【确定】按钮，即可添加徽标，如图 9-38 所示，如果所选 Logo 图片较大，系统默认会进行缩放，也可以根据自己需要调整其大小。

图 9-37　【插入图片】对话框

(5) 切换到报表的布局视图，选择报表的标题行，将标题的字体颜色设置为红色，加粗显示，字号为 24，如图 9-39 所示。

图 9-38　添加徽标

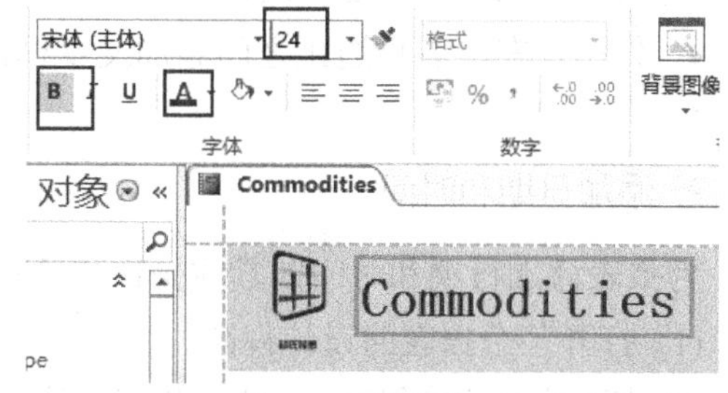

图 9-39　设置标题行文本格式

(6) 选择报表内容中任意一行，在【报表布局工具-格式】选项卡的【背景】组中单击【可选行颜色】按钮，为其设置一种合适的颜色，如图 9-40 所示。

(7) 保存设置，并切换到报表视图，可查看最新的报表效果，如图 9-41 所示。

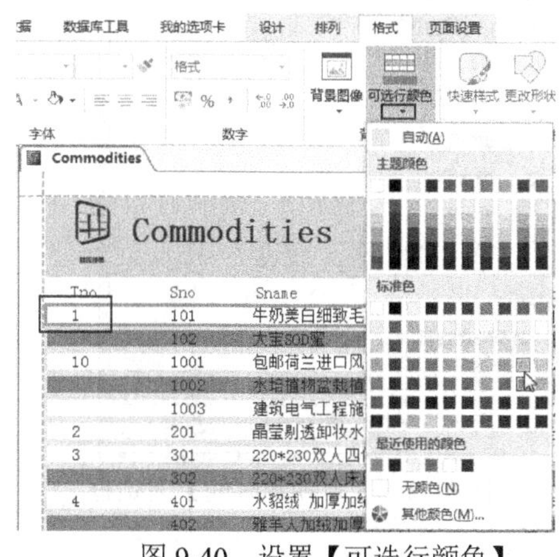

图 9-40　设置【可选行颜色】

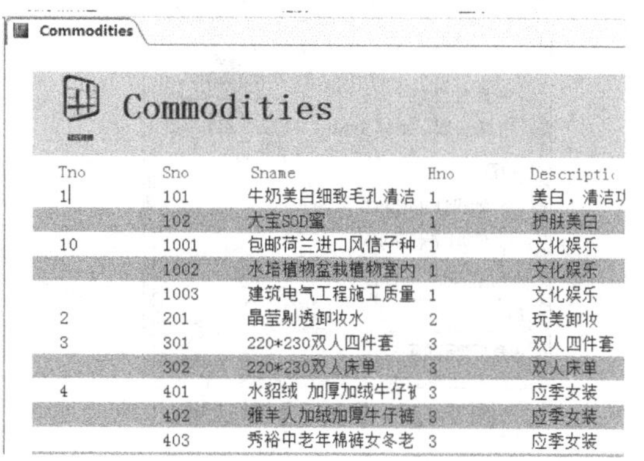

图 9-41　报表效果预览

9.3.2　编辑报表的页眉/页脚

除了可以添加徽标，在报表的页眉/页脚部分还可以添加标题、页码、日期和时间等信息，这些都可以在报表的设计视图中完成。

1. 添加页码

通过【报表向导】创建的报表已经包含了页码，而通过【报表设计】和【空报表】创建的报表没有页码，对于这种方式创建的报表可以通过编辑报表来添加页码，具体操作步骤如下。

(1) 打开某个报表的设计视图。

(2) 切换到上下文功能区选项卡【报表设计工具|设计】，单击【页眉/页脚】组中的【页码】按钮，打开【页码】对话框，如图 9-42 所示。

在【页码】对话框中，根据需要设置相应页码的【格式】、【位置】和【对齐】方式。对于【对齐】方式，有下列可选项。

- 左：在左页边距添加文本框。
- 居中：在页的正中添加文本框。
- 右：在右页边距添加文本框。
- 内：在左、右页边距之间添加文本框，奇数页打印在左侧，偶数页打印在右侧。
- 外：在左、右页边距之间添加文本框，偶数页打印在左侧，奇数页打印在右侧。

2. 添加日期和时间

为报表添加日期和时间的具体操作步骤如下。

(1) 打开某个报表的设计视图。

(2) 打开上下文功能区选项卡【报表设计工具|设计】选项卡，单击【页面/页脚】组中的【日期和时间】按钮，在打开的对话框中对日期和时间格式进行设置，如图 9-43 所示。

(3) 设置完成后，单击【确定】按钮即可。

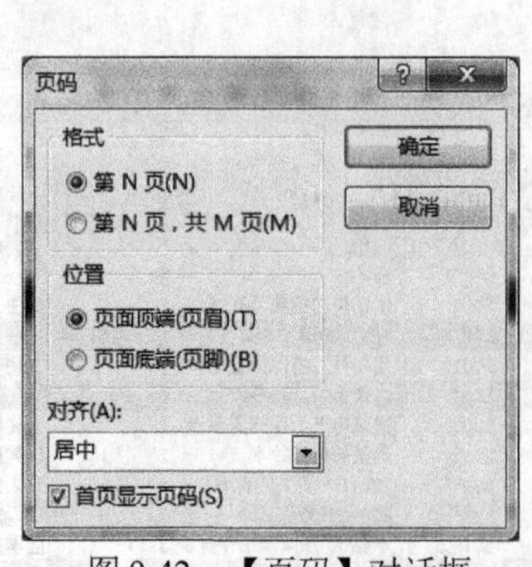

图 9-42　【页码】对话框

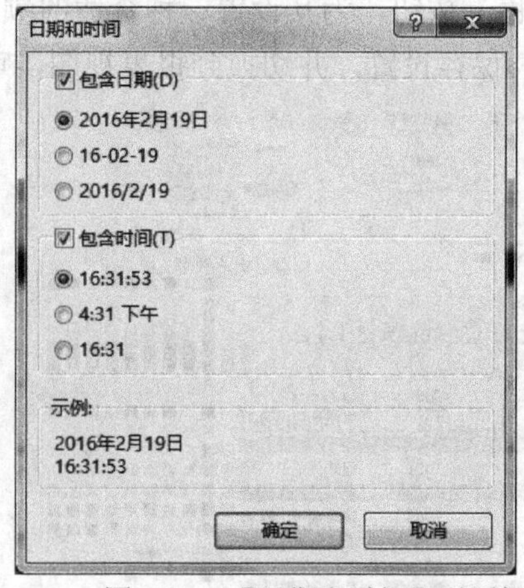

图 9-43　【日期和时间】对话框

9.3.3　报表的预览与打印

报表设计完成后，即可进行报表预览或打印。为了保证打印出来的报表外观精美、合乎要求，可以使用 Access 2013 的打印预览功能显示报表，以便对其进行修改和调整。预览报表可显示打印报表的页面布局。在【导航窗格】中选择要预览的报表，右击，从弹出的快捷菜单中选择【打印预览】命令，Access 2013 将打开报表的【打印预览】视图，用户可以观察到所建报表的真实情况，与打印出来的效果是完全一致的。

1. 【打印预览】功能区选项卡

在报表的打印预览视图下，功能区出现【打印预览】选项卡，如图 9-44 所示。下面就其中的一些按钮进行介绍。

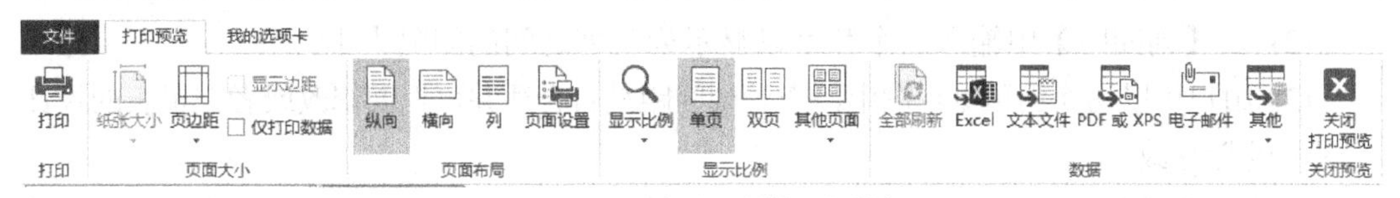

图 9-44　【打印预览】选项卡

- 打印：单击此按钮，不经页面设置，直接将报表送到打印机上。
- 纸张大小：单击此按钮，将提供多种纸张大小的选择，如 letter、tabloid、legal、A3、A4 等。
- 页边距：设置报表打印时页面的上、下、左、右边距，Access 2013 提供了 3 种选择，包括【普通】、【宽】、【窄】。
- 仅打印数据：选中此复选框，打印时将只输出字段实际存放的数据部分，而对字段的描述性文字将不输出。
- 纵向：报表以纵向方式显示数据。
- 横向：报表以横向方式显示数据。
- 页面设置：单击该按钮，将打开【页面设置】对话框。该对话框提供页边距、打印方向、纸张大小、纸张来源、网格设置以及列尺寸等设置选项。
- 显示比例：提供多种打印预览的显示大小，如 200%、100%、50%等。
- 单页：单击此按钮，在窗体中显示一页报表。
- 双页：单击此按钮，在窗体中显示两页报表。
- 其他页面：单击此按钮，该功能提供了【四页】、【八页】、【十二页】的显示选择，即预览时窗体中将显示对应的页数。
- Excel、文本文件、PDF 或 XPS、电子邮件、其他：可以将报表数据以 Excel 文件、文本文件、PDF 或 XPS 文件、XML 文档格式、Word 文件、HTML 文档格式导出，或者是导出到 Access 数据库中。
- 关闭打印预览：关闭报表的打印预览视图。

2. 页面设置

单击【打印预览】功能区选项卡中的【页面设置】按钮，将打开【页面设置】对话框，如图 9-45 所示。该对话框中有 3 个选项卡：【打印选项】、【页】和【列】。单击相应的标签即可打开相应的选项卡。下面分别进行介绍。

- 打印选项：可以设置页边距的上、下、左、右 4 个方向的间距，还可以选择是否只打印数据。
- 页：可以设置打印方向、纸张大小、纸张来源和指定打印机等。
- 列：可以进行网格设置，并可以设置列尺寸和列布局方式。

利用【页面设置】对话框中的【列】选项卡，可以更改报表的外观，将报表设置成多栏式报表。具体方法如下。

(1) 将【列】选项卡中的【网格设置】中的【列数】改为用户需要的列数，比如要设置成 4 栏式，则在此文本框输入 4，即可将原来的报表设置成 4 栏式，如图 9-46 所示。

(2) 在【列间距】中输入一个数字以显示列与列之间的间隔大小。

(3) 用户可以切换到预览视图中，查看列间距是否合适并可返回修改或者在报表的设计视图中进行修改。

在此对话框中有一个【列布局】选项组。这个选项组决定记录在页面上的布置顺序。默认值是【先行后列】，即把记录从页面的第一行起从左至右放置，第一行放好后移到第二行、第三行……另一种选择是【先列后行】，它是把记录放置在页面的第一栏，直到页面的底部，然后移到第二栏、第三栏……。

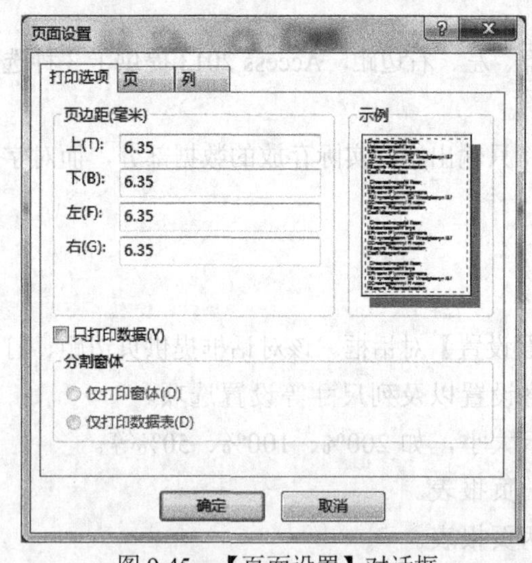

图 9-45　【页面设置】对话框　　　　图 9-46　【列】选项卡

3. 打印报表

当对报表进行页面设置并预览后，确认报表显示效果无误即可对报表进行打印，在 Access 2013 中，报表的打印可以在打印预览视图中完成，也可以在【文件】选项卡中单击【打印】按钮，如图 9-47 所示。

技巧：

如果无需对报表进行其他设置而直接打印报表，可选择报表后，在【文件】选项卡的【打印】选项中单击【快速打印】按钮打印报表，也可按 Ctrl+P 组合键。

无论通过哪种方式，都将打开如图9-48所示的【打印】对话框，【打印】对话框分成3部分：【打印机】、【打印范围】和【份数】。

图9-47　通过【文件】选项卡打印报表

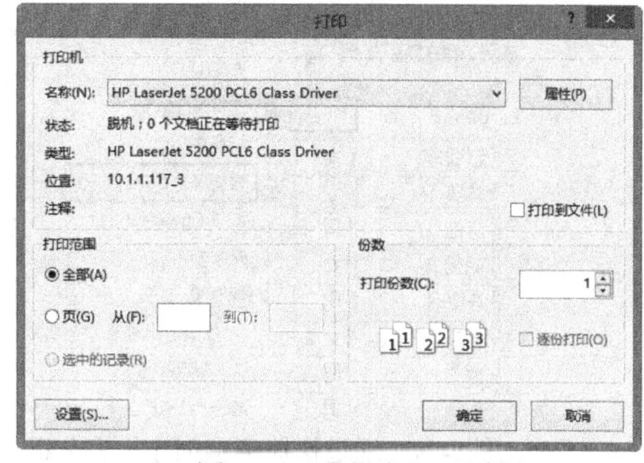

图9-48　【打印】对话框

- 打印机：用于选择打印机，下拉列表框下方显示相应的打印机的状态和属性。
- 打印范围：用于设置打印页数范围，可以为全部内容或规定的页数范围。
- 份数：用于设置打印份数。

9.4　报表数据中的分组和汇总

Access 中的报表默认显示连接的数据源表中的所有记录，当记录过多时，会使报表数据的查看有些困难，这时，可以使用 Access 2013 的分组和汇总功能，将报表中具有相同特征的记录分组并进行排序，也可对数据进行汇总统计计算。

9.4.1　报表数据中的分组

如果在创建报表时就希望对报表按某字段进行分组，可以通过报表向导创建报表时，在向导中进行设置。如【例9-1】中创建的商品报表，就是按 Tno 字段进行分组的。

在已经创建好的报表中，也可以根据任意有意义的字段创建分组。

1. 创建分组

【例9-8】以 Sales.accdb 数据库中的 Customers 表为数据源，一键生成报表，然后再对报表中的数据按性别字段 Cgender 进行分组。

(1) 启动 Access 2013，打开 Sales.accdb 数据库。

(2) 在导航窗格中找到客户表 Customers，在【创建】选项卡的【报表】组中单击【报表】按钮即可创建报表 Customers，并打开报表的布局视图。

(3) 接下来，可以通过如下两种方法来创建分组。

- 通过快捷菜单：在报表的布局视图中，在性别字段 Cgender 中的任意记录上右击，从弹出的快捷菜单中选择【分组形式 Cgender】命令，如图 9-49 所示。
- 通过选项卡：切换到功能区的【报表布局工具|设计】选项卡，单击【分组和排序】按钮，打开【分组、排序和汇总】任务窗格，单击其中的【添加组】按钮，在下拉列表中选择 Cgender 选项，如图 9-50 所示。

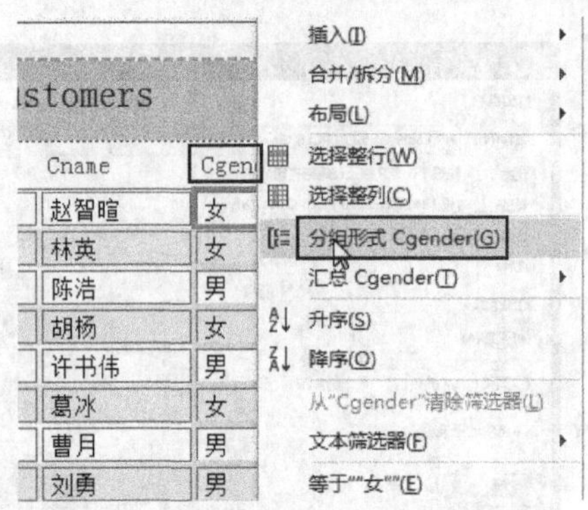

图 9-49　通过快捷菜单创建报表分组

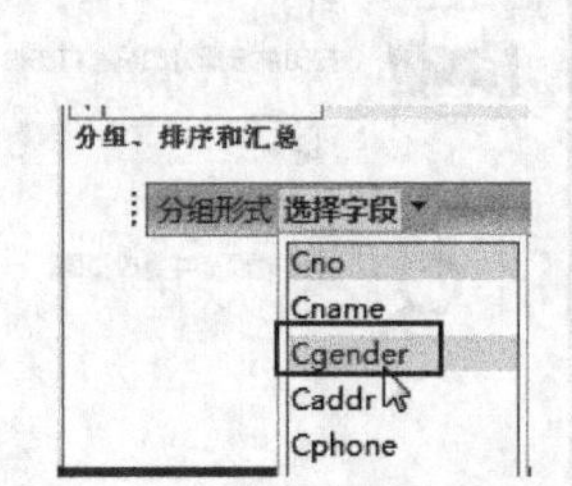

图 9-50　通过选项卡创建报表分组

(4) 添加分组后的报表如图 9-51 所示。

Customers

Customers　　2016年2月23日　16:55:45

Cgender	Cno	Cname	Caddr	Cphone	Cpwd	hometown
男						
	12	栾鹏	北京市西城区	13681187162	luanlao2	北京
	11	赵艳铎	北京市海淀区	13718869146	2459sda	河北
	9	马俊	吉林省四平市	13666547788	fhbfklflk	河北
	8	刘勇	湖北武汉	13211456678	fghufffj	湖北
	7	曹月	陕西西安	1564325689	4564rfvx	河北
	5	许书伟	河北省邯郸市	13222113344	13542yhn	河北
	3	陈浩	浙江省杭州市	15532795819	qazwsxedc	上海
女						
	10	曹月	山西平遥	15548776542	caoyuebi	天津
	6	葛冰	河北省沧州市	13831705804	13542yhn	河北

分组、排序和汇总
分组形式 Cgender ▾ 升序 ▾ ，更多 ▶
添加组　添加排序

图 9-51　添加分组后的报表

2. 删除分组

如果要删除报表中的某个分组，可以打开【分组、排序和汇总】任务窗格，选择要删除的分组选项，然后单击该行最右侧的【删除】按钮✕即可，如图 9-52 所示。

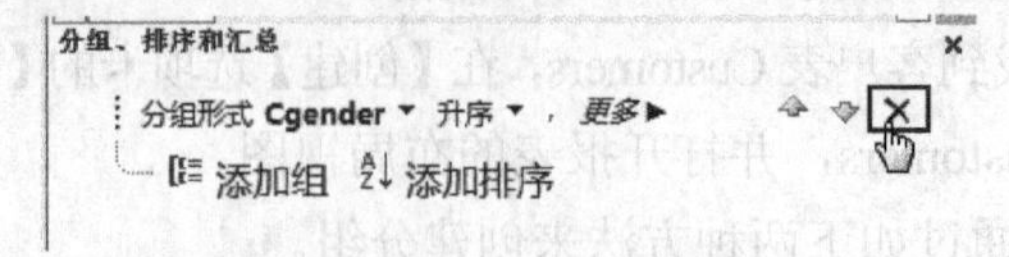

图 9-52　删除分组

提示：

从图 9-52 可以看出，如果当前报表中有多个分组，还可以通过单击方向箭头按钮和来调整分组的顺序。

9.4.2　报表中数据的筛选与排序

在前面的章节中，我们学习了如何对表、查询和窗体中的数据进行筛选和排序。同样地，在报表中，也可以直接对报表中的数据进行筛选或排序。

1. 筛选器筛选

筛选器可以从当前字段中识别字段内容，并根据用户的选择显示指定的数据记录，在 Access 2013 的报表中，报表的筛选器可以在报表视图或布局视图中使用。

打开报表并切换到报表视图或布局视图，将光标定位到需要筛选的字段中的任意记录中，在【开始】选项卡的【排序和筛选】组中单击【筛选器】按钮，即可在文本插入点的位置打开筛选器，如图 9-53 所示。

若要进行筛选，可在筛选器中选中需要显示的条件左侧的复选框，单击【确定】按钮即可，如只筛选 Cname 字段为“葛冰”的记录，结果如图 9-54 所示。

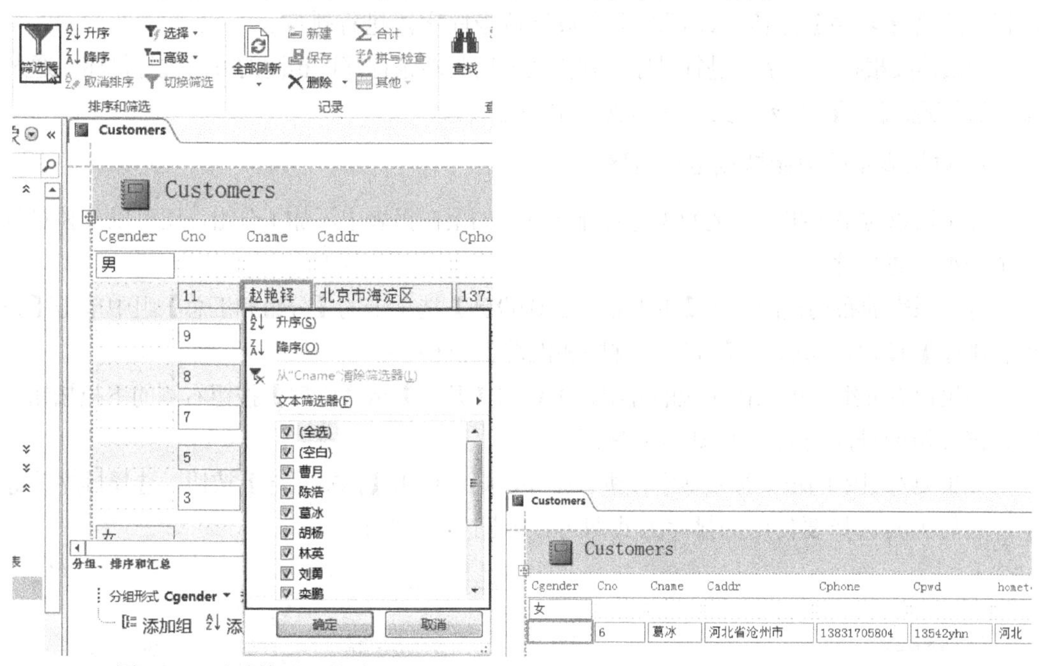

图 9-53　通过筛选器筛选记录　　　　图 9-54　筛选结果

此外，用户也可以将光标定位到需要筛选内容的位置，在【开始】选项卡【排序和筛选】组中单击【选择】下拉按钮，从弹出的下拉列表中选择需要筛选的选项，也可以实现记录的快速筛选，如图 9-55 所示。

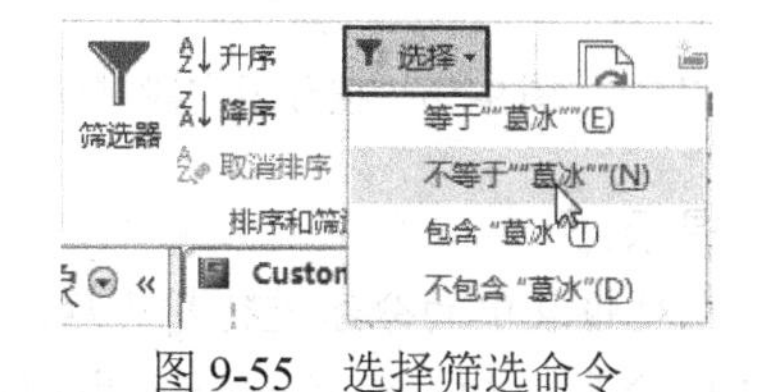

图 9-55　选择筛选命令

提示：

在报表中执行过筛选以后，报表中将仅显示符合筛选条件的记录，不符合筛选条件的记录将被隐藏，如果要清除筛选，可以单击【开始】选项卡【排序和筛选】组中的【切换筛选】按钮，清除筛选条件，显示所有记录。

2. 高级筛选

在报表中，除了可以根据单字段在筛选器中进行筛选之外，还可以根据一个或多个特定的条件进行数据筛选。

在报表的报表视图或设计视图中，单击【开始】选项卡【排序和筛选】组中的【高级】下拉按钮，在下拉列表中选择【高级筛选/排序】命令，在打开的窗口中即可设置筛选条件。设置的方法与数据表和窗体的筛选相同，这里不再赘述。

3. 对报表数据进行排序

除了在报表中可以筛选数据外，还可以对报表中的数据记录进行排序，报表的排序操作只能在报表布局视图中进行。

如果仅需要根据报表中某一个字段来对报表进行排序，可打开报表的布局视图，选择需要排序的关键字所在列中的任意数据，在【开始】选项卡的【排序和筛选】组中单击【升序】按钮，或者【降序】按钮，即可对报表数据按当前字段进行排序。

如果需要根据多个字段进行排序，则需要使用与多条件筛选相同的方法进行排序。通过【高级筛选/排序】命令，在打开的窗口中进行设置。

4. 对报表中的分组数据进行排序

除了可以对整个报表中的数据进行排序外，如果在报表中添加了分组，还可以单独对每一个分组设置排序。

打开报表的布局视图，在【报表布局工具|设计】选项卡的【分组和汇总】组中单击【分组和排序】按钮，可打开【分组、排序和汇总】窗格。

如果已有分组，可以在对应的分组栏中单击【升序】或【降序】按钮右侧的下拉按钮，选择该分组的排序方式，如图 9-56 所示。

如果要对组中的记录按其他字段进行排序，则可单击【添加排序】按钮，选择排序关键字，然后为其选择要使用的排序方式即可，如图 9-57 所示。

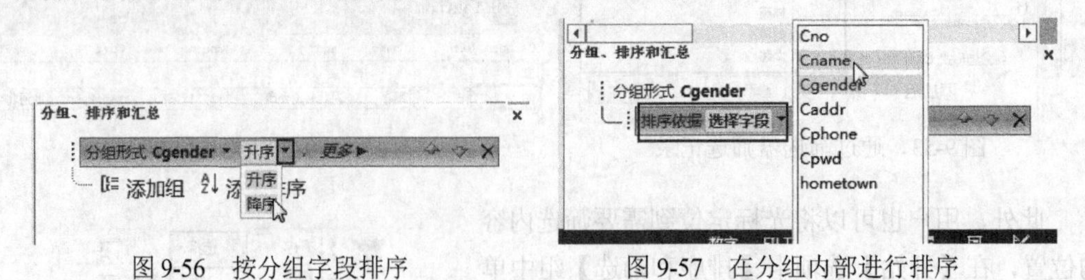

图 9-56　按分组字段排序　　　图 9-57　在分组内部进行排序

提示：

在对报表中的分组进行排序后，如果需要恢复原来的次序，可以单击对应的排列栏右侧的【删除】按钮，将该组的排序删除。

9.4.3　汇总报表数据

在制作报表的过程中，经常需要对数据比较多的报表进行分组汇总，使报表中的数据更利于分析和理解。

通过对报表进行分组，添加分组字段，对各组中数据进行排序处理后，然后通过 Access 的计数或求和功能可以自动完成数据的汇总。

【例 9-9】在数据库 Sales.accdb 中，以入库表 InWarehouse 为数据源，创建商品入库报表，然后按供货商添加分组，汇总从每个供货商进货的商品总数。

(1) 启动 Access 2013，打开 Sales.accdb 数据库。

(2) 在导航窗格中找到 InWarehouse 表，切换到功能区的【创建】选项卡，单击【报表】选项组中的【报表】按钮，以 InWarehouse 表为数据源创建报表。

(3) 切换到报表的设计视图，如图 9-58 所示。

(4) 切换到功能区的【报表设计工具|设计】选项卡，在【分组和排序】组中单击【分组和排序】按钮，打开【分组、排序和汇总】窗格。

(5) 在该窗格中单击【添加组】按钮，在弹出的字段列表中选择供货商编号 Gno，按供应商分组显示记录，如图 9-59 所示。

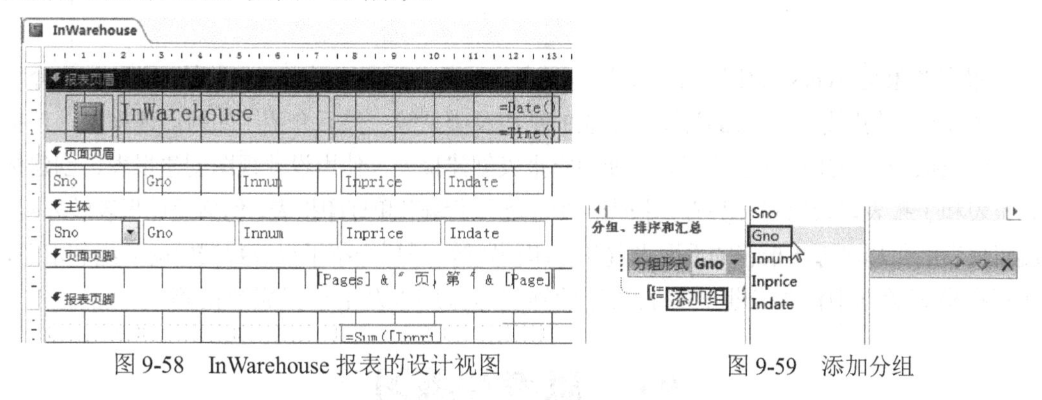

图 9-58　InWarehouse 报表的设计视图　　　　图 9-59　添加分组

(6) 此时在设计视图中将自动添加 Gno 页眉，在 Gno 页眉部分中添加一个文本框控件，设置控件的【数据来源】属性为 Gno 字段，如图 9-60 所示。

(7) 选择【主体】部分的入库量 Innum 文本框，单击【分组和汇总】组中的【合计】按钮，从弹出的下拉菜单中选择【求和】选项。

(8) 此时，将自动添加 Gno 页脚部分，并且在 Innum 列对应的部分添加了文本框，该文本框绑定的数据是 Sum(Innum)，如图 9-61 所示。

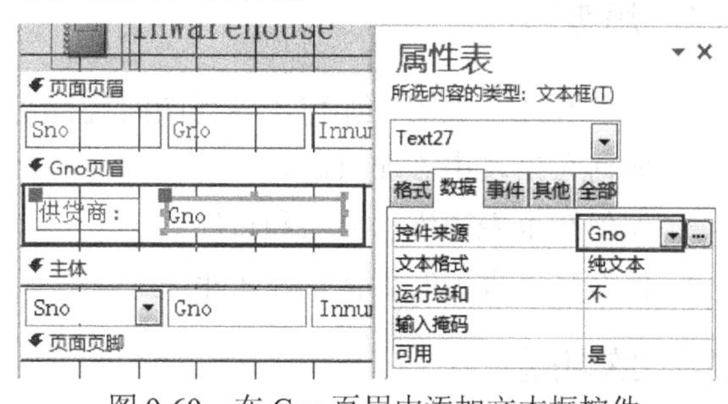

图 9-60　在 Gno 页眉中添加文本框控件

(9) 切换到报表视图或者打印预览视图，即可看到报表的分组与汇总效果，如图 9-62 所示。

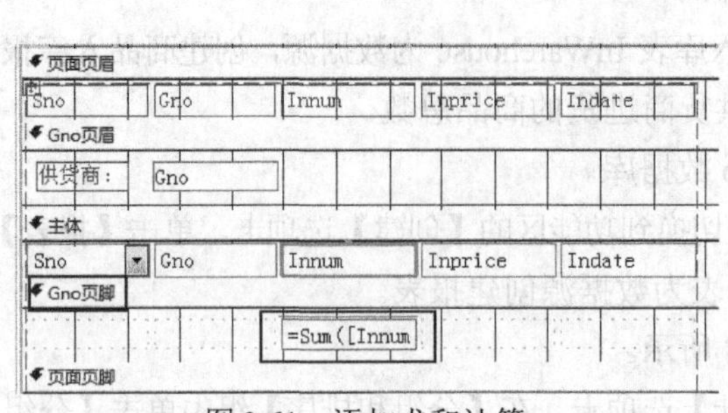

图 9-61　添加求和计算

Sno	Gno	Innum	Inprice	Indate
供货商：	S01			
501	S01	8	¥295.20	2015/11/2
406	S01	7	¥259.20	2015/11/3
302	S01	50	¥22.50	2014/12/18
201	S01	50	¥27.45	2015/12/2
101	S01	10	¥10.80	2015/12/1
		125		
供货商：	S02			
101	S02	10	¥16.00	2016/1/29
403	S02	9	¥328.00	2015/12/23
402	S02	10	¥199.00	2015/12/24
401	S02	13	¥288.00	2014/12/24
301	S02	10	¥99.00	2015/12/9
		52		

图 9-62　报表效果

9.5　本章小结

报表对象是 Access 数据库中的第四大对象。本章主要介绍了报表相关的知识。首先介绍了窗体和报表的区别、报表的视图、报表的结构及类型等；然后介绍了如何创建报表，包括一键生成报表、使用向导创建报表、使用空报表创建报表、使用设计视图创建报表、创建标签报表和子报表以及将窗体另存为报表；接着介绍了编辑和打印报表，包括设计报表的外观、编辑报表的页眉/页脚，报表的页面设置和打印预览等；最后介绍了报表数据中的分组和汇总，包括在报表数据中添加分组、报表数据的筛选与排序以及汇总报表数据等。

9.6　思考和练习

9.6.1　思考题

1. 报表有几种视图？如何在各视图间进行切换？
2. 如何在报表中添加页码？
3. 如何在报表中添加分组和排序？
4. 什么是子报表？如何创建子报表？

9.6.2　练习题

1. 创建一个商品报表，输出所有的商品记录，要求按商品编号升序排列。
2. 创建一个顾客信息报表，要求按性别进行分组。

第10章　宏

宏是Access数据库的一个基本对象。利用宏可以将大量重复性的操作自动完成，从而使管理和维护Access数据库变得更加简单。本章主要介绍有关宏的知识，包括宏的概念、宏的类型、创建宏以及运行和调试宏的基本方法。

本章的学习目标：

- 了解宏的概念与类型
- 掌握创建宏的基本方法
- 了解常用的宏操作
- 掌握调试宏的方法
- 了解宏的安全设置
- 能够应用宏来解决简单的实际问题

10.1　初识宏

在Access中，宏是一个重要的对象。宏可以自动完成一系列操作。使用宏非常方便，不需要记住语法，也不需要编程。通过执行宏可以完成许多烦琐的人工操作。本节将简要介绍宏的基本概念、宏的分类以及宏的设计视图。

10.1.1　宏与事件

宏是一种功能强大的工具，可用来在Access 2013中自动执行许多操作。常见的触发宏的方式是窗体、报表或控件中发生的事件的形式运行宏。

1. 宏

宏就是一个或多个操作的集合，其中的每个操作都能够实现特定的功能。通过宏的自动执行重复任务的功能，可以保证工作的一致性，还可以避免由于忘记某一操作步骤而引起的错误。宏节省了执行任务的时间，提高了工作效率。

在Access中，可以为宏定义各种类型的动作，如打开和关闭窗体、显示及隐藏工具栏、预览和打印报表等。

通过宏能自动执行重复任务，可以完成许多复杂的操作，而无须编写程序，使用户更方便、更快捷地操纵Access数据库系统。

宏可以执行的主要任务如下。

- 自动打开和排列常用的表、窗体和报表。
- 给窗体和报表增加命令按钮，方便地执行任务，如打印等。

- 验证输入到窗体的数据，宏所用的验证规则比表设计中的验证规则更具灵活性。
- 定制用户界面，如菜单和对话框等，方便与用户交互。
- 自动化数据的传输，方便地在 Access 表间或 Access 与其他软件之间自动导入或导出数据。

作为 Access 的 6 大对象之一，宏和数据表、查询和窗体等一样，有自己独立的名称。用户可以自由组合成各式各样的宏，包括引用窗体、显示信息、删除记录、对象控制和数据库打印等强大的功能，再加上宏对象可以定义条件判断式，因此几乎能够完成程序要求的所有功能。

2. 事件

事件是可以被控件识别的操作，如按下【确定】按钮，选择某个单选按钮或者复选框。每一种控件有自己可以识别的事件，如窗体的加载、单击、双击等事件，文本框的文本改变事件等。

触发事件的对象称为事件发送者；接收事件的对象称为事件接收者。

使用事件机制可以实现：当控件的某个状态发生变化时，如果预先为此事件编写了宏或事件程序，则该宏或事件程序便会被执行。如单击窗体上的按钮，该按钮的 Click(单击)事件便会被触发，指派给 Click 事件的宏或事件程序也跟着被执行。

注意：

触发事件的动作并不仅仅包括用户的操作，程序代码或操作系统都有可能触发事件。例如，如果作用的窗体或报表发生运行时错误，便会触发窗体或报表的 Error 事件；当窗体打开并显示其中的数据记录时便会触发窗体的 Load 事件。

10.1.2 宏的类型

在 Access 中，宏可以是包含操作序列的一个宏，也可以是由若干个宏构成的宏组，还可以使用条件表达式来决定在什么情况下运行宏，以及在运行宏时是否进行某项操作。根据以上的 3 种情况可以将宏分为 3 类：简单宏、宏组和条件宏。

1. 简单宏

简单宏是最基本的宏类型，由一条或多条简单操作组成，执行宏时按照操作的顺序逐条执行，直到操作完毕为止。例如，可执行一个简单宏，用于在用户单击某个命令按钮时打开某个窗体。

2. 宏组

宏组实际上是以一个宏名来存储的相关的宏的集合，宏组中的每一个宏都有一个宏的名称，用于标识宏，以便在适当的时候引用宏。这样可以更方便地对宏进行管理，对数据库进行管理，例如，可以将同一个窗体上使用的宏组织到一个宏组中。

注意：

宏组中的每一个宏都能独立运行，互相没有影响。

简单地说，宏和宏组的区别如下。

- 宏是操作的集合，宏组是宏的集合。
- 一个宏组中可以包含一个或多个宏；每一个宏中又包含一个或多个宏操作。
- 每一个宏操作由一个宏命令完成。

3. 条件宏

条件宏是指通过条件的设置来控制宏的执行。在某些情况下，可能希望仅当特定条件为真时，才执行宏中的相应操作。这时可以使用宏的条件表达式来控制宏的流程。条件表达式的结果为 True/False 或【是/否】，只有当表达式的结果为 True (或【是】)时，宏操作才执行。例如，如果在某个窗体中使用宏来校验数据，可能要某些信息来响应记录的某些输入值，另一些信息来响应不同的值，此时可以使用条件来控制宏的流程。

10.1.3　宏的设计视图

在 Access 2013 中，宏只有一种视图，就是设计视图。可以在宏的设计视图中创建、修改和运行宏。

【宏生成器】又称为宏的【设计视图】，与之前版本的 Access 相比，在 Access 2013 中，宏的设计视图有了很大变化，Access 2013 的界面更加简洁和人性化，更便于用户的使用。

切换到【创建】功能区选项卡，单击【宏与代码】组中的【宏】按钮 ，可以打开宏的设计视图，如图 10-1 所示。

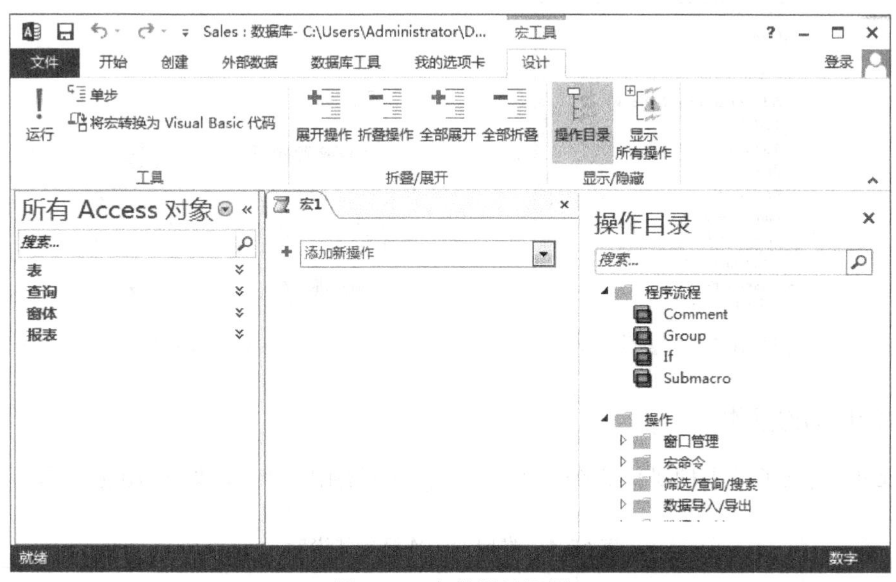

图 10-1　宏的设计视图

Access 2013 在上下文功能区选项卡【宏工具】中删除了原来的【行】组，又添加了【折叠/展开】组。在【工具】组中，用【将宏转换为 Visual Basic 代码】代替了原来的【生成器】按钮，在【显示/隐藏】功能组中删除了原来的【宏名】、【条件】和【参数】按钮，添加了【显示所有操作】按钮。

10.2 创建和使用宏

在 Access 2013 中，宏或宏组可以包含在一个宏对象(有时称为独立宏)中，宏也可以嵌入到窗体、报表或控件的任何事件属性中。嵌入的宏作为所嵌入到的对象或控件的一部分；独立宏则显示在【导航窗格】中的【宏】组中。

宏的创建方法和其他对象的创建方法稍有不同。其他对象都可以通过向导和设计视图进行创建，但是宏不能通过向导创建，只能在设计视图中创建。本节将介绍宏的创建方法。

10.2.1 创建简单宏

所谓创建宏，就是在设计视图的【宏生成器】窗格中构建要执行的操作列表。

当用户首次打开【宏生成器】时，会显示【添加新操作】窗口和【操作目录】列表。【添加新操作】是供用户选择各种操作。单击【添加新操作】右侧的下拉箭头，就会弹出操作命令列表，如图 10-2 所示，用户可以从列表中选择所需要的操作。

如果用户对操作命令非常熟悉，也可以直接在【添加新操作】文本框中输入所需要的命令。当用户输入操作名时，系统也会自动出现提示，例如，当输入 M 时，会出现操作列表中第一个以 M 开头的操作 MaximizeWindow，如果继续输入 e，则提示又变为以 Me 开头的操作 MessageBox，如图 10-3 所示。

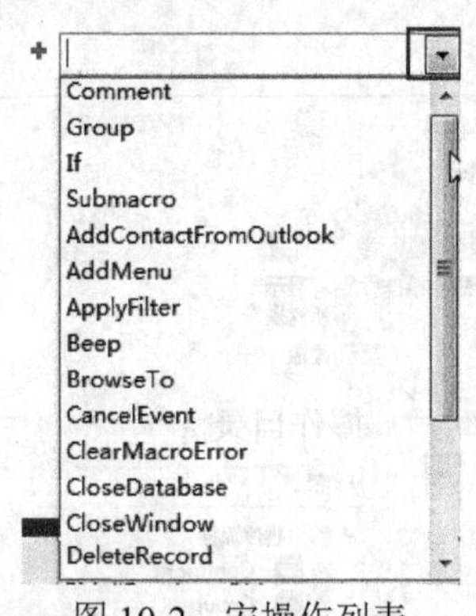

图 10-2 宏操作列表

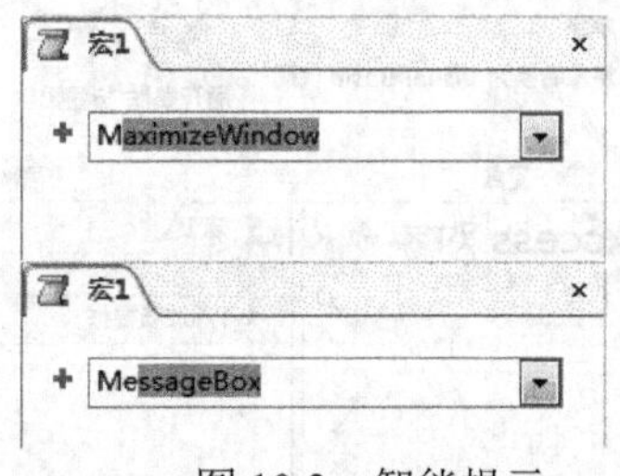

图 10-3 智能提示

1. 常用的宏操作

Access 提供了几十种操作命令，下面介绍一些常用的命令，如表 10-1 所示。

表 10-1 常用宏操作及功能说明

功能分类	宏命令	说明
打开	OpenForm	在窗体视图、窗体设计视图、打印预览或数据表视图中打开窗体
	OpenQuery	打开选择查询或交叉表查询
	OpenReport	在设计视图或打印预览视图中打开报表或立即打印该报表
	OpenTable	在数据表视图、设计视图或打印预览中打开表

(续表)

功能分类	宏命令	说明
查找、筛选记录	ApplyFilter	对表、窗体或报表应用筛选、查询或 SQL 的 WHERE 子句，以便限制或排序表的记录，以及窗体或报表的基础表，或基础查询中的记录
	FindNextRecord	查找符合最近 FindRecord 操作或【查找】对话框中指定条件的下一条记录
	FindRecord	在活动的数据表、查询数据表、窗体数据表或窗体中，查找符合条件的记录
	GoToRecord	在打开的表、窗体或查询结果集中指定当前记录
	ShowAllRecords	删除活动表、查询结果集或窗体中已应用过的筛选
焦点	GoToControl	将焦点移动到打开的窗体、窗体数据表、表数据表或查询数据表中的字段或控件上
	GoToPage	在活动窗体中，将焦点移到指定页的第一个控件上
	SelectObject	选定数据库对象
更新	RepaintObjet	完成指定的数据库对象所挂起的屏幕更新，或对活动数据库对象进行屏幕更新。这种更新包括控件的重新设计和重新绘制
	Requery	通过重新查询控件的数据源，来更新活动对象控件中的数据。如果不指定控件，将对对象本身的数据源重新查询。该操作确保活动对象及其包含的控件显示最新数据
打印	PrintOut	打印活动的数据表、窗体、报表、模块数据访问页和模块，效果与文件菜单中的打印命令相似，但是不显示打印对话框
控制	CancelEvent	取消引起该宏执行的事件
	RunCode	调用 Visual Basic Function 过程
	RunMacro	执行一个宏
	StopAllMacros	终止当前所有宏的运行
	StopMacro	终止当前正在运行的宏
窗口	MaximizeWindow	放大活动窗口，使其充满 Access 主窗口。该操作不能应用于 Visual Basic 编辑器中的代码窗口
	MinimizeWindow	将活动窗口缩小为 Access 主窗口底部的小标题栏。该操作不能应用于 Visual Basic 编辑器中的代码窗口
	MoveAndSizeWindow	能移动活动窗口或调整其大小
	RestoreWindow	将已最大化或最小化的窗口恢复为原来大小
显示信息框	Beep	通过计算机的扬声器发出嘟嘟声
	MessageBox	显示包含警告信息或其他信息的消息框
关闭	QuitAccess	退出 Access，效果与文件菜单中的退出命令相同

2. 创建单个宏

【例 10-1】在 Sales.accdb 数据库中，创建一个简单宏，运行该宏将打开【例 8-1】中创建的“顾客”窗体，并自动将该窗体最大化。

(1) 启动 Access 2013，打开数据库 Sales.accdb。

(2) 单击【创建】选项卡下【宏与代码】组中的【宏】按钮，将打开宏的设计视图，并自动创建一个名为【宏 1】的空白宏。

(3) 单击【添加新操作】文本框，输入 OpenForm 操作命令，或单击下拉按钮，从下拉菜单中选择该命令，按回车键将出现该命令对应的参数信息，单击【窗体名称】右侧的下拉按钮，从弹出的下拉列表中选择【顾客】信息，如图 10-4 所示。

(4) 其他参数保存默认设置即可，此时完成 OpenForm 命令的参数设置，继续单击下面的【添加新操作】文本框，输入 MaximizeWindow 操作命令，该操作没有任何参数，如图 10-5 所示。

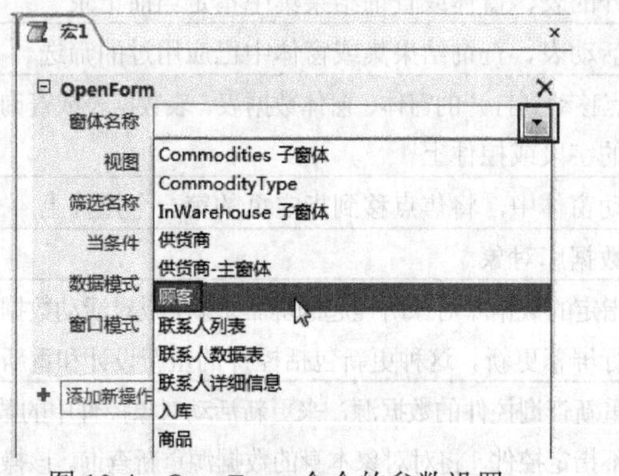

图 10-4　OpenForm 命令的参数设置

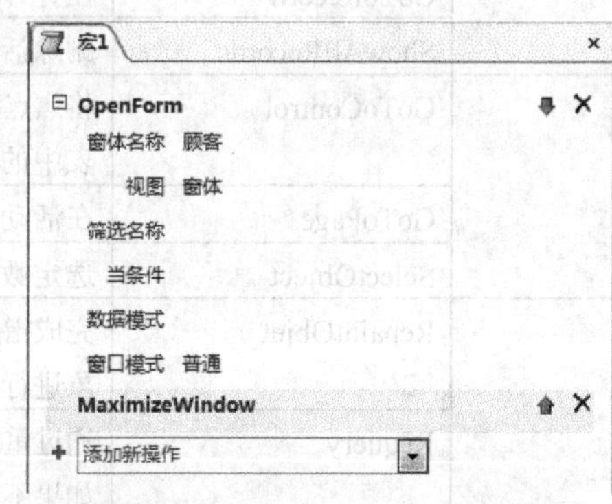

图 10-5　添加 MaximizeWindow 命令

(5) 单击快速访问工具栏中的【保存】按钮，弹出【另存为】对话框，将宏保存为“打开顾客窗体”。

(6) 这样就完成了一个独立宏的创建。单击【工具】组中的【运行】按钮，执行该宏，将打开顾客窗体，并自动将窗体最大化，如图 10-6 所示。

(7) 在导航窗格中，可以看到【宏】对象组中多了“打开顾客窗体”宏，如图 10-7 所示。

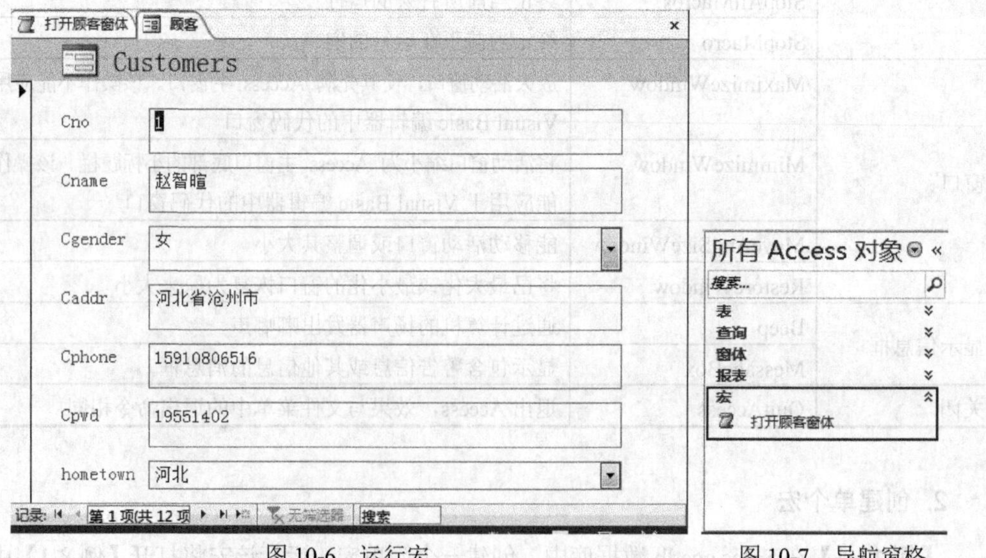

图 10-6　运行宏　　　　图 10-7　导航窗格

说明：

宏可以包含多个操作，在设计时，可以根据需要依次定义各种动作，并且在设计窗口中插入、删除一个宏或是调整宏的位置。在运行宏时，Access 将按照设计宏时的顺序逐个运行。

10.2.2 创建条件宏

创建条件宏需要用到操作目录中的If程序流程，条件宏中的“条件”可以是任何逻辑表达式，运行条件宏时，只有满足了这些条件，才会执行相应的命令。

【例 10-2】创建一个条件宏，判断窗体中的文本框输入的是正数、负数还是0。

(1) 启动 Access 2013，打开 Sales.accdb 数据库。

(2) 首先创建一个窗体。单击【创建】功能区选项卡的【窗体】组中的【空白】按钮，打开一个空白窗体的布局视图，向空白窗体中添加一个文本框控件和一个按钮控件。

提示：

添加控件时，默认会启动控件的添加向导，只需单击向导对话框中的【取消】按钮即可退出向导。

(3) 打开【属性表】对话框，设置文本框控件的【名称】属性为Text0；按钮控件的【名称】属性为Command0，【标题】属性为【提交】，设计好的窗体布局视图如图 10-8 所示。

(4) 单击快速访问工具栏中的【保存】按钮将窗体保存为【使用条件宏】。

(5) 在【属性表】对话框中，从对话框上方的对象列表中选择 Command0 对象，并单击下方的【事件】选项卡，将鼠标光标置于【单击】属性后面的文本框中，该单元格右侧自动出现一个省略号按钮，如图 10-9 所示，单击该按钮，打开如图 10-10 所示的【选择生成器】对话框。

图 10-8 窗体的布局视图　　图 10-9 设置控件的属性

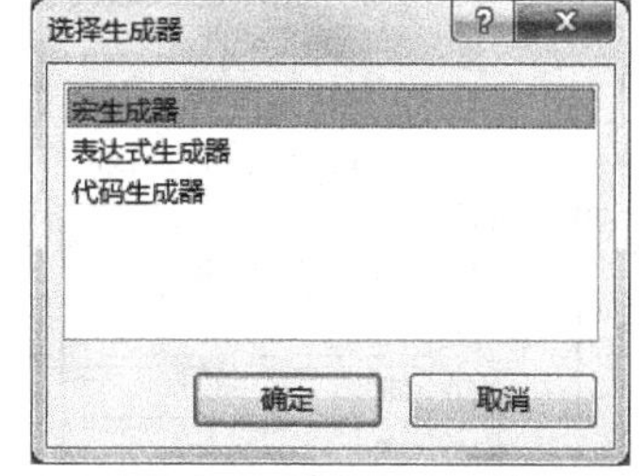

图 10-10 【选择生成器】对话框

(6) 在【选择生成器】对话框中选择【宏生成器】选项，单击【确定】按钮，系统将打开宏的设计视图。

(7) 在【操作目录】中，展开【程序流程】目录，双击其中的 If 选项，即可创建一个条件宏，如图 10-11 所示。

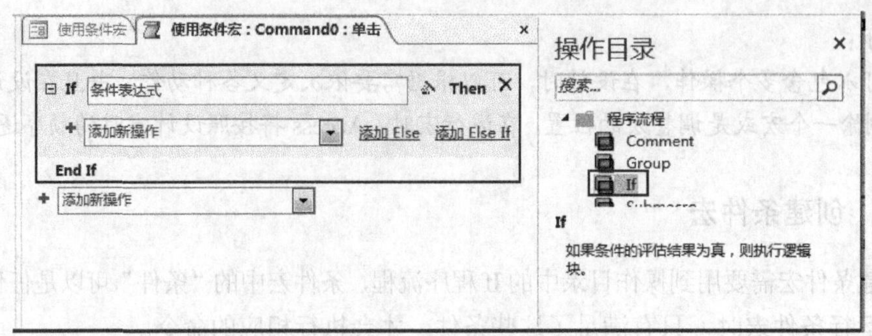

图 10-11　创建条件宏

(8) 在条件宏的 If【条件表达式】文本框中输入条件，本例要判断的是【使用条件宏】窗体中 Text0 文本框中输入的值与 0 的关系，所以需要在此输入“[Forms]![使用条件宏]![Text0]>0”。

提示：

在输入条件表达式时，可以使用 Access 2013 提供的智能提示，从提示列表中选择相应的对象名或属性名即可，当在对象名后面输入“!”时，智能提示会自动列出该对象包含的子对象；当输入“.”时，智能提示会自动列出该对象的属性。

(9) 在条件宏的【添加新操作】列表中选择 MessageBox 命令，添加一个提示对话框，设置 MessageBox 命令的参数，如图 10-12 所示。

(10) 单击【添加 Else If】链接，为 If 条件添加一个 Else If 分支，设置【Else If】条件宏的【条件表达式】为“[Forms]![使用条件宏]![Text0] <0”，并添加另一个 MessageBox 命令，提示输入的是一个负数，如图 10-13 所示。

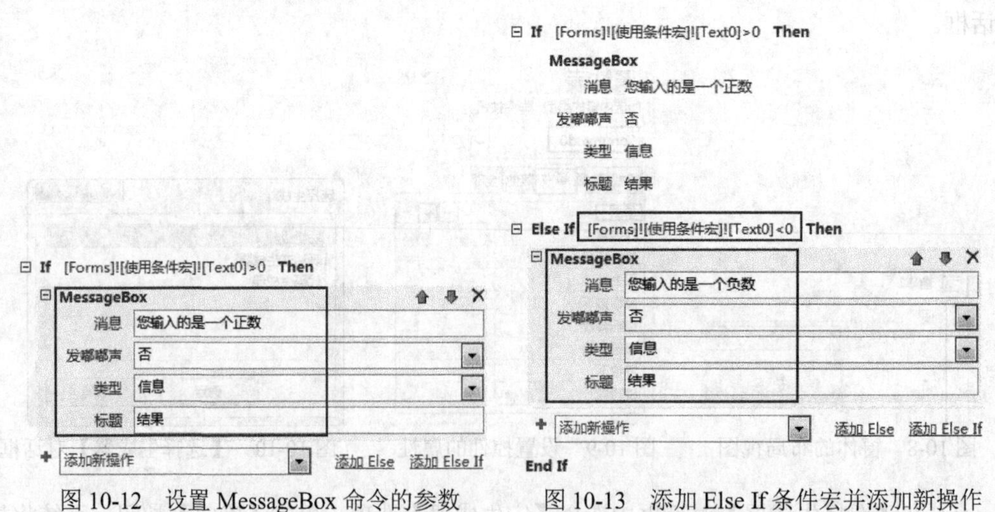

图 10-12　设置 MessageBox 命令的参数　　　图 10-13　添加 Else If 条件宏并添加新操作

(11) 选中 Else If 条件宏，此时会出现【添加 Else】和【添加 Else If】链接，单击【添加 Else】链接，为 If 条件添加 Else 分支，在 Else 分支中没有【条件表达式】，只需添加【新操作】即可，本例添加另一个 MessageBox 命令，提示输入的是 0。

(12) 单击快速访问工具栏中的【保存】按钮，保存宏的设计，单击【宏工具|设计】选项

卡中的【关闭】按钮，关闭宏的设计视图，返回窗体的布局视图。

(13) 切换到窗体的窗体视图，如图 10-14 所示，在文本框中输入一个数字，然后单击【提交】按钮，系统将调用创建的条件宏，弹出一个消息对话框，如图 10-15 所示。

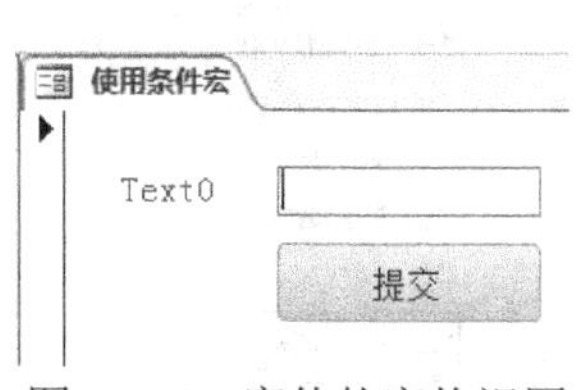

图 10-14　窗体的窗体视图

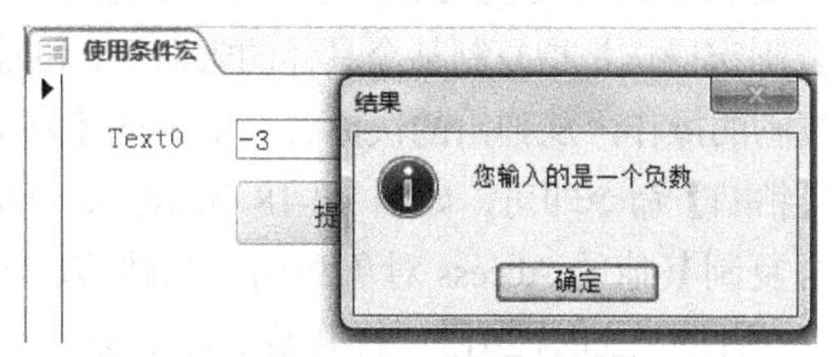

图 10-15　消息对话框

10.2.3　编辑宏

在【宏生成器】中，用户可以根据需要对已经建立的宏进行编辑，包括添加、移动、复制和删除等操作。

1. 添加新操作

若需要在一个宏中插入一个新的宏操作，首先需要打开宏的设计视图，然后在宏操作最后的【添加新操作】行，添加新的操作即可。

通过插入宏操作即可创建宏组。本书不做过多介绍。向宏添加操作有两种方法：一种是通过【添加新操作】栏实现；一种是通过【操作目录】实现。

2. 移动操作

宏中的操作是按从上到下的顺序执行的。若要在宏中上下移动操作，可以使用以下几种方法完成。

- 选择要移动的操作，单击该操作的行标题不放，上下拖动操作到目标位置后释放鼠标即可，如图 10-16 所示。
- 选择要移动的操作，然后按 Ctrl+↑方向键或者 Ctrl+↓方向键即可完成上下移动。
- 选择要移动的操作，然后单击宏窗格右侧的绿色上移或下移按钮完成移动，如图 10-17 所示。
- 在要移动的宏操作上右击，从弹出的快捷菜单中选择【上移】或【下移】命令。

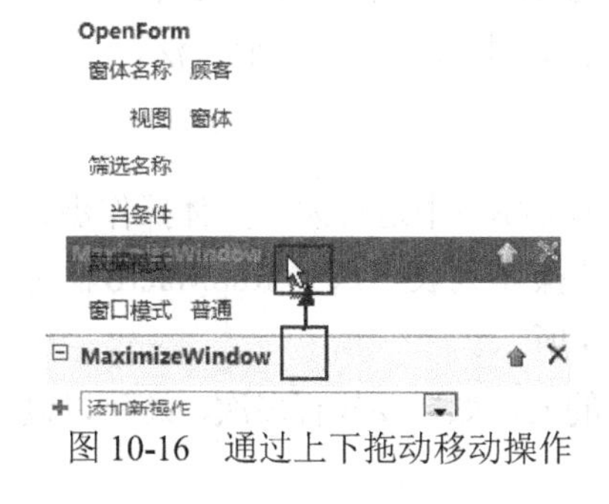

图 10-16　通过上下拖动移动操作

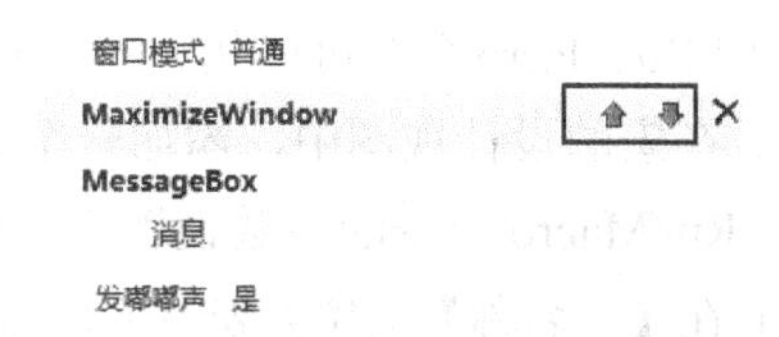

图 10-17　通过上移、下移按钮完成操作的移动

3. 复制宏

通过复制已存在的宏来建立一个类似的宏会节省很多时间，只要对新宏进行必要的修改即可。复制宏又分为复制宏对象和复制宏操作。

复制宏操作是指复制某个具体的宏命令，右击选择需要复制的操作，从弹出的快捷菜单中选择【复制】命令和【粘贴】命令即可，如图 10-18 所示；而复制宏对象则与复制其他的 Access 对象相同，具体步骤如下。

(1) 启动 Access 2013，打开数据库对象。

(2) 在【导航窗格】中选择要进行复制的宏对象。

(3) 使用功能区选项卡中的【复制】命令按钮，或者直接按 Ctrl+C 组合键。

(4) 接着使用【粘贴】命令按钮，或者按 Ctrl+V 组合键。

(5) 在打开的【粘贴为】对话框中，输入新宏的名称，然后单击【确定】按钮。

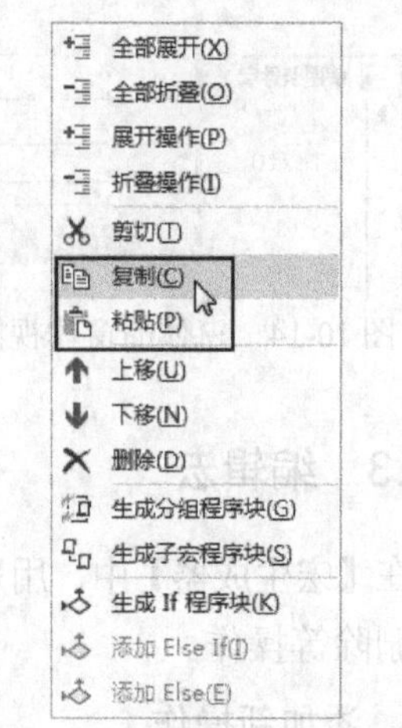

图 10-18　宏操作的快捷菜单

4. 删除操作

若要删除某个宏操作，可以使用以下几种方法实现。

- 选择要删除的宏操作，按 Delete 键删除该操作。
- 选择要删除的宏操作，然后单击宏窗格右侧的删除按钮✕，删除该操作。
- 选择要删除的宏操作，右击，从弹出的快捷菜单中选择【删除】命令。

提示：

如果删除了某个操作块，如 IF 块或者 Group 块，该块中的所有操作将同时被删除。

10.2.4　运行宏

创建宏以后就可以在需要时调用该宏。在 Access 中，运行宏和宏组的方法有很多。在执行宏时，Access 将从宏的起点启动，并执行宏中符合条件的所有操作，直至宏组中出现另一个宏或者该宏结束为止。也可以从其他宏或者其他事件过程中直接调用宏。

在【例 10-1】中已经介绍了直接运行宏的方法，本节将介绍其他方法。

1. 使用 RunMacro 命令运行宏

使用 RunMacro 命令可以从另一个宏中或从 VBA 模块中运行宏，具体操作步骤如下。

(1) 在宏的设计视图中，添加一个新操作，从操作列表中选择 RunMacro 命令。

(2) RunMacro 命令的参数设置模板如图 10-19 所示。

(3) 在【宏名称】下拉列表中可以选择要执行的宏，如果要执行多次，还可以设置【重复次数】和【重复表达式】。

2. 通过【执行宏】对话框运行宏

在【数据库工具】选项卡下的【宏】组中，单击【运行宏】按钮，在弹出的【执行宏】对话框的【宏名称】列表框中选择宏名称，单击【确定】按钮即可，如图 10-20 所示。

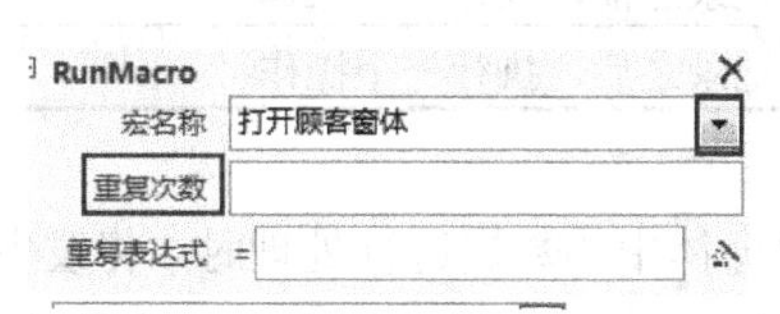

图 10-19　RunMacro 操作参数设置模板

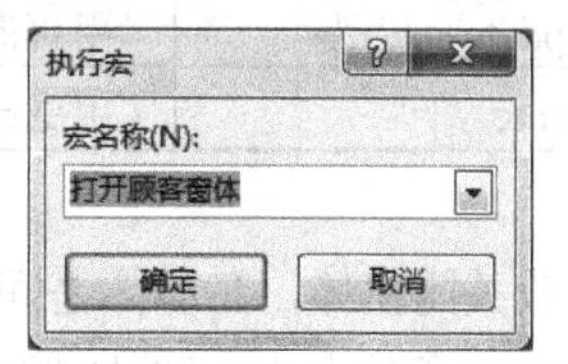

图 10-20　【执行宏】对话框

提示：
对于宏组中的每个宏，在【宏名称】列表中都有一个形式为“宏组名.宏名”的条目。

3. 通过事件触发运行宏

在【例 10-2】中，通过单击窗体中的命令按钮控件来触发宏，这是嵌入在窗体、报表或控件中的宏。用户也可以先创建独立的宏，然后将宏绑定到事件。

将宏与控件或窗体、报表的事件进行绑定的方法如下。

(1) 首先创建独立的宏，然后打开窗体或报表的【设计视图】。

(2) 打开【属性表】对话框，选择要绑定的事件的主体(窗体、报表或控件)，在【事件】选项卡中找到要绑定的事件。

(3) 在具体的事件属性右侧的下拉列表框中选择已有的宏或宏组，如图 10-21 所示。

提示：
将控件绑定到控件上，是以往版本的一贯做法。在 Access 2013 中，还可以直接创建该控件的嵌入式宏，使宏作为一个属性直接附加在控件上。

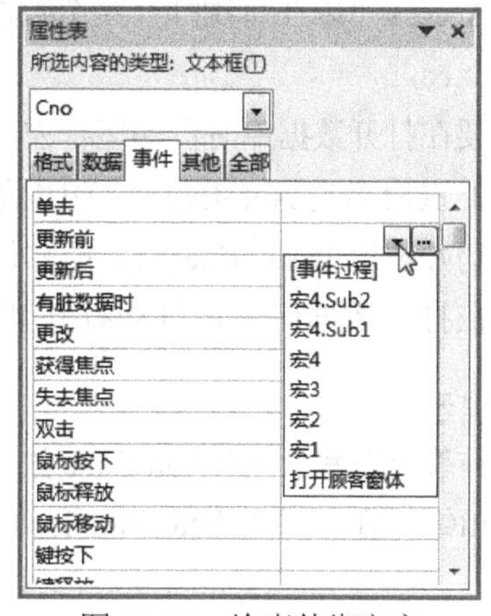

图 10-21　给事件绑定宏

从【属性表】窗格中可以看到，【事件】选项卡有许多事件名，如“单击”、“更新前”、“更新后”等。Access 可以识别大量的对象事件，常用的对象事件如表 10-2 所示。

表 10-2　常用的对象事件

对 象 事 件	说　明
OnClick	当用户单击一个对象时，执行一个操作
OnOpen	当一个对象被打开，并且第一条记录显示之前执行一个操作
OnCurrent	当对象的当前记录被选中时，执行一个操作
OnClose	当对象关闭并从屏幕上清除时，执行一个操作

(续表)

对象事件	说　明
OnDblClick	当用户双击一个对象或控件时，执行一个操作
BeforeUpdate	用更改后的数据更新记录之前，执行一个操作
AfterUpdate	用更改后的数据更新记录之后，执行一个操作

打并或关闭窗体，在窗体之间移动，或者对窗体中的数据进行处理时，将发生与窗体相关的事件。由于窗体的事件比较多，在打开窗体时，将按照下列顺序发生相应的事件：

打开(Open)→加载(Load)→调整大小(Resize)→激活(Activate)→成为当前(Current)

在关闭窗体时，将按照下列顺序发生相应的事件：

卸载(Unload)→停用(Deactivate)→关闭(Close)

如果窗体中没有活动的控件，在窗体的【卸载】事件发生之后仍会发生窗体的【失去焦点】(LostFocus)事件，但是该事件将在【停用】事件之前发生。

引发事件不仅仅是用户的操作，程序代码或操作系统都有可能引发事件，例如：如果窗体或报表在执行过程中发生错误便会引发窗体或报表的【出错】(Error)事件；当打开窗体并显示其中的数据记录时会引发【加载】(Load)事件。

4. 自动运行的宏

Access 可以在每次打开某个数据库时自动运行某个宏，方法是通过使用一个特殊的宏名 AutoExec。

要在打开数据库时自动运行宏，只需将相应的宏重命名为 AutoExec 即可。例如，将【简单宏】重命名为 AutoExec，关闭数据库后，再次打开数据库时，该宏将自动运行。

巧妙地运用AutoExec宏，能够使应用程序增色不少，同时也带来许多方便。例如，可以设计在打开数据库之后自动打开某个窗体或执行某一查询，使应用自动化。

提示：

如果数据库中包含AutoExec宏，但在打开数据库时不想运行它，可以在打开数据库时按住Shift键，即可跳过AutoExec宏的运行。

10.2.5　调试宏

在设计宏时，可能会出现各种不可避免的错误或设计缺陷。为了保证宏设计的正确性，Access 提供了方便的调试工具，以帮助用户调试自己的应用程序。

单步运行是 Access 数据库中用来调试宏的主要工具。采用单步运行，可以观察宏的流程和每一个操作的结果，以排除导致错误的操作命令或预料之外的操作结果。

调试宏的具体操作如下。

(1) 打开宏的设计视图。在【宏工具|设计】选项卡的【工具】组中，单击【单步】按钮 单步，使其处于选中状态，如图 10-22 所示。

(2) 在【宏工具|设计】选项卡的【工具】组中，单击【运行】按钮，打开【单步执行宏】

对话框，如图 10-23 所示。

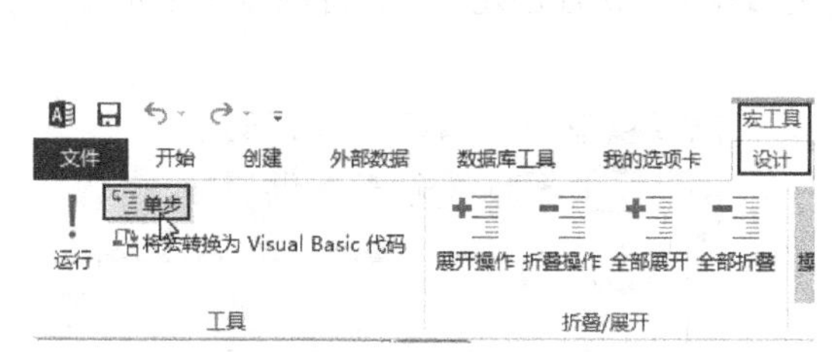
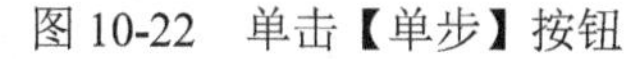

图 10-22　单击【单步】按钮

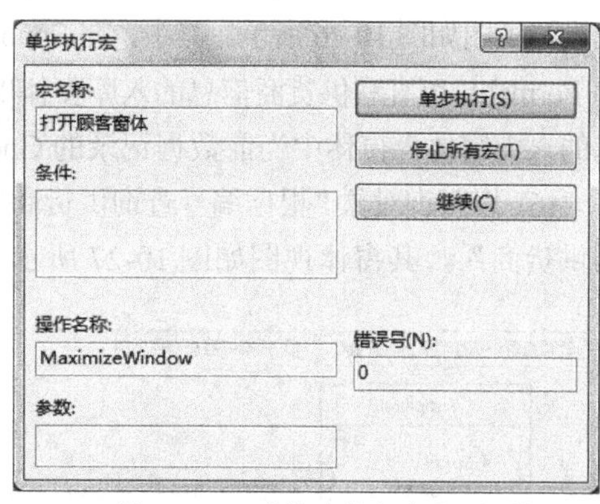

图 10-23　【单步执行宏】对话框

(3) 单击【单步执行】按钮，将逐步执行当前宏操作。单击【停止所有宏】按钮，则放弃宏命令的执行并关闭对话框；单击【继续】按钮，则关闭【单步执行】状态，直接执行未完成的操作。在对话框的主体部分显示已执行命令的基本信息。【错误号】文本框中如果为“0”，则表示未发生错误。

10.2.6　宏应用举例

通过以上内容的学习，读者可以根据实际需要进行一些简单的宏操作。本节将综合运用查询、窗体和宏来创建一个入库信息窗体，然后根据当前入库信息查询相应的供货商信息。

【例 10-3】以 Sales.accdb 数据库的入库表 InWarehouse 为数据源创建窗体，然后在窗体下方添加一个按钮控件，单击该按钮控件，可以查询当前记录对应的供货商信息。

(1) 启动 Access 2013，打开 Sales.accdb 数据库。

(2) 在导航窗格中找到数据表 InWarehouse，以其为数据源，单击【创建】功能区选项卡的【窗体】组中的【窗体】按钮，快速创建窗体，并打开窗体的布局视图，如图 10-24 所示。

(3) 将窗体保存为“可查看供货商信息的入库窗体”。

(4) 切换到窗体的设计视图，在原窗体的基础上添加一个按钮控件，设置按钮控件的【标题】属性为“查看供货商”，如图 10-25 所示。

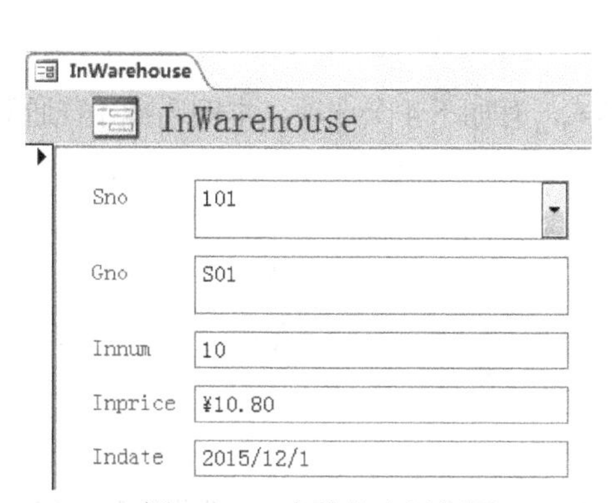

图 10-24　窗体的布局视图

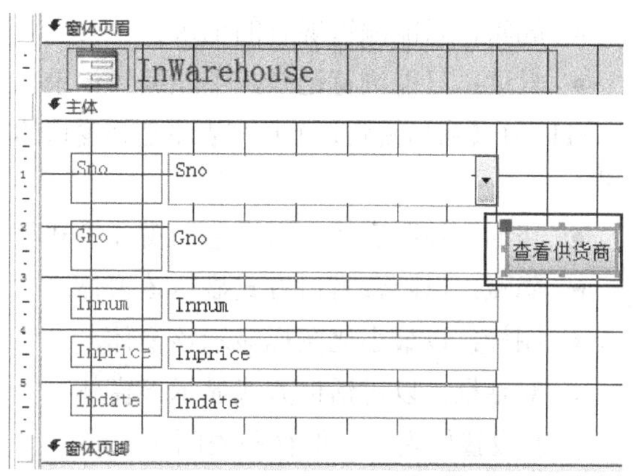

图 10-25　在设计视图中添加按钮控件

(5) 以供货商表 Suppliers 为数据源，创建一个名称为“根据编号查询供货商”的查询，其设计视图如图 10-26 所示。其中，在 Spno 字段的【条件】单元格中设置筛选数据的条件为“[Forms]![可查看供货商信息的入库窗体]![Gno]”。此语句的功能是，将“可查看供货商信息的入库窗体”窗体中当前数据记录的 Gno 字段值作为筛选条件，查找该供货商的信息。

(6) 以查询对象“根据编号查询供货商”为数据源，快速创建窗体，将该窗体保存为“查询供货商”，其窗体视图如图 10-27 所示。

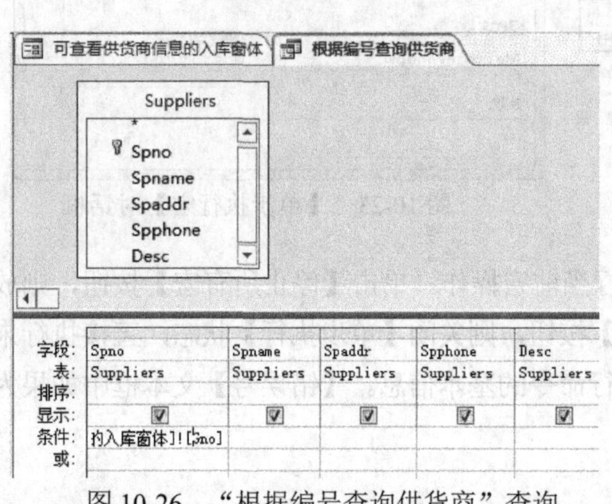

图 10-26　“根据编号查询供货商”查询

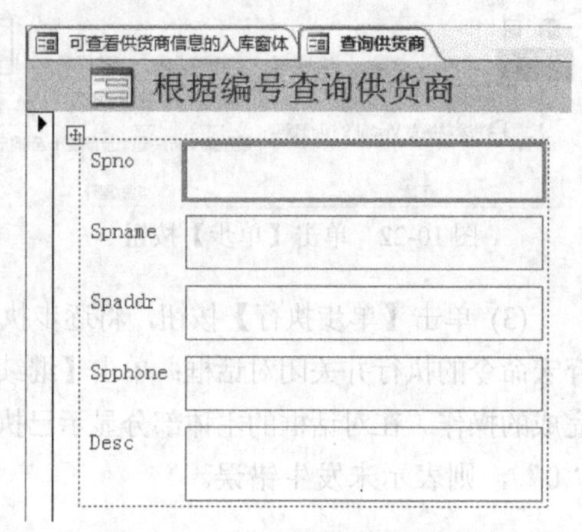

图 10-27　“查询供货商”窗体

(7) 创建一个名称为“查询供货商”的宏对象，在宏的设计视图中为其添加一个新操作，操作命令选择 OpenForm，并在 OpenForm 的参数设置面板中单击【窗体名称】下拉列表，可以从中选择要打开的窗体。本例选择“查询供货商”，如图 10-28 所示。

(8) 【视图】下拉列表用于设置要以何种方式打开该窗体。一般情况下，有 7 种打开窗体的方法。本例选择【窗体】选项。

(9) 如果要设置筛选条件，可以在【筛选名称】文本框中输入要使用的筛选。或者使用【当条件=】文本框来设置筛选添加，本例中无须设置。

(10) 【数据模式】用于设置打开窗体时对窗体中数据的操作模式，共有 3 个选项，本例选择【只读】选项。

- 增加：允许增加记录。
- 编辑：只能编辑现有的记录。
- 只读：只能浏览记录，不能编辑记录。

(11) 在【窗口模式】下拉列表中选择窗口的模式，有如下 4 个选项，本例选择【普通】模式。

- 普通：按照窗体中所设置的窗体模式显示。
- 隐藏：以隐藏窗口方式显示该窗体。
- 图标：以最小化图标显示该窗体。
- 对话框：以对话框方式显示该窗体。

(12) 设置好宏后，保存并关闭宏。

(13) 返回“可查看供货商信息的入库窗体”的设计视图中，选中【查看供货商】按钮控件，打开【属性表】对话框，切换到【事件】选项卡，设置按钮控件的【单击】事件属性的相应方式为“查询供货商”宏，如图10-29所示。

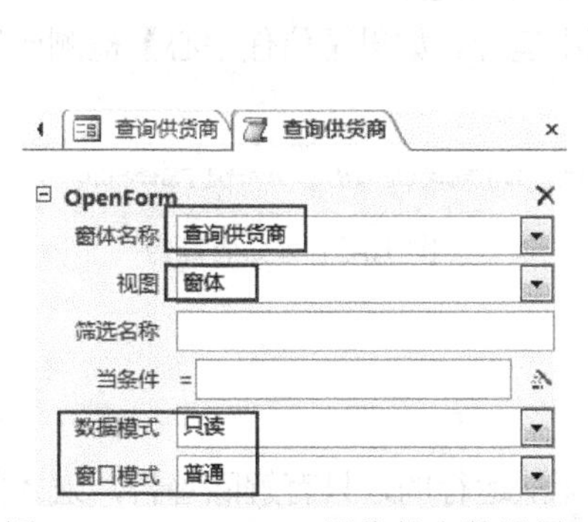

图10-28　OpenForm操作的参数设置

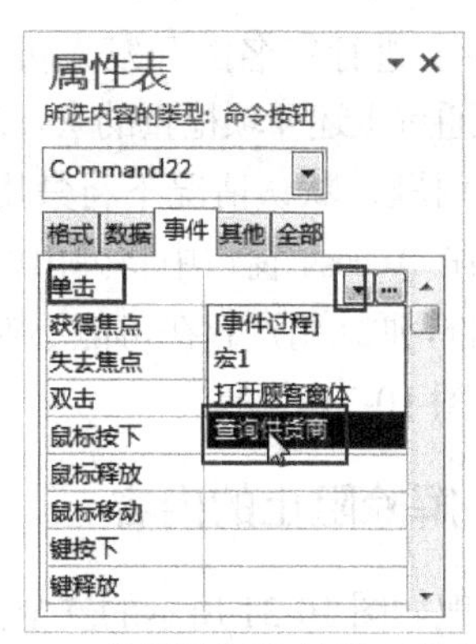

图10-29　设置按钮控件的【单击】事件

(14) 保存并关闭所有的对象。在导航窗格中，双击打开“可查看供货商信息的入库窗体”窗体，在浏览入库信息时，单击【查看供货商】按钮，将打开“查询供货商”窗体，显示该供货商的详细信息，如图10-30所示。

图10-30　通过宏操作打开“查询供货商”窗体

10.3　宏的安全设置

宏的最大用途是使常用的任务自动化。虽然宏只是提供了几十条操作命令，但是有经验的开发者，可以使用VBA代码编写出功能更强大的VBA宏，这些宏可以在计算机上运行多条命令。因此，宏会引起潜在的安全风险。有图谋的开发者可以通过某个文档引入恶意宏，一旦打开该文档，这个恶意宏就会运行，有可能在计算机上传播病毒或者窃取用户机密信息等，因此，安全性是使用宏时必须考虑的因素。

在Access中，宏的安全性是通过【信任中心】进行设置和保证的。当用户打开一个包含有宏的文档时，【信任中心】首先要对以下各项进行检查，然后才会允许在文档中启用宏。

- 开发人员是否使用数字签名对这个宏进行了签名。

- 该数字签名是否有效，是否过期。
- 与该数字签名关联的证书是否是由权威机构颁发的。
- 对宏进行签名的开发人员是否为受信任的发布者。

只有通过上述 4 项检查的宏，才能够在文档中运行。如果【信任中心】检测到以上任何一项出现问题，默认情况下将禁用该宏。同时在 Access 窗口中将弹出安全警告消息框，通知用户存在可能不安全的宏，如图 10-31 所示。

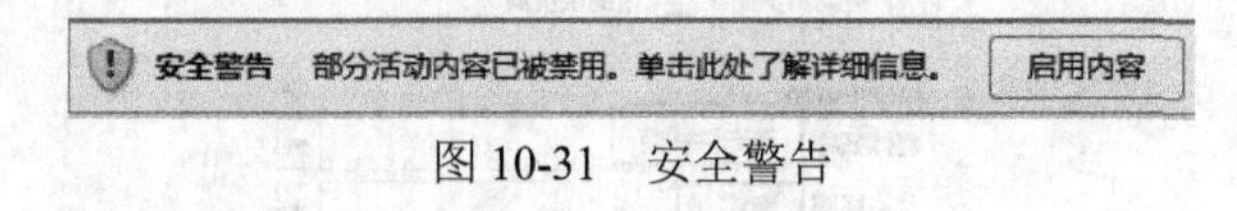

图 10-31　安全警告

10.3.1　解除阻止的内容

当出现如图 10-31 所示的安全警告时，宏是无法运行的，只有解除警告，宏才能够正常运行。

单击消息栏中的【启用内容】按钮，即可解除阻止的内容，打开数据库。

或者单击"部分活动内容已被禁用。单击此处了解详细信息"，在出现的信息界面单击【启用内容】按钮，弹出命令菜单，选择【启用所有内容】命令，即可解除阻止的内容，如图 10-32 所示。

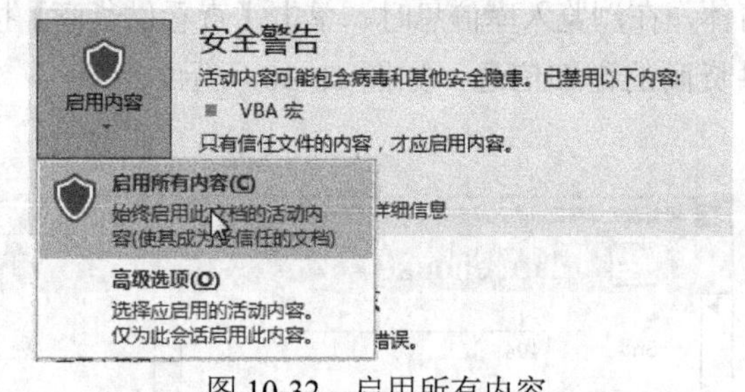

图 10-32　启用所有内容

用这种方法可以启用该数据库中的宏，但是当关闭该数据库并重新打开时，Access 将继续阻止该数据库中的宏，要对数据库内容进行完全解除，还需要在【信任中心】中进行设置。

10.3.2　信任中心设置

在【文件】功能区选项卡中选择【选项】命令，即可打开【Access 选项】对话框，从左侧列表中选择【信任中心】选项，如图 10-33 所示。

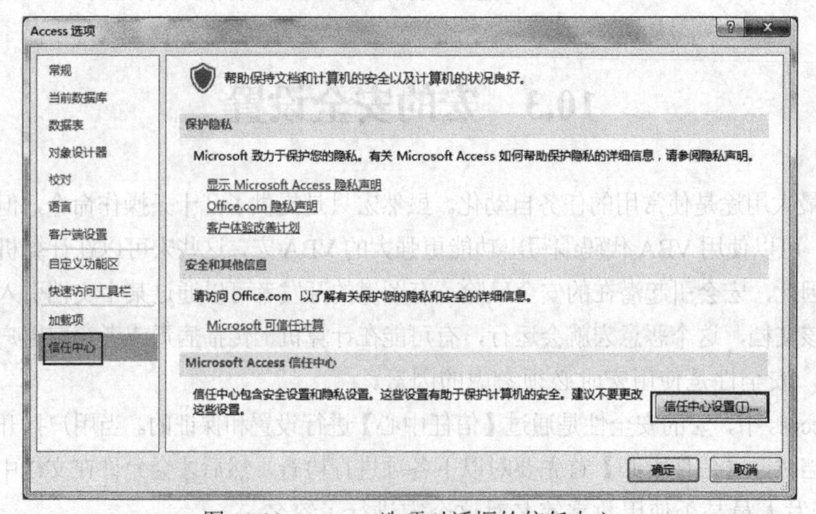

图 10-33　Access 选项对话框的信任中心

单击【信任中心设置】按钮，打开【信任中心】对话框，选择【宏设置】选项，如图10-34所示。

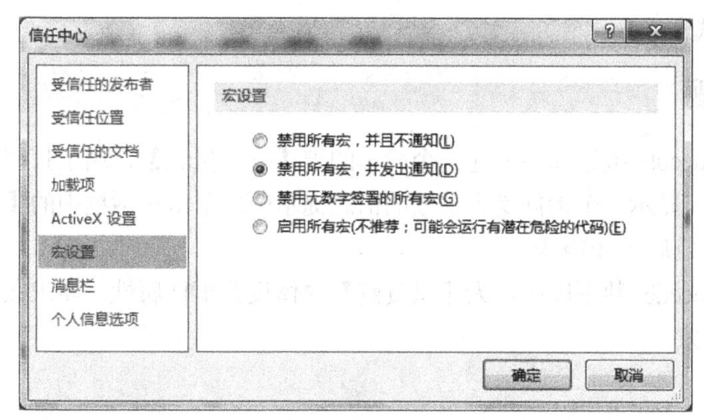

图10-34 【信任中心】对话框之宏设置

【宏设置】共有以下4个选项，含义分别如下。

- 【禁用所有宏，并且不通知】：选择此单选按钮，文档中的所有宏以及有关宏的安全警报都将被禁用。
- 【禁用所有宏，并发出通知】：这是默认设置。如果用户希望禁用宏，但又希望存在宏时收到安全警报，可以选择此单选按钮。
- 【禁用无数字签署的所有宏】：除了宏由受信任的发布者进行数字签名的情况，该项设置与【禁用所有宏，并发出通知】选项相同。如果用户信任发布者，宏就可以运行；如果用户不信任该发布者，就会收到通知。
- 【启用所有宏(不推荐：可能会运行有潜在危险的代码) 】：选择此单选按钮，可允许所有宏运行。此设置会使计算机容易受到潜在恶意代码的攻击。

选中【启用所有宏】单选按钮，单击【确定】按钮，即可启用数据库中的所有宏。重新打开数据库，就不会弹出安全警告消息框了。

10.4 本章小结

宏对象是Access数据库的第五大对象。本章主要介绍了宏的相关知识。首先介绍的是宏的基本知识，包括宏的概念、宏的类型、宏的设计视图等；然后介绍了如何创建和使用宏，包括创建简单宏和条件宏，编辑宏、宏的运行与调试等；最后是宏的安全设置，包括如何解除阻止的内容以及信任中心设置等。

10.5 思考和练习

10.5.1 思考题

1. 什么是宏？宏有哪些类型？

2. 简述如何创建宏。

3. 宏的运行方法有哪些?

4. 如何调试宏？

10.5.2　练习题

1. 在 Sales.accdb 数据库中创建一个简单的宏【打印报表】，用于打印【商品信息】报表，要求在打印前显示一个询问是否继续的信息提示框，单击对话框中的【确定】按钮后，执行打印操作，最后关闭报表。

2. 在 Sales.accdb 数据库中，为【供货商】窗体设置事件属性，要求在窗体中双击时调用【打印报表】宏。

第11章　模块与VBA

在 Access 中要完成更强大的程序功能，仅采用宏是不够用的，例如，对于复杂条件和循环等结构，宏则无能为力。这就需要借助于另一项功能：模块和 VBA。VBA 具有与 Visual Basic 相同的语言功能。通过模块的组织和 VBA 代码设计，可以大大提高 Access 数据库应用的处理能力，解决较复杂的问题。本章就来介绍模块与 VBA 程序设计相关的知识。

本章的学习目标：

- 了解模块与 VBA 的基本概念和分类
- 掌握模块的创建与运行方法
- 熟悉 VBA 编程环境
- 了解面向对象程序设计思想
- 掌握 VBA 流程控制语句
- 熟悉过程与函数创建与调用
- 掌握 VBA 代码的调试技巧
- 了解 VBA 代码的保护手段

11.1　快速入门

模块是将 VBA(Visual Basic for Application)的声明和过程作为一个单元进行保存的集合。模块中的每个过程都可以是一个 Function 过程或一个 Sub 过程。

11.1.1　什么是 VBA

VB(Visual Basic)是一种面向对象的程序设计语言，Microsoft 公司将其引入到了其他常用的应用程序中。例如，在 Office 的成员 Word、Excel、PowerPoint、Access 和 OutLook 中，这种内置在应用程序中的 Visual Basic 版本称之为 VBA。

VBA 是 VB 的子集。VBA 是 Microsoft Office 系列软件的内置编程语言，是新一代标准宏语言。其语法结构与 Visual Basic 编程语言互相兼容，采用的是面向对象的编程机制和可视化的编程环境。VBA 具有跨越多种应用软件并且具有控制应用软件对象的能力，提高了不同应用软件间的相互开发和调用能力。VBA 可被所有的 Microsoft 可编程应用软件共享，包括 Access、Excel、Word 以及 PowerPoint 等。与传统的宏语言相比，VBA 提供了面向对象的程序设计方法，提供了相当完整的程序设计语言。

1. 宏和 VBA

宏其实也是一种程序，只是宏的控制方式比较简单，只能使用 Access 提供的操作命令，而 VBA 需要开发者自行编写。

宏和 VBA 都可以实现操作的自动化。但是，在应用的过程中，是使用宏还是使用 VBA，需要根据实际的需求来确定。对于简单的细节工作，如打开或关闭窗体、打印报表等，使用宏是很方便的，它可以迅速地将已经创建的数据库对象联系在一起。而对于比较复杂的操作，如数据库的维护、使用内置函数或自行创建函数、处理错误消息、创建或处理对象、执行系统级的操作以及一次处理多条记录等，这种情况下，就应当使用 VBA 进行编程。

2. 宏转换为 VBA

宏对象的执行效率较低，可以将宏对象转换为 VBA 程序模块，以提高代码的执行效率。在此介绍一种转换方法，操作步骤如下。

(1) 选择需要转换的宏对象。

(2) 切换到功能区的【文件】选项卡，选择【对象另存为】命令，在打开的【另存为】对话框中，指定保存类型为【模块】，并为 VBA 模块命名即可，如图 11-1 所示。

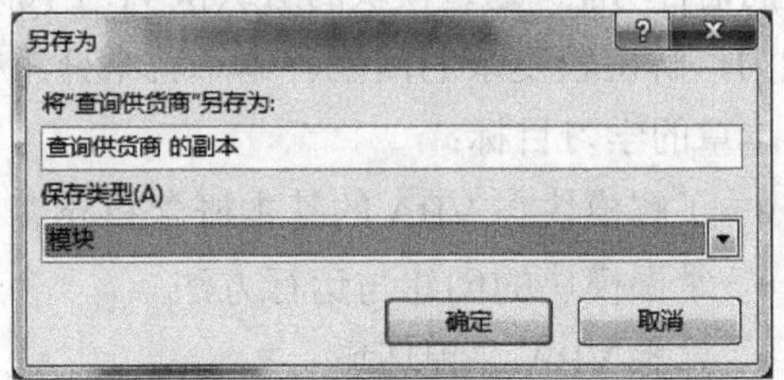

图 11-1　【另存为】对话框

11.1.2　模块的分类

模块基本上是由声明、语句和过程组成的集合，它们作为一个已命名的单元存储在一起，对 Microsoft Visual Basic 代码进行组织，Access 有两种类型的模块：标准模块和类模块。

在 Microsoft Access 中，所有的 VBA 代码都被置于模块对象中，由此可以看出，模块就是一种容器，用于存放用户编写的 VBA 代码。

具体地说，模块就是由 VBA 通过声明和一个或多个过程组成的集合。所谓过程就是能够实现特定功能的程序段的封装。在 VBA 的编程环境中，过程的识别很简单，就是两条横线内，Sub 与 End Sub 或 Function 与 End Function 之间的所有部分。由此可知，一系列的语句组成的程序片段就是过程，多个过程构成完整的程序。

注意：

过程 Sub 和 Function 的区别在于，Sub 不可以接收参数，而 Function 可以，比如，Function 可以接收用户输入的内容，将此内容作为程序执行的条件。后面将会详细介绍到这两者。

一般情况下，在使用 VBA 创建模块时，首先是通用声明，这部分主要包括 Option 语句声明、变量、常量或自定义数据类型的声明。

模块中可以使用的 Option 语句如下。

- Option Base 1：设置模块中的数组下标的默认下界为 1，不声明则为 0。
- Option Compare Database：在模块中，当进行字符串比较时，将根据数据库的区域 ID 确定的排序级别进行比较；不声明则按字符 ASCII 码进行比较。
- Option Explicit：用于强制模块中使用到的变量必须先声明。

提示：

在所有的 Option 语句之后，才可以声明模块级的自定义数据类型、变量和常量。

1. 标准模块

标准模块可用于以过程的形式保存代码，因此可用于程序的任何地方。在 Access 的早期版本中，标准模块被称为全局模块。

标准模块中可以放置需要在数据库的其他过程中使用的 Sub 和 Function 过程，还可以包含希望在其他模块中的过程可用的变量，这些变量是用 Public 声明定义的。

标准模块包含与其他对象都无关的常规过程，以及可以从数据库任意位置运行的经常使用的过程。模块和与某个特定对象无关的类模块的主要区别在于其范围和生命周期。

2. 类模块

类模块是可以包含新对象的定义的模块，类的实例化就是对象。这个概念就好比“人类”和“张三”，即“类”相当于类型，而“对象”就是具体的人张三，他属于“人类”。

在模块中定义的过程为属性和方法。Access 2013 中的类模块可以独立存在，也可以与窗体和报表同时出现。所以，可以将类模块分为以下 3 类。

- 自定义类模块：用这类模块能创建自定义对象，可以为这些对象定义属性、方法和事件，也可以用 New 关键字创建窗体对象的实例。
- 窗体类模块：该模块中包含特定窗体或其控件上事件发生时触发的所有事件过程的代码。这些过程用于响应窗体的事件，实现窗体的行为动作，从而完成用户的操作。
- 报表类模块：该模块中包含特定报表或其控件上发生的事件触发的所有事件过程的代码。

窗体和报表模块都各自与某一窗体或报表相关联。窗体和报表模块通常都含有事件过程，该过程用于响应窗体或报表中的事件，可以使用事件过程来控制窗体或报表的行为，以及它们对用户操作的响应。例如，单击某个命令按钮为窗体创建第一个事件过程时，Microsoft Access 将自动创建与之关联的窗体或报表模块。

当引用窗体和报表下的模块时，可以使用 Me 关键字。如果要查看窗体或报表的模块，可以在窗体或报表的设计视图下单击【窗体/报表设计工具|设计】选项卡下【工具】组中的【查看代码】按钮 查看代码，如图 11-2 所示，Access 将会打开 VBA 环境并显示关联的代码。

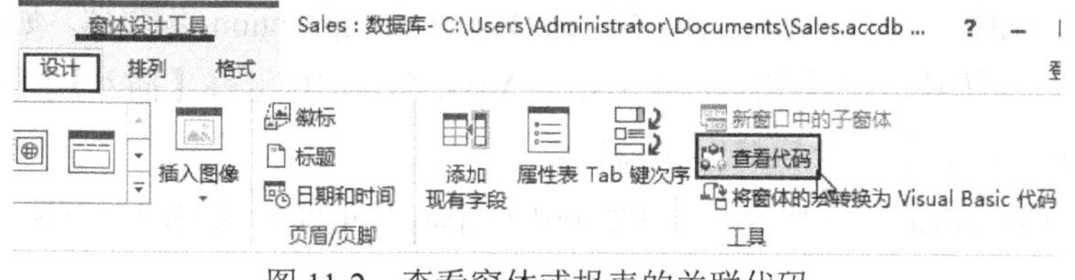

图 11-2　查看窗体或报表的关联代码

自定义模块与窗体和报表类模块在以下几个方面有所不同。

- 自定义模块没有内置的用户界面，而窗体和报表类模块有内置的用户界面。这使自定义模块更适合于那些无须界面的工作，如执行计算、查找数据以修改数据库等。当窗体或报表模块需要完成计算量很大的任务时，也可以调用独立类模块。

- 自定义模块提供 Initialize 和 Terminate 事件，能够执行必须在类实例打开和关闭时执行的操作。报表和窗体模块没有这些事件，但可以通过 Load 和 Close 事件实现类似的功能。
- 必须用 New 关键字创建独立类模块的实例。报表和窗体类模块也允许创建实例，但它们是用 DoCmd 和 OpenReport 的方法以及通过引用报表或窗体类模块的属性或方法来创建。

3. 标准模块和类模块的区别

(1) 存储数据的方法不同。标准模块中公共变量的值改变后，后面的代码调用该变量时将得到改变后的值。类模块可以有效地封装任何类型的代码，起到容器的作用，包含的数据是相对于类的实例对象而独立存在的。

(2) 标准模块中的数据存在于程序的存活期中，将在程序的作用域内存在。类模块实例中的数据只存在于对象的存活期，随对象的创建而创建，随对象的消失而消失。

(3) 标准模块中的 public 变量在程序的任何地方都是可用的，类模块中的 public 变量只能在引用该类模块的实例对象时才能被访问。

11.1.3 创建与运行模块

过程是模块的单元组成，由 VBA 代码编写而成。过程分两种类型：Sub 子过程和 Function 函数过程。一个模块包含一个声明区域，且可以包含一个或多个 Sub 子过程或 Function 函数过程。模块的声明区域是用来声明模块使用的变量等项目。本节将结合实例讲解模块的创建与运行。

1. 创建模块

在 Access 2013 中创建模块是非常容易的，下面通过一个简单实例介绍模块的创建方法。

【例 11-1】创建一个简单的 HelloWorld 程序。

(1) 启动 Access 2013，打开 Sales.accdb 数据库。

(2) 切换到功能区的【创建】选项卡，单击【宏与代码】组中的【模块】命令，系统将默认创建一个新模块，并打开 Microsoft Visual Basic for Applications 编辑器，如图 11-3 所示。如果想再创建一个模块，只需在图 11-3 所示的 VBA 编辑器中选择【插入】|【模块】命令，Access 2013 将自动新建一个模块定义窗口。

(3) 在 VBA 编辑器的代码窗口中 Option Compare Database 代码的下方输入如下代码。

```
Sub HelloWorld()
    MsgBox prompt:= "Hello World，我是赵智暄，和我一起学习 Access 2013 吧！"
End Sub
```

提示：

上述代码创建了一个简单的模块，该模块包含一个 Sub 子过程 HelloWorld，执行该子过程将弹出一个对话框，显示欢迎信息“Hello World，我是赵智暄，和我一起学习 Access 2013 吧！”。

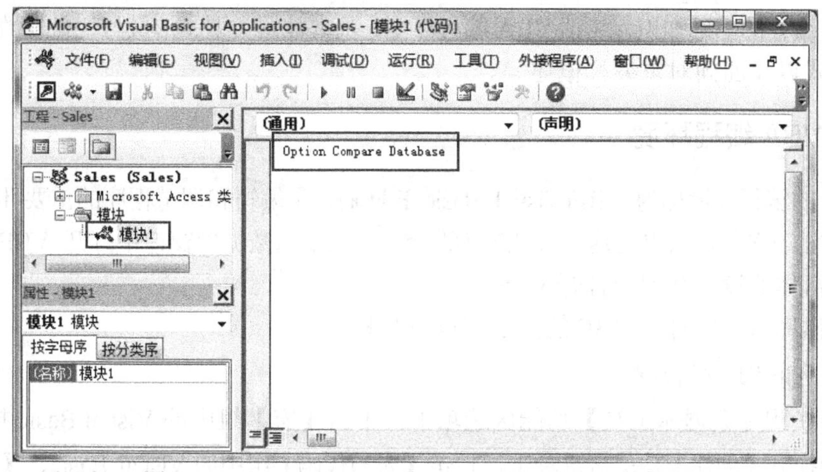

图 11-3　Microsoft Visual Basic for Applications 编辑器

(4) 单击窗体上的【保存】按钮 ，将弹出【另存为】对话框，输入模块名称 HelloWorld，单击【确定】按钮完成模块的创建。

类模块的创建与标准模块的创建方法相同，可以通过 VBA 编辑器中的【插入】|【类模块】命令进行创建。

2. 运行模块

运行模块的方法很简单，只需在 VBA 编辑器中按 F5 键，或者单击工具栏中的【运行子过程/用户窗体】按钮 ，或者选择【运行】|【运行子过程/用户窗体】命令，打开【宏】对话框，如图 11-4 所示。

在【宏】对话框中选择要运行的模块，单击【运行】按钮即可，如图 11-5 所示为【例 11-1】中创建的 HelloWorld 模块的运行结果。

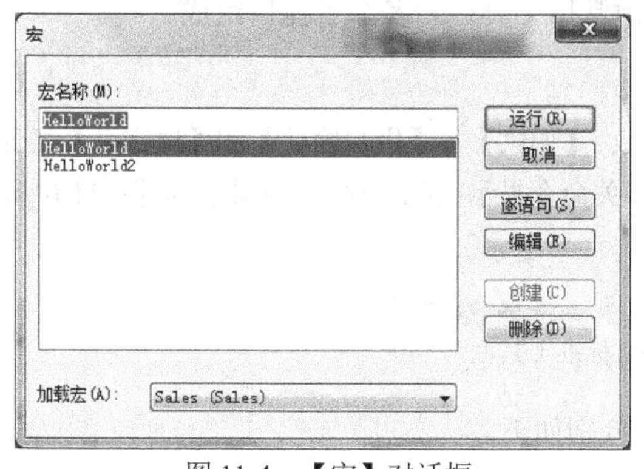

图 11-4　【宏】对话框

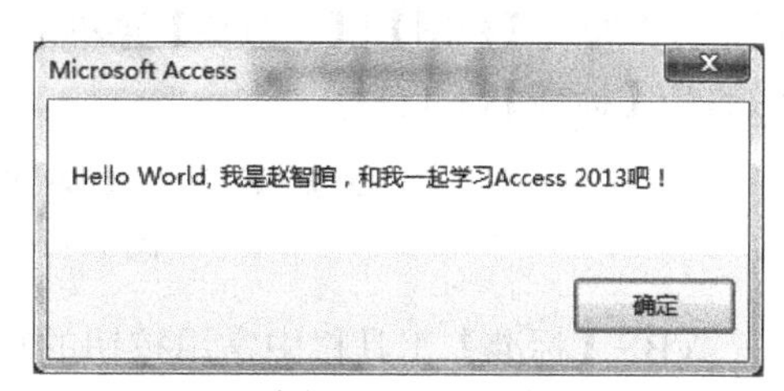

图 11-5　运行结果

11.2　VBA 程序设计基础

VBA 是 Microsoft Office 系列软件的内置编程语言，是新一代标准宏语言。其语法结构与 Visual Basic 编程语言互相兼容，采用面向对象的编程机制和可视化的编程环境。本节将介绍 VBA 编程的基础知识，包括 VBA 编程环境、基本数据类型、常量与变量及数组、运算符、表达式以及面向对象编程概述等。

11.2.1　VBA 编程环境

VBA 的编程环境称为 VBE(Visual Basic Editor)，是编写和调试程序的重要环境。进入 VBE 的方法有多种，可以将这些方法分为两类：一类是从数据库窗口中打开 VBE，一类是从报表或窗体的设计视图中打开 VBE。

从数据库窗口中打开 VBE 的方法有以下几种。

- 按 Alt+F11 组合键。
- 切换到【数据库工具】功能区选项卡，单击【宏】组中的 Visual Basic 按钮。
- 切换到【创建】功能区选项卡，单击【宏与代码】组中的 Visual Basic、【模块】或【类模块】按钮都可以打开 VBA 编辑窗口。
- 在【导航窗格】中找到【模块】对象，双击要查看或编辑的模块。

从报表或窗体的设计视图中打开 VBE，有以下几种方法。

- 打开窗体或报表的设计视图，然后在需要编写代码的控件上右击，从弹出的快捷菜单中选择【事件生成器】命令，在打开的【选择生成器】对话框中选择【代码生成器】选项，单击【确定】按钮即可打开 VBE 环境。
- 打开窗体或报表的设计视图，然后单击上下文功能区的【设计】选项卡下【工具】组中的【查看代码】按钮，打开 VBE 环境，光标显示位置为该模块的开头部分。
- 打开窗体或报表的设计视图，然后双击需要编写代码的控件，打开【属性表】对话框，选择【事件】选项卡，在要编写代码的事件后面单击出现的省略号按钮，打开【选择生成器】对话框，选择【代码生成器】选项即可打开 VBE 环境。

VBA 编辑器界面如图 11-3 所示，主要由常用工具栏和多个子窗口组成。

1. VBE 工具栏

VBE 工具栏主要包括【编辑】、【标准】、【调试】、【用户窗体】和【自定义】工具栏，可以通过【视图】|【工具栏】菜单下的相关命令显示或隐藏这些工具栏。如图 11-6 所示的是【标准】工具栏。

图 11-6　VBE 标准工具栏

VBE【标准】工具栏中常用按钮的功能分别如下。

- 【视图 Microsoft Access】按钮：切换到 Access 窗口。
- 【插入模块】按钮：在当前位置插入一个模块、类模块或者过程。
- 【运行子过程/用户窗体】按钮：运行模块中的程序。
- 【中断】按钮：停止正在运行的程序，切换至中断模式。
- 【重新设置】按钮：结束正在运行的程序。

- 【对象浏览器】按钮：用于查看和浏览 Access 及其他支持 VBA 的应用程序中的可用对象，以及每一对象的方法和属性，如图 11-7 所示。

图 11-7　对象浏览器

2. VBE 窗口

VBE 界面中根据不同的对象，设置了不同的窗口，用户可通过【视图】菜单中的相应命令来打开相应的窗口。VBA 编辑器中主要的窗口包括代码窗口、立即窗口、本地窗口、对象浏览器、工程资源管理器、属性窗口、监视窗口以及工具箱等。

(1) 代码窗口。在 VBE 环境中，可以使用代码窗口来显示和编辑 Visual Basic 代码。打开各模块的代码窗口后，可以查看和编辑不同窗体或模块中的代码，如图 11-3 中输入代码的窗口就是 VBE 的代码窗口。选择【视图】|【代码窗口】命令，或者按 F7 键即可打开【代码窗口】。

在代码窗口中，左上角的下拉列表框为【对象】框，用来显示所选对象的名称。【对象】框右边的下拉列表框为【过程/事件】框，它列出了窗体或对象框所含控件中的所有 Visual Basic 的事件。选择一个事件，则与事件名称相关的事件过程就会显示在代码窗口中。

如果在【对象】框中显示的是【通用】选项，则【过程/事件】列表框会列出所有模块中的常规过程。

提示：

模块中的所有过程都会出现在代码窗口的下拉列表框中，它们是按名称的字母进行排列的。使用时，可以从下拉列表框中选取一个过程，此时指针会移到所选过程的第一行代码处。

(2) 对象浏览器。对象浏览器窗口永远显示对象库以及工程中的可用类、属性、方法、事件及常用变量。选择【视图】|【对象浏览器】命令或者按 F2 键，即可打开【对象浏览器】窗口，如图 11-7 所示。

(3) 工程资源管理器。选择【视图】|【工程资源管理器】命令即可打开工程资源管理器窗口，如图 11-8 所示。该窗口以分层列表的方式显示当前数据库中的所有模块。

工程资源管理器是 VBA 编辑器中用于显示 VBA 项目成员的窗口。VBA 项目成员是指与用户文档相关的用户自定义窗体(Form)、模块(Modules)和 Office 对象(Microsoft Object)等。窗体、模块和 Office 对象等的集合构成了 VBA 项目。VBA 项目成员以树形结构显示，以便于用户查看和使用 VBA 项目及其成员。工程资源管理器显示与用户在 Office 中打开的每一个文档相关的 VBA 项目。该窗口通常位于代码窗口的左侧。

图 11-8　工程资源管理器

(4) 属性窗口。属性窗口用来查看和设置对象的属性。用户可以使用属性窗口设置和查看用户创建的窗体、模块等对象的属性。选择【视图】|【属性窗口】命令即可打开属性窗口，在图 11-3 中，工程资源管理器窗口的下方就是属性窗口。在属性窗口中，仅仅显示与选择的对象相关的属性。属性窗口被划分为左右两部分：与当前对象相关的属性显示在左半部分，对应的属性值显示在右半部分。

提示：

当同时选择了多个对象时，属性窗口将显示这些对象的共同属性。属性列表可以按分类或字母顺序对对象属性进行排序。

(5) 立即窗口、本地窗口和监视窗口。在 VBA 中，由于在编写代码的过程中会出现各种各样的问题，所以编写的代码很难一次通过并正确地实现既定功能。这时就需要一个专用的调试工具，帮助开发者快速找到程序中的问题，以便消除代码中的错误。VBA 的开发环境中【本地窗口】、【立即窗口】和【监视窗口】就是专门用来调试 VBA 的。

立即窗口在中断模式时会自动打开，且其内容是空的。用户可以在窗口中输入或粘贴一行代码，然后按 Enter 键来执行该代码。例如，为了验证表达式或函数的运算结果，可以在立即窗口中输入问号命令或 print 命令，后面跟着输入表达式或函数，然后按 Enter 键即可执行输入的代码，如图 11-9 所示。

注意：

立即窗口中的代码是不能存储的。

选择【视图】|【本地窗口】命令即可打开本地窗口，本地窗口可自动显示出所有在当前过程中的变量声明及变量值，如图 11-10 所示。若本地窗口可见，则每当从执行方式切换到中断模式或是操纵堆栈中的变量时，它就会自动地重建显示。

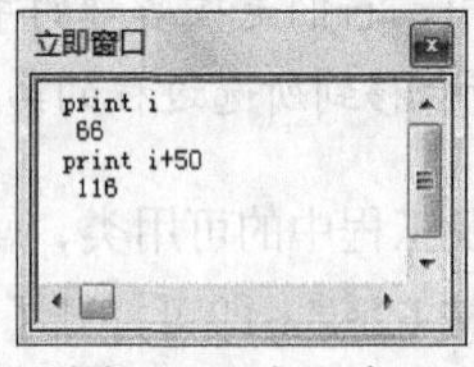

图 11-9　立即窗口

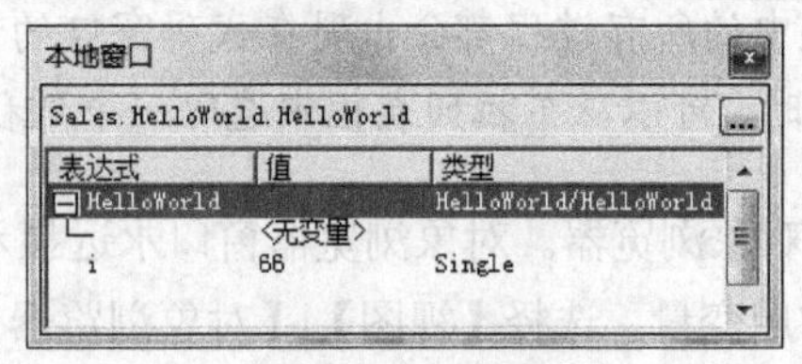

图 11-10　本地窗口

提示：

在本地窗口中，Access 显示了所有活动的变量。可以单击表达式旁边的加号浏览该对象的所有属性设置。在数据库对象下的树状结构中可以看到所有对象的详细情况。

选择【视图】|【监视窗口】命令即可打开监视窗口，如图 11-11 所示。在调试 VBA 程

序时，此窗口将显示正在运行过程中的监视表达式的值。当工程中有监视表达式定义时，就会自动出现监视窗口。

如果要添加监视表达式，可以在监视窗口中右击，从弹出的快捷菜单中选择【添加监视】命令，打开如图 11-12 所示的【添加监视】对话框。在对话框中输入要监视的表达式，则可以在监视窗口中进行查看。

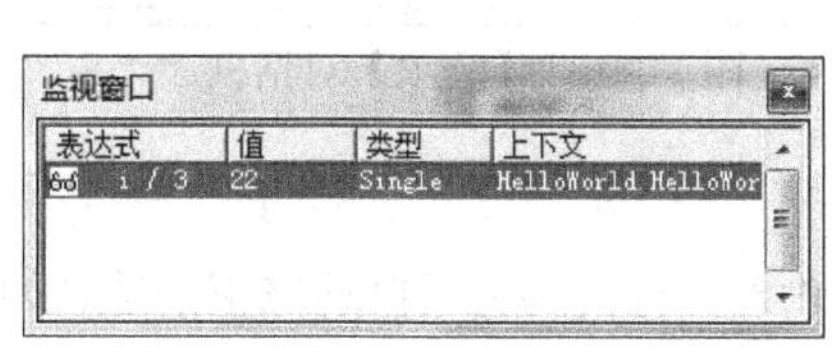

图 11-11　监视窗口

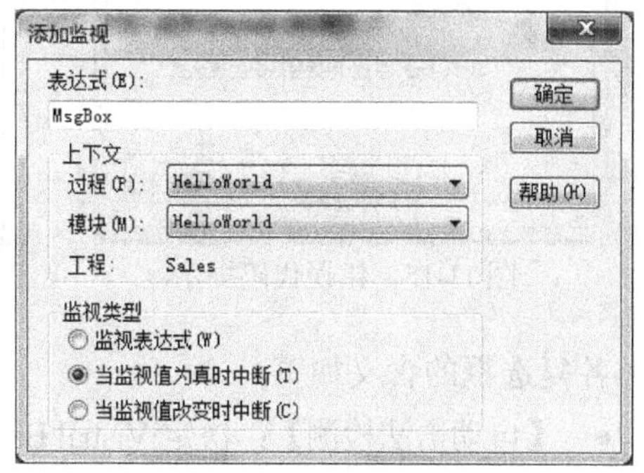

图 11-12　【添加监视】对话框

可以使用以上方法设置多个监视表达式。如果需要修改或删除监视表达式，首先在【监视窗口】中选择该表达式，然后选择【调试】|【编辑监视】命令，打开【编辑监视】对话框，该对话框与【添加监视】对话框类似，只是多了一个【删除】按钮用于删除监视表达式。设定了要监视的表达式之后，在调试过程中相应表达式的状态会通过监视窗口反映出来。

3. 代码窗口中的智能提示

与其他程序设计语言的开发环境一样，VBE 同样拥有智能提示功能。

当在代码窗口输入窗体上的控件名和句点后，系统将会弹出一个下拉列表，其中列出了该控件可用的属性和方法，如图 11-13 所示，用户只需在列表框中选择所需的内容即可。

当在代码窗口中输入函数名称和左括号后，系统将会自动列出该函数的语法格式，如图 11-14 所示。其中，粗体显示表示当前插入点所在位置输入的参数，含有中括号的参数表示可以省略。

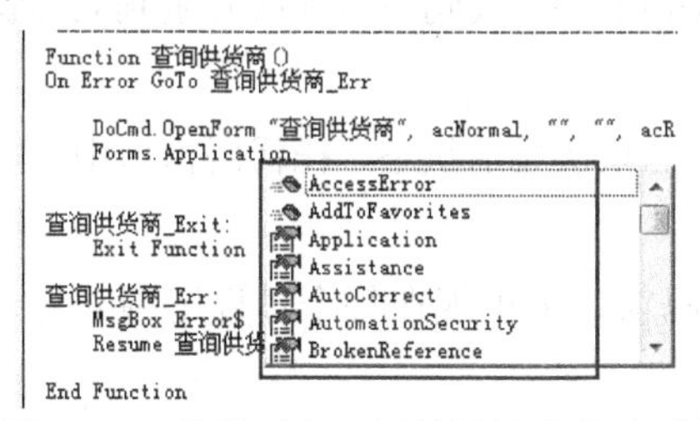

图 11-13　控件对象可用的属性或方法列表

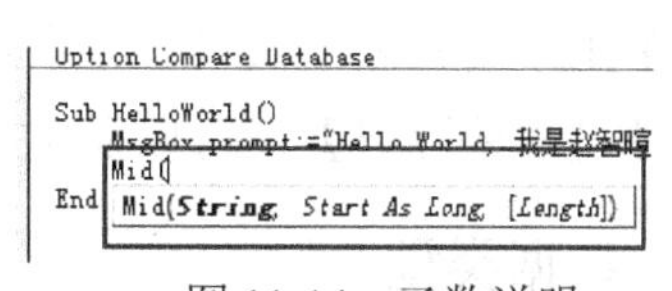

图 11-14　函数说明

当在代码窗口中输入一条命令并按 Enter 键后，系统会自动对这行代码进行语法检查。当存在语法错误时，系统将弹出警告对话框，并以红色显示错误代码，如图 11-15 所示，此时可以单击【确定】按钮修改代码。

如果系统没有打开代码智能提示功能，可以选择【工具】|【选项】命令，在打开的如图 11-16 所示的【选项】对话框中，选中复选框，启动相应项的自动提示功能。

图 11-15　错误代码提示

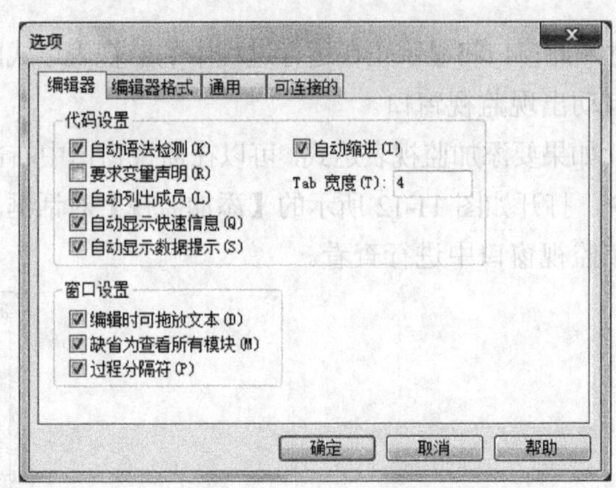

图 11-16　【选项】对话框

各复选框的含义如下：

- 【自动语法检测】：决定 Visual Basic 是否在输入一行代码之后自动修正语法。如果输入错误，Visual Basic 会给出相应提示。
- 【要求变量声明】：决定在模块中是否需要明显的变量声明。选择这个选项会在任一新模块的标准声明中添加 Option Explicit 语句，在程序中所使用的变量也会被要求必须先定义再使用，否则会提示错误。
- 【自动列出成员】：显示一个列表，列表中包含的信息可以逻辑地完成当前插入点的语句。
- 【自动显示快速信息】：编写代码时，自动显示所输入函数及其参数的信息，这将方便用户在不是很熟悉函数语法及参数时使用。
- 【自动显示数据提示】：显示指针所在位置的变量值。注意，只能在中断模式下使用。
- 【自动缩进】：定位代码的第一行，接下来的代码会在该定位点开始。
- 【Tab 宽度】：设置定位点宽度，范围从 1 到 32 个空格；默认值是 4 个空格。
- 【编辑时可拖放文本】：可以在当前代码中，从代码窗口拖放元素到立即窗口或监视窗口。
- 【缺省为查看所有模块】：设置新模块的默认显示状态，在代码窗口中查看过程，单击滚动列表一次只看一个过程。
- 【过程分隔符】：可以显示或隐藏代码窗口中出现在每个过程尾端的分隔符条。

11.2.2　数据类型

数据类型决定系统使用的数据格式。在 VBA 语言中，数据类型包括布尔型(Boolean)、日期型(Date)、字符串(String)、货币型(Currency)、字节型(Byte)、整数型(Integer)、长整型(Long)、单精数型(Single)、双精数型(Double)以及变体型(Variant)和用户自定义型等。

如表 11-1 所示是 VBA 所支持的数据类型，以及各自的存储空间大小与数值范围。

表 11-1　VBA 所支持的数据类型表

数据类型	存储空间	数据范围
Byte	1 字节	0~255
Boolean	2 字节	True 或 False
Integer	2 字节	-32768~+32768
Long	4 字节	-2147483648~+2147483648
Single	4 字节	负数-3.402823E38~-1.401298E-45 正数 1.401298E-45~3.402823E38
Double	8 字节	负数-1.79769313486232E308~-4.94065645841247E-324 正数 4.94065645841247E-324~1.79769313486232E308
Currency	8 字节	-922377203685477.5808~+922377203685477.5807
Decimal	14 字节	无小数：-/+79288162514264337593950335 有小数：7.79288162514264337593950335
String	10 字节	可变长度：1~2GB 固定长度：1~65400
Date	8 字节	100/1/1~9999/12/31
Object	4 字节	存储对象的引用地址
Variant	16 字节 22 字节	任何数值，最大为 Double 的范围(处理数值) 具有变动长度 String 相同的范围(处理字符)
Type	依组件所需	定义的组件依据数据类型作范围

当定义数据时省略后面的 As 部分之后，该变量就被定义为变体类型(Variant)数据。这类特殊类型数据可以灵活地转换为任何数据类型，当对其赋予不同值时，就可以自动进行类型的转换。

11.2.3　常量、变量和数组

在 VBA 中，程序是由过程组成的，过程又是由根据 VBA 规则书写的指令组成。一个程序包括常量、变量、运算符、语句、函数、数据库对象和事件等基本要素。

1. 标识符命名规则

在定义变量、常量和数组时，需要为它们指定各自的名称，以方便程序调用。VBA 中，变量、常量和数组的命名规则如下。

- 在程序中使用变量名必须以字母字符开头。
- 名称的长度不能超过 255 个字符。
- 不能在名称中使用空格、句点(.)、惊叹号(！)或@、&、$、#等字符。
- 名称不能与 Visual Basic 本身的保留字的名称相同。
- 不能在同一过程中声明两个相同名称的变量。
- 名称不区分大小写，如 VarA、Vara 和 varA 是同一个量。

2. 常量

在程序中，常量用来存储固定不变的数值。它和变量是对应的，变量的值在程序运行过程中允许变化，而常量的值却是不变的。

在 VBA 中，一般有以下两种常量。

- 系统内部定义的常量：如 vbOk、vbYes 和 vbNo 等，一般由应用程序和控件提供，可以与它们所属的对象、方法和属性等一起使用。Visual Basic 中的常数都列在 VBA 类型库以及 Data Access Object(DAO，即数据访问对象)程序库之中。
- 用户自定义的常量：可以通过 Const 语句来声明自定义的常量。

使用 Const 语句定义常量的语法格式如下。

```
[Public/Private] Const  常量名=常量表达式
```

如下面的语句定义了一个表示圆周率的常量 PI。

```
Public const PI=3.1415926
```

以后想使用圆周率的时候只要用 PI 代替就可以了。在这个语句中，Public 用来表示这个常量的作用范围是整个程序中的所有过程。如果用 Private 代替它，则这个常量只能用于定义这个变量的过程中。

知识点：

常量可以声明成 Byte、Boolean、Integer、Long、Currency、Single、Double、Date、String 或 Variant 数据类型中的一种。

可以在一个语句中声明多个常量。为了指定数据类型，必须将每个常量的数据类型包含在声明语句中。在下面的语句中，常量 VarA 被声明为 Integer 类型；常量 VarB 声明为 String 类型；常量 VarBirth 声明为 Date 类型。

```
Const VarA As Integer=43,VarB As String ='赵智暄', VarBirth As Date = #4/11/1981#
```

3. 变量

变量是命名的存储位置，是在程序执行过程中可以通过代码修改的数据。在 Visual Basic 中，变量的使用并不强制要求先声明后使用，但是在使用一个变量之前声明该变量，可以避免程序错误的发生。

通常使用 Dim 语句来声明变量。声明变量的语法格式如下。

```
Dim  变量名称 As  数据类型或对象类型
```

其中，Dim 和常量定义语句中的 Const 的作用类似，告诉程序现在申请的是“变量”。变量的类型可以是基本的数据类型，或者是其他应用程序的对象类型，如 form、recordset 等。在声明语句中，不一定要提供变量的数据类型。若省略了数据类型，则会将变量设置为 Variant 类型。

例如：

```
Dim num As Integer
Dim num1%
num1 =26
```

上述的 num 和 num1 都是整数型变量，接着为变量 num1 赋值为 26。

提示：

有些数据类型可以通过类型声明字符来声明类型，如整数型为%，货币型为@，字符串型为$，长整数型为&，单精度型为!，双精度型为#。

如果声明语句出现在过程中，则该变量只可以在本过程中使用。如果该语句出现在模块的声明部分，则该变量可以使用在该模块的所有过程中，但是不能被同一项目中不同模块所使用。如果需要将该变量设置为项目的公用变量，可以在声明语句中加入 Public 关键字。例如，下面声明了一个公用的字符串类型变量。

```
Public str As String
```

在声明语句前如果有范围修饰关键词，可以在声明变量的同时，定义变量的有效性范围，即变量的作用域。

VBA 中的范围修饰关键词主要有以下几个。

- Public：可以声明公共模块级别变量。即使公有变量只是在类模块或标准模块中被声明，也可以应用于项目中的任何过程。
- Private：可以声明一个私有的模块级别变量，该变量只能使用在该模块的过程中。在模块级别中使用 Dim 语句的效果和 Private 是相同的，但是使用 Private 语句具有更好的可读性。
- Static：使用该语句取代 Dim 语句时，所声明的变量在调用时仍保留它原有的值。
- Option Explicit：在 Visual Basic 中，可以通过简单的赋值语句来隐含声明一个变量，所有隐含声明的变量都为 Variant 类型，但这些变量将占用更多的系统内存资源。因此，明确声明变量在编程中更可取，并且可以减少命名冲突和错误的发生率。可以将 Option Explicit 语句放置在模块的所有过程之前，该语句要求程序对模块中所有变量做出明确声明，如果程序遇到一个未声明的变量或拼写错误的变量，将会在编译时发出错误信息。

按照生存期的不同，可以将变量分为动态变量和静态变量两种。

- 用 Dim 关键字声明的局部变量属于动态变量。动态变量的生存期是从变量所在的过程第一次执行，到过程执行完毕，自动释放该变量所占的内存单元为止。
- 用 Static 关键字声明的局部变量属于静态变量。静态变量在过程运行时可保留变量的值，即每次调用过程时，用 Static 关键字声明的变量保存着上一次的值。

4. 数组

数组是一个特殊的变量，是包含相同数据类型的一组变量的集合。用户在编程时，常常用到一组具有相同数据类型值的变量，这时就可以声明一个数组代表变量，数组中所有元素的数据类型相同。使用数组比使用多个变量更加方便，在程序中合理地使用数组，将使程序更加灵活、方便。

数组可以是一维的，也可以是二维的，还可以是多维的，用户可以根据需要定义不同维数的数组。

数组的基本定义方法如下。

```
Dim  数组名([lower to] upper [,[lower to] upper, …]) as type
```

使用 Dim 语句对数组进行定义时，可以定义固定大小的数组，也可以定义动态数组。

例如，如下语句定义了一个固定大小的单精度型的一维数组 myArray，它的数据容量为 4，即它可以存储 4 个变量，可以通过 myArray (0)、myArray (1)…… myArray (3)来访问每个变量。

```
Dim myArray (3) as Single
```

又如下面的语句：

```
Dim arr(1,3) as String
```

定义了一个字符型的二维数组 arr，它的数据容量为 2*4=8，也就是可以存储 8 个变量。

定义动态数组是指在定义时不指定数组的大小和维数。若要声明为动态数组，则可以在执行代码时改变数组大小。可以利用 Static、Dim、Private 或 Public 语句来声明数组，并使括号内为空，如下例：

```
Dim    sngArray()    As Single
```

要使用该变量时，再利用 Redim 语句来重新改变数组大小。例如：

```
Dim sngArray () as Single
Redim sngArray (3)
sngArray (1)=180
Redim sngArray (2,5)
```

语句首先定义了一个动态的 Single 类型的数组 sngArray，但没有定义数组的大小。在第 2 条语句中，使用 Redim 语句对数组进行重定义，给 sngArray 分配空间，第 3 条语句给数组赋值，第 4 条语句又重新定义 sngArray 为二维数组。

需要注意的是，在重新定义数组时，数组中原来存在的值会丢失。若要保存数组中原先的值，则需要使用 Preserve 语句来扩充数组。对动态数组使用 Preserve 关键字时，只可以改变最后维数的上层绑定，而不能改变前面维数的数目。

例如，下列的语句将 sngArray 数组扩充了 10 个元素，而原数组中的当前值并没有丢失掉。

```
Redim Preserve sngArray (UBound(sngArray)+10)
```

在使用时，对数组中的单个变量的引用通过索引下标进行。默认情况下，下标是从 0 开始的。数组下标是从 0 或 1 开始，可以根据 Option Base 语句来设置。如果 Option Base 没有指定为 1，则数组下标从 0 开始。

提示：

如果在程序使用中，先指定 Option Base 为 1，再用 Dim array2(4) as Int 语句定义数组 array2 时，则 array2 中包含的变量个数为 4 个，而不是 5 个。

11.2.4　运算符和表达式

运算符是代表某种运算功能的符号，它标明所要进行的运算。表达式是指由常量、变量、运算符、函数和圆括号等组成的式子，通过运算后有一个明确的结果。本节将介绍 VBA 中的运算符和表达式相关的知识。

1. 算术运算符和算术表达式

算术运算符是常用的运算符，用来执行简单的算术运算。VBA 提供了 8 个算术运算符，除了负号(-)是单目运算符外，其他均为双目运算符。VBA 中的算术运算符如表 11-2 所示。

表 11-2　算术运算符

运算符	说明	优先级	运算符	说明	优先级
^	乘方	1	\	整除	4
-	负号	2	Mod	取模	5
*	乘	3	+	加	6
/	除	3	-	减	6

算术表达式就是按照一定的规则用算术运算符将数值连接而成的式子。例如：

```
v1=2^3^2              v1 的值为 64，Double 类型
v2=13.14\5.8          v2 的值为 13 除以 5 的商 2，Long 类型
v3=15/4               v3 的值为 15 除以 4 的商 3.75，Double 类型
v4=15.14 Mod 3.8      v4 的值为 15 除以 4 的余数 3，Long 类型
```

在进行算术运算的过程中，需要注意以下几点。

- /是浮点数除法运算符，结果为浮点数，例如，3/2 的结果为 1.5。
- \是整数除法运算符，结果为整数，例如，表达式 3\2 的结果为 1。
- Mod 是取模运算符，用来求余数，结果为第一个操作数除第二个操作数所得的余数，例如，3.2Mod 2 的运算结果为 1。
- 如果表达式中含有括号，则先计算括号内的表达式的值，然后严格按照运算符的优先级别进行运算。

2. 比较运算符和比较表达式

比较运算符的作用是对两个表达式的值进行比较，比较的结果是一个逻辑值，即真(True)或假(False)。如果表达式比较结果成立，返回 True，否则返回 False。在 VBA 中，比较运算符有=(相等)、<>(不等)、>(大于)、<(小于)、>=(不小于)、<=(不大于)、Like 和 Is 等，其语法如下所示。

```
Result= expression1 comparisonoperator expression2
```

VBA 中的比较运算符如表 11-3 所示。

表 11-3　比较运算符

运 算 符	说　明	实　例	运 算 结 果
=	等于	"AB"="AB"	True
>	大于	"AB">"ABC"	False
>=	大于等于	"ABC">="AC"	False
<	小于	"AB"<"AC"	True
<=	小于等于	"AB"<="AC"	True
<>	不等于	"AB"<>"ab"	True

Is 和 Like 运算符有特定的比较功能。Is 运算符比较两个对象变量，如果变量 object1 和 object2 两者引用相同的对象，则为 True；否则为 False。Like 运算符把一个字符串表达式与一个给定模式进行匹配，如果字符串表达式 String 与模式表达式 Pattern 匹配，则运算结果为 True；如果不匹配，则为 False。如果 String 或 Pattern 中有一个为 Null，则结果为 Null。

例如：

```
Result= Object1 Is Object2
Result= String Like Pattern
```

在进行比较运算时，需要注意以下几点。

- 数值型数据按其数值大小进行比较。
- 日期型数据将日期看成 yyyymmdd 的 8 位整数，按数值大小进行比较。
- 汉字按区位码顺序进行比较。
- 字符型数据按其 ASCII 码值进行比较。

3. 字符串连接运算符和字符串表达式

连接运算符是用于连接字符串的运算符，VBA 中提供了两个连接运算符：&和+，如表 11-4 所示。

表 11-4　字符串连接运算符

连接运算符	范　例	结　果
+	"VBA" + 6	数据类型不匹配
&	"VBA " & 6	VBA 6

&运算符用来强制两个表达式做字符串连接。语法如下。

```
Result= Expression1 & Expression2
```

如果两个变量或表达式有不是字符串的，则将其转换成 String 变体。如果两个表达式都是字符串表达式，则 Result 的数据类型是 String；否则是 String 变体。如果两个表达式都是 Null，则 Result 也是 Null。但是，只要有一个 expression 是 Null，那么在与其他表达式连接时，都将其作为长度为零的字符串(" ")处理。任何 Empty 类型表达式都可以作为长度为零的字符串处理。

例：

```
Dim MyStr
MyStr="Hello，"&"葛萌"                运行后返回【Hello，葛萌】
MyStr="Hello" + 22                    运行时错误，类型不匹配
MyStr=" 赵"&"艳" &"铎 "               运行后返回【赵艳铎】
```

+运算符既可以作为算术运算符，也可用于字符串连接。在作为连接运算符时，与&运算符的区别在于：&强制将两个表达式(类型可能不同)做字符串连接；而+运算符做连接运算时，连接符两边只能为字符串，如果有一边为字符串，而另一边为数值，则可能出现错误。

4. 逻辑运算符和逻辑表达式

逻辑运算符又称为布尔运算符，用作逻辑表达式之间的逻辑操作，结果是一个布尔类型的量。VBA 中的逻辑运算符如表 11-5 所示。

表 11-5　逻辑运算符

运　算　符	说　　明
Not	非，即取反，真变假，假变真
And	与，两个表达式同时为真时，结果为真，否则为假
Or	或，两个表达式中有一个表达式为真则结果为真，否则为假
Xor	异或，两个表达式同时为真或同时为假，则值为假，否则为真
Eqv	等价，两个表达式同时为真或同时为假，则值为真，否则为假
Imp	蕴含，当第一个表达式为真，第二个表达式为假时，值为假，否则为真

5. 对象运算符与对象表达式

引用了对象或对象属性的表达式称为对象表达式。对象运算符有!和.两种。

- 【!】运算符用于指出随后为用户定义的内容。使用它可以引用一个开启的窗体、报表，或开启窗体或报表上的控件。例如，对象表达式“Forms![顾客]”表示引用开启的【顾客】窗体；“Forms![顾客]![Label1]”表示引用【顾客】窗体中的 Label1 控件。
- 【.】运算符通常用于引用窗体、报表或控件等对象的属性。例如，Label1.Caption 表示引用标签控件 Label1 的 Caption 属性。

6. 运算符的优先顺序

在一个表达式中进行若干运算符操作时，每一部分都会按预先确定的顺序进行计算求解，称这个顺序为运算符的优先顺序。

在表达式中，当运算符不止一种时，对表达式中的各部分进行运算需遵循一定的运算规则。优先顺序从高到低排列为函数→算术运算→比较运算符→逻辑运算符。所有比较运算符的优先顺序都相同，也就是说，要按它们出现的顺序从左到右进行处理。而算术运算符和逻辑运算符则必须按如表 11-6 所示的优先顺序进行处理。

表 11-6　运算符的优先级

优先级	算术运算符	逻辑运算符
最高	^	Not
↓	-(负数)	And
	*,/	Or
	\	
	Mod	
	+,-	
最低	&	

当乘法和除法同时出现在表达式中时，按照从左到右出现的顺序进行计算。可以通过使用括号改变优先顺序，强令表达式的某些部分优先运行。括号内的运算总是优先于括号外的运算。在括号内，运算符的优先顺序不变。

字符串连接运算符(&)不是算术运算符，但是就其优先顺序，它在所有算术运算符之后，在所有关系运算符之前。

提示：

Like 的优先顺序与所有比较运算符都相同，实际上是模式匹配运算符。Is 运算符是对象引用的比较运算符。它并不将对象或对象的值进行比较，而只确定两个对象引用是否参照了相同的对象。

11.2.5　VBA 常用语句

VBA 中的语句是一个完整的结构单元。一条语句就是执行一定任务的一条指令。本节将介绍语句的书写规则和一些常用语句。

1. 语句的书写规则

书写语句的规则主要有以下几条。

- 当一个语句过长时，可以采用断行的方式，用续行符(一个空格后面跟一个下划线)将长句分成多行。
- 将多个语句合并到同一行上。VBA 允许将两个或多个语句放在同一行，用冒号【:】将它们隔开。为了便于阅读，最好一行只放一条语句。

2. 声明语句

在声明语句中，用户可以给变量常数或程序取名，并指定一个数据类型。前面介绍的变量的声明都可在声明语句中实现。

3. 赋值语句

赋值语句用于将右边表达式的值赋给左边的变量，语法格式如下。

<变量名>=<表达式>

在赋值语句中，变量名和表达式都是必需的；赋值语句左右两端类型相同；赋值号等同于等号；如果变量未被赋值而直接引用，则数值型变量的值默认为 0，字符型变量的值默认为空串，逻辑型变量的值默认为 False。

此外，还可以使用 Let 语句赋值，但它通常被省略，例如，A = 96 与 Let A=5.5 是等价的。

在赋值语句中，也可利用 Set 语句指定将某个对象赋予已声明成对象的变量，并且 Set 语句是必备的。例如：

```
Dim myObject As Object
Set myObject = OpenDatabase("d:\Access\Sales.accdb")
```

4. 注释语句

在 Visual Basic 程序中，注释语句可以用于描述程序中各部分的作用，为程序的理解和维护提供方便。在执行程序时，注释文本将会被忽略。Visual Basic 的注释行可由单引号(')或 Rem 加空格开始。如果在程序语句的同一行加入注释，必须在语句后加一个省略符号，然后加入注释文本。在 Visual Basic 编辑环境下，注释部分会以绿色文本显示。

11.2.6　面向对象程序设计概述

Access 内嵌的 VBA，采用目前主流的面向对象机制和可视化编程环境。在 VBA 编程中，对象无处不在，如窗体、报表和宏等，以及各种控件，甚至数据库本身也是一种对象。

面向对象的程序设计思想是一种结构模拟的方法，它把现实世界看成是由许多对象(Object)所组成的，各种类型的对象之间可以互相发送和接收信息。从程序设计的角度看，每个对象的内部都封装了数据和方法。本节将介绍面向对象编程的相关概念。

1. 对象

在客观世界中，可以把具有相似特征的事物归为一类，也就是把具有相同属性的对象看成一个类(class)。比如，所有的动物可以归成一个“动物类”，所有的人可以归成一个“人类”。在面向对象的程序设计中，“类”就是对具有相同属性和相同操作的一组对象的定义。从另一个角度来看，对象就是类的一个实例。

每个有明确意义和边界的事物都可以看作是一个对象(Object)，这些对象有自己的属性，对象与对象之间还有一定的相互关系。例如，日常生活中使用的交通工具就可以看作是一个对象，它们都有驱动装置，都可以把人从一个地方带到另一个地方。不同种类的交通工具又可以看成不同的对象，比如，火车、汽车、飞机、轮船、自行车等。此外，每个人都可以看作是一个对象，每个人都有自己的个性：喜欢看电视或不喜欢看电视。

对象名用于标识具体的对象。有效的对象名必须符合 Access 的命名规则，新对象的默认名称是对象名称加上一个唯一的整数。在 Access 中，新建的对象都有默认名称，一般规则如下。

- 第 1 个新窗体的名称是【窗体 1】，第 2 个新窗体的名称是【窗体 2】，以此类推。
- 对于未绑定控件，默认名称是控件的类型加上一个唯一的整数。例如，第 1 个添加到窗体中的文本框控件，系统自动将其命名为 Text0，第 2 个为 Text1 等。
- 对于绑定控件，如果通过从字段列表中拖放字段来创建控件，则对象的默认名称是记录源中字段的名称。

在 Microsoft Access 中，有 23 个常用的对象，它们之间大多数是父子关系。可以将这些对象分成两类，一类是根对象，处于高层，没有父对象；另一类是非根对象。各对象的名称及其功能如表 11-7 和表 11-8 所示。

表 11-7　Access 中的常用对象

对象名称	说　明	对象名称	说　明
Application	应用程序，指 Microsoft Access 环境	Reports	当前环境下报表的集合
DBEngine	数据库管理系统	Screen	屏幕对象
Docmd	运行 Visual Basic 具体命令的对象	Debug	Debug 窗口对象
Forms	当前环境下窗体的集合		

表 11-8　Access 中的非根对象

对象名称	说　明	对象名称	说　明
Workspaces	工作区间	Filed	字段
Database	数据库	Parameter	参数
User	用户	Index	索引
Group	用户组	Document	文档
TableDef	表	Forn	表单
Recordset	记录	Report	报表
Relation	关系	Module	模块
QueryDef	查询	Control	控件
Container	容器	Section	节对象
Property	属性		

2. 属性

属性是描述对象的特征。例如，窗体的【标题】属性决定窗体标题栏中显示的内容，【名称】属性设置窗体的名称等。每一种对象都有一组特定的属性，这在属性对话框中可以看到。不同的对象有许多相同的属性，也有许多不同的属性。

在代码、宏或表达式中，一般通过输入标识符来引用相应已开启的对象或属性。在标识符中，有非常重要的!和.两种运算符。

在 Visual Basic 中，除了通过!符号加中括号引用对象以外，还可以通过括号和双引号的组合包含对象名称来引用对象。如果需要引用变量，则必须使用括号，如下面的两种访问控件的方式相同。

```
Forms![Customers]![Cno]
Forms("Customers")("Cno")
```

3. 方法

如果说对象的属性是静态成员，那么，对象的方法便是动态操作，目的是改变对象的当前状态。例如，使用 SetFocus 方法将光标插入点移入某个文本框中。需要注意的是，对象的方法并不显示在属性对话框中，只可显示在程序代码中。

4. 事件

事件是对象对外部操作的响应，如在程序执行时，单击命令按钮将会产生 Click 事件。事件的发生通常是用户操作的结果，Windows 的应用程序都有这种响应用户操作的特点，例如，移动鼠标、单击、双击、滑过、按下键盘的某个键等，用户对计算机的这些常用操作都是事件。

在窗体及报表的设计视图中，属性对话框中的各个选项以中文进行显示，使得用户操作起来更加方便。但是，在 VBA 程序设计中，属性、事件和方法应该用英文来表示。例如，【标题】属性用 Caption 表示，【单击】事件用 Click 表示。

每个对象都有一个默认事件。例如，命令按钮、标签的默认事件都是 Click，文本框的默认事件是 BeforeUpdate。

5. 事件过程

尽管系统对每个对象都预先定义了一系列的事件集，但要判定它们是否响应某个具体事件以及如何响应事件，就需要以编程来实现了。例如，需要命令按钮控件响应 Click 事件，就把完成 Click 事件功能的代码写到 Click 事件过程中。

事件过程是事件的处理程序，与事件是一一对应的。事件过程的一般格式如下。

```
Private Sub 对象_事件名()
        (代码块)
End Sub
```

11.3　流程控制语句

一个完整的应用程序的代码，是由众多语句组成的。流程控制就是对各种语句巧妙地运用，以达到理想的程序运行效果。与其他程序设计语言一样，VBA 支持选择结构、循环结构和跳转语句 3 类流程控制语句。

11.3.1 顺序语句

1966 年，Bohra 和 Jacopini 按照程序模块的不同结构，将程序分为 3 种基本结构，即顺序结构、选择结构和循环结构。这 3 种基本结构的划分统一了复杂的程序员编程风格，使不同程序员写的代码有了很强的可读性和移植性。在程序设计方法学上讲到的“结构化程序设计”，最重要的一点就是在程序设计时只用到了这 3 种结构的语句。

顺序结构是最简单的基本结构，它是在执行完一条语句之后，继续执行第二条语句。顺序结构的程序特点是在程序执行时，一条一条的语句是按顺序执行的。下面通过一个具体的示例来介绍顺序结构。

【例 11-2】在 Sales.accdb 数据库中创建一个新模块，该模块包括一个计算半径为 10 的圆周长的过程。

(1) 启动 Access 2013，打开 Sales.accdb 数据库。

(2) 单击【创建】选项卡下【宏与代码】组中的【模块】按钮，新建一个模块，并进入 VBA 编程环境。

(3) 在新建模块的【代码】窗口中输入如下程序代码，如图 11-17 所示。

```
Sub Area()
    Dim r As Single              '定义半径
    Dim area As Single           '定义存放周长的字符
    Const PI = 3.14159           '设置常数 PI
    r = 10
    area = 2 * PI * r            '周长计算公式
    MsgBox  "圆的面积为：" &  area          '以对话框形式显示结果
End Sub
```

(4) 将光标定位在过程中的任意位置，按下 F5 键执行该程序，得到的运算结果为 62.8318，如图 11-18 所示。

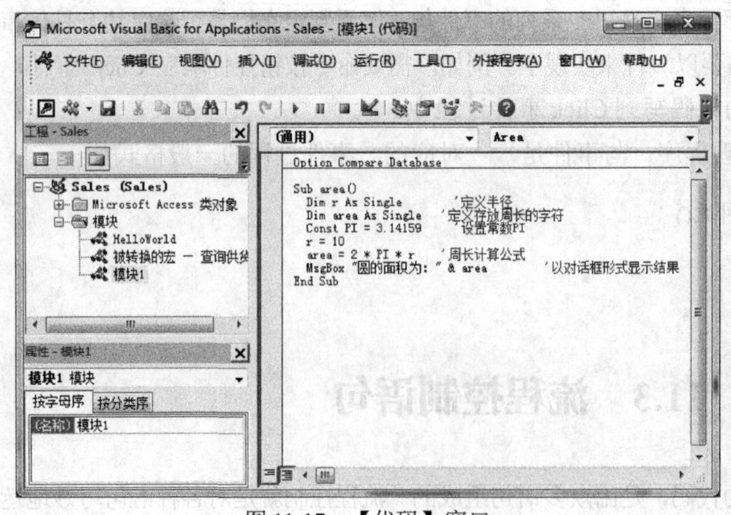

图 11-17 【代码】窗口

图 11-18 执行结果

本例中，首先定义了一个名称为 Area()的 Sub 过程，然后对半径、周长、PI 等字段进行定义，设置半径值为 10，设置计算公式为 area = 2 * PI * r，最后用一个对话框输出计算结果。每一步都是顺序执行的，这是一个典型的顺序结构。

11.3.2　选择结构

选择结构，也称分支结构，在该结构中包含一个逻辑判断语句，根据判断是否成立选择执行命令 A 还是命令 B。

在 Visual Basic 语言中，有两种形式的选择结构：If 语句和 Select Case 语句。If 语句又被称为条件语句，Select Case 语句又被称为情况语句，但两者的本质是一致的，都是根据不同的判断结果采取不同的操作。

1. If 语句

If 语句是一类比较简单的条件控制语句，可以通过紧跟在 If 后面的表达式的值，判断是否执行该语句所控制的代码或代码块。If 条件语句的基本语法格式如下。

If…Then…Else 语句的语法格式为：

```
If 表达式 Then
    语句组 1
[Else
    语句组 2]
End If
```

如果【表达式】的值为真，则执行语句组 1；否则执行语句组 2。当执行完语句组 1 或语句组 2 后，程序流程跳转到语句 End If 的后面。如果不为 If 语句块设计否定情况下执行的语句，则可以省略 Else 语句。除了上述情况之外，如果有多个条件，还可以通过 Else…If 加入条件表达式，进行条件语句的嵌套，最后，If 语句块终结于 End If 语句。

【例 11-3】在 HelloWorld 模块中添加一个过程，在不同时间段显示不同的欢迎信息。

(1) 启动 Access 2013，打开 Sales.accdb 数据库。

(2) 在【导航窗格】中双击模块 HelloWorld，打开 VBA 编辑器，将光标定位到 HelloWorld ()过程的后面，选择【插入】|【过程】命令，打开【添加过程】对话框，在【名称】文本框中输入过程名 HelloByTime，【类型】选择【子程序】，【范围】选择【公共的】，如图 11-19 所示。

(3) 单击【确定】按钮，将在 HelloWorld 过程下面添加空过程 HelloByTime，如图 11-20 所示。

(4) 在 HelloByTime 过程中添加如下代码：

```
Public Sub HelloByTime()
    If Hour(Time()) < 8 Then
        MsgBox  "早上好!"
    ElseIf Hour(Time()) >= 8 And Hour(Time()) < 12 Then
        MsgBox  "上午好!"
```

```
    ElseIf Hour(Time()) >= 12 And Hour(Time()) < 18 Then
        MsgBox   "下午好!"
    Else
        MsgBox   "晚上好!"
    End If
End Sub
```

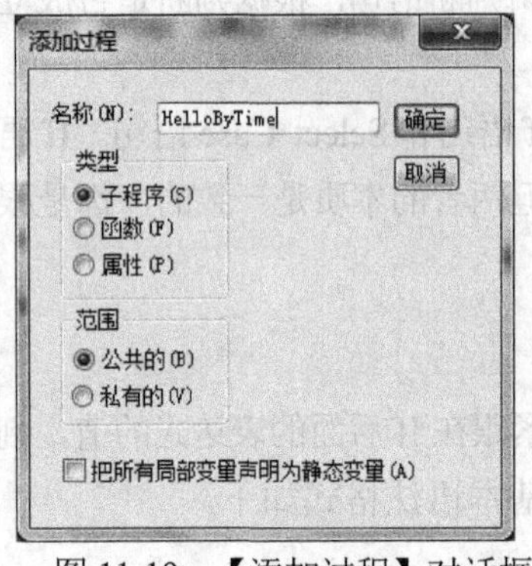

图 11-19　【添加过程】对话框

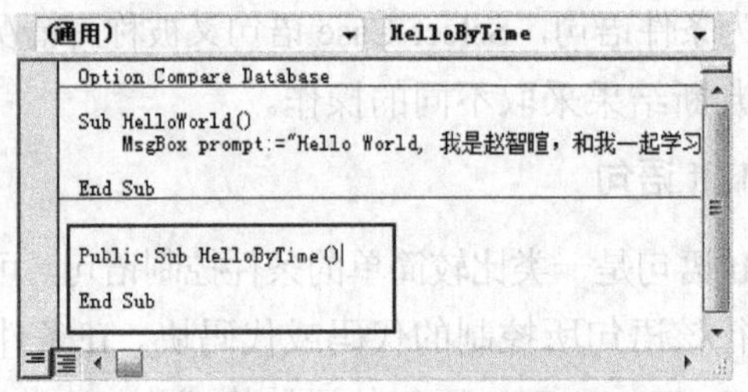

图 11-20　添加过程到模块中

(5) 单击工具栏中的【保存】按钮，保存所做的修改。

(6) 单击工具栏中的【运行子过程/用户窗体】按钮 ▶，打开【宏】对话框，在【宏】对话框中选择 HelloByTime 过程，单击【运行】按钮即可运行该过程。

2. Select Case 语句

在有多种选择的情况下，使用 If…Then…Else 语句将包含多重嵌套，使句子结构变得十分复杂。VBA 中的 Select Case…Case…End Case 结构就是用来克服这种复杂性的。Select Case 语句可以将相应的表达式与多个值进行比较，如果匹配成功则执行相应的分支。Select Case 语句的基本语法格式如下。

```
Select Case  表达式
  Case  可选值 1
      基本语句 1
  Case  可选值 2
      基本语句 2
  Case  可选值 n
      基本语句 n
  Case Else
      基本语句
End Select
```

Select Case 语句块首先对表达式的值进行判断，然后根据表达式的不同值与后面的几个值进行比较，匹配后就执行相应的语句。如果所有的表达式值都不符合条件，Select Case 语句块将会执行 Case Else 分支。Case Else 语句也可以省略，如果都不匹配，而且没有 Case Else 语句，VBA 就会跳过 Select Case 语句，继续执行其后面的语句。每个 Case 语句可以包含一个或几个值，或者一个值的范围。

Case 可选值的形式可以是下列 3 种情形之一。

- 与【表达式】作比较的单个值或一列值，相邻两个值之间用逗号隔开。
- 用关键字 To 隔开的值的范围，其中第一个值不应大于第二个值，对字符串将比较它的第一个字符的 ASCII 的值。
- 关键字 Is 后紧接关系操作符(如<>、<、<=、=、>=和>等)和一个变量或值。

【例 11-4】在 HelloWorld 模块中添加一个过程，根据用户在网时长计算用户的消费积分。

(1) 启动 Access 2013，打开 Sales.accdb 数据库。

(2) 在【导航窗格】中双击模块 HelloWorld，打开 VBA 编辑器，将光标定位到代码窗口末尾的空白行，选择【插入】|【过程】命令，添加一个名为 CalcCoin 的子程序。

(3) 在 CalcCoin 过程中添加如下代码。

```
Public Sub CalcCoin()
    Dim yearInNet, coin As Integer
    yearInNet = 10
    coin = 100
    Select Case yearInNet
        Case 0, 1
            coin = coin
        Case 2 To 4
            coin = coin * 1.5
        Case Is > =5
            coin = coin * 2
        Case Else
            coin = 0
    End Select
    Debug.Print  "在网时间：" & yearInNet & " 积分：" & coin
End Sub
```

(4) 单击工具栏中的【保存】按钮，保存所做的修改。

(5) 单击工具栏中的【运行子过程/用户窗体】按钮，打开【宏】对话框，在【宏】对话框中选择 CalcCoin 过程，单击【运行】按钮即可运行该过程。

(6) 本例使用 Debug.Print 函数打印输出结果，该结果将被输出到【立即窗口】中，如图 11-21 所示。

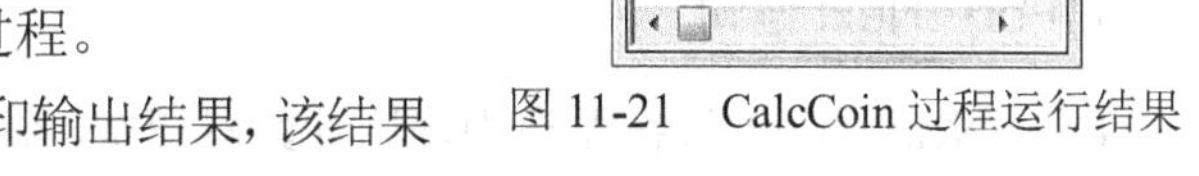

图 11-21　CalcCoin 过程运行结果

3. 条件函数

除上述条件语句结构外，VBA 还提供以下 3 个函数来完成相应的选择操作。

(1) IIf 函数：IIf(条件式，表达式 1，表达式 2)

该函数根据【条件式】的值来决定函数返回值。【条件式】为真(True)，函数返回【表达式 1】的值；【条件式】为假(False)，返回【表达式 2】的值。

例如，将变量 a 和 b 中，值大的变量值存放在变量 Max 中，可以使用如下语句。

```
Max = IIf(a>b,a,b)
```

(2) Switch 函数：Switch(条件式 1,表达式 1 [,条件式 2,表达式 2[,条件式 n,表达式 n]])

该函数是根据【条件式 1】、【条件式 2】直至【条件式 n】的值来决定函数返回值。条件式是由左至右进行计算判断的，而表达式则会在第一个相关的条件式为 True 时作为函数返回值返回。如果其中有部分不成对，则会产生运行时错误。

例如，【例 11-4】中的 Select Case 结构，可以改写为如下语句。

```
coin = Switch(yearInNet >= 0 And yearInNet <= 1, coin, yearInNet >= 2 And yearInNet <= 4, coin * 1.5,
yearInNet >= 5, coin * 2, yearInNet < 0, 0)
```

(3) Choose 函数：Choose(索引式，选项 1[，选项 2，…[，选项 n]])

该函数是根据【索引式】的值来返回选项列表中的某个值。【索引式】值为 1，函数返回【选项 1】值；【索引式】值为 2，函数返回【选项 2】值；以此类推。当【索引式】的值小于 1 或大于列出的选择项数目时，函数返回无效值(Null)。

例如，根据变量 x 的值来为变量 y 赋值：

```
y=Choose(x,5,m+1,n)
```

上述 3 个函数由于具有选择特性而被广泛用于查询、宏及计算控件的设计中。

11.3.3　循环结构

循环结构是指在指定条件下多次重复执行一组语句的操作。把要重复执行的语句放在循环结构中，就可避免多次重复编码。在实际运用时，循环结构分为：确定性循环和非确定循环。确定性循环是指有些循环的循环次数事先可以确定；非确定循环是指有些循环的循环次数是不能事先确定的，需要根据条件来决定是否继续循环。

在 VBA 语言中，有 3 种形式的循环结构：For 循环(For…Next 语句)、While 循环(While…Wend 语句)和 Do 循环(Do…Loop 语句)。其中，For 循环结构可用来设计循环次数事先确定的循环结构；在 While 循环结构中，先判断循环进行的条件，满足则执行；而 Do 循环结构一般用来设计循环次数无法事先确定的循环结构。

1. For…Next 语句

For…Next 语句通过在循环中使用计数器变量，根据指定的次数来重复循环体中的命令，并在该次数达到要求之后结束循环。For…Next 语句的基本语法结构如下。

```
For 计数器 = 起始数值 To 结束数值 [步长]
    基本语句
Next 计数器
```

其中，可以设定循环的步长值，即每次循环之后计数器的变化值；如果不设置，默认步长为 1。起始值并不一定要比结束值小，VBA 会首先判断它们的大小来决定计数器变量的变化方向。For…Next 语句要通过 Next 关键字结尾，对计数器的值进行累加或递减，在计数器值超出起始与结束值的范围时，系统会终结该循环的执行。

For…Next 循环也可以嵌套，例如：

```
Dim i As Integer, j As integer, k As integer
Dim Counter = 0
'循环开始
For i = 1 To 6
  For j = 1 to 8
    For k = 1 to 10
      Counter = Counter+1
    Next k
  Next j
Next i
```

上述语句实现了三重循环的设计，值得注意的是，每一个嵌套循环都应该有各自不同的计数器变量，并且相应的 For…Next 语句应该配套出现，而不能交义出现。

还有另一种 For…Next 语句，该语句并不是通过一定的计数器变量来完成循环，而是针对一个数组或集合中的每个元素，重复执行循环体中的语句。该语句为 For Each…Next 语句。如果不知道在某个对象集合中具体有多少元素，只是需要对该数组或集合的每个元素进行操作，可以使用该语句，其语法格式如下。

```
For Each  元素名称  In  元素集合
    基本语句
Next  元素名称
```

上述的元素可以是某个对象或集合中的元素，也可以是处于某个数组中的元素，一般该变量为 Variant 类型变量。

知识点：

VBA 提供了可选的 Exit For 语句，可以用一个 If Then…End If 条件语句来提前终止循环。不提倡在循环内部通过改变计算器的值来结束循环，因为这将有可能导致死循环。

2. While…Wend 语句

在循环控制语句中，还有一类语句是 While…Wend 语句，只要条件表达式为真就会循环执行。该语句的语法格式如下。

```
While   条件表达式
    基本语句
Wend
```

这类语句和前面的循环语句一样，在结尾通过一个关键字将程序转回到前面循环开始时，该语句在循环的主体部分对表达式的某些参数做出了变动，循环到【条件表达式】的值不再为真时，结束循环。

3. Do…Loop 语句

Do…Loop 语句可以通过 While 或者 Until 语句来判断条件表达式的真假，以便决定是否继续执行。其中，While 语句是指在满足表达式为真的条件下继续进行；而 Until 语句在条件表达式为真时就自动结束循环。Do…Loop 语句的语法结构有以下两种。

(1) 第一种将判断表达式置于循环体之前，先判断表达式再执行循环体，语法格式如下。

```
Do While | Until  条件表达式
    基本语句
Loop
```

(2) 第二种将表达式置于循环体之后，不论表达式真假与否，循环体都将至少被执行一次，语法格式如下。

```
Do
    基本语句
Loop   While | Until 条件表达式
```

设计 Do…Loop 语句块时注意防止出现死循环，在循环了有限次数之后，表达式的值一定要能达到满足结束的条件。

提示：

在 Do...Loop 语句中，While 和 Until 语句并不是必不可少的，也可以直接设计为 Do...Loop，然后在语句中设定一定的条件判断表达式，通过 Exit Do 语句退出循环。

例如，下面的循环语句将计算 100 以内所有奇数的和。

```
Do While i<=100
  If i mod 2=1 then
    Sum=Sum+i
  End if
Loop
```

11.3.4　跳转语句

跳转语句用于跳出选择或循环结构，常用的跳转语句有 Go To 语句和 Exit 语句。

1. GoTo 语句

通过 GoTo 语句可以无条件地将程序流程转移到 VBA 代码中的指定行。首先在相应的语句前加入标号，然后在程序需要转移的地方加入 GoTo 语句，这类语句一般是跟随在条件表达式之后的，以防出现死循环。

提示：

应尽量避免使用 GoTo 语句，因为这些语句会降低程序代码的可读性，不是良好习惯的编程风格。一般 GoTo 语句都可以通过在前面所介绍的条件语句和循环语句来代替。

2. Exit 语句

使用 Exit 语句可以方便地退出循环、函数或过程，直接跳过相应语句或结束命令。通过 Exit 关键字可以终结一部分程序的执行，更灵活地控制程序的流程。

在程序执行过程中，如果程序的执行已经达到目的，其后的语句也不应该继续执行了，这时就可以通过 Exit 语句强行结束相应代码的执行。该语句的使用方法如下。

```
Sub howtoexit()
    Dim i as integer, h as integer
    h = Int(Rnd *100)       '产生一个随机数
    Do
      For i = 1 to 100
        Select Case h       '对随机数进行判断
          Case 0 to 20
              Exit For      '退出 For…Next 语句
          Case 21 to 50
              Exit Do       '退出 Do…Loop 语句
          Case is > 50
              Exit Sub      '退出过程
          End Select
     Next i
  Loop
End Sub
```

可以针对不同的情况，在 Exit 后加入一定的关键字来退出相应的代码段，以便控制程序流程。

11.4　VBA 高级程序设计

前面已经介绍了 VBA 编程的基本知识和流程控制语句，本节将介绍更多关于 VBA 编程的知识，包括过程与函数、程序调用与参数传递、程序调试以及 VBA 编程示例。

11.4.1　过程与函数

在程序设计中，一般将程序分割成较小的逻辑部件，从某种程度上可以简化程序设计的任务，这些构成程序的逻辑模块就是过程。利用过程不仅能使程序结构模块化，以便于程序的开发、调试和维护；而且利用过程还能实现多个程序对它的共享，可降低程序设计的工作量，提高软件开发的工作效率。

VBA 具有 4 种过程：Sub 过程、Function 过程、Property 属性过程和 Event 事件过程。

1. Sub 过程

Sub 过程，亦称子过程，是实现某一特定功能的代码段，它没有返回值。

声明 Sub 过程的语法如下：

```
[Private|Public] [Static] Sub 子过程名([参数列表])
    [局部变量或常量定义]
    [语句序列]
    [Exit Sub]
    [语句序列]
End Sub
```

代码必须包含在过程标识“Sub…End Sub”之间。过程可以有参数，可以在调用该过程时指定参数，以实现特定的功能。过程也可以没有参数，直接在过程名称后附加一个小括号“()”。如果有参数，那么参数列表的格式如下。

```
[Byval] 变量名[()] [As 类型] [,[Byval] 变量名[()][As 类型]]…
```

参数也称为形参，只能是变量名或数组名。其中，Byval 关键字指定了按值传递参数；如果省略 Byval，则按地址(引用)传递。Exit Sub 用于退出子过程。

过程可被访问的范围称为过程的作用范围，即过程的作用域。过程的作用域分为公有和私有两种。公有过程由 Public 关键字修饰，一般存放在标准模块中，可以被当前数据库中的所有模块调用。私有过程由 Private 关键字修饰，只能被当前模块调用。

创建子过程的方法前面示例中已经介绍过，这里不再赘述。

2. 函数

过程一般没有返回值，所以不能在表达式中引用。函数则不同，它能够根据调用程序提供的参数，计算所需的值并返回给调用程序，所以函数可以在表达式中引用。

Function 过程，亦称函数，定义函数的语法格式如下：

```
[Private|Public] [Static] Function 函数名称([参数列表]) [As 数据类型]
    [局部变量或常数声明]
    [语句序列]
    [Exit Function]
    [语句序列]
    函数名称 = 表达式
End Function
```

其中，函数名称有值、有类型，在过程体内至少赋值一次；As 类型，为函数返回值的类型；Exit Function 是函数结束标志。

创建函数与创建子过程类似，只需在【添加过程】对话框中选择【函数】类型即可。

3. Property 属性过程

这是 Visual Basic 在对象功能上添加的过程，与对象特征密切相关，也是 VBA 比较重要的组成。属性过程是一系列的 Visual Basic 语句，它允许程序员创建并操作自定义的属性。属性过程可以为窗体、标准模块以及类模块创建只读属性。

当创建一个属性过程时，它会变成此过程所包含的模块的一个属性。Visual Basic 提供了下列 3 种 Property 过程。

- Property Let：用来设置属性值的过程。
- Property Get：用来返回属性值的过程。
- Property Set：用来设置对对象引用的过程。

声明属性过程的语法格式如下。

```
[Public|Private] [Static] Property {Get |Let |Set}  属性过程名[(arguments)][As type]
    语句序列
End Property
```

提示：

属性过程通常是成对使用的：Property Let 与 Property Get 一组，而 Property Set 与 Property Get 一组。单独声明一个 Property Get 过程类似于声明只读属性。3 个 Property 过程一起使用时，只对 Variant 变量有用，因为只有 Variant 才能包含一个对象或其他数据类型的信息。

创建属性过程与创建子过程类似，只需在【添加过程】对话框中选择【属性】类型即可。

Property Get 过程声明时所需的参数比相关的 Property Let 以及 Property Set 声明少一个。

Property Get 过程的数据类型必须与相关的 Property Let 以及 Property Set 声明中的最后(n+1)个参数的类型相同。

在 Property Set 声明中，最后一个参数的数据类型必须是对象类型或是 Variant 类型。

4. Event 事件过程

事件过程是附加在窗体、报表或控件上的，通过事件触发并执行。在 11.2.6 节中我们已经介绍过这种过程。

11.4.2　过程的调用

在调用过程中，主调过程将实参传递给被调用过程的形参，称为参数传递。在 VBA 中，实参与形参的传递方式有两种：传址和传值。

1. 调用子过程

子过程有两种调用方法：一种是利用 Call 语句调用；另一种是把过程名作为一个语句来直接调用。

利用 Call 语句调用的语法格式如下：

```
Call  过程名([参数列表])
```

直接调用的语法格式如下：

```
过程名  [参数列表]
```

以上调用格式中的参数列表称为实参，与形参的个数、位置和类型必须一一对应。在调用过程时，系统将把实参的值传递给形参，以便利用子过程处理用户所提供的数据。

例如，下面是一个打开指定窗体的子过程。

```
Sub OpenForms (strFormName As String) '打开窗体过程，参数 strFormName 为需要打开的窗体名
    If strFormName="" Then
      MsgBox "打开窗体名称不能为空！",vbXritical,"警告"
      Exit Sub   '若窗体名称为空，显示“警告”消息，结束过程运行
    End If
    DoCmd OpenForm strFormName   '打开指定窗体
End Sub
```

如果此时要调用该子过程打开名为“顾客”的窗体，可使用如下调用语句。

```
Call OpenForms("顾客")    或    OpenForms"顾客"
```

2. 函数调用

函数与子过程的调用方式不同，因为函数会返回一个数据，通常函数的调用形式主要有两种用法。一是将函数过程返回值作为赋值成分赋予某个变量，其格式如下。

```
变量名=函数过程名([参数列表])
```

二是将函数过程返回值作为某个过程的实参来使用。

例如，定义一个求两个数的最大公约数的函数 GCD 如下。

```
Public Function GCD(ByVal num1 As Integer, ByVal num2 As Integer)
    Dim temp As Integer
    If (num1 < num2) Then
        temp = num1
        num1 = num2
        num2 = temp
    End If
    While (num2 <> 0)
        temp = num1 Mod num2
        num1 = num2
        num2 = temp
    Wend
    GCD = num1
End Function
```

可以在另一个过程中，使用如下语句调用该函数：

```
Dim a, b, result As Integer
a = 248
b = 80
result = GCD(b, a)
Debug.Print result
```

3. 调用属性过程

当调用一个 Property Let 或 Property Set 过程时，总是会有一个参数出现在等号(=)右边。

如果 Property Let 或 Property Set 过程有多个参数，那么当调用该过程时，Property Let 或 Property Set 过程声明中的最后一个参数包含了实际调用者的对象引用。

4. 调用事件过程

事件过程由相应的事件触发。当一个对象的事件被触发时，该事件对应的事件过程就会被系统自动调用，例如，在窗体中创建了一个命令按钮控件 cmd1，并为其添加了单击事件过程，当在浏览窗体中单击了 cmd1 控件，系统就会自动执行其单击事件过程。

5. 参数传递

前面介绍过实参与形参的传递方式有两种：传址和传值。

在形参前加上 ByRef 关键字或省略不写，则参数传递方式为传址方式。传址方式是将实参在内存中的地址传递给形参，调用程序将直接修改该内存地址中的数值。需要注意的是，这种参数传递方式的实参只能是变量，而不能是常数或表达式。

在形参前加上 ByVal 关键字，表示参数传递是传值方式，这是一种单向的数据传递，即调用时只能由实参将值传递给形参，调用结束不能由形参将操作结果返回给实参。这种参数传递方式的实参可以是变量、常数或表达式。

例如，有如下定义的子过程 Show。

```
Private Sub Show(ByVal u, v)
    u = 30 :    v = 250        '冒号分开同一行的多条语句
End Sub
```

执行下面的主调用程序。

```
Private Sub Command1_Click()
    a = 5    :      b = 10
    MsgBox( "(1)a="; a, "b="; b)
    Call Show(a, b)
    MsgBox("(2)a="; a, "b="; b)
End Sub
```

调用子过程 Show()之后，a 的值不变，仍然为 5；但 b 的值将被改变，值为 250。因为实参 b 是以传址方式传递参数的。

11.4.3　常用函数

VBA 提供了许多常用的内部函数，如表 11-9~表 11-12 所示。

表 11-9　常用的数学函数

函 数 名 称	功　能	举　例	结　果
Abs(n)	取绝对值，n 可以是任何数学表达式	Abs(-2)	2
Randomize	启动随机数产生器		
Rnd	产生一个大于等于 0 且小于 1 的实数	Rnd*10+1	1~10 之间的实数

表 11-10　常用的日期函数

函 数 名 称	功　　能	举　　例
Year(C)	返回年份(4 位数字)	Year("08-08-08")=2008
Date()	返回系统日期	
Time()	返回系统时间	

表 11-11　常用的字符串函数

函 数 名 称	功　　能	举　　例	结　　果
Left(C,N)	取出字符串左边的 N 个字符	Left("abbb",2)	ab
Len(C)	字符串长度	Len("abbb")	4
Ltrim(C)	去掉字符串左边的空格	Ltrim("　abbb")	abbb
Mid(C,N1,N2)	取字符串中的字符，从 N1 开始，向右取 N2 个	Mid("abb",1,2)	ab
Right(C,N)	取出字符串右边的 N 个字符	Right("abbb",2)	bb
Rtrim(C)	去掉字符串右边的空格	Rtrim("abbb　")	abbb
Space(N)	生成 N 个空格	Space(3)	3 个空格
String(N,C)	C 中首字符组成的 N 个字符串	String(2, "abbb")	aa
Asc(C)	将字符转换成 ASCII 码值	Asc("A")	65
Chr(N)	将 ASCII 码值转换成字符	Chr(65)	A
InStr([N1,]C1,C2)	在 C1 中从 N1 开始找 C2，函数值为 C2 在 C1 中的位置；省略 N1 时从头找，找不到为 0	InStr(2, "ABCD","B")	2

表 11-12　常用的转换函数

函 数 名 称	功　　能	举　　例
LCase(C)	将字符串中的字符转换成小写字母	LCase("BB")="bb"
UCase(C)	将字符串中的字符转换成大写字母	UCase("bb")="BB"
Str(N)	将数值转换为字符串	Str(123)= "123"
Val(C)	将数字字符串转换为数值	Val("11.34")=11.34
Int(N)	整数取整，负数取不大于 N 的最大整数	Int(-2.5)=-3

11.4.4　程序调试

前文已经介绍过宏的调试，该调试工具非常粗糙。在该环境下只能设定对错误的单步调试，而不能进行跟踪数据、查询运行结果等操作。相比之下，Visual Basic 编辑器的调试工具有了显著的改进。

1. 程序的错误类型

调试是查找和解决 Visual Basic 代码中错误的过程。当执行代码时，可能会产生以下 3 种类型的错误。

- 编译错误：是代码结构错误的结果。如语句配对(如，If…End If 或者 For…Next)，或有编程上的错误，违反了 Visual Basic 的规则(例如，拼写错误、少一个分隔符或类型不匹配等)，都会导致编译错误。另外，还包括语法错误，如文法或标点符号错误、参数错误等。如果出现这样的错误，系统在编译这些代码时将会弹出警告信息，并指出错误种类，如图 11-22 所示。
- 运行错误：发生在应用程序开始运行之后。运行时的错误包括执行非法运算，例如，被零除或向不存在的文件中写入数据。如图 11-23 所示的是系统在发现运行错误时提示的警告信息，用户可以结束该程序的执行或者进行调试。
- 逻辑错误：指应用程序未按预期执行，或生成了错误的结果。逻辑错误在编译和运行时一般不会提示错误信息，最不容易被发现。

图 11-22　出现编译错误的提示

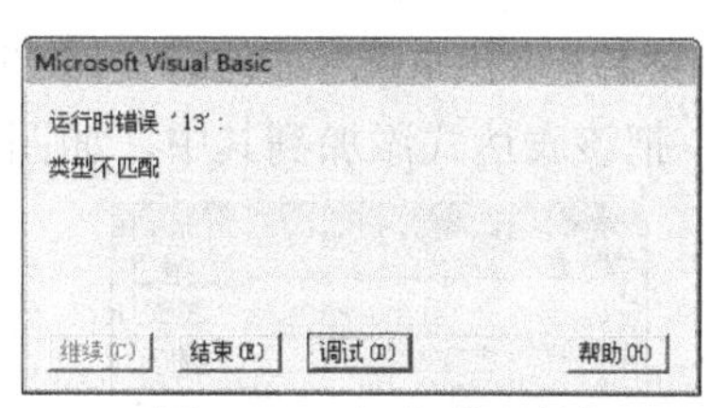

图 11-23　运行错误的提示

2. 设置断点

在程序发生错误之后，如果错误不明显，就应该对程序进行调试，找到错误并改正。在 VBE 中，可以通过设置断点，然后通过单步执行来调试模块代码。

设置断点可以挂起代码的执行。挂起代码时，程序仍然在运行中，只是在断点位置暂停下来。此时可以进行调试工作，检查当前变量值或者单步运行每行代码。

设置断点的方法如下。

(1) 在代码窗口中，将光标定位到要设置断点的语句行。

(2) 选择【调试】|【切换断点】命令即可设置断点，如图 11-24 所示。

除了此方法外，还可以直接用鼠标左键单击每行前面的空白处设置或取消断点。

将插入点移到设有断点的代码行，然后选择【调试】|【切换断点】命令即可清除断点。

程序在断点处暂停以后，可以使用【调试】工具栏来进行程序调试或监视变量的值。选择【视图】|【工具栏】|【调试】命令即可打开【调试】工具栏，如图 11-25 所示。

单击【调试】工具栏中的【继续】按钮▶将继续执行代码；也可以单击【逐过程】按钮单步执行代码来发现错误所处的位置；对于过程调用语句，单击【逐语句】按钮将进入过程内部，跟踪调用过程；单击【跳出】按钮，则跳出子过程，返回主流程。

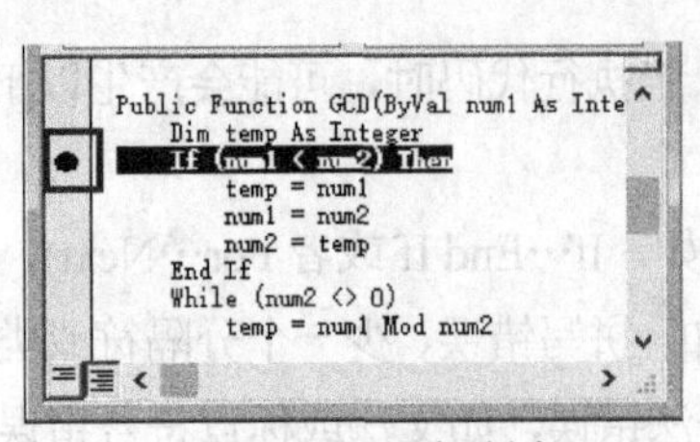

图 11-24　添加断点

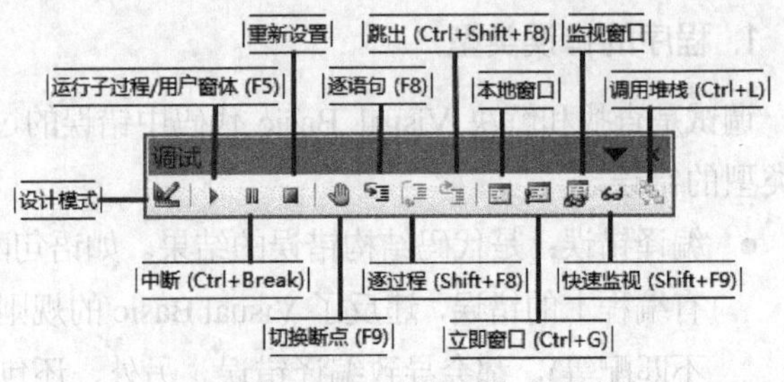

图 11-25　【调试】工具栏

3. 监视代码的运行

在调试程序的过程中，可以通过 11.2.1 节介绍的【监视窗口】和【本地窗口】对调试中的程序变量或表达式的值进行跟踪，主要用来判断逻辑错误。

选择 【调试】|【添加监视】命令，打开【添加监视】对话框，如图 11-26 所示。如果已经在代码窗口中选择了表达式，该表达式会显示在【添加监视】对话框的【表达式】文本框中。如果未显示任何监视表达式，则可以在该文本框中自行输入。监视窗口中的表达式可以是变量、属性、函数调用或其他类型的表达式。可以在【上下文】中设置表达式的范围，在【监视类型】中设置系统对表达式变化的响应，然后单击【确定】按钮，系统将会打开【监视窗口】，把该表达式添加到其中，如图 11-27 所示。

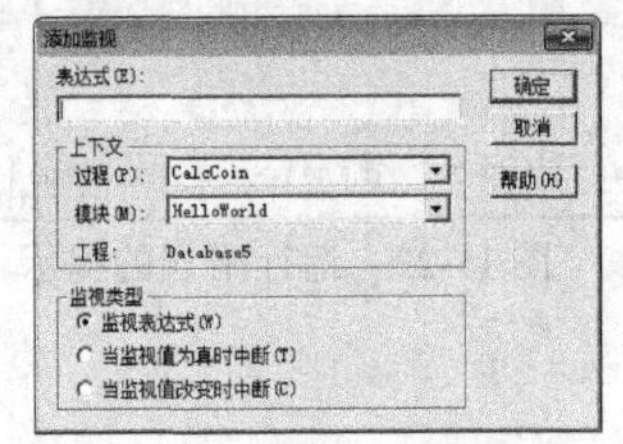

图 11-26　【添加监视】对话框

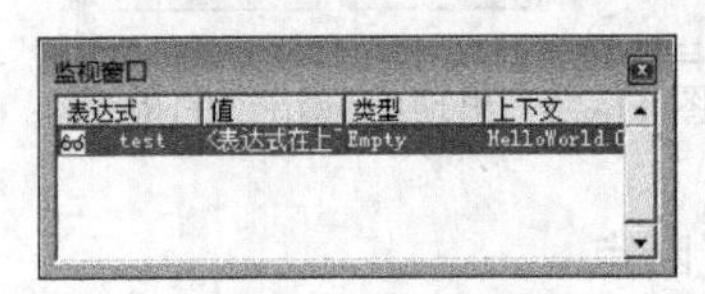

图 11-27　监视窗口

也可以在代码窗口中选择一个表达式之后，然后单击【调试】工具栏中的【快速监视】，系统将会立即打开【快速监视】对话框，显示该表达式的状态，如图 11-28 所示。

另外，本地窗口对程序中变量的调试工作也非常有用，该窗口自动显示出当前过程中的所有变量声明以及变量值，如图 11-29 所示。

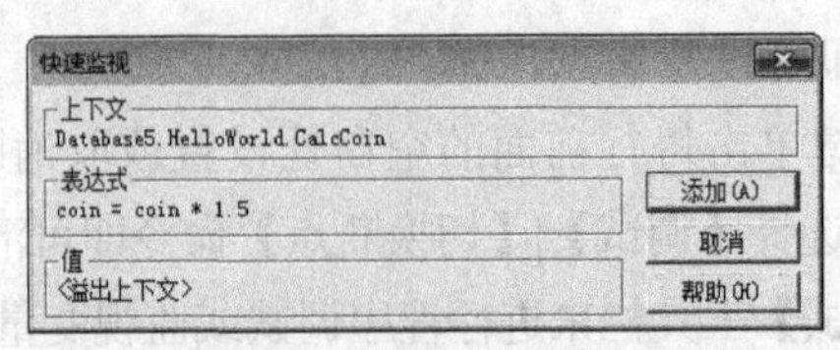

图 11-28　【快速监视】对话框

图 11-29　本地窗口

提示：

在本地窗口中，Access 显示了所有活动的变量。可以单击表达式旁边的加号浏览该对象的所有属性设置。在数据库对象下的树状结构中可以看到所有对象的详细情况。

4. 错误处理

所谓错误处理，就是当代码运行时，如果发生错误，可以捕获错误，并按照程序设计者实现设计的方法来处理错误。

处理错误的一般方法为：先设置错误陷阱，然后编写错误处理代码。

(1) 设置错误陷阱

设置错误陷阱是在代码中使用 On Error 语句，当运行错误发生时捕获错误。

On Error 语句的形式有 3 种。

- On Error Resume Next，当错误发生时忽略错误行，继续执行后续的语句，而不中止程序的运行。
- On Error GoTo，在 GoTo 之后接着语句标号，当发生错误时跳转到指定的语句标号。
- On Error GoTo 0，当发生错误时，不使用错误处理程序块。

(2) 编写错误处理代码

由程序员编写错误处理代码，根据可预知的错误类型决定采取哪种措施。

11.4.5 VBA 编程实例

本节将通过一个具体的实例来实践以上介绍的程序设计知识。

【例 11-5】在 Sales.accdb 数据库中，设计一个管理员登录窗体，验证输入信息中的管理员 ID 和密码是否与 Managers 表中的数据匹配。

(1) 启动 Access 2013，打开 Sales.accdb 数据库。

(2) 通过【窗体设计】按钮新建一个窗体，添加两个文本框控件 Text1 和 Text2，两个命令按钮控件 Command0 和 Command1，其设计视图如图 11-30 所示。

(3) 选择 Text2 文本框，打开【属性表】窗格，设置该控件的【输入掩码】属性，单击属性右侧的省略号按钮，打开如图 11-31 所示的【输入掩码向导】对话框，选择【密码】选项，然后单击【确定】按钮，将该属性设置为【密码】，如图 11-32 所示。

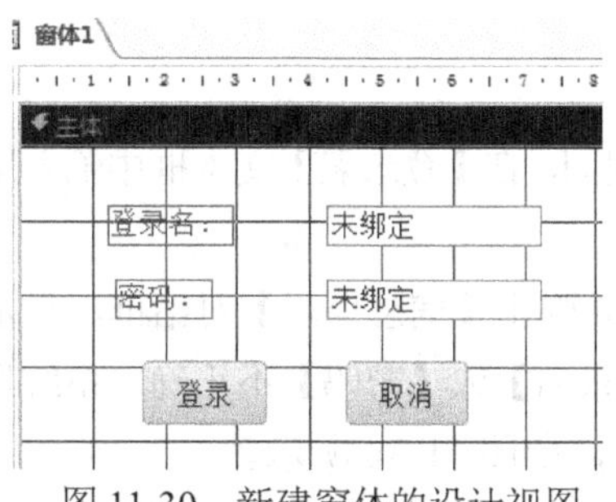

图 11-30　新建窗体的设计视图

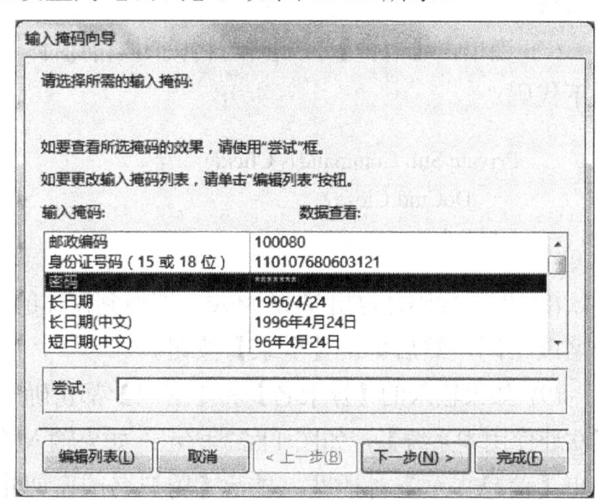

图 11-31　【输入掩码向导】对话框

(4) 单击快速访问工具栏中的【保存】按钮，保存窗体名为“登录”(后面的代码中会用到该窗体名称)。

(5) 选中【登录】按钮控件，然后单击工具栏中的【属性表】按钮，打开该控件的【属性表】窗格，切换到【事件】选项卡。

(6) 在【单击】单元格的下拉列表中选择【事件过程】，然后单击右侧的省略号按钮，打开 VBA 代码编辑窗口，系统自动为该控件生成基本的事件过程的代码框架。在此过程中，添加具体的功能实现，代码如下。

```
Private Sub Command0_Click()
    Dim Cond As String
    Dim pwd As String
    If IsNull([Forms]![登录]![Text1]) Or IsNull([Forms]![登录]![Text2]) Then
        MsgBox "用户名和密码不能为空", vbOKOnly, "信息提示"
        Exit Sub
    End If
    Cond = "Mname='" + [Forms]![登录]![Text1] + "'"
    pwd = [Forms]![登录]![Text2]
    If (pwd <> DLookup("Mpwd", "Managers", Cond)) Then
        MsgBox "欢迎使用本系统", vbOKOnly, "信息提示"
    Else
        MsgBox "用户名或密码错误", vbOKOnly, "信息提示"
    End If
End Sub
```

上述代码的功能是：当用户不输入用户名或密码时，系统将弹出提示对话框，提示用户输入用户名或密码；当输入的用户名或密码不正确时，系统将弹出提示对话框，提示用户名或密码错误；当输入的用户名或密码正确时，系统将弹出对话框，显示提示信息“欢迎使用本系统”。

(7) 当单击【取消】按钮时，将关闭当前窗体。使用同样的方法，为【取消】按钮添加以下代码。

```
Private Sub Command1_Click()
    DoCmd.Close
End Sub
```

(8) 保存代码并退出 VBA 环境。切换到窗体的窗体视图，在【登录名】文本框中输入用户名或密码，然后单击【登录】按钮。

(9) 如果输入的【登录名】和【密码】都正确，系统将弹出【信息提示】对话框，显示【欢迎使用本系统】，如图 11-33 所示；如果输入的【登录名】或【密码】不正确，系统将弹出【信息提示】对话框，显示【用户名或密码错误】，如图 11-34 所示。

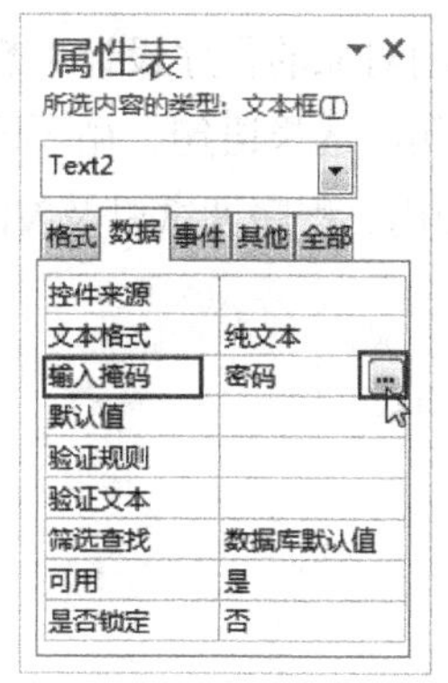

图 11-32　设置【输入掩码】属性

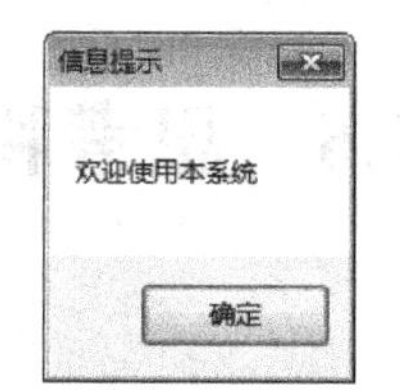

图 11-33　正确提示

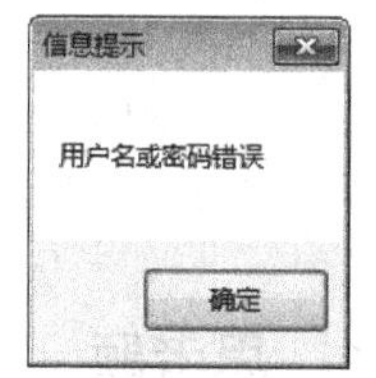

图 11-34　错误提示

11.4.6　VBA 代码的保护

开发完数据库产品以后，为了防止他人查看或更改 VBA 代码，需要对该数据库的 VBA 代码进行保护。

通过对 VBA 设置密码可以防止其他非法用户查看或编辑数据库中的程序代码。

【例 11-6】为数据库 Sales.accdb 中的 VBA 代码添加密码保护。

(1) 启动 Access 2013，打开 Sales.accdb 数据库。

(2) 打开 VBA 编辑器，在 VBA 编辑器中，选择【工具】|【<Access 数据库或 Access 项目名>属性】命令，打开【工程属性】对话框，如图 11-35 所示。

(3) 在【工程属性】对话框的【保护】选项卡中，选中【查看时锁定工程】复选框。如果设置了密码，但没有选中【查看时锁定工程】复选框，则任何人都可以查看和编辑代码，但【项目属性】对话框是被保护的。

(4) 在【密码】文本框中输入密码，在【确认密码】文本框中再次输入密码以进行确认。

(5) 单击【确定】按钮，完成密码的设置。下次打开该项目时，系统将弹出一个对话框，要求用户输入密码。

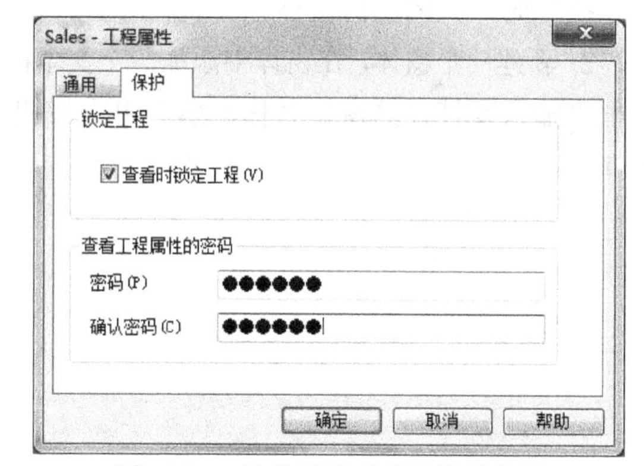

图 11-35　为数据库或项目设置密码

需要注意的是，如果忘记了密码，将不能恢复，也不能查看或编辑 VBA 代码。

11.5　本章小结

模块对象是 Access 的第六大对象。本章主要介绍了模块和 VBA 的相关知识。首先介绍的是模块与 VBA 的基本概念和分类；然后介绍 VBA 程序设计的基础知识，包括 VBA 编程环境、数据类型、常量与变量的定义、运算符和表达式、以及面向对象的程序设计思想；接下来继续深入学习，介绍了 VBA 的流程控制语句，包括顺序语句、选择语句、循环语句和跳转语句；最后介绍了 VBA 高级程序设计，包括过程和函数的使用、程序调试以及 VBA 代码的保护。

11.6　思考和练习

11.6.1　思考题

1. 什么是 VBA？
2. 模块的类型有哪些？与 VBA 有何关联？
3. VBA 中，主要的流程控制语句有哪些？
4. 什么是过程？什么是函数？过程和函数有什么不同？
5. 参数传递的方式有哪两种？这两种方式有何区别？
6. 如何调试 VBA 代码？

11.6.2　练习题

1. 新建一个窗体，其中放置两个命令按钮，分别命名为“欢迎信息”和“退出系统”，当单击“欢迎信息”按钮时，弹出提示对话框显示“欢迎使用 Access 2013！”；当单击“退出系统”时，关闭当前窗体。

2. 新建一个窗体，在窗体中添加一个文本框控件和一个按钮控件，实现如下功能：在文本框中输入要打开的窗体名称，然后单击按钮控件来打开该窗体。

第12章　数据库管理与安全

数据库安全是一个很重要的问题，保障用户数据的安全比建立用户数据更重要。Access 2013 提供了经过改进的安全模型，该模型有助于简化将安全配置应用于数据库以及打开已启动安全性的数据库的过程。本章主要介绍数据库管理与安全方面的知识，包括数据库压缩与备份、数据库的加密与解密以及对数据库进行打包和签署等内容。通过本章的学习，读者可以掌握如何对数据库进行管理和维护，深化对数据库应用相关知识的认识。

本章的学习目标：

- 了解数据库压缩和修复的操作步骤
- 掌握备份和还原数据库的方法
- 掌握 Access 2013 数据库的加密与解密
- 了解数据库的打包与签署
- 掌握从签名包中提取数据库的方法

12.1　数据库的压缩与备份

建立数据库之后，有必要对其进行压缩与备份，这样，当数据库发生了数据损失时，就可以恢复数据库中的数据。如果是大型共享数据库，为了避免意外发生，维护人员有必要定期为数据库建立备份文件。

12.1.1　压缩和修复数据库

数据库作为一个容器，管理着其内部的所有对象以及 VBA 程序。为了确保数据库的正常运行，有必要对数据库进行定期的压缩和修复。

当用户在 Access 数据库中删除数据库或对象，或者在 Access 项目中删除对象时，都可能会造成数据库整体结构的零散，浪费有限的磁盘空间。此时，定期对数据库进行压缩和修复操作就显得格外重要。

一般情况下，当试图打开 Access 文件时，Microsoft Access 会检测该文件是否已被损坏。如果是，系统就会提供修复数据库的选项。

提示：

如果当前的 Access 文件中含有对另一个已损 Access 文件的引用，Access 将不去尝试修复。在某些情况下，Access 可能检测不到文件受损。如果 Access 文件表现异常，就要压缩并修复。

Microsoft Access 数据库可以修复以下损坏或丢失的情况。

- Access 数据库中数据表的损坏。
- 有关 Access 文件的 Visual Basic for Applications (VBA)项目的信息丢失。
- 窗体、报表或模块中的损坏。
- Access 打开特定窗体、报表或模块所需信息的丢失情况。

管理者必须定期对数据库进行管理和维护。在数据库的维护工作中，为了避免 Microsoft Access 文件受损，需要注意以下原则。

- 定期压缩和修复 Access 文件。可以指定在关闭 Access 文件时自动压缩该文件。
- 定期对 Access 文件进行备份。
- 避免意外退出 Access，例如，因关机而突然退出 Access。
- 如果遇到网络问题，在问题解决之前，避免使用位于网络服务器上的共享 Access 数据库。如果可能，最好将 Access 数据库移到可以进行本地访问的计算机上，而不是网络上。

压缩和修复当前 Access 数据库的操作步骤如下。

(1) 打开需要压缩和修复的 Access 数据库。如果该文件位于服务器或共享文件夹中作为共享数据库存在，在执行压缩和修复时需要确定没有其他用户打开该数据库。

(2) 切换到【文件】选项卡，单击左侧窗格中的【信息】选项，然后在右侧选择【压缩和修复数据库】选项，即可压缩和恢复数据库，如图 12-1 所示。

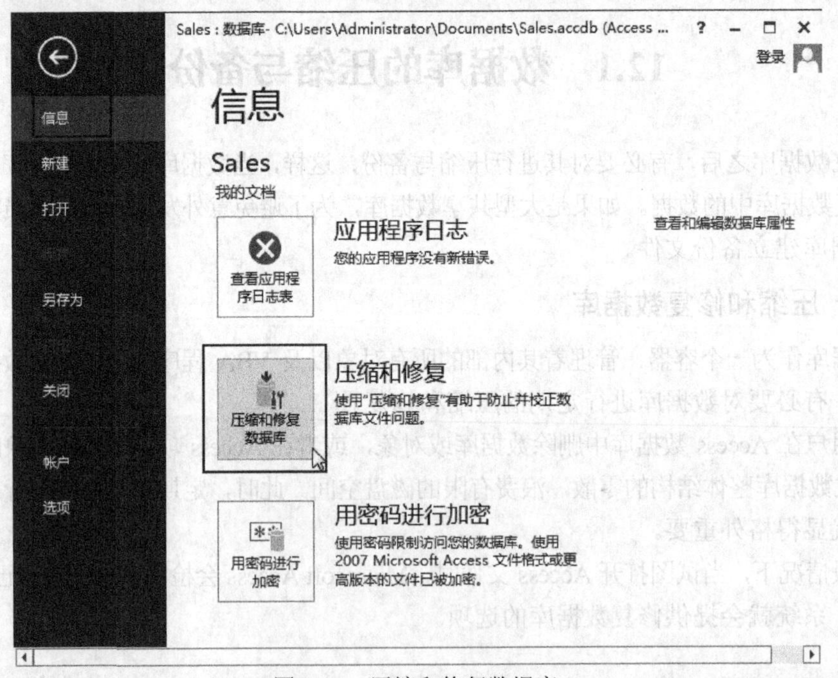

图 12-1　压缩和修复数据库

提示：

可以通过 Ctrl+Break 组合键或 Esc 键来中止压缩和修复过程。

(3) 执行压缩后，数据库文件会变得比以前小了很多。

12.1.2　备份与还原数据库

在数据库的使用中经常会出现一些非法操作，对于大型的共享数据库更是如此。因此，有必要对这些数据库进行备份，以便在数据库发生意外时数据的损失不会太大。

使用 Windows XP 系统的用户，可以使用 Windows 的备份工具定期备份 Access 的数据库文件，在出现文件损坏或误操作时，可以通过备份文件来还原数据库。

说明：

也可以手动复制 Access 数据库文件(*.accdb)，在不同介质中保存该文件的副本，在文件被损坏或磁盘出现故障时，能够恢复副本中包含的数据库信息，减少意外损失。

12.2　Access 中的安全机制

除了通过压缩和备份减少数据库的损失之外，更重要的是确保数据库的安全，防止非法操作。Access 提供的数据库安全机制包括用户组与权限、数据库的加密与解密等。

12.2.1　用户级安全机制

由于多数情况下数据库都采用共享的形式供大量的用户使用，因此还存在访问权限的问题。也就是说，除了防止操作对数据库可能造成的破坏之外，还应该为不同的用户设置不同的访问权限，规范他们在数据库中的操作。

在 Access 2003 或者更低版本的 Access 中提供了用户级安全机制。但对于使用 Access 2013 新文件格式创建的数据库(.accdb 和.accde 文件)，Access 2013 不提供用户级安全机制。如果在 Access 2013 中打开早期版本创建的数据库，并且该数据库应用了用户级安全机制，则该安全功能对数据库仍然有效。但是如果将该数据库转换成新格式后，Access 2013 将丢弃原有的用户级安全机制。

12.2.2　数据库的加密

与联网的多用户数据库相比，单用户数据库用数据库密码保护是最简单的保护方法。本书第 10 章介绍了如何保护 VBA 代码。除了 VBA 代码外，还可以给一个保密账号赋予密码。一旦赋予密码，Access 2013 就对它进行加密，虽然这种方法是安全的，但它只适用于打开数据库。数据库一旦打开，其中的数据和全部对象都能被用户查看和编辑。

Access 2013 中的加密工具可以使数据无法被其他工具读取，它还会强制用户只有在输入密码后才能使用数据库。使用 Access 2013 加密工具时，需注意下列规则。

- 新的加密功能只适用于.accdb 文件格式的数据库。
- Access 2013 加密工具使用的算法比早期的加密工具使用的算法更强。
- 如果需要对旧版数据库(.mdb 文件)进行编码或应用密码，Access 2013 将使用 Access 2003 中的编码和密码功能。

1. 数据库加密

Access 2013 允许用户对数据库进行密码设置，从而确保重要数据库的安全性。

【例 12-1】加密 Sales.accdb 数据库。

(1) 启动 Access 2013，打开【文件】选项卡，通过【浏览】按钮，打开【打开】对话框，选择要加密的数据库对象 Sales.accdb，然后单击右下角【打开】按钮旁边的下拉按钮，选择【以独占方式打开】命令，如图 12-2 所示。

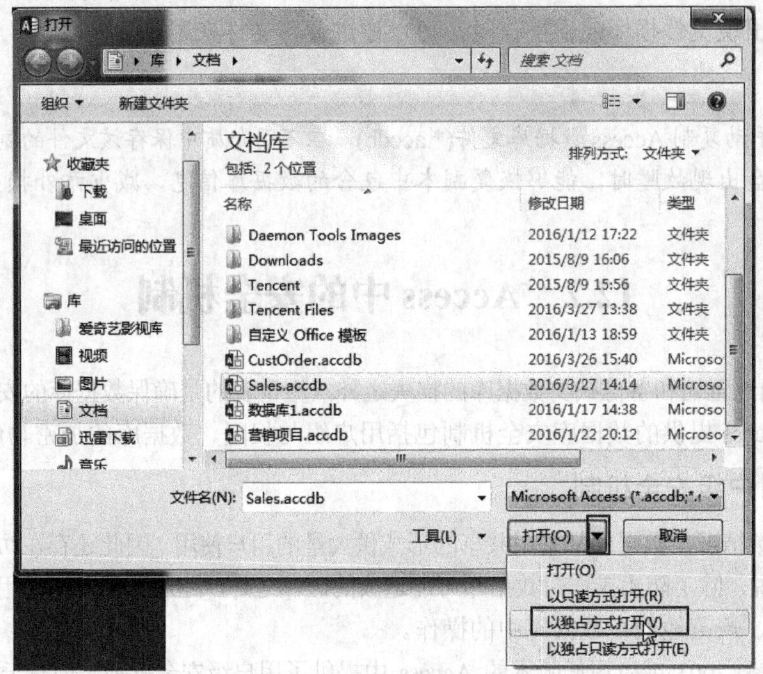

图 12-2　以独占方式打开数据库

说明：

在 Access 2013 中，要设置或撤销数据库密码，必须以独占方式打开数据库。

(2) 打开数据库后，选择【文件】选项卡中的【信息】选项，然后单击右侧窗口中的【用密码进行加密】命令，打开如图 12-3 所示的【设置数据库密码】对话框。

(3) 在该对话框的【密码】文本框中输入密码，然后在【验证】文本框中重新输入密码进行验证。单击【确定】按钮，即可完成对数据库密码的设置。

(4) 设置好数据库的密码后，当再次打开该数据时，将打开【要求输入密码】对话框，如图 12-4 所示，此时输入正确的密码后才能打开该数据库。

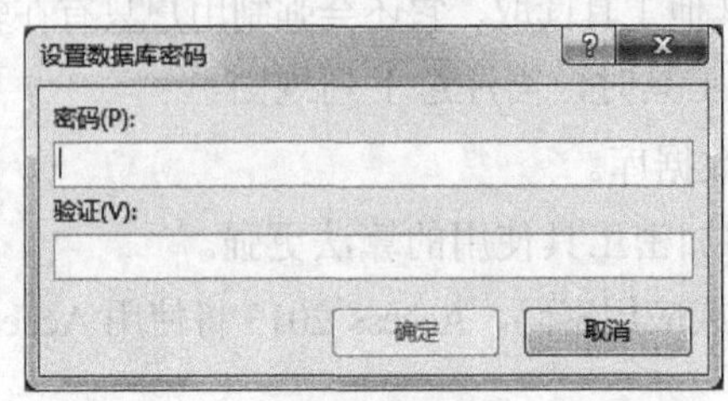

图 12-3　【设置数据库密码】对话框

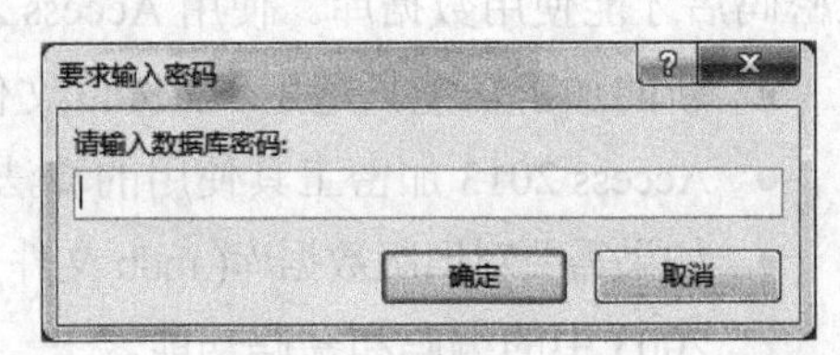

图 12-4　【要求输入密码】对话框

2. 撤销密码

Access 2013 在允许用户加密数据库的同时，也提供了修改与撤销密码的功能。要撤销数据库的密码也需要以独占方式打开数据库，选择【文件】选项卡中的【信息】选项，然后单击右侧窗口中的【解密数据库】命令，如图 12-5 所示。

此时将打开如图 12-6 所示的【撤销数据库密码】对话框。在【密码】文本框中输入之前为数据库设置的密码，单击【确定】按钮，即可撤销数据库的密码。

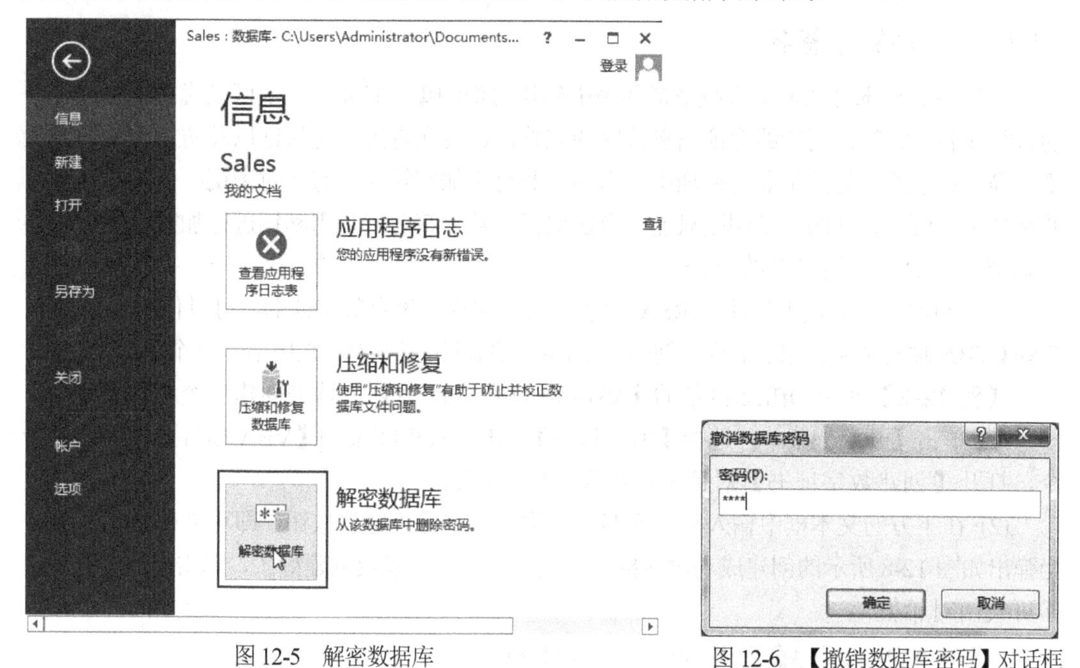

图 12-5　解密数据库　　　　　　图 12-6　【撤销数据库密码】对话框

说明：

Access 2013 不支持修改数据库密码。如要对数据库的密码进行修改，可以先撤销原来的密码，然后重新执行设置数据库密码的操作，输入新的密码即可。

12.3　数据库的打包与签署

Access 2013 可以更方便、更快捷地打包和发布数据库。创建.accdb 文件或.accde 文件时，可以将文件打包，再将数字签名应用于该包，然后将签名的包分发给其他用户。打包和签名功能会将数据库放在 Access 部署(.accdc)文件中，再对该包进行签名，然后将经过代码签名的包放在指定的位置。此后，用户可以从包中提取数据库，并直接在数据库中工作，而不是在包文件中工作。

对数据库进行打包和签名操作时须注意下列事项。

- 将数据库打包以及对该包进行签名是传递信任的方式。用户收到包时，可通过签名来确认数据库未经篡改。

- 新的打包和签名功能只适用于最新的文件格式(*.accdb)的数据库。Access 2013 提供了旧式工具来签名和发布早期版本文件格式的数据库。
- 只能将一个数据库添加到包中。
- 此过程将对数据库中的所有对象(而不仅仅是宏或代码模块)进行代码签名。此过程还会压缩包文件，这样有助于减少下载时间。
- 可以从位于 Windows SharePoint Services 3.0 服务器上的包文件中提取数据库。

12.3.1 应用数字签名

数字签名技术是在网络系统虚拟环境中确认身份的重要技术，完全可以代替现实过程中的亲笔签名，它的使用能够保证信息传输的完整性、发送者的身份认证以及防止交易中发生抵赖等。数字签名是基于非对称加密技术的，非对称加密算法中有一对密钥：公钥和私钥。通常公钥是可以公开的，私钥则只能由自己保管。数字签名就是用私钥进行加密，然后用公钥解密，从而验证签名者的身份。

常用的数字签名技术是使用 RSA 数字证书，如果还没有数字证书，可以使用 Office 自带的【VBA 项目数字证书】工具来创建一个，或者通过第三方 CA 来申请一个个人数字证书。

【例 12-2】使用 Office 自带的【VBA 项目数字证书】工具来创建一个数字证书。

(1) 单击【开始】菜单，选择【所有程序】| Microsoft Office |【VBA 项目数字证书】命令，打开【创建数字证书】对话框，如图 12-7 所示。

(2) 在下方的文本框中输入数字证书的名称，单击【确定】按钮，即可创建数字证书，当弹出如图 12-8 所示的创建成功对话框时，说明数字证书以及创建好了，单击【确定】按钮即可关闭对话框。

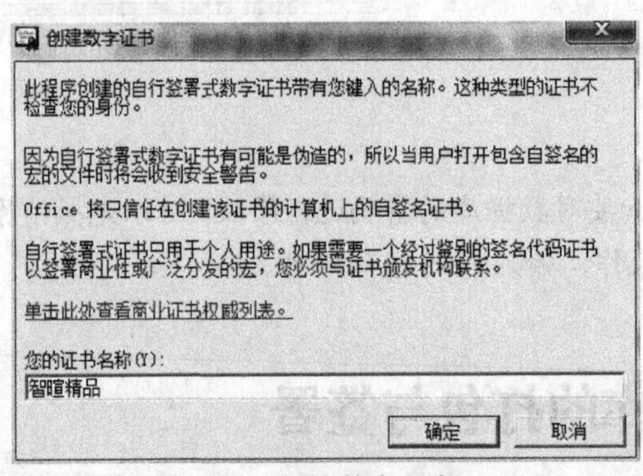

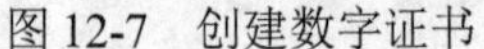
图 12-7　创建数字证书

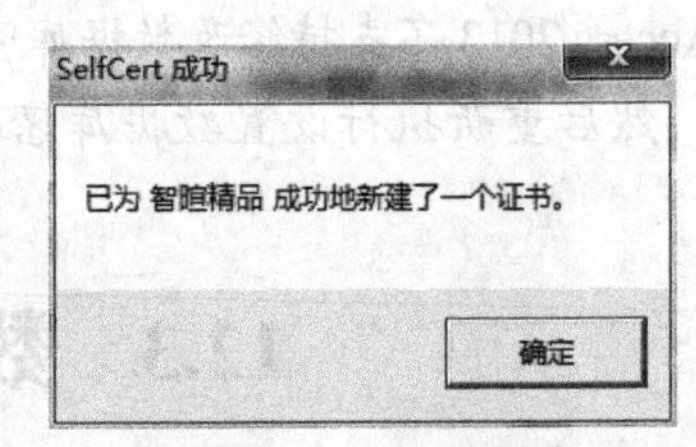

图 12-8　创建成功

(3) 打开 IE 浏览器，选择【工具】|【Internet 选项】命令，打开【Internet 选项】对话框，选择【内容】选项卡，然后单击其中的【证书】按钮，打开【证书】对话框，在【个人】选项卡中，将列出当前计算机中所有的个人数字证书，在此可以看到我们刚刚创建的数字证书，如图 12-9 所示。

使用 Access 2013 可以轻松而快速地对数据库进行签名和分发。在创建.accdb 文件或.accde 文件后，可以将该文件打包，对该包应用数字签名，然后将签名包分发给其他用户。【打包并签署】工具会将该数据库放置在 Access 部署(.accdc)文件中，对其进行签名，然后将签名包放在确定的位置。随后，用户可以从该包中提取数据库，并直接在该数据库中工作，而不是在包文件中工作。

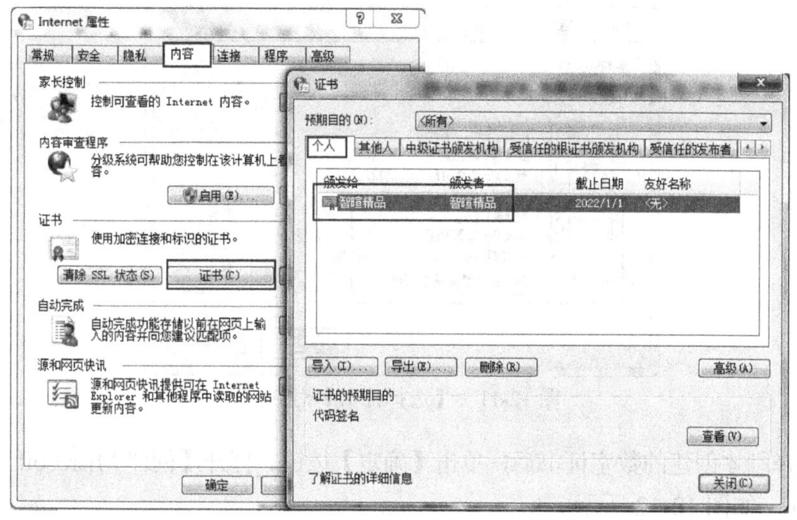

图 12-9　查看新创建的数字证书

提示：

只能对以新的文件格式(.accdb、.accde 等)保存的数据库使用【打包并签署】工具。

【例 12-3】对 Sales.accdb 数据库进行打包并签署，签名时使用【例 12-2】中创建的数字证书。

(1) 启动 Access 2013 后，打开 Sales.accdb 数据库。

(2) 切换到【文件】选项卡，打开【另存为】选项页，然后选择【数据库另存为】选项，接下来在右侧的【高级】选项列表中选择【打包并签署】命令，如图 12-10 所示。

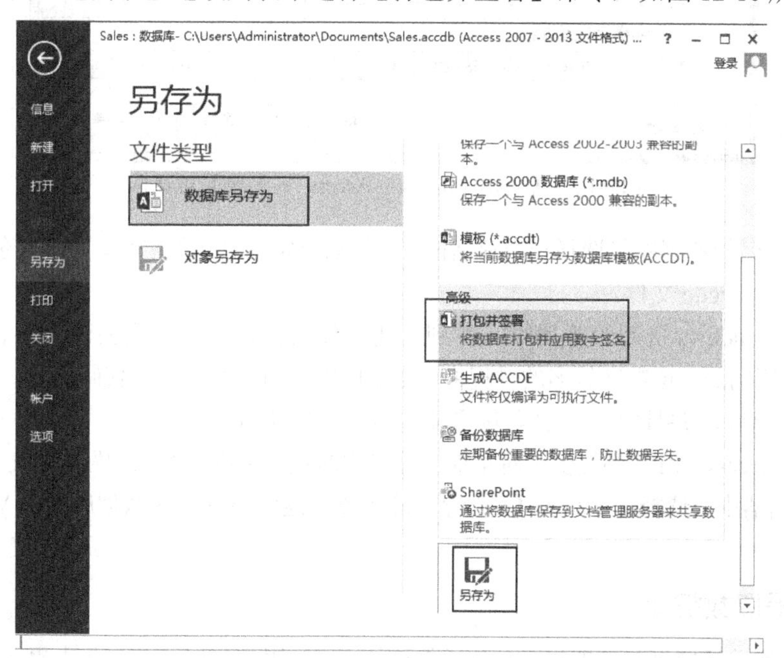

图 12-10　选择【打包并签署】命令

(3) 单击下方的【另存为】按钮，将打开如图 12-11 所示的【选择证书】对话框。

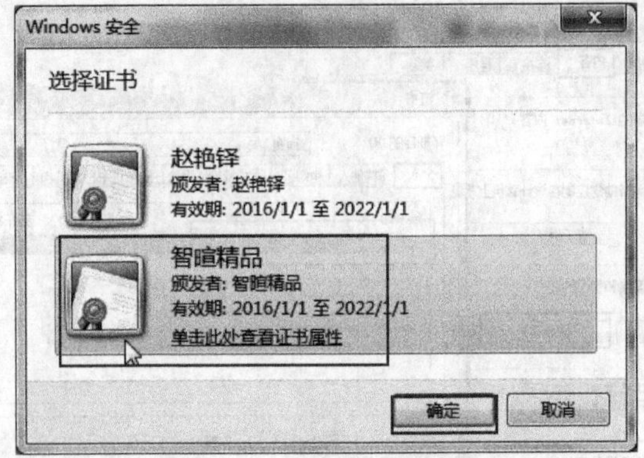

图 12-11　【选择证书】对话框

(4) 选择刚才创建的数字证书后，单击【确定】按钮。打开【创建 Microsoft Access 签名包】对话框，如图 12-12 所示。

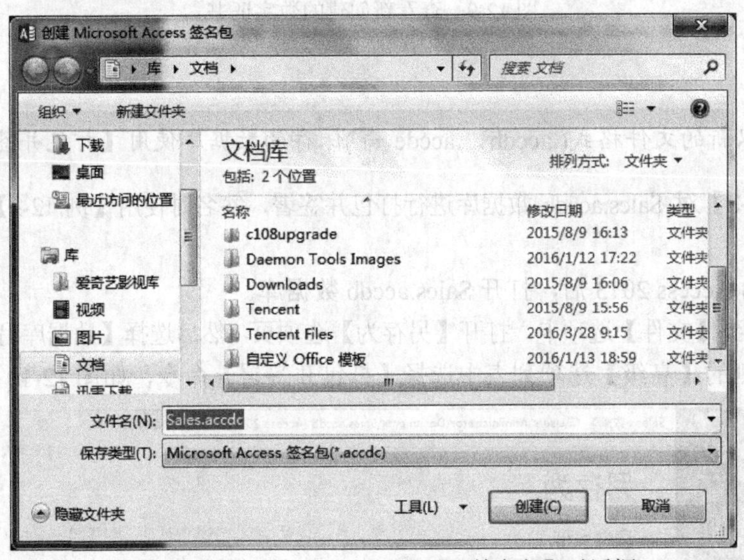

图 12-12　【创建 Microsoft Access 签名包】对话框

(5) 为签名的数据库包选择一个存储位置，然后指定签名包的名称，单击【创建】按钮。Access 将创建.accdc 文件。

(6) 在 Windows 资源管理器中，找到上述文件路径，可以看到创建的签名包文件。

需要说明的是：该数字签名的过程将对数据库中的所有对象进行代码签名，并不局限于宏或者代码模块，并且每一个签名包只能包含一个数据库。

此外，Access 2013 还提供了对早期文件格式的数据库进行签名和发布的工具，方法是在 VBA 编辑器中，选择【工具】|【数字签名】命令，这种方法只对数据库中的 VBA 代码进行签名。

12.3.2　提取数据库

将数据库进行打包并签署是一种传递信任的方式，用户可以从签名包中提取数据库并直接在该数据库中工作。提取签名包并使用数据库的操作步骤如下。

(1) 启动 Access 2013，切换到【文件】选项卡，选择【打开】命令，单击【浏览】按钮，打开【打开】对话框，在【文件类型】下拉列表中选择【Microsoft Access 签名包(*.accdc)】选项，找到并选中所需要的签名包，如图 12-13 所示。

(2) 单击【打开】按钮，因为在制作签名包时使用的数字证书是不受信任的，所以此时会弹出【Microsoft Access 安全声明】对话框，如图 12-14 所示。

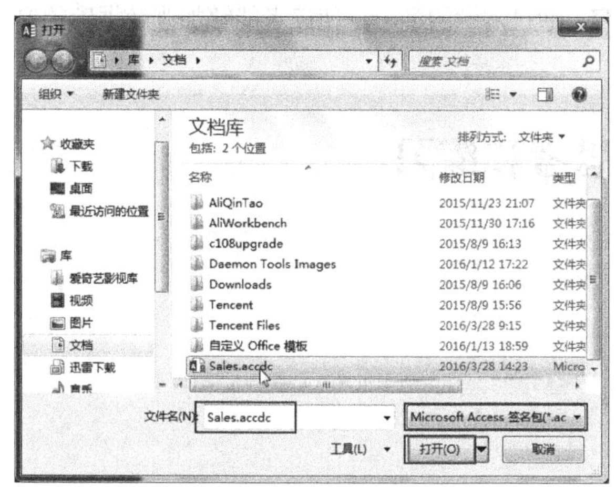

图 12-13　【打开】对话框

图 12-14　【Microsoft Access 安全声明】对话框

(3) 单击【信任来自发布者的所有内容】按钮或者【打开】按钮，都将弹出【将数据库提取到】对话框，如图 12-15 所示。

图 12-15　【将数据库提取到】对话框

(4) 为提取的数据库选择一个位置，然后在【文件名】文本框中为提取的数据库输入其他名称，单击【确定】按钮即可提取出数据库。

12.4 本章小结

数据库安全是保证数据不被篡改、机密数据不被泄漏的重要机制，本章重点介绍了数据库安全与管理相关的知识。首先介绍的是数据库的压缩与备份；然后介绍了 Access 的安全机制，如何对数据库进行加密和解密操作；最后介绍了数据库的打包与签署，包括对数据库进行数字签名和从签名包中提取数据库等内容。通过本章的学习，使读者能够加强数据库的安全管理，提高自己的安全意识。

12.5 思考和练习

12.5.1 思考题

1. 如何压缩数据库？
2. 简述备份和还原数据库的方法与步骤。
3. 如何为数据库设置密码？
4. 如何打包和签署数据库？

12.5.2 练习题

1. 加密自己的 Access 数据库。

2. 百度搜索一个免费的个人数字证书提供方，在线申请一个免费的个人数字证书。使用刚申请的数字证书打包并签署一个 Access 数据库。

第13章　网上商城订单管理系统

本章将综合应用全书所学的知识，创建一个基于 Access 2013 数据库的网上商城订单管理系统，使读者巩固所学内容，熟练应用各种技能，大致了解订单管理系统的业务模块，掌握 Access 2013 开发数据库应用系统的一般步骤和方法。

本章的学习目标：

- 理解数据库系统的需求分析与设计
- 掌握数据实体的分析与设计
- 掌握各类数据库对象的创建
- 了解自动运行宏的创建
- 熟悉 VBA 代码的调试与运行

13.1　系统分析与设计

在开发一个应用程序之前，需要先对该应用程序进行分析设计，包括需求分析、系统的功能设计、数据库设计等方面，下面将分别进行介绍。

13.1.1　需求分析

随着互联网和社会信息化的发展，网上购物已经越来越方便，让更多的上班族省却了逛街购物的时间，足不出户即可买到任何所需的商品。

网上商城订单管理系统作为网上商城的后台数据库系统，主要为了方便商城管理人员准确有效地管理客户资料，维护和跟踪客户订单，进而能够清晰地掌握客户的购物偏好、挖掘客户的潜在需求，为客户提供更好的购物体验，同时也能为商城创造更多的商业价值。

网上商城订单管理系统将所有的客户信息和客户订单信息数字化，使商城管理人员可以从原来烦琐的客户关系管理工作中解脱出来，提高工作效率和管理水平，从而可以大大降低商城的运营成本。通过本系统，可以对客户和商品信息进行管理，查询和跟踪每个客户的订单及订单明细信息，打印订单明细等。

具体来讲，该系统应该能满足以下几个方面的需求。

- 客户资料维护：记录客户信息，查看和维护客户资料。
- 商品管理：记录商品信息，查询和修改商品属性，更新库存信息等。
- 订单管理：生成订单与订单明细，查询客户订单，跟踪订单状态，打印订单等。
- 报表管理：生成报表，包括客户资料报表、商品销售报表、客户订单报表等。

13.1.2　功能设计

根据前面的需求分析，可以将客户订单管理系统的功能划分为如下几个模块。

- 登录模块：出于安全考虑，只有经过身份认证的用户才可以登录该系统，查看并修改数据库中的各种信息。在该模块中，通过登录窗体实现对用户身份的认证。
- 客户资料管理模块：客户资料是系统的核心，在该模块中，可以查询客户信息，同时可以添加新的客户信息、编辑和删除客户信息等。
- 商品管理模块：该模块主要管理产品信息，包括增加产品信息、修改产品属性和更新产品的库存信息等。
- 订单管理模块：订单管理是本系统的另一个重要模块。在该模块中，可以为客户生成订单、查询客户订单、查看订单明细、修改订单以及打印订单等。
- 报表管理模块：该模块的功能包括生成“未处理订单”报表、“客户订单明细”报表、“客户资料”报表、“商品月销售”报表等。

13.1.3　数据库设计

明确系统功能后，接下来就是要设计合理的数据库。数据库设计最重要的就是数据表结构的设计。数据表作为数据库中其他对象的数据源，表结构设计的好坏直接影响到数据库的性能，也直接影响整个系统设计的复杂程度，因此，表的设计既要满足需求，又要具有良好的结构。

1. 登录模块

本系统是供网上商城管理员管理和查看用户及订单信息的，要求验证用户身份，只有经过认证的用户才可以使用，因此，需要每个管理员都有自己的登录名和密码，为此我们创建一个管理员表 Managers，该表只需包含登录名和密码即可，字段结构如表 13-1 所示。

表 13-1　“管理员”表

字段名	数据类型	字段大小	必填字段	说 明
MID	自动编号	长整型	是	主键
Mname	短文本	20	是	登录名
Mpwd	短文本	50	是	密码　【输入掩码】属性为【密码】

2. 客户资料管理模块

客户资料管理模块涉及的数据库实体是“客户”，所以需要创建一个客户表 Customers 用于存放客户的基本信息，包括客户姓名、性别、联系电话、生日、联系地址和 E-mail 等，字段结构如表 13-2 所示。

表 13-2　“客户”表字段结构

字段名	数据类型	字段大小	必填字段	说 明
CID	自动编号	长整型	是	主键
Custname	短文本	50	是	客户名

(续表)

字段名	数据类型	字段大小	必填字段	说 明
CustGender	短文本	2	否	性别
CustPhone	短文本	20	是	联系电话
CustBirth	日期/时间	短日期	否	生日
CustAddr	短文本	100	否	联系地址
Email	短文本	50	否	E-mail

3. 商品管理模块

商品管理模块涉及的数据库实体是“商品”，为了方便管理和查询商品信息，需要对商品进行分类，所以需要创建商品表 Products 和商品类别表 Category，其字段结构如表 13-3 和表 13-4 所示。

表 13-3　“商品”表字段结构

字段名	数据类型	字段大小	必填字段	说 明
PID	自动编号	长整型	是	主键
CategoryID	短文本	10	是	商品类别，外键
ProdNo	短文本	20	是	商品编号
ProdName	短文本	50	是	商品名称
ProdDesc	长文本	--	否	商品简介
UnitCost	货币	--	是	单价
ProdCount	数字	--	是	库存量

表 13-4　“商品类别”表字段结构

字段名	数据类型	字段大小	必填字段	说 明
CategoryID	短文本	10	是	商品类别编号　主键
CategoryName	短文本	50	是	商品类别描述

4. 订单管理模块

订单管理模块涉及的数据库实体是“订单”和“订单明细”，订单表 Orders 包括订单编号、客户编号、下单时间、订单状态与发货时间等信息；订单明细表 OrderDetails 包括订单 ID、产品 ID、产品数量、单价等信息。订单表 Orders 与订单明细表 OrderDetails 之间是一对多的关系。其字段结构如表 13-5 和表 13-6 所示。

表 13-5　“订单”表字段结构

字段名	数据类型	字段大小	必填字段	说 明
OID	自动编号	长整型	是	主键
CID	数字	长整型	是	客户编号，外键
OrderDate	日期/时间	--	是	下单时间

(续表)

字段名	数据类型	字段大小	必填字段	说 明
OrderStatus	数字	整型	是	订单状态 0：未处理 1：已发货 2：已撤单 3：已签收
ShipDate	日期/时间	--	否	发货时间
ReceiveDate	日期/时间	--	否	签收时间

表 13-6　“订单明细”表字段结构

字段名	数据类型	字段大小	必填字段	说 明
OID	数字	长整型	是	订单编号 联合主键 外键
PID	数字	长整型	是	商品编号 联合主键 外键
Quantity	数字	整型	是	该商品的数量
Cost	货币	--	是	该订单中该商品的总价

报表管理模块主要是生成一些报表，所以不涉及新的数据库实体。通过上述分析，本系统一共需要创建 6 张表，下一节开始将介绍该订单管理系统的具体实现过程。

13.2　系统实现

实现数据库系统的基本步骤是：创建数据库→创建表→创建查询→创建窗体→创建报表→添加 VBA 代码→创建 AutoExec 宏。

13.2.1　创建空白数据库

明确了系统中的所有数据实体后，就可以开始数据表字段的详细设计了。在设计数据表之前，需要先建立一个 Access 数据库。

下面将新建一个名为“CustOrder.accdb”的空白数据库，具体操作步骤如下。

(1) 启动 Access 2013，在【文件】功能区选项卡中选择【新建】选项，然后单击【空白桌面数据库】模板。

(2) 在弹出的对话框中，输入文件名 CustOrder.accdb，并为其指定存储路径。

(3) 单击【创建】按钮，系统将创建空白数据库，并自动创建一个名为【表 1】的空白数据库。

13.2.2　创建数据表

创建好数据库之后，就可以根据表 13-1~表 13-6 所示创建数据表了。

1. 创建表

启动 Access 2013，打开 CustOrder.accdb 数据库，创建前面设计的 6 个数据表。

注意：

在创建 Customers 表时，因为 CustGender 字段只能输入“男”或者“女”，所以可以将其设置为查阅字段列。

订单明细表 OrderDetails 中是联合主键，在 Access 2013 中，为表创建联合主键的方法如下：按住 Ctrl 键，依次选择要设为主键的多个字段，然后单击【表格工具|设计】功能区选项卡中的【主键】按钮，或者右击，从弹出的快捷菜单中选择【主键】命令即可。

2. 建立表间关系

在完成数据表各字段的创建后，需要创建这些数据表之间的关系，具体操作步骤如下。

(1) 启动 Access 2013，打开 CustOrder.accdb 数据库。

(2) 切换到【数据库工具】功能区选项卡，单击【关系】组中的【关系】按钮，打开数据库的【关系】视图。系统将自动打开【显示表】对话框。

(3) 在【显示表】对话框中选择除 Managers 表之外的其他所有数据表，单击【添加】按钮，将数据表添加进【关系】视图，然后单击【关闭】按钮关闭【显示表】对话框。

(4) 首先设置 Products 和 Category 表的关系，每个产品只能归属到一个类别，即二者是“一对多”的关系，拖动 Products 表中的 CategoryID 字段到 Category 表的 CategoryID 字段上，即可打开【编辑关系】对话框，如图 13-1 所示，选中其中的【实施参照完整性】复选框。

(5) 类似地，创建 Customers 和 Orders 表之间的关系，二者之间也是“一对多”的关系，即一个客户可以有多个订单，而每一个订单只能属于一个客户；Orders 和 OrderDetails 表之间也是“一对多”的关系；OrderDetails 和 Products 表之间也是“一对多”的关系。

(6) 创建完成的表【关系】如图 13-2 所示，单击功能区中的【关闭】按钮，系统弹出提示保存布局的对话框，单击【是】按钮，保存【关系】视图的更改。

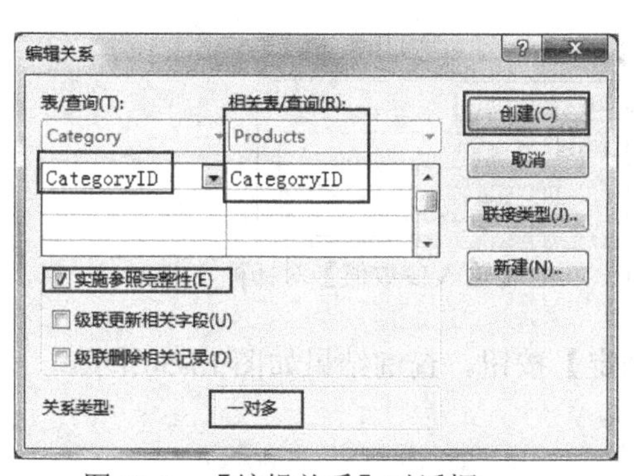

图 13-1　【编辑关系】对话框

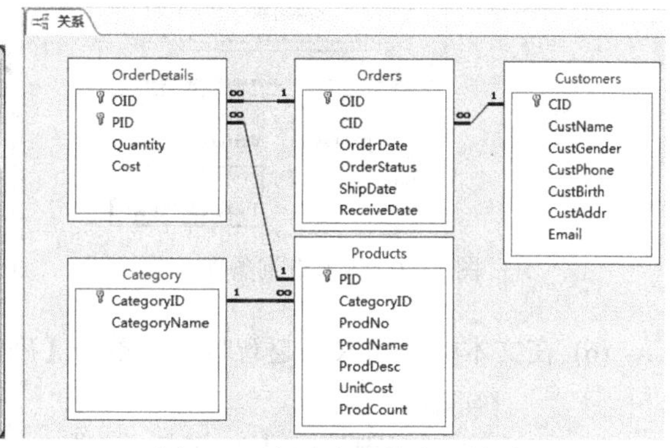

图 13-2　创建完成的表【关系】视图

3. 添加数据

创建完所有的表之后，需要手动输入商品类别信息和管理员信息。因为在设计时，我们没有为这些信息的修改提供交互界面。打开 Category 和 Managers 表的数据表视图，直接输入一些测试数据即可，Category 表中的数据还可以在系统创建完成后进一步添加和修改，Managers 中则至少要输入一条记录(如可输入一条 Mname 和 Mpwd 均为 admin 的管理员信息)，且必须要牢记用户名和密码，以方便我们能够成功登录系统。

13.2.3 创建查询

为了便于用户工作，可以把经常使用的操作保存为查询，以简化操作。

1. 按姓名查询客户

按姓名查询客户是指根据用户输入的【客户姓名】进行查找，所以需要创建一个参数查询。具体操作步骤如下。

(1) 启动 Access 2013，打开 CustOrder.accdb 数据库。

(2) 打开【创建】功能区选项卡，单击【查询】组中的【查询设计】按钮。打开查询的【设计视图】，同时打开【显示表】对话框。

(3) 在【显示表】对话框中选择 Customers 表，单击【添加】按钮将其添加到表/查询显示区，单击【关闭】按钮关闭【显示表】对话框。

(4) 将字段【*】拖入查询设计区中，表示该查询返回表中的所有字段，接着添加一列，设置【字段】为 CustName，并取消选中该字段【显示】行对应的复选框，在【条件】行中输入“[请输入客户姓名：]”，如图 13-3 所示。

(5) 单击【查询工具|设计】选项卡中的【运行】按钮，将打开【输入参数值】对话框，如图 13-4 所示。

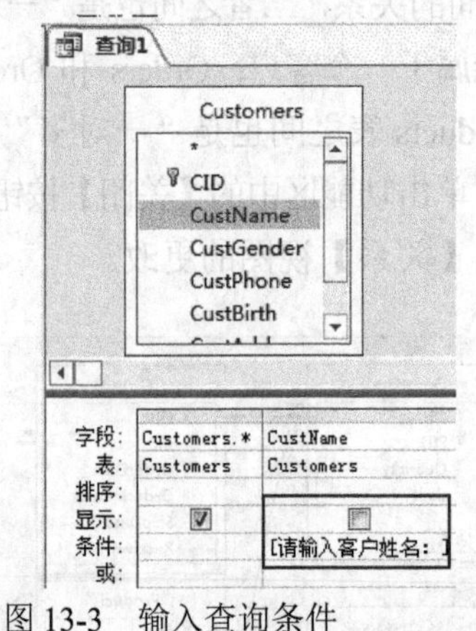

图 13-3 输入查询条件

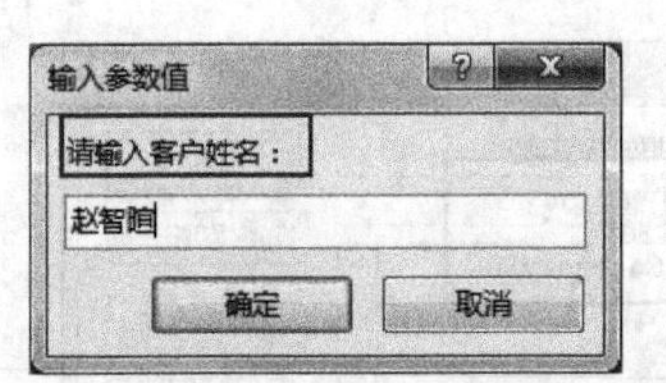

图 13-4 【输入参数值】对话框

(6) 在文本框中输入“赵智暄”，单击【确定】按钮。查询结果如图 13-5 所示。

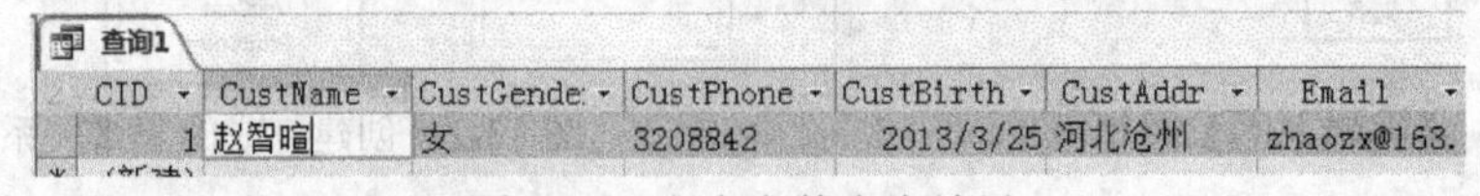

图 13-5 文本参数查询结果

(7) 单击快速访问工具栏中的【保存】按钮，打开【另存为】对话框，在【查询名称】文本框中输入查询名称“按姓名查询客户”，单击【确定】按钮完成保存。

2. 查询指定客户的订单

查询指定客户的订单也是一个参数查询，要求按用户输入的【客户姓名】进行查找，找到该用户所有的订单信息。具体操作步骤如下。

(1) 启动 Access 2013，打开 CustOrder.accdb 数据库。

(2) 切换到【创建】功能区选项卡，单击【查询】组中的【查询设计】按钮进入查询的【设计视图】，系统打开【显示表】对话框。

(3) 将 Customers 和 Orders 表添加到查询的【设计视图】中。

(4) 添加查询字段。第 1 列为 Customers 表的 CustName 字段，第 2 列为 Orders 表的*字段，第 3 列为排序字段 Order.OrderDate。在第 1 列的【条件】行中输入“[请输入客户姓名：]”，在第 3 列的【排序】行选择“降序”，并取消【显示】行的复选框，如图 13-6 所示。

(5) 单击快速访问工具栏中的【保存】按钮，将查询保存为【查询客户订单】。

(6) 单击上下文功能区【查询工具|设计】选项卡中的【运行】按钮，将打开【输入参数值】对话框。在【请输入客户姓名】文本框中输入客户姓名，单击【确定】按钮即可查询出该客户的所有订单信息。

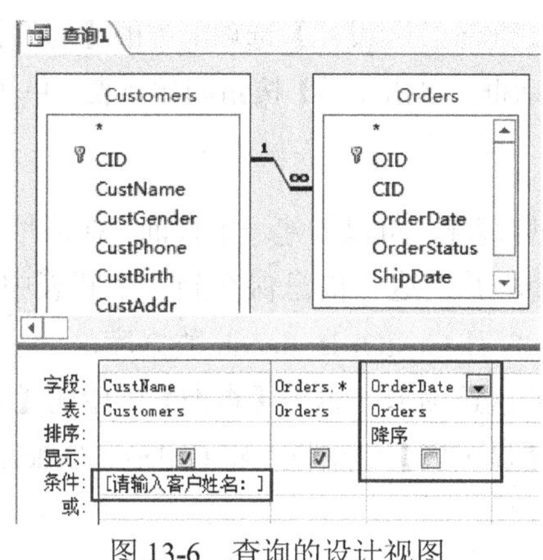

图 13-6　查询的设计视图

3. 查询“未处理订单”

“未处理订单”是指订单的状态为 0(未处理)的订单，通常是新生成的订单，尚未发货给客户。为了方便查询和处理这类订单，需要创建一个生成表查询，将这类订单信息保存到一个新表 NewOrder 中。

(1) 启动 Access 2013，打开 CustOrder.accdb 数据库。

(2) 切换到【创建】功能区选项卡，单击【查询】组中的【查询设计】按钮，进入查询的【设计视图】，系统打开【显示表】对话框。将 Orders、OrderDetails 和 Products 表添加到查询的【设计视图】中。

(3) 添加查询字段。将 Orders 表的*字段添加到下方的查询字段中，然后添加 Products 表的 ProdName 字段、OrderDetails 表的 Quantity 和 Cost 字段，最后再添加一列 Orders 表的 OrderStatus 字段，该字段作为查询的筛选条件，在对应的【条件】行中输入 0，并取消选中【显示】行的复选框，此时，查询的设计视图如图 13-7 所示。

(4) 切换到功能区的【查询工具|设计】选项卡，单击【查询类型】组中的【生成表】按钮，打开【生成表】对话框，如图 13-8 所示。在【表名称】文本框中输入要新建的数据表名

称 NewOrder，单击【确定】按钮。

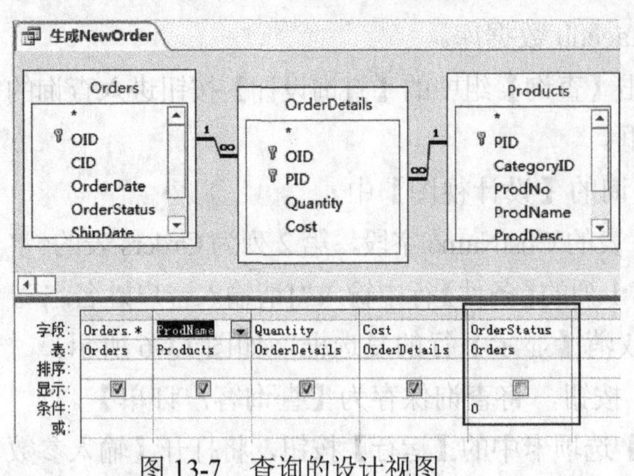

图 13-7 查询的设计视图

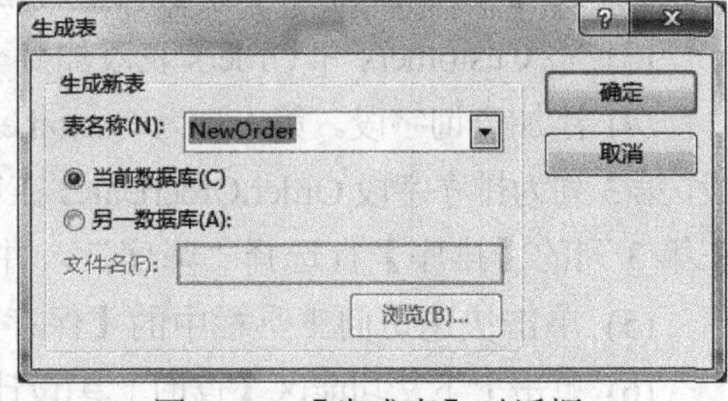

图 13-8 【生成表】对话框

(5) 单击快速访问工具栏中的【保存】按钮，将查询保存为【生成 NewOrder】。

(6) 单击上下文功能区【查询工具|设计】选项卡中的【运行】按钮，运行该查询，执行中会出现相应生成表提示对话框，单击【是】按钮创建新表，单击【否】按钮取消创建新表。

4. 查询商品月销售量

为了了解每件商品的销售情况，可以创建一个查询，在每月月底的时候执行该查询，看看每件商品当月的销售总量，并把这一信息保存到一个新表中。

(1) 启动 Access 2013，打开 CustOrder.accdb 数据库。

(2) 切换到【创建】功能区选项卡，单击【查询】组中的【查询设计】按钮，进入查询的【设计视图】，系统打开【显示表】对话框。将 Orders、OrderDetails 和 Products 表添加到查询的【设计视图】中。

(3) 添加查询字段。将 Products 表的 ProdNo 和 ProdName 字段条件到下方的查询字段中，然后添加 OrderDetails 表的 PID、Quantity 和 Cost 字段。

(4) 单击【查询工具|设计】功能区选项卡中的【汇总】按钮，添加【总计】行，将 Quantity 和 Cost 字段对应的【总计】行选择【合计】选项，然后修改这两个字段对应的【字段】行中的文本为“销售量: Quantity”和“销售额: Cost”。

(5) 接着，添加 3 个条件字段。因为要汇总的是当月的销售情况，所以查询用到的条件为 Order.OrderDate 对应的年份和月份与当前日期相等。在【字段】行中输入“Year([Orders].[OrderDate])”表示取订单日期的年份，【总计】行选择 Where 选项，【条件】行输入“Year(Now())”表示取当前日期的年份；类似地，在下一个空白列表中取订单日期的月份与当前日期的月份比较；第 3 个查询条件是订单状态，因为有可能有撤单的订单，所以在统计销售量时，需要过滤这类订单。

(6) 上面的 3 个查询条件对应的【显示】行，需要取消选中复选框，此时，查询的设计视图如图 13-9 所示。

(7) 切换到功能区的【查询工具|设计】选项卡，单击【查询类型】组中的【生成表】按钮，打开【生成表】对话框，在【表名称】文本框中输入要新建的数据表名称“商品月销售总量”，单击【确定】按钮。

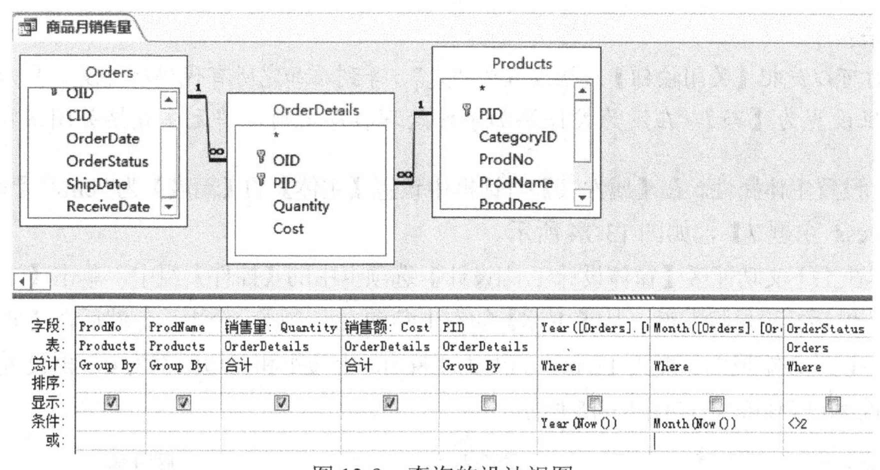

图 13-9　查询的设计视图

(8) 单击快速访问工具栏中的【保存】按钮，将查询保存为“商品月销售量”。

(9) 单击上下文功能区【查询工具|设计】选项卡中的【运行】按钮，运行该查询，执行中会出现相应生成表提示对话框，如图 13-10 所示，单击【是】按钮创建新表，单击【否】按钮取消创建新表。

(10) 执行后，可以在【导航窗格】中找到新生成的表“商品月销售总量”，双击可查看表的数据表视图，如图 13-11 所示。

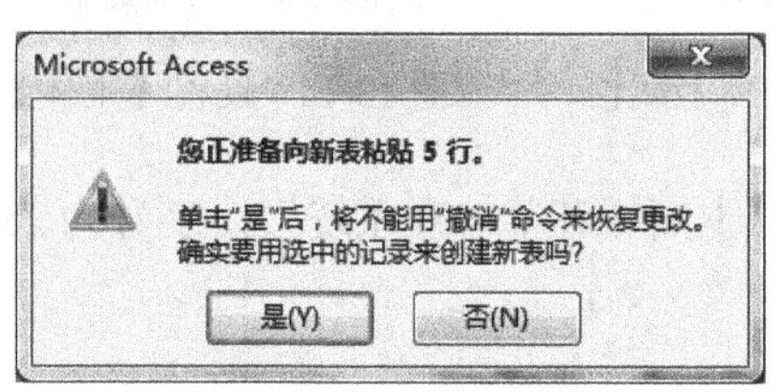

图 13-10　提示生成新表

商品月销售量　商品月销售总量

ProdNo	ProdName	销售量	销售额
1001	签字笔(黑)	2	¥9.00
1002	签字笔(蓝)	46	¥130.00
2001	康师傅方便面	2	¥6.00
2002	奥利奥	21	¥95.00
2003	好吃点	11	¥100.00

图 13-11　“商品月销售总量”表中的记录

13.2.4　创建窗体

窗体是联系数据库与用户的桥梁。使用窗体，可以方便地输入数据、编辑数据、查询或筛选数据，使数据库的功能变得更丰富、更具有操作性。

1. “登录”窗体

“登录”窗体是登录模块的核心。设计一个既友好又美观的“登录”窗体，是非常必要的。其具体的创建步骤如下。

(1) 启动 Access 2013，打开 CustOrder.accdb 数据库。

(2) 使用窗体的【设计视图】新建一个窗体。

(3) 设置窗体的大小。打开【属性表】对话框，切换到【格式】选项卡，设置窗体的【宽度】为 12cm，如图 13-12 所示。

(4) 设置窗体的【最大最小化按钮】属性为“无”，【关闭按钮】属性为“否”，即既不能使用最大化和最小化按钮，也不能关闭该窗体，如图 13-13 所示。

提示：

此时可以先把【关闭按钮】属性设置为“是”，等到添加完所有代码后再设置其为“否”，因为一旦设置为【否】，在没为控件添加事件处理程序之前，将无法直接关闭该窗体。

(5) 设置主体属性。在【属性表】对话框中设置【主体】的【高度】为7cm，【背景色】为【Access 主题 7】，如图 13-14 所示。

(6) 在上下文功能区【窗体设计工具|设计】选项卡中的【控件】组中，单击【矩形】控件按钮，然后按下鼠标左键，从【主体】的左上角向右下方画一个矩形，然后在【属性表】对话框中设置该矩形的宽度为 12cm，高度为 1.8cm，上边距和左边距都为 0，再设置【背景色】属性为#FFB300，如图 13-15 所示。

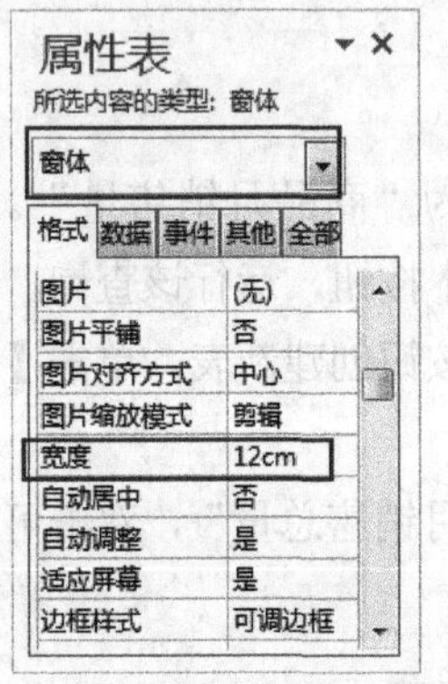

图 13-12　设置【窗体】宽度

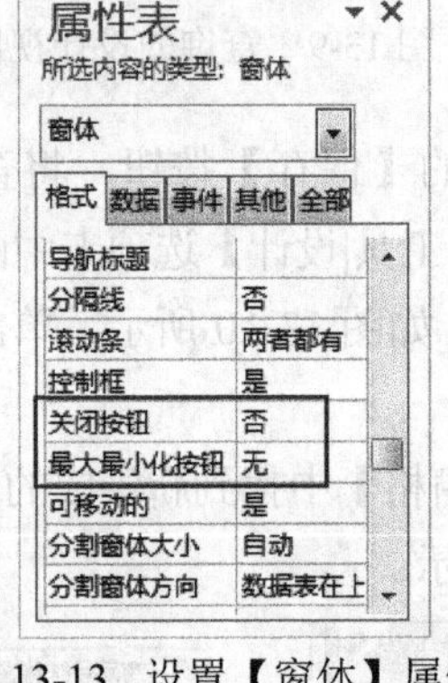

图 13-13　设置【窗体】属性

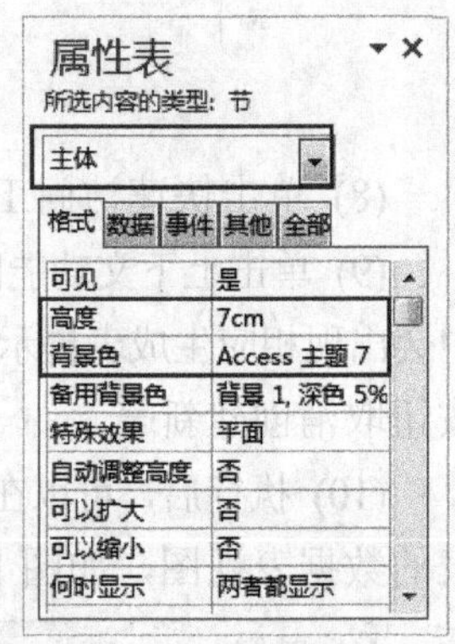

图 13-14　设置【主体】属性

(7) 在矩形上再添加一个标签控件，内容为“网上商城订单管理系统”，字号为 28，效果如图 13-16 所示。

图 13-15　矩形控件的属性设置

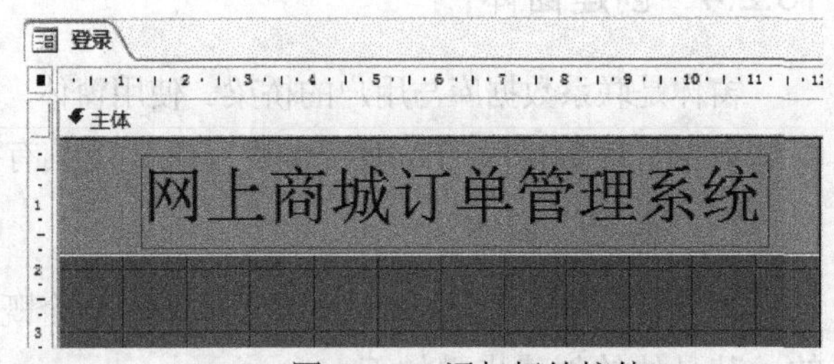

图 13-16　添加标签控件

(8) 添加一个【组合框】控件，添加时将打开【组合框向导】对话框，如图 13-17 所示，向导的第一步是选择组合框获取其数值的方式，本例选中【使用组合框获取其他表或查询中的值】单选按钮。

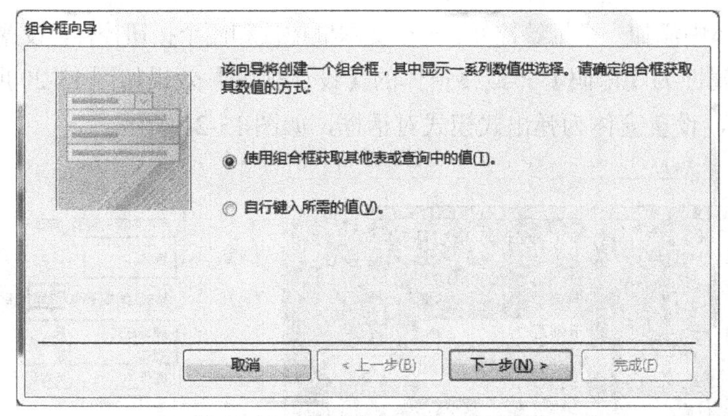

图 13-17　【组合框向导】对话框

(9) 单击【下一步】按钮，选择【表：Managers】作为数据源，如图 13-18 所示。

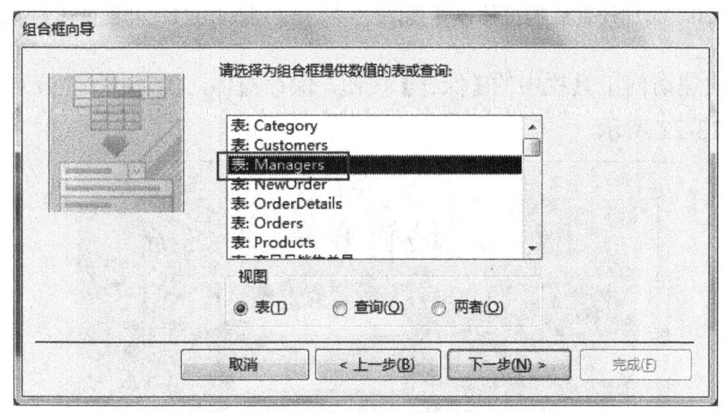

图 13-18　选择数据源

(10) 单击【下一步】按钮，选择 MName 字段作为【组合框】中的列，如图 13-19 所示。

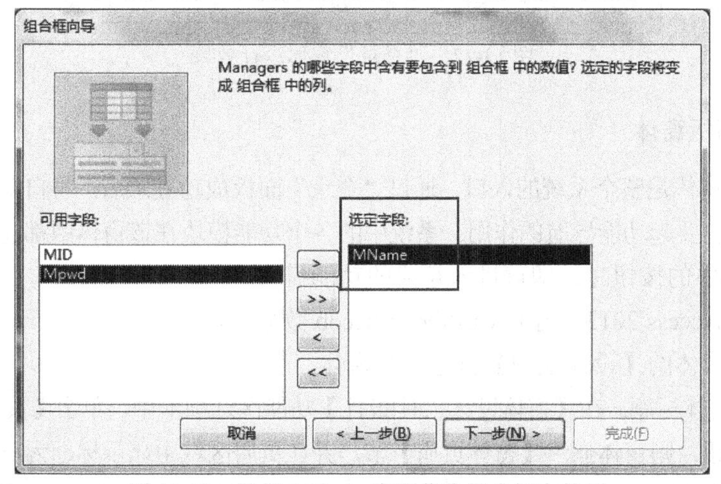

图 13-19　选择 MName 字段作为组合框中的列

(11) 单击【下一步】按钮，设置排序次序，继续单击【下一步】按钮，指定组合框中列的宽度，单击【完成】按钮完成组合框的添加。

(12) 向窗体中添加一个标签控件、一个文本框控件和两个按钮控件，设置文本框控件的【输入掩码】属性为【密码】。最终窗体的【设计视图】效果如图 13-20 所示。

(13) 最后，设置窗体为弹出式模式对话框，如图 13-21 所示。

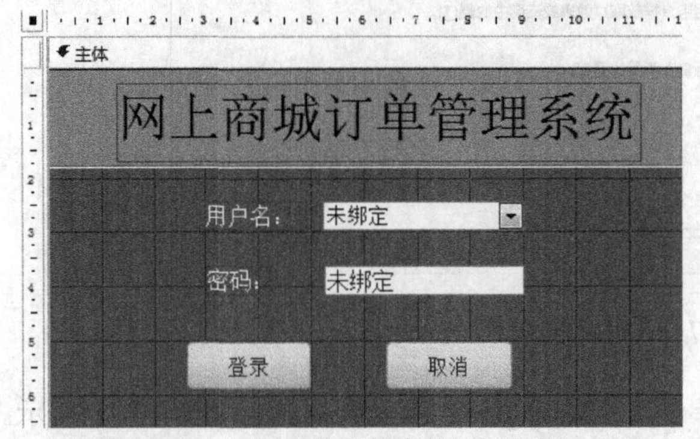

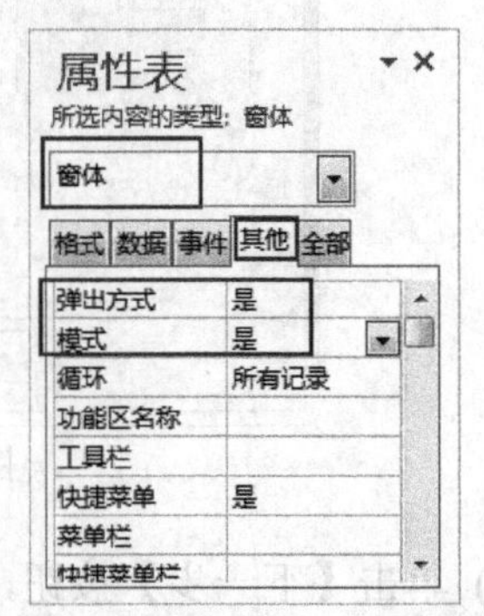

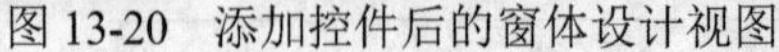

图 13-20　添加控件后的窗体设计视图　　　　图 13-21　设置窗体为弹出式模式对话框

(14) 单击快速访问工具栏中的【保存】按钮，保存窗体，就完成了“登录”窗体的创建。最终效果如图 13-22 所示。

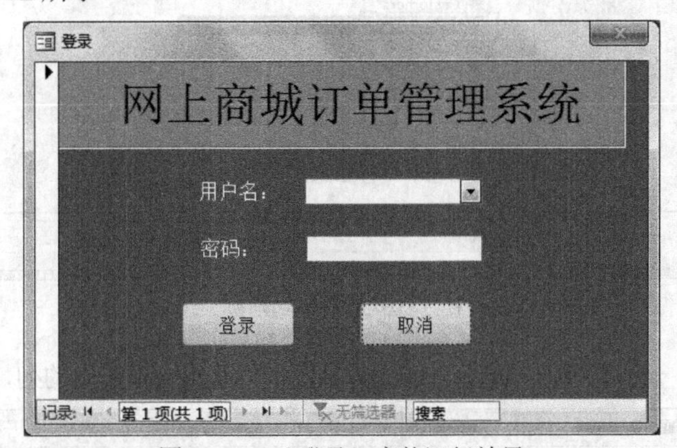

图 13-22　“登录”窗体运行效果

2. 切换面板窗体

切换面板窗体是整个系统的入口，通过“登录”面板成功登录后，将自动打开切换面板窗体，该窗体主要起功能导航的作用。系统中的各个功能模块在该窗体中都建立链接，当用户单击该窗体中的按钮时，即可进入相应的功能模块。

(1) 启动 Access 2013，打开 CustOrder.accdb 数据库。

(2) 使用窗体的【设计视图】新建一个窗体。

(3) 添加窗体标题。在【窗体设计工具|设计】功能区选项卡中，单击【页眉/页脚】组中的【标题】按钮，则窗体显示【窗体页眉】节，并在页眉区域中显示标题为可编辑状态。将窗体标题更改为“网上商城订单管理系统”，并通过【属性表】窗格设置字号为 24，效果如图 13-23 所示。

(4) 添加系统 LOGO。在【窗体设计工具|设计】功能区选项卡中，单击【徽标】按钮，弹出选择徽标的【插入图片】对话框。选择一张图片作为 LOGO，可根据图片大小调整徽标

的大小和缩放方式，最终结果如图 13-24 所示。

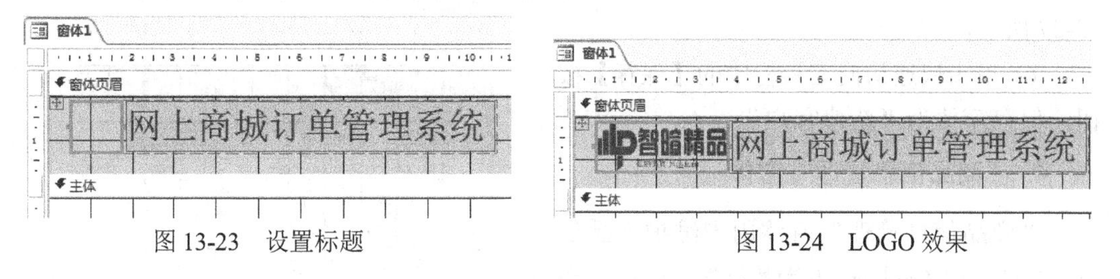

图 13-23　设置标题　　　　　　　　　　图 13-24　LOGO 效果

(5) 设置主体背景颜色。在主体区域中右击，从弹出的快捷菜单中选择【填充/背景色】命令，弹出如图 13-25 所示的选项，在颜色块中选择一种与窗体页眉颜色相近的色块作为主体背景色。

(6) 向窗体中添加 10 个按钮控件，分别设置按钮控件的【标题】属性为“新建客户”“查询客户”“商品信息管理”“商品月销售情况”“新建订单”“未处理订单”“客户信息报表”“订单明细报表”“商品销售报表”和“退出系统”，此时暂不设计按钮控件的事件过程，设计完成的切换面板窗体如图 13-26 所示。

(7) 单击快速访问工具栏中的【保存】按钮，将窗体保存为“主窗体”。

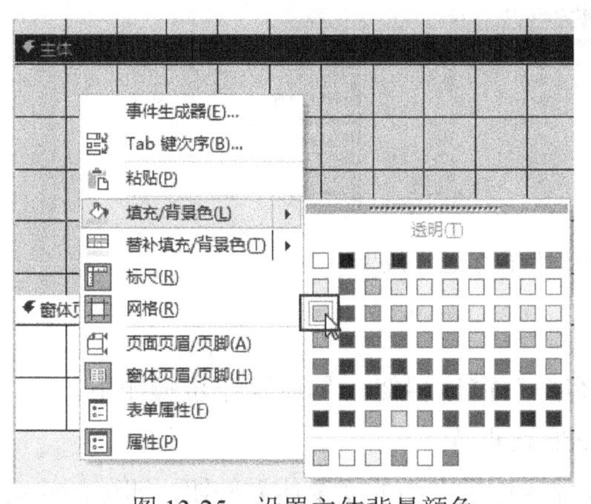

图 13-25　设置主体背景颜色

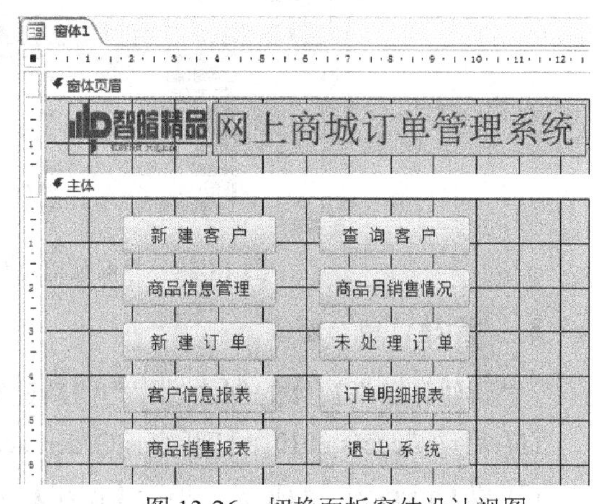

图 13-26　切换面板窗体设计视图

3. “新建客户”窗体

该窗体的主要功能是在新建客户时，实现客户资料的输入工作。具体的操作步骤如下。

(1) 启动 Access 2013，打开 CustOrder.accdb 数据库。

(2) 选择 Customers 表作为数据源，切换到【创建】功能区选项卡，单击【窗体】组中的【窗体】按钮，即可创建客户窗体。

(3) 由于 Customers 和 Orders 表之间存在“一对多”的关系，所以默认创建的窗体包含一个 Orders 子窗体，本例中不需要子窗体，可以切换到窗体的【设计视图】，删除子窗体部分。

(4) 修改标题。窗体的标题默认为表名 Customers，选中标题后，单击变为可编辑状态，将其修改为“新建客户”。

(5) 由于 CID 是自动编号类型，所以新建客户时不需要输入该信息，在主体部分删除该字段对应的文本框控件，最终的设计视图如图 13-27 所示。

(6) 单击快速访问工具栏中的【保存】按钮，保存窗体为“新建客户”。

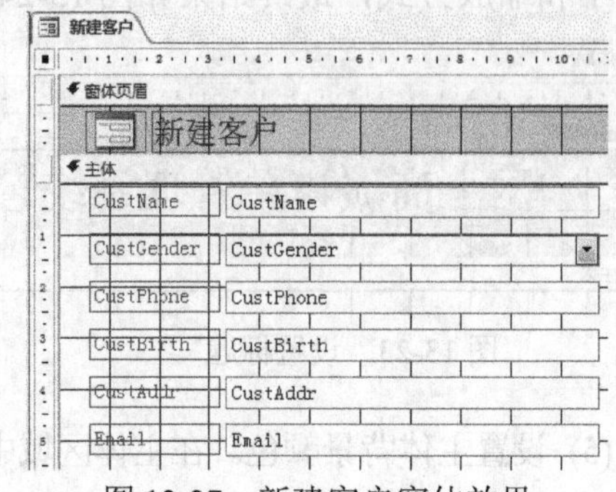

图 13-27　新建客户窗体效果

4. “商品信息管理”窗体

“商品信息管理”窗体用于维护产品信息，为此，以 Products 表为数据源，创建一个【分割窗体】，将窗体保存为“商品信息管理”。

切换到窗体的设计视图，修改窗体的标题为“商品信息管理”。窗体的最终运行效果如图 13-28 所示。

商品信息管理

PID	1	ProdName	签字笔(黑)
CategoryID	1	UnitCost	¥4.50
ProdNo	1001	ProdCount	2000
ProdDesc	黑色签字笔		

PID	ProdName	CategoryI	UnitCost	ProdNo	ProdCount	ProdDesc
1	签字笔(黑)	1	¥4.50	1001	2000	黑色签字笔
2	签字笔(蓝)	1	¥4.50	1002	2500	蓝色签字笔
3	康师傅方便面	2	¥3.00	2001	500	康师傅方便面
4	奥利奥	2	¥4.20	2002	2100	奥利奥饼干
5	好吃点	2	¥4.50	2003	3400	好吃点甜点
6	芬达2L	3	¥6.00	3001	4000	2L芬达
7	旺仔牛奶	3	¥3.50	3002	8000	旺仔牛奶
8	果粒橙 1.5L	3	¥5.00	3003	20000	果粒橙大瓶
(新建)			¥0.00		0	

图 13-28　“商品信息管理”窗体运行效果

5. “新建订单”窗体

“新建订单”窗体的创建过程与“新建客户”窗体相似，具体操作步骤如下。

(1) 启动 Access 2013，打开 CustOrder. accdb 数据库。

(2) 以 Orders 表为数据源，单击【创建】功能区选项卡中的【窗体】按钮，即可创建窗体，这里创建的窗体也是一个主子窗体，这里保留子窗体。

(3) 单击快速访问工具栏中的【保存】按钮，将其保存为“新建订单”。

(4) 切换到窗体的设计视图，修改窗体的标题为“新建订单”。

(5) 在主体节中，删除自动编号字段 OID 对应的文本框控件。

(6) 为了让操作人员一看就知道下面的子窗体是订单明细，在子窗体控件的上方添加一个标签控件，并设置标签控件的标题为“订单明细：”，字体设置为红色，并加粗显示。

(7) 窗体的最终运行效果如图 13-29 所示。

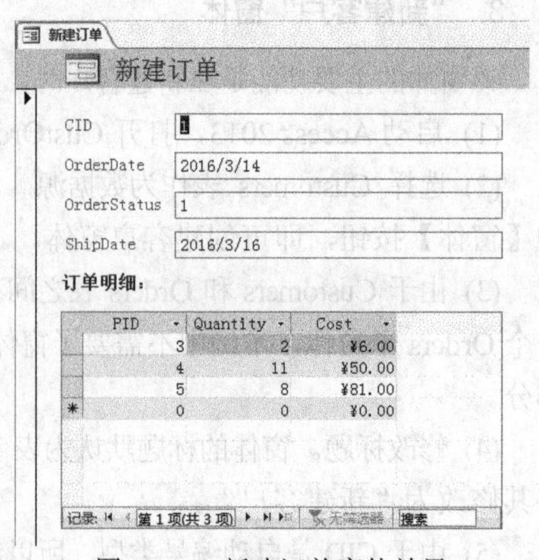

图 13-29　新建订单窗体效果

13.2.5　创建报表

Access 2013 提供了强大的报表功能，通过报表可以将需要的信息进行打印输出。本系统中将创建 4 个报表：分别是未处理订单报表、客户信息报表、订单明细报表和商品销售报表。

1. “未处理订单”报表

未处理订单是前面创建的“未处理订单”查询创建的表 NewOrder，以该表为数据源创建的报表即为“未处理订单”报表。具体的创建步骤如下。

(1) 启动 Access 2013，打开 CustOrder.accdb 数据库。

(2) 在【导航窗格】中找到“未处理订单”查询，双击运行该查询，将把当前数据库中订单状态为“未处理”的订单查询出来，并创建新表 NewOrder。

(3) 选择 NewOrder 表作为数据源，单击【创建】选项卡下【报表】组中的【报表】按钮，即可创建报表。

(4) 切换到报表的【设计视图】，因为报表中不需要发货日期和签收日期，所以可以删除 ShipDate、ReceiveDate 字段对应的文本框控件。然后适当调整其他控件的大小，使其能够容纳字段内容。

(5) 修改报表的标题为“未处理订单报表”。

(6) 在 NewOrder 表中，保存的是订单明细，而通过该表创建的报表，默认是没有分组的，为了将同一订单下的多条记录显示在一起并汇总订单金额，我们需要添加分组。切换到功能区的【报表布局工具|设计】选项卡，单击【分组和排序】按钮，打开【分组、排序和汇总】任务窗格，单击其中的【添加组】按钮，在下拉列表中选择 OID 选项，此时将添加【OID 页眉】节，如图 13-30 所示。

(7) 选中【主体】节中的 OID 字段对应的文本框，按组合键 Ctrl+X 进行剪切，然后在【OID 页眉】节中单击空白处，按组合键 Ctrl+V，将剪切的文本框粘贴到此区域，如图 13-31 所示。

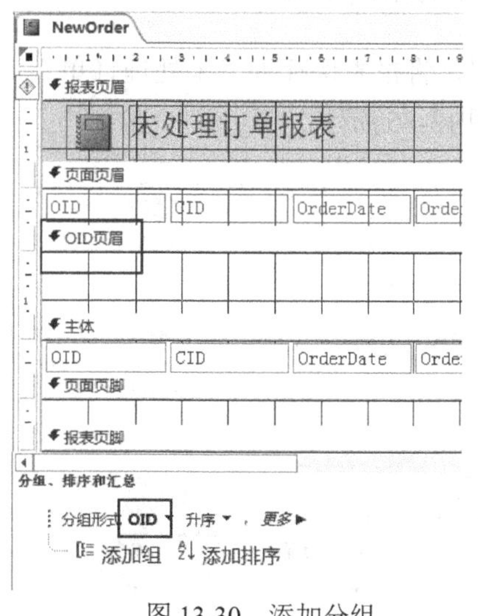

图 13-30　添加分组

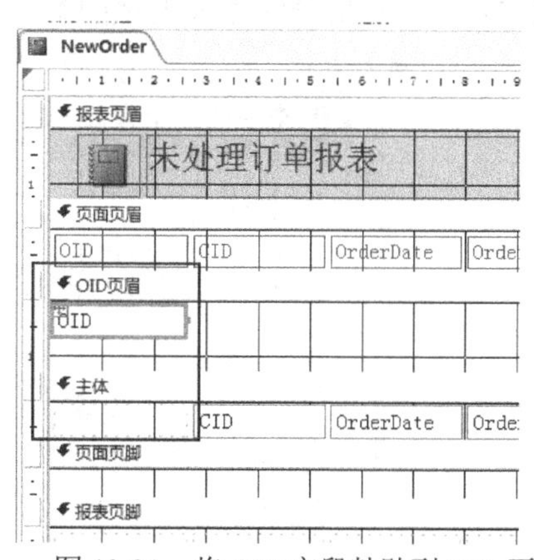

图 13-31　将 OID 字段粘贴到 OID 页眉节

(8) 接下来添加【OID 页脚】节。在【分组、排序和汇总】任务窗格中，单击 OID 分组后面的【更多】按钮，以显示更多选项，然后单击【无页脚节】后面的下拉按钮，从下拉列表中选择【有页脚节】选项，如图 13-32 所示。

图 13-32　添加分组的页脚节

(9) 此时，在【主体】节的下面将增加【OID 页脚】节，在【OID 页脚】节中，添加一个标签和一个文本框控件，并设置标签的标题为“订单金额：”，文本框的【控件来源】属性为“=Sum([Cost])”，即在【OID 页脚】节中汇总订单金额，如图 13-33 所示。

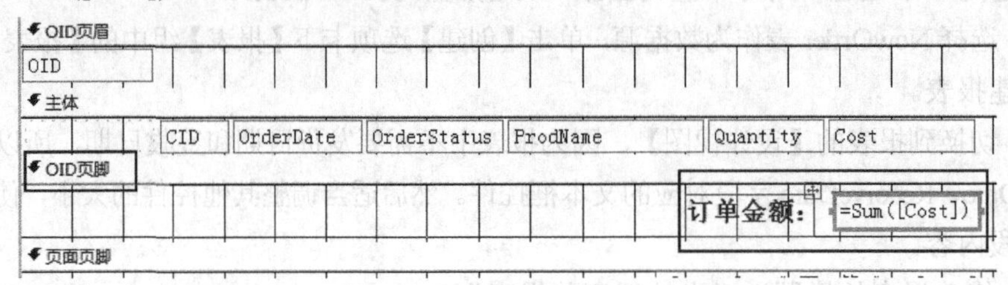

图 13-33　在【OID 页脚】节汇总订单金额

(10) 在【报表页脚】节默认有一个汇总 Cost 的文本框，可以在此文本框前面添加一个标签控件，提示这里是汇总金额，如图 13-34 所示。

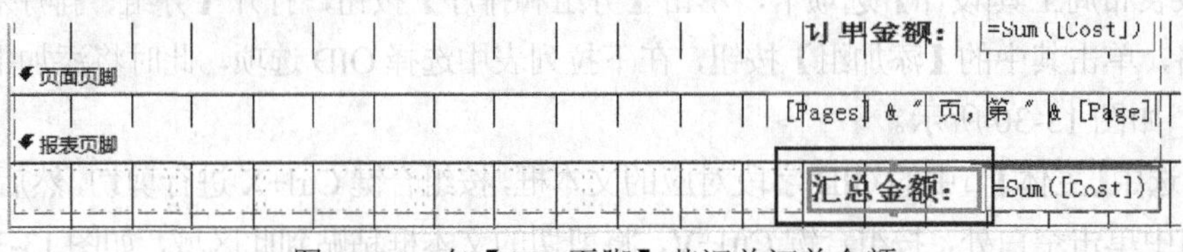

图 13-34　在【OID 页脚】节汇总订单金额

(11) 单击快速访问工具栏中的【保存】按钮，将报表保存为“未处理订单”。

(12) 切换到报表的【报表视图】，效果如图 13-35 所示。

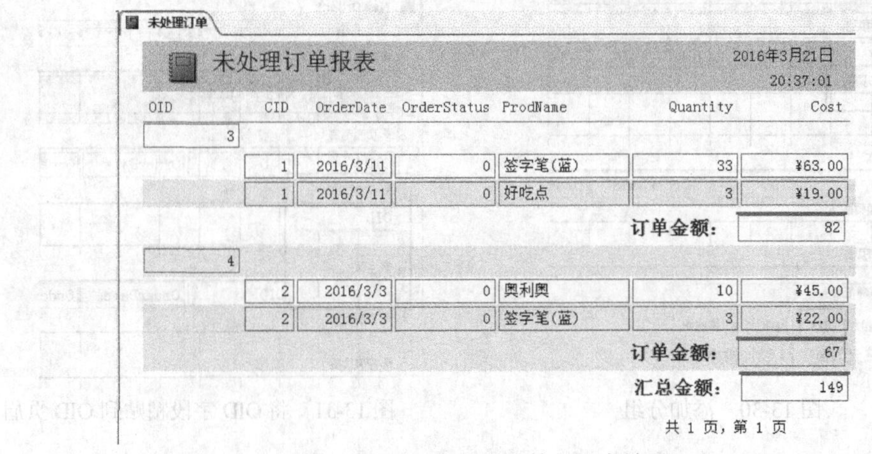

图 13-35　“未处理订单”报表效果

2. “客户信息”报表

客户信息报表是将全部客户信息以报表的形式呈现，方便网上商城管理人员打印输出，从而更方便地对客户进行回访。具体的创建步骤如下。

(1) 启动 Access 2013，打开 CustOrder.accdb 数据库。

(2) 在【导航窗格】中选择 Customers 表作为数据源，单击【创建】功能区选项卡中【报表】组中的【报表】按钮，即可创建报表。

(3) 切换到报表的设计视图，修改报表的标题为“客户信息报表”，适当调整控件的大小，使其能容纳字段内容。

(4) 单击快速访问工具栏中的【保存】按钮，将报表保存为“客户信息”。

(5) 切换到报表的【报表视图】或【打印预览】视图，查看报表效果，如图 13-36 所示。

客户信息

客户信息报表　　2016年3月21日 20:59:09

CID	CustName	CustGende	CustPhone	CustBirth	CustAddr	Email
1	赵智暄	女	3208842	2013/3/25	河北沧州	zhaozx@163.com
2	马兵	男	13390821231	1976/2/2	新疆乌鲁木齐	mbing@sina.com
3	李智诺	女	13574112545	2013/6/14	河北沧州	lizn@163.com
4	杨琦	男	13336092856	1979/12/11	浙江杭州	yqhz@icbc.com.cn
5	陆宏远	男	15101012577	1979/1/2	山东曲阜	longy@21cn.com
6	马玉芳	女	13987561236	1978/10/11	辽宁葫芦岛	pony@baidu.com
	6					

共 1 页，第 1 页

图 13-36　“客户信息”报表效果

3. “订单明细”报表

订单明细是按客户分组显示该客户的所有订单信息，包括已发货的、已签收的以及未处理的和已撤单的所有订单和明细。其具体的创建步骤如下。

(1) 启动 Access 2013，打开 CustOrder.accdb 数据库。

(2) 单击【创建】功能区选项卡中【报表】组中的【报表向导】按钮，打开【报表向导】对话框。

(3) 向导的第一步是确定报表的数据来源以及字段内容。在【表/查询】下拉列表中选择【表：Orders】，将表中除了 CID 之外的其他字段添加到【选定字段】列表中，然后选择【表：Customers】，将该表中的 CustName 字段添加到【选定字段】列表中，如图 13-37 所示。

(4) 单击【下一步】按钮，确定查看数据的方式，上一步我们选择了 CustName 字段主要是为了在报表中显示客户姓名，所以在这一步选择【通过 Orders】来查看数据，如图 13-38 所示。

(5) 单击【下一步】按钮，确定是否添加分组级别，本例选择 CustName 字段，即将每个客户的订单进行分组显示，如图 13-39 所示。

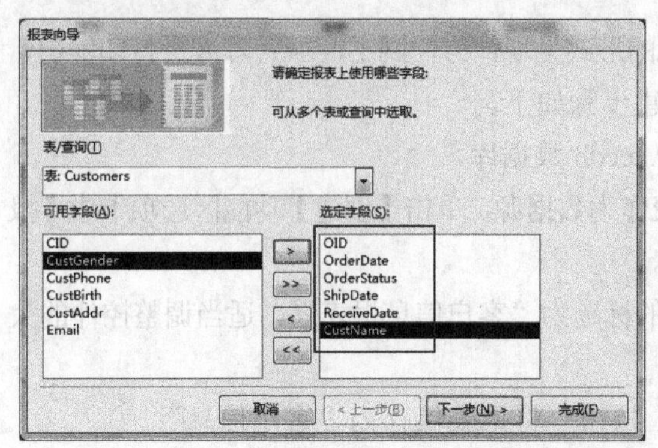

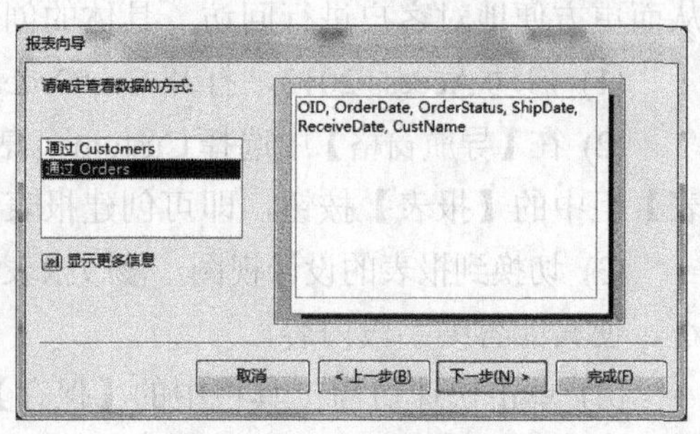

图 13-37　确定报表上的字段　　　　图 13-38　确定查看数据的方式

(6) 单击【下一步】按钮，设置记录的排序次序，这里选择先按 OrderStatus 字段升序排列，然后按 OrderDate 字段降序排列，如图 13-40 所示。

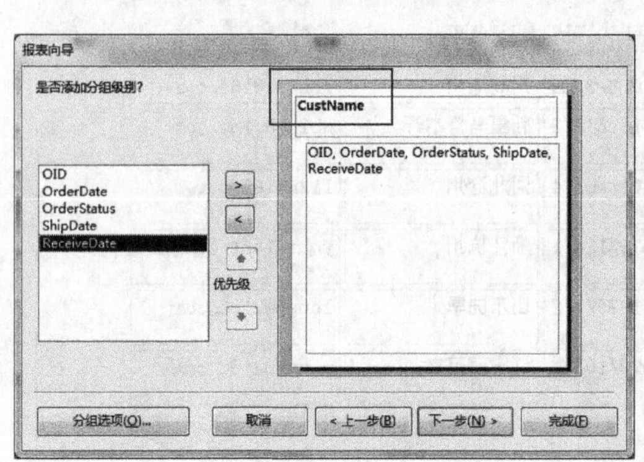

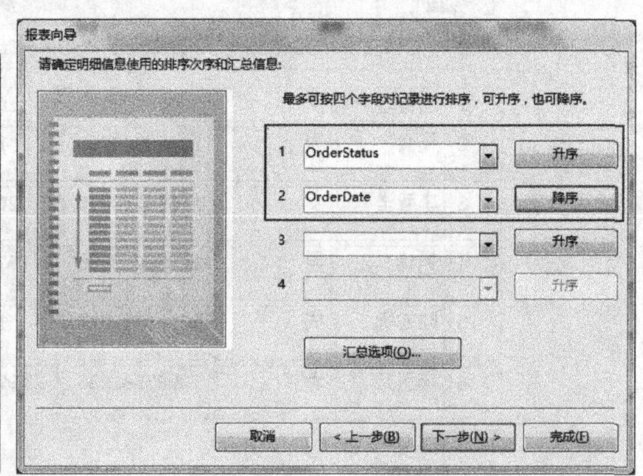

图 13-39　确定是否添加分组级别　　　　图 13-40　设置排序方式

(7) 单击【下一步】按钮，设置报表的布局方式，默认选择递阶布局、纵向，如图 13-41 所示。

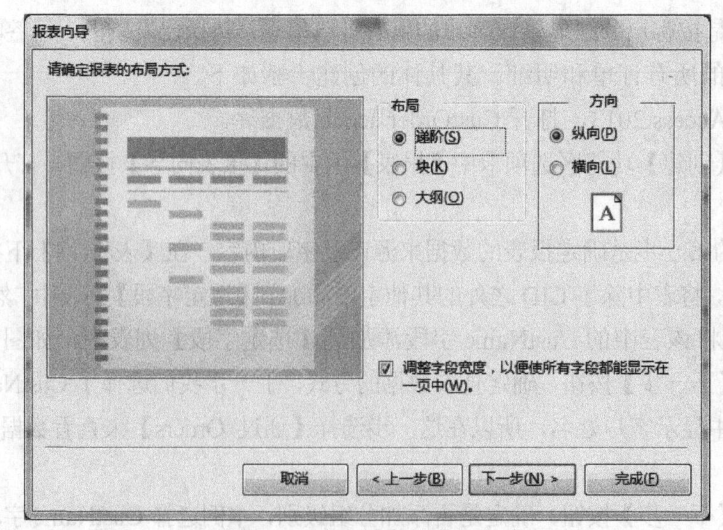

图 13-41　确定报表的布局方式

(8) 单击【下一步】按钮，指定报表标题为“订单明细报表”。

(9) 单击【完成】按钮，完成报表的创建，并打开报表的打印预览视图。

(10) 切换到报表的设计视图，为报表添加徽标。

(11) 将【页面页眉】节中标签控件的标题属性都修改为中文信息(默认为表中字段名)，此时的报表设计视图如图 13-42 所示。

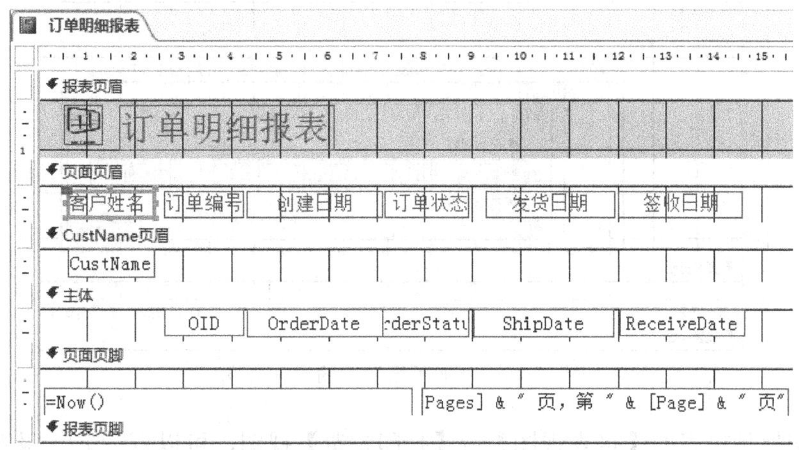

图 13-42　添加徽标并修改标签控件的标题属性

(12) 接下来添加子报表，添加一个【子窗体/子报表】控件到报表中，在【子报表向导】的第一步确定子报表的数据来源，这里选择【使用现有的表和查询】选项，如图 13-43 所示。

(13) 单击【下一步】按钮，确定子报表包含的字段，本例选择 OrderDetails 表的 PID、Quantity 和 Cost 字段，如图 13-44 所示。

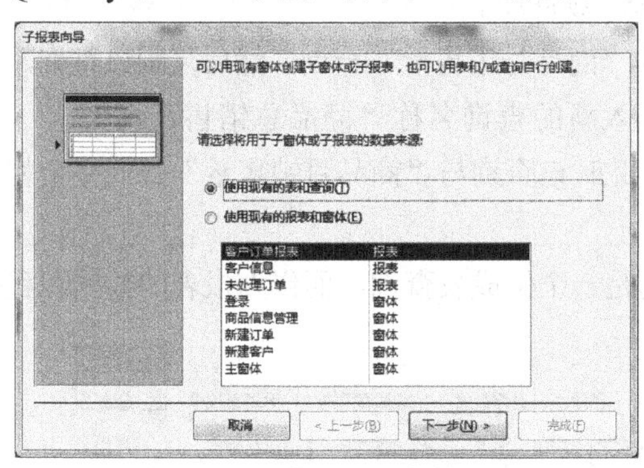

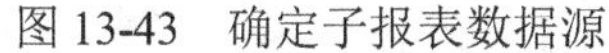

图 13-43　确定子报表数据源

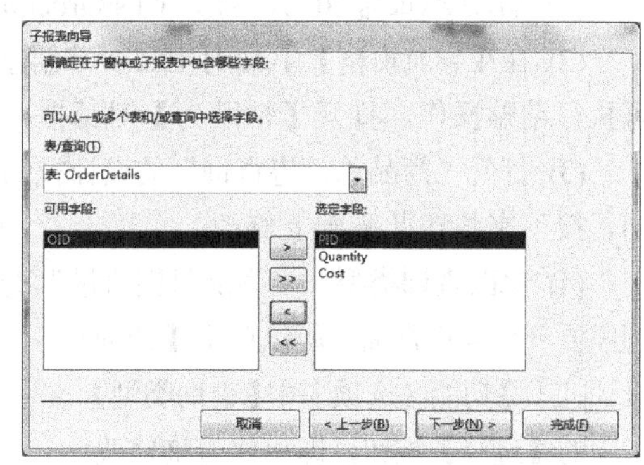

图 13-44　确定子报表中的字段

(14) 单击【下一步】按钮，确定主、子报表链接字段，使用默认选项即可。

(15) 单击【下一步】按钮，指定子报表标题为“订单明细”。

(16) 单击【完成】按钮，完成子报表的创建。

(17) 在【设计视图】中适当调整子报表的大小和位置，此时的设计视图如图 13-45 所示。

(18) 单击快速访问工具栏中的【保存】按钮，保存报表。

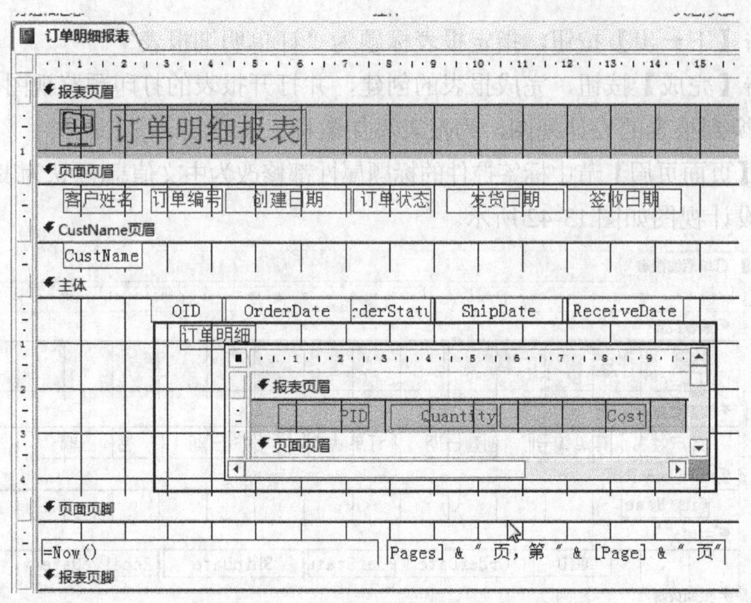

图 13-45　添加子报表后的设计视图

(19) 切换到报表的【报表视图】或【打印预览】视图，可以查看主/子报表的效果。

4. “商品销售”报表

前面已经创建了商品月销售量的查询，这里的商品销售报表是统计所有商品自商城上线以来的总销售量和销售额，所以在创建该报表之前还需要创建一个商品总销售情况的查询。具体的创建步骤如下。

(1) 启动 Access 2013，打开 CustOrder.accdb 数据库。

(2) 在【导航窗格】中找到 13.2.3 节创建的“商品月销售量”查询，然后复制该查询，再执行粘贴操作，打开【粘贴为】对话框，输入新的查询名称“商品总销售查询”。

(3) 打开“商品总销售查询”的设计视图，此时该查询与“商品月销售量”查询完全相同，接下来将在此基础上修改。

(4) 修改查询类型。“商品月销售量”查询是一个生成表查询，而作为报表的数据源我们需要一个选择查询，所以单击【查询设计|工具】功能区选项卡中【查询类型】组中的【选择】按钮，即可将查询修改为选择查询，如图 13-46 所示。

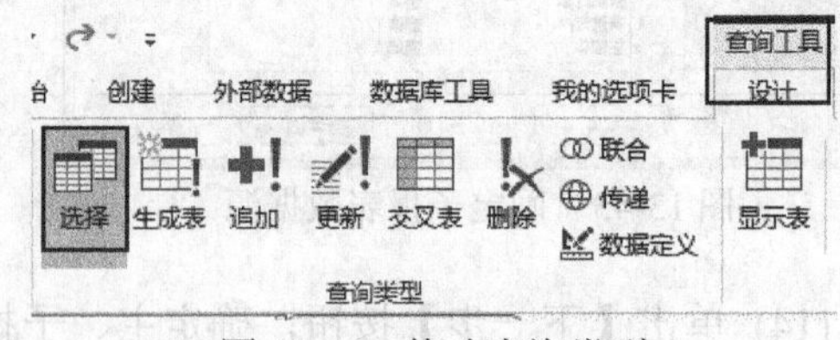

图 13-46　修改查询类型

(5) 删除查询设计区中的两个查询条件：“Year([Orders].[OrderDate])”和“Month([Orders].[OrderDate])”。

(6) 修改总计字段对应的文本内容为“总销售量: Quantity”和“总销售额: Cost”，此时的设计视图如图 13-47 所示。

(7) 保存并关闭查询，接下来将以此查询为数据源创建报表。

(8) 在【导航窗格】中选中“商品总销售查询”为数据源，单击【创建】功能区选项卡中【报表】组中的【报表】按钮，即可创建报表。

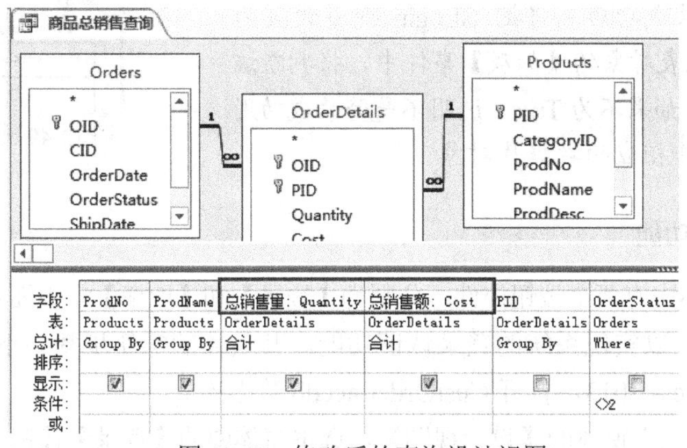

图 13-47　修改后的查询设计视图

(9) 切换到报表的设计视图，修改报表的标题为“商品销售报表”，适当调整控件的大小，使其能够容纳字段内容。

(10) 单击快速访问工具栏中的【保存】按钮，将报表保存为“商品销售报表”，切换到报表视图，查看其效果，如图 13-48 所示。

商品销售报表

商品销售报表　　2016年3月23日　15:03:17

ProdNo	ProdName	总销售量	总销售额
1001	签字笔(黑)	2	¥9.00
1002	签字笔(蓝)	46	¥130.00
2001	康师傅方便面	2	¥6.00
2002	奥利奥	21	¥95.00
2003	好吃点	11	¥100.00
			340

共 1 页，第 1 页

图 13-48　商品销售报表

13.2.6　添加 VBA 代码

前面创建的窗体中的按钮都没有事件处理过程，查询、窗体和报表等各数据库对象之间是孤立的、静态的。本节将为前面窗体中的按钮添加单击事件处理过程，使得管理员在登录系统后，可以通过主面板窗体进行各种操作。

1. 定义全局变量

只有登录成功的管理员才能访问和操作数据库对象，所以为了验证是否登录成功，我们需要定义一个全局变量。具体的操作步骤如下。

(1) 启动 Access 2013，打开 CustOrder.accdb 数据库。

(2) 单击【创建】功能区选项卡中的【模块】按钮，新建模块，并打开 VBA 代码编辑窗口，在新建的“模块 1”中，定义一个布尔型全局变量 isLogin，如图 13-49 所示。

说明：

当管理员登录成功后，将把 isLogin 变量设置为 True，在窗体和报表对象的【加载】事件中，将判断该变量是否为 True，如果不为 True，说明不是登录成功用户，则不允许操作相应的数据库对象。

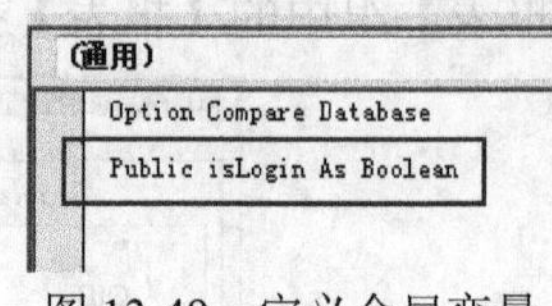

图 13-49　定义全局变量

2. “登录”功能

“登录”窗体中有两个按钮控件，分别为【登录】和【取消】。下面将为这两个按钮添加单击事件过程，以实现系统的登录认证功能。其具体的操作步骤如下。

(1) 启动 Access 2013，打开 CustOrder.accdb 数据库。

(2) 打开“登录”窗体的【设计视图】，选中窗体中的【登录】按钮，打开【属性表】对话框，切换到【事件】选项卡，为其添加【单击】事件处理过程。

(3) 在弹出的【选择生成器】对话框中选择【代码生成器】选项，单击【确定】按钮将打开 VBA 编辑器，并自动新建名为 CommandLogin_Click()的 Sub 过程。

(4) 在【代码】窗口中输入如下代码。

```
Private Sub CommandLogin_Click()
    Dim Cond, strName As String
    Dim ps As String
    [Forms]![登录]![ComboName].SetFocus
    strName = [Forms]![登录]![ComboName].[Text]
    If StrComp(strName, "") = 0 Then
        MsgBox "请选择用户名", vbOKOnly, "信息提示"
        [Forms]![登录]![ComboName].SetFocus
        Exit Sub
    End If
    If IsNull([Forms]![登录]![TextPassword]) Then
        MsgBox "请输入密码", vbOKOnly, "信息提示"
        [Forms]![登录]![Text2].SetFocus
        Exit Sub
    End If
    Cond = "Mname='" + strName + "'"
    ps = DLookup("Mpwd", "Managers", Cond)
    If (ps <> [Forms]![登录]![TextPassword]) Then
        MsgBox "用户名或密码错误", vbOKOnly, "信息提示"
    Else
        isLogin = True
        DoCmd.OpenForm "主窗体"
        DoCmd.Close acForm, "登录", acSaveYes
    End If
End Sub
```

提示：

上述代码的功能是：当用户单击【登录】按钮时，系统自动检查【用户名】组合框和【密码】文本框中的值是否为空，如果为空提示用户输入用户名或密码；如果不为空，则检查该用户名和密码是否与管理员表 Managers 中的某条记录匹配。如果匹配成功则将全局变量 isLogin 置为 True，同时关闭“登录”窗体，打开“主窗体”，否则提示用户名或密码错误。

(5) 用同样的方法，为【取消】按钮控件添加【单击】事件过程，单击【取消】按钮将退出数据库系统，代码如下。

```
Private Sub CommandCancel_Click()
    DoCmd.Quit
End Sub
```

(6) 保存该 VBA 代码，完成“登录”窗体的创建。

3. 为“主窗体”中的按钮添加事件处理过程

在“登录”窗体中，如果登录成功，将关闭“登录”窗体，打开“主窗体”，在“主窗体”中有 10 个按钮控件，分别用于打开其他窗体或报表等数据库对象。下面将为这些按钮添加事件处理过程。具体的操作步骤如下。

(1) 启动 Access 2013，打开 CustOrder.accdb 数据库。

(2) 打开“主窗体”的【设计视图】，为【新建客户】按钮添加单击事件过程。选中按钮控件，将【属性表】窗格切换到【事件】选项卡，在【单击】属性行后面的下拉列表中选择【事件过程】选项，并单击右边的省略号按钮，如图 13-50 所示。

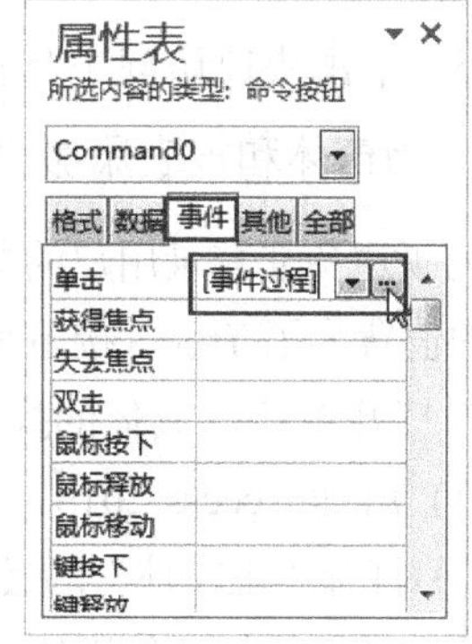

图 13-50　为按钮添加单击事件过程

(3) 系统将打开 VBA 编辑器，并自动在“Form_主窗体”类对象中新建了一个名称为“Command0_Click()”的 Sub 过程。在该过程中添加如下代码。

```
Private Sub Command0_Click()
    DoCmd.OpenForm "新建客户", acNormal, "", "",
acAdd, acNormal
End Sub
```

提示：

上述代码中 acAdd 表示打开窗体时，以【增加】数据模式打开。

(4) 类似地，添加其他按钮的事件处理过程代码如下。

```
Private Sub Command1_Click()
    DoCmd.OpenQuery "按姓名查询客户", acViewNormal, acReadOnly
End Sub
Private Sub Command2_Click()
    DoCmd.OpenForm "商品信息管理", acNormal, "", "", acFormEdit, acNormal
```

```
End Sub
Private Sub Command3_Click()
    DoCmd.OpenQuery "商品月销售量", acViewNormal, acReadOnly
End Sub
Private Sub Command4_Click()
    DoCmd.OpenForm "新建订单", acNormal, "", "", acAdd, acNormal
End Sub
Private Sub Command5_Click()
    DoCmd.OpenReport "未处理订单", acViewNormal, "", "", acDialog
End Sub
Private Sub Command6_Click()
    DoCmd.OpenReport "客户信息", acViewNormal, "", "", acDialog
End Sub
Private Sub Command7_Click()
    DoCmd.OpenReport "订单明细报表", acViewNormal, "", "", acDialog
End Sub
Private Sub Command8_Click()
    DoCmd.OpenReport "商品销售报表", acViewNormal, "", "", acDialog
End Sub
Private Sub Command9_Click()
    DoCmd.Quit
End Sub
```

(5) 单击快速访问工具栏中的【保存】按钮，保存所做的修改。

4. 为窗体和报表添加“加载”事件过程

为了避免非登录用户的非法操作，前面定义了全局变量 isLogin，并且在登录成功后将该变量的值置为了 True，接下来在窗体和报表的“加载”事件中可以判断该变量的值来限制非法用户打开窗体，具体的操作步骤如下。

(1) 启动 Access 2013，打开 CustOrder.accdb 数据库。

(2) 打开“主窗体”的【设计视图】，打开【属性表】对话框，切换到【事件】选项卡，为窗体的【加载】事件添加“事件过程”。单击右边的省略号按钮，进入 VBA 编辑器，系统自动建立了一个 Form_Load 过程，在该过程中添加如下代码。

```
Private Sub Form_Load()
    If Not isLogin Then
        MsgBox ("只有登录成功后才能访问该对象，请先登录！")
        DoCmd.Close
        DoCmd.OpenForm ("登录")
    End If
End Sub
```

上述代码的作用是，当用户打开该窗体时，系统先检查全局布尔变量 isLogin 的值，如果值为 False，则弹出提示对话框，提示用户需要先登录，并自动切换到“登录”窗体。

(3) 类似地，为“新建订单”、“新建客户”、“商品信息管理”3 个窗体也添加“加载”事件过程，过程的代码与上述代码完全一样。

(4) 为“订单明细”、“订单明细报表”、“客户信息”、“客户订单报表”、“商品销售报表”、“未处理订单”6 个报表也添加“加载”事件过程，过程的代码与上述代码完全一样。

(5) 单击工具栏中的【保存】按钮，保存所添加的代码。

13.2.7 创建 AutoExe 宏

为了系统的安全性，强制用户必须通过“登录”窗体登录，即打开数据库时自动启动“登录”窗体。为此，可以编写一个 AutoExec 宏，具体的操作步骤如下。

(1) 启动 Access 2013，打开 CustOrder.accdb 数据库。

(2) 单击【创建】选项卡的【宏与代码】组中的【宏】按钮，打开宏的设计视图。

(3) 在宏的设计视图中，单击【添加新操作】右侧的下拉箭头，从弹出的列表中选择要使用的操作，本例选择 OpenForm 操作。

(4) 设置 OpenForm 命令的参数如图 13-51 所示。

(5) 单击快速访问工具栏中的【保存】按钮，将宏保存为 AutoExec。

到此为止，本系统已经创建完成。

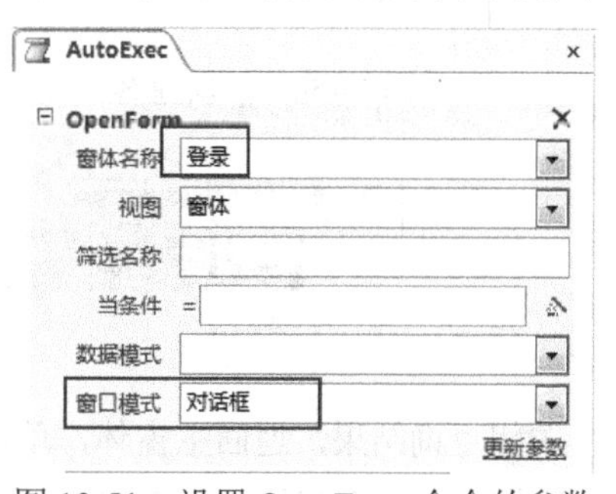

图 13-51 设置 OpenForm 命令的参数

13.3 系统的运行

启动 Access 2013，打开 CustOrder.accdb 数据库。系统将自动运行 AutoExec 宏，打开“登录”窗体，如图 13-52 所示。

由于“登录”窗体是模式对话框，而且不能关闭，所以，此时如果不登录系统，将无法操作和查看数据库中的任何对象。从【用户名】下拉列表中选择一个用户名，然后输入密码，单击【登录】按钮，登录数据库系统，并打开“主窗体”窗体，如图 13-53 所示。

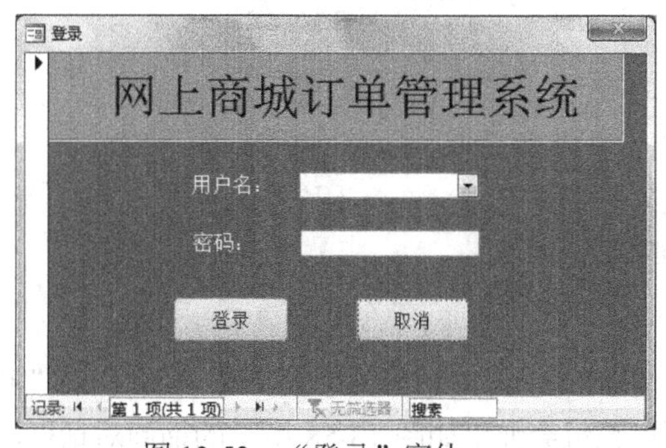

图 13-52 “登录”窗体

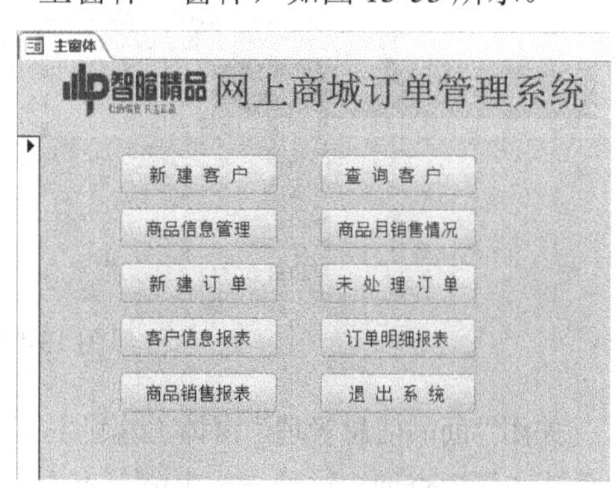

图 13-53 “主窗体”窗体

单击【新建客户】按钮，将打开“新建客户”窗体，在该窗体中可以输入客户信息新建客户，如图 13-54 所示，输入客户信息后，单击快速访问工具栏中的【保存】按钮即可完成新建客户工作。

关闭“新建客户”窗体，返回主窗体，单击【查询客户】按钮，将弹出【输入参数值】对话框，如图 13-55 所示，可以根据客户姓名查询指定的客户信息，如图 13-56 所示。

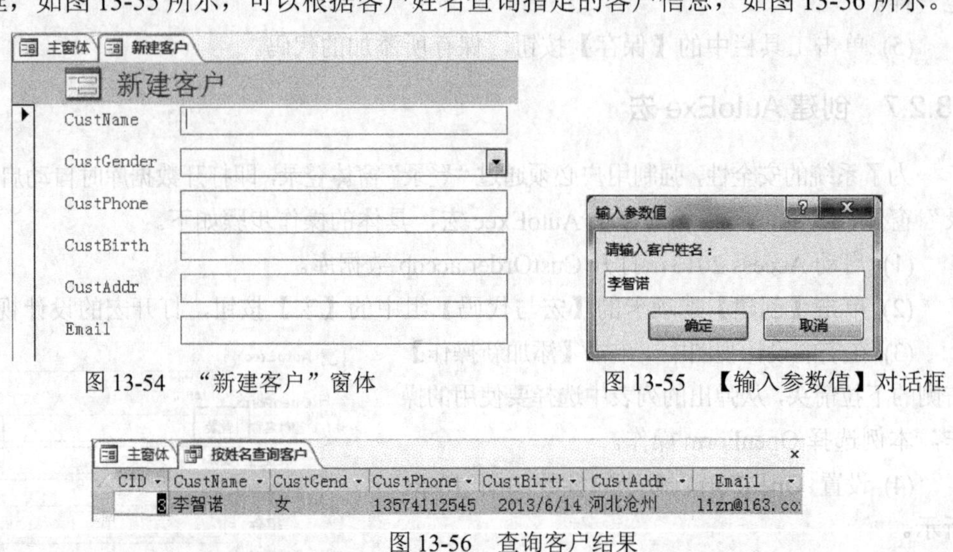

图 13-54　“新建客户”窗体　　图 13-55　【输入参数值】对话框

图 13-56　查询客户结果

关闭查询结果，返回主窗体，单击【商品信息管理】按钮，将打开“商品信息管理”窗体，这是一个分割窗体，在该窗体中可以编辑商品信息，也可以添加新的商品或删除某个商品，如图 13-57 所示。

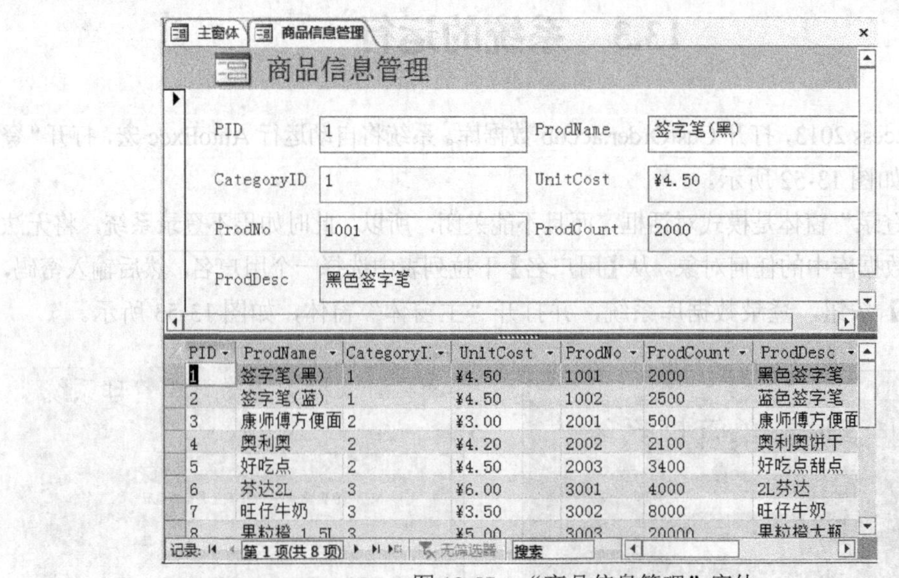

图 13-57　“商品信息管理”窗体

关闭“商品信息管理”窗体，返回主窗体，单击【商品月销售情况】按钮，将会执行“商品月销售量”查询，这是一个生成表查询，所以系统会弹出如图 13-58 所示的询问对话框，单击【是】按钮将执行查询，接着将弹出提示框提示用户执行查询将删除已有的表，如图 13-59 所示。

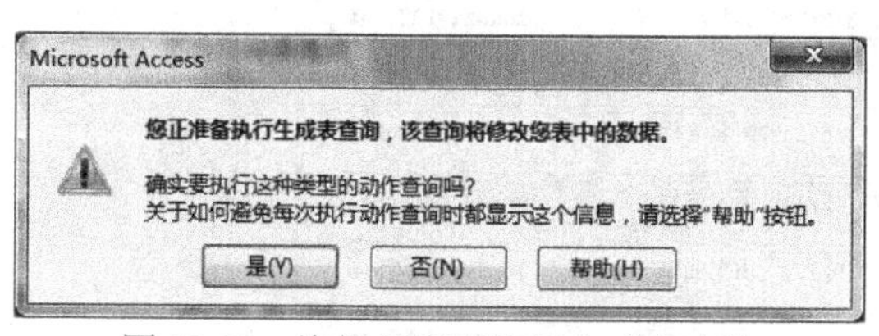

图 13-58　询问是否要执行生成表查询

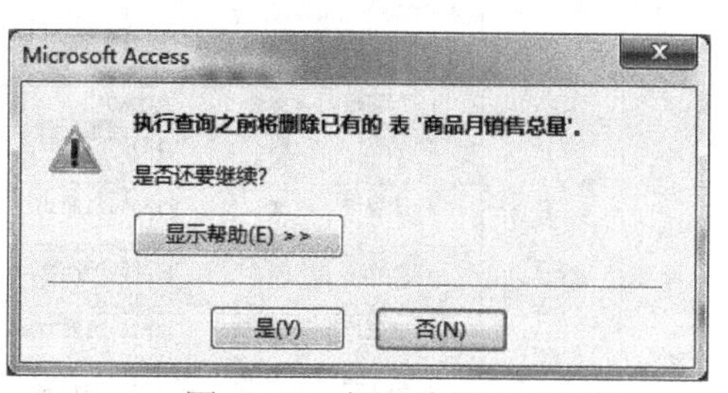

图 13-59　提示将删除已有表

单击【是】按钮，将开始执行生成表查询，几秒钟后，会提示有多少记录将被写入新表，如图 13-60 所示。

继续单击【是】按钮，完成操作，此时，【导航窗格】中将出现“商品月销售总量”表，双击可查看表中的数据，如图 13-61 所示。

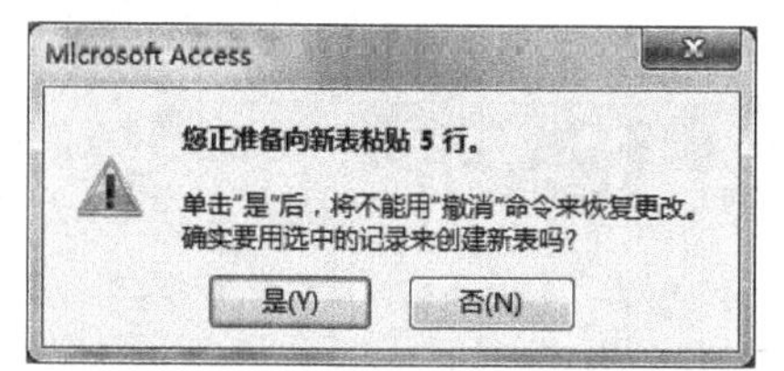

图 13-60　提示写入新表的记录数

主窗体　商品月销售总量

ProdNo	ProdName	销售量	销售额
1001	签字笔(黑)	2	¥9.00
1002	签字笔(蓝)	46	¥130.00
2001	康师傅方便面	2	¥6.00
2002	奥利奥	21	¥95.00
2003	好吃点	11	¥100.00

图 13-61　“商品月销售总量”表的数据

关闭“商品月销售总量”表，返回主窗体，单击【新建订单】按钮，将打开“新建订单”窗体，在该窗体中可以新建订单和订单明细，如图 13-62 所示，输入数据后，单击快速访问工具栏中的【保存】按钮即可完成订单创建工作。

关闭“新建订单”窗体，返回主窗体，单击【未处理订单】按钮，将打开“未处理订单”报表，如图 13-63 所示。

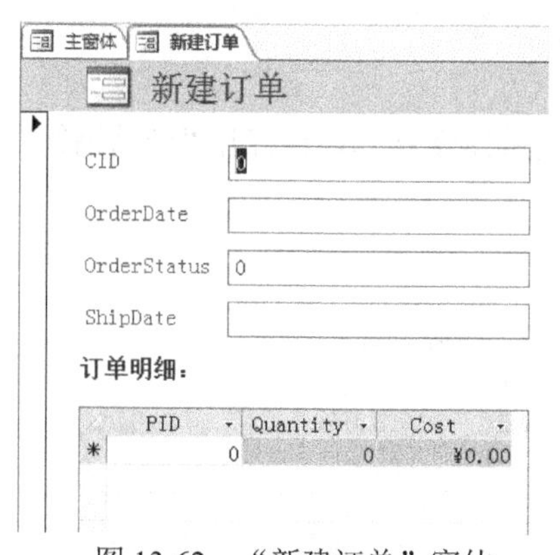

图 13-62　“新建订单”窗体

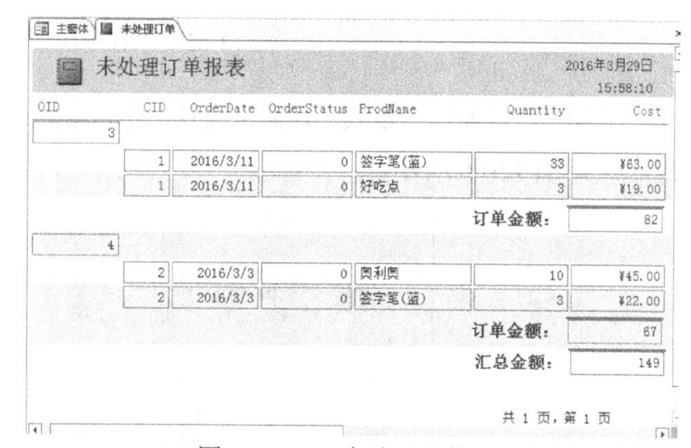

图 13-63　“未处理订单”报表

关闭“未处理订单”报表，返回主窗体，单击【客户信息报表】按钮，将打开“客户信息”报表，如图 13-64 所示。

主窗体　客户信息

客户信息报表　　2016年3月29日 15:59:42

CID	CustName	CustGende	CustPhone	CustBirth	CustAddr	Email
1	赵智暄	女	3208842	2013/3/25	河北沧州	zhaozx@163.com
2	马兵	男	13390821231	1976/2/2	新疆乌鲁木齐	mbing@sina.com
3	李智诺	女	13574112545	2013/6/14	河北沧州	lizn@163.com
4	杨琦	男	13336092856	1979/12/11	浙江杭州	yqhz@icbc.com.cn
5	陆宏远	男	15101012577	1979/1/2	山东曲阜	longy@21cn.com
6	马玉芳	女	13987561236	1978/10/11	辽宁葫芦岛	pony@baidu.com
	6					

共 1 页，第 1 页

图 13-64　“客户信息”报表

关闭“客户信息”报表，返回主窗体，单击【订单明细报表】按钮，将打开“订单明细报表”报表，如图 13-65 所示。

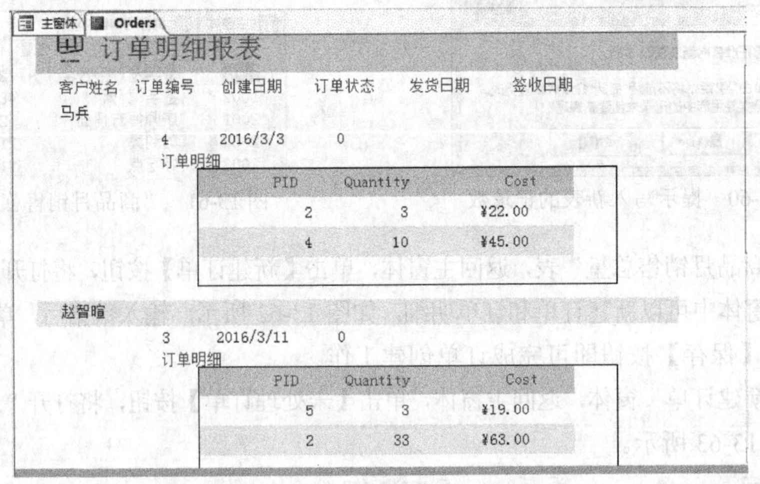
主窗体　Orders

订单明细报表

客户姓名	订单编号	创建日期	订单状态	发货日期	签收日期
马兵					
	4	2016/3/3	0		

订单明细

PID	Quantity	Cost
2	3	¥22.00
4	10	¥45.00

客户姓名	订单编号	创建日期	订单状态	发货日期	签收日期
赵智暄					
	3	2016/3/11	0		

订单明细

PID	Quantity	Cost
5	3	¥19.00
2	33	¥63.00

图 13-65　“订单明细”报表

关闭“订单明细”报表，返回主窗体，单击【商品销售报表】按钮，将打开“商品销售”报表，如图 13-66 所示。

主窗体　商品销售报表

商品销售报表　　2016年3月29日 16:01:04

ProdNo	ProdName	总销售量	总销售额
1001	签字笔(黑)	2	¥9.00
1002	签字笔(蓝)	46	¥130.00
2001	康师傅方便面	2	¥6.00
2002	奥利奥	21	¥95.00
2003	好吃点	11	¥100.00
			340

共 1 页，第 1 页

图 13-66　“商品销售”报表

除了“主窗体”上可以打开的窗体和报表以外，用户还可以直接在【导航窗格】中查看或编辑其他数据库对象。

单击【退出系统】按钮，将关闭数据库并退出 Access 2013。

13.4　本章小结

本章综合全书所学知识，设计并开发实现了一个网上商城订单管理系统。通过该系统的分析、设计与实现，使读者又复习了一遍所学习过的各种数据库对象，大致了解了一个完整的数据库管理系统的设计与创建过程。通过本章的学习，读者应能初步掌握数据库系统开发的一般步骤，了解网上商城订单管理系统的一般功能模块，提升自己将所学知识应用于实践的能力。

13.5　思考和练习

13.5.1　思考题

1. 简述使用 Access 2013 创建数据库系统的一般步骤？
2. 列举 Access 2013 的数据库对象，简述各对象的创建方法和步骤。
3. 结合实际应用，思考一下，网上商城订单管理系统还应该具备哪些功能？

13.5.2　练习题

1. 调查现实生产销售中的进销存管理事务活动，按照本章的开发步骤，利用 Access 创建一个进销存管理系统。

2. 阅读其他的网站开发技术，如 ASP.NET，以 Access 作为后台数据库，尝试开发一个小型网站，要求能够通过网页实现对 Access 后台数据库的增、删、改、查操作。

参 考 文 献

[1] 王珊，萨师煊. 数据库系统概论(第四版). 北京：高等教育出版社，2004

[2] 梁灿，赵艳铎. Access 数据库应用基础教程[M]. 北京：清华大学出版社，2005

[3] 明日科技. SQL Server 从入门到精通. 北京：清华大学出版社，2012

[4] 李春葆，曾平. Access 数据库程序设计. 北京：清华大学出版社，2005

[5] 孙践知等. 数据库及其应用系统开发(Access 2003). 北京：清华大学出版社，2006

[6] 陈恭和刘瑞林等. 数据库 Access 2002 应用教程. 北京：清华大学出版社，2004

[7] 石志国. VB.NET 数据库编程. 北京：清华大学出版社，2009

[8] 丁永卫，万青英. 中文版 Access2007 实例与操作. 北京：航空工业出版社，2011

[9] 陈恭如. Access 数据库基础(第 2 版). 浙江：浙江大学出版社，2012

[10] [美] David M.Kroenk，David J.Auer 著，赵艳铎，葛萌萌译. 数据库原理[M]. 5 版. 北京：清华大学出版社，2011

[11] Michael Alexander. Access 2013 Bible. 美国：Wiley，2013

[12] 施兴家. Access 数据库应用基础教程[M]. 3 版. 北京：清华大学出版社，2012

[13] 王秉宏. Access 2013 数据库应用基础教程. 北京：清华大学出版社，2015

[14] 全国计算机等级考试命题研究中心未来教育教学与研究中心.全国计算机等级考试上机专用题库：二级 Access. 北京：人民邮电出版社，2013